煤矿安全

主　编　汤其建　刘学功

副主编　于　威　李增泉　杨亚茹

韩文静　张学武　李玉保

骆大勇　苗磊刚　黄　鑫

国防工业出版社

·北京·

内 容 简 介

“煤矿安全”是煤矿类专业必修课程之一。本书将专业理论与工程实例紧密结合，以煤矿主要灾害类型及其防治技术措施为主线，包括绪论、矿井瓦斯防治、矿井火灾防治、矿尘防治、煤矿典型事故及防治、矿山救护等内容。

本书可作为高校煤炭类专业教材，同时也可作为相关工程技术人员参考用书。

图书在版编目（CIP）数据

煤矿安全/汤其建主编.—北京：国防工业出版社，2012.8（2016.2重印）

高职高专安全工程专业“十二五”规划教材

ISBN 978-7-118-08242-5

Ⅰ.①煤… Ⅱ.①汤… Ⅲ.①煤矿—矿山安全—高等职业教育—教材 Ⅳ.①TD7

中国版本图书馆CIP数据核字（2012）第171195号

※

国防工业出版社出版发行

（北京市海淀区紫竹院南路23号 邮政编码100048）

三河市众誉天成印务有限公司印刷

新华书店经售

*

开本 787×1092 1/16 **印张** 19½ **字数** 486千字

2016年2月第1版第2次印刷 **印数** 4001—5000册 **定价** 36.00元

国防书店：（010）88540777 发行邮购：（010）88540776

发行传真：（010）88540755 发行业务：（010）88540717

前 言

随着煤炭行业集约化、规模化、机械化程度的不断提高，煤矿开采条件的进一步变化，煤矿企业安全生产的标准越来越高。同时，随着煤矿灾害防治技术的不断进步，安全管理理念的不断更新，煤矿安全生产的要求、内涵和技术手段均发生了一定程度的改变。为了响应党中央科学发展、创建和谐社会的理念，确保国民经济和煤炭行业的健康发展，必须培养大批的高素质煤矿安全工程技术人才，同时也迫切需要提高煤矿其他从业人员的安全理论和安全素质水平。

教材编写组本着以人为本的思想，通过对目标读者需求的调研，删繁取精、科学合理地选取了教材的内容，并进行精心编排，配以导学思考题和复习思考题，帮助读者理解和掌握相关理论和技能。

本教材注重理论与实际相结合，密切联系煤矿生产实践，以国家安全生产法律法规为指导，系统分析了矿井瓦斯、矿尘、火灾、水灾、机运事故、爆破事故、顶板事故的发生、发展规律和具体防治措施，同时还介绍了矿山救护等知识和相关技能，具体包括绪论、矿井瓦斯防治、矿井火灾防治、矿尘防治、煤矿典型事故及防治、矿山救护等内容。由于各高校安全工程专业侧重方向不同，所以课程体系的设置各具特色，教学中教师可以对教学内容灵活安排。

教材编写过程中充分考虑教师实施教学的便利性，学生学习的直观性，精心制作和挑选了插图、表格，尽量采用启发式和直观易懂的方式向读者传达信息。每节内容都制作了图文并茂的多媒体课件或演示动画。每一章都精心设计导学思考题和复习思考题，让学生带着问题去学习，从而有效地提高教学效果。

本教材与同类书比较有以下几个鲜明特点：紧跟行业发展前沿，反映政府政策导向；教材编写充分体现了以人为本、服务读者的理念；知识覆盖面广，可满足不同读者的需要。

本教材由汤其建、刘学功任主编。具体分工如下：绪论由汤其建编写；学习情境一、二由骆大勇、梁华珍、苗磊刚、汤其建、杨亚茹、张学武合作编写；学习情景三、五由韩文静、黄鑫、梁华珍、杨亚茹合作编写；学习情景四由韩文静、于威合作编写；李玉保、汤其建、刘学功、于威负责全书的统稿，并参与了全书的编写工作。本书编写过程中得到了安徽理工大学、河北科技大学、江苏建筑职业技术学院、重庆工程职业技术学院、永城职业学院等单位领导和同仁的全力支持，在此表示感谢。由于编者水平有限，书中存在不妥之处，恳请读者朋友批评指正。

编 者

2016 年 2 月

目　录

绪　论

一、安全生产基本概念

（一）安全与危险

安全，泛指没有危险、不出事故的状态。安全的英文为“safety”；“无危则安、无缺则全”是古汉语中对安全的论述；梵文中“sarva”意为无伤害或完整无损；美国《韦氏大词典》对安全的定义为“没有伤害、损伤或危险，不遭受危害或损害的威胁，或免除了危害、伤害或损失的威胁”。工程上的安全性，是用概率表示的近似客观量，用以衡量安全的程度。

根据系统安全工程的观点，危险是指系统中存在导致发生不期望后果的可能性超过了人们的承受程度。从危险的的概念可以看出，危险是人们对事物的具体的认识，必须指明具体对象，如危险环境、危险条件、危险状态、危险物质、危险场所、危险人员、危险因素等。

一般用风险度来表示危险的程度：

$$R=f(F,C)$$

式中　R——风险；

F——发生事故的可能性；

C——发生事故的严重性。

从广义来说，风险分为自然风险、社会风险、经济风险、技术风险和健康风险等五类。而对于生产过程中，风险可分为人、机、环境和管理四个方面。

安全与危险是相对的概念，它们是人们对生产、生活中是否可能遭受健康损害和人身伤亡的综合认识。按照系统安全工程的认识论，安全和危险都是相对的，一般所讲的安全和危险都是以当时所处的时期、场所以及经济社会发展水平为背景的。当危险性高于人们的预期时，人们就认为是危险的。

（二）安全生产

本书所论述的安全指煤矿生产过程中的安全，即安全生产，指的是“不发生工伤事故、职业病、设备或财产损失”。《中国大百科全书》将“安全生产”解释为“旨在保护劳动者在生产过程中安全的一项方针，也是企业管理必须遵循的一项原则，要求最大限度地减少劳动者的工伤和职业病，保障劳动者在生产过程中的生命安全和身体健康”。此解释将安全生产等价为“方针”和“原则”。《辞海》将“安全生产”解释为“为预防生产过程中发生人身、设备事故，形成良好的劳动环境和工作秩序而采取的一系列措施和活动”。此解释将安全生产理解为企业生产过程中的以安全为目的的一系列措施和活动，其中包括了安全生产管理和安全生产技术两方面的内容。

（三）本质安全

本质安全是指通过设计等手段使生产设备和生产系统本身具有安全性，即使在误操作或发生故障的情况下也不会造成事故。本质安全是生产中“预防为主”的根本体现，也是安全生产的最高境界。实际上，由于技术、资金和人们对事故的认识等原因，目前很难做到本质安全，只能作为追求的目标。

（四）事故、事故隐患

《现代汉语词典》对“事故”的解释是“多指生产、工作上发生的意外损失或灾害”。

在国际劳工组织制定的一些指导性文件，如《职业事故和职业病记录与通报实用规程》中，将职业事故定义为“由工作引起或者在工作过程中发生的事件，并导致致命或非致命的职业伤害”。

我国事故的分类方法有多种。《企业职工伤亡事故分类标准》（GB 6441—1986），综合考虑起因物，引起事故的诱导性原因、致害物、伤害方式等，将企业工伤事故分为 20 类，分别为物体打击、车辆伤害、机械伤害、起重伤害、触电、淹溺、灼烫、火灾、高处坠落、坍塌、冒顶片帮、透水、放炮、火药爆炸、瓦斯爆炸、锅炉爆炸、容器爆炸、其他爆炸、中毒和窒息及其他伤害等。

《安全生产事故报告和调查处理条例》（国务院令第 493 号）将“生产安全事故”定义为“生产经营活动中发生的造成人身伤亡或者直接经济损失的事件”。根据生产安全事故造成的人员伤亡或者直接经济损失，事故一般分成四个等级。

（1）特别重大事故，是指造成 30 人以上死亡，或者 100 人以上重伤（包括急性工业中毒，下同），或者 1 亿元以上直接经济损失的事故；

（2）重大事故，是指造成 10 人以上、30 人以下死亡，或者 50 人以上、100 人以下重伤，或者 5000 万元以上、1 亿元以下直接经济损失的事故；

（3）较大事故，是指造成 3 人以上、10 人以下死亡，或者 10 人以上、50 人以下重伤，或者 1000 万元以上、5000 万元以下直接经济损失的事故；

（4）一般事故，是指造成 3 人以下死亡，或者 10 人以下重伤，或者 1000 万元以下直接经济损失的事故。

该等级标准中所称的“以上”包括本数，所称的“以下”不包括本数。

国家安全生产监督管理总局颁布的第 16 号令《安全生产事故隐患排查治理暂行规定》，将“安全生产事故隐患”定义为“生产经营单位违反安全生产法律、法规、规章、标准、规程和安全生产管理制度的规定，或者因其他因素在生产经营活动中存在可能导致事故发生的物的危险状态、人的不安全行为和管理上的缺陷”。

根据危害程度的大小和整改的难易程度不同，事故隐患可分为一般事故隐患和重大事故隐患。一般事故隐患危害和整改难度较小，发现后能够立即整改排除。重大事故隐患危害和整改难度较大，整改时需要全部或者局部停产停业，并需经过一定时间的整改治理方能将其排除，或者因外部因素影响致使生产经营单位自身难以排除。

（五）危险源

从安全生产角度解释，危险源是指可能造成人员伤害和疾病，财产损失、作业环境破坏或其他损失的根源或状态。潜在危险性、存在条件和触发因素是危险源的三要素。

根据危险源在事故发生、发展中的作用，可把危险源划分为两类，即第一类危险源和第二类危险源。第一类危险源是指生产过程中存在的，可能发生意外释放的能量，包括生产过程中的各种能量源、能量载体或危险物质。第一类危险源决定了事故后果的严重程度，它具有的能量越多，发生事故后果越严重。对于第一类危险源，往往在系统的设计和建设阶段就已经采取了必要的控制措施。第二类危险源是指导致能量或危险物质约束或限制措施破坏或失效的各种因素，广义上包括物的故障、人的失误、环境不良以及管理缺陷等因素。第二类危险源决定了事故发生的可能性，它出现得越频繁，发生事故的可能性越大。

危险源是指一个系统中具有潜在能量和物质释放危险的、可造成人员伤害、在一定的触发因素作用下可转化为事故的部位、区域、场所、空间、岗位、设备及其位置，而事故隐患是指生产经营活动中存在可能导致事故发生的物的危险状态、人的不安全行为和管理上的缺陷。所以危险源与事故隐患既有区别，又有联系。事故隐患的控制管理总是与一定的危险源联系在一起，因为没有危险的隐患也就谈不上要去控制它；危险源可能存在事故隐患，也可能不存在事故隐患，对于存在事故隐患的危险源一定要及时加以整改，否则随时都有可能导致事故。从某种程度上说，事故隐患就是危险源发生事故的触发因素。

为了对危险源进行分级管理，防止重大事故发生，提出了“重大危险源”的概念。从广义上说，可能导致重大事故的危险源就是重大危险源。

我国新颁布的标准《危险化学品重大危险源辨识》（GB 18218—2009）和《中华人民共和国安全生产法》（简称《安全生产法》）都对重大危险源做出了明确的规定。《安全生产法》对重大危险源的定义是：“重大危险源，是指长期地或者临时地生产、搬运、使用或者储存危险物品，且危险品的数量等于或者超过临界量的单元（包括场所和设施）”。根据此定义，可以把重大危险源分为生产场所重大危险源和储存区重大危险源两种。关于重大危险源的辨识内容请参阅国家标准《危险化学品重大危险源辨识》（GB 18218—2009），本书在这方面不做过多论述。

二、灾害防治技术与安全管理技术的发展与沿革

（一）我国安全生产方针的提出与沿革

我国现行的安全生产方针是“安全第一，预防为主，综合治理”，它是在国家建设和经济与社会发展、改革过程中逐步形成并不断完善起来的。

1960 年，“跃进”号万吨巨轮触礁沉没，周恩来总理向当时的交通部长批示工作时，第一次提出了“安全第一”的说法，此后，“安全第一”写入了我们党和政府的许多文件中。

1978 年 12 月，改革开放后，开始提出“生产必须安全，安全促进生产”的方针。时隔不久，当时的航空工业部向党中央汇报工作时，在报告中提出生产中应执行“安全第一，预防为主”的方针。

1983 年 5 月 18 日，国务院在《国务院批转劳动人事部、国家经委、全国总工会关于加强安全生产的劳动安全监察工作的报告的通知》（［1983］85 号）中明确指出要在“安全第一，预防为主”的思想指导下搞好安全生产。

1985 年 12 月，全国安委会第一次明确提出了“安全第一，预防为主”的方针。1987 年 1 月 26 日“安全第一，预防为主”的方针被写进了我国第一部《劳动法》草案。1989 年 11 月在党的 13 届 5 中全会上这一方针被完全确定下来。至此，“安全第一，预防为主”的方针成为了我国社会主义新时期的安全生产方针。

2005 年 10 月 8 日，党的十六届五中全会胜利召开，在全会上通过的《中共中央关于制定国民经济和社会发展第十一个五年规划的建议》明确要求坚持安全发展，并提出了“安全第一、预防为主、综合治理”的安全生产新方针。

新的安全生产方针在原来的安全生产方针上增加了“综合治理”，这反映了我们党和政府对安全生产规律的新认识。综合治理，是指适应我国安全生产形势的要求，自觉遵循安全

生产规律，正视安全生产工作的长期性、艰巨性和复杂性，抓住安全生产工作中的主要矛盾和关键环节，综合运用经济、法律、行政等手段，充分发挥社会、群众、舆论的监督作用，有效解决安全生产领域的问题。实施综合治理，这是由我国当前安全生产中出现的新情况和面临的新形势决定的；在社会主义市场经济条件下，利益主体多元化，不同利益主体对待安全生产的态度和行为差异很大，需要因情制宜、综合防范；安全生产涉及的领域广泛，每个领域的安全生产又各具特点，需要防治手段的多样化；实现安全生产，必须从文化、法制、科技、责任投入人手，多管齐下，综合施治；安全生产法律政策的落实，需要各级党委和政府的领导、有关部门的合作以及全社会的参与；目前我国的安全生产既存在历史积淀的沉重包袱，又面临经济结构调整、增长方式转变带来的挑战，要从根本上解决安全生产问题，就必须实施综合治理。从近年来安全监管的实践特别是联合执法的实践来看，综合治理是落实安全生产方针政策、法律法规的最有效手段。因此，综合治理具有鲜明的时代特征和很强的针对性。

"安全第一、预防为主、综合治理"的安全生产方针是一个有机统一的整体。安全第一是预防为主、综合治理的统帅和灵魂，没有安全第一的思想，预防为主就失去了思想支撑，综合治理就失去了整治依据。预防为主是实现安全第一的根本途径。只有把安全生产的重点放在建立事故隐患预防体系上，超前防范，才能有效减少事故损失，实现安全第一。综合治理是落实安全第一、预防为主的手段和方法。只有不断健全和完善综合治理工作机制，才能有效贯彻安全生产方针，真正把安全第一、预防为主落到实处，不断开创安全生产工作的新局面。

三、煤矿主要灾害

我国煤矿开采大多是井工开采，作业空间有限，光线不足，工作地点经常处于变动之中，并且存在对人体不利气候环境和以水、火、瓦斯、煤尘、顶板为主的众多煤矿自然灾害。

我国不仅是世界主要产煤国，而且也是受水害危害最严重的国家之一。目前，全国近一半矿井受水害威胁。据不完全统计，仅2000年—2005年间全国煤矿就发生透水事故50余起。1984年，开滦范各庄煤矿特大突水事故造成经济损失近5亿元，损失煤炭产量近8.5Mt。

据统计，全国国有煤矿中，56%的煤层具有自燃倾向。而且，矿井火灾与瓦斯、煤尘爆炸常常是互为因果的，相互扩大灾害的程度和范围，是酿成煤矿重大恶性事故的直接原因之一。

四、我国的煤矿安全管理体制

我国目前实行的是"企业负责，行业管理，国家监察，群众监督"的安全生产管理体制。

企业负责是指煤矿企业在生产经营过程中，承担着严格执行国家安全生产的法律、法规和标准，建立健全安全生产规章制度，落实安全技术措施，开展安全教育和培训，确保安全生产的责任和义务。

行业管理就是由行业主管部门，根据国家的安全生产方针、政策、法规，在实施本行业宏观管理中，帮助、指导和监督本行业企业的安全生产工作。煤矿企业的行业主管最高部门是国家发展改革委员会所属的国家能源局。

国家监察即国家劳动安全监察，它是由国家授权某政府部门对各类具有独立法人资格的企事业单位执行安全法规的情况进行监督和检查，用法律的强制力量推动安全生产方针、政策的正确实施。国家监察也可以称为国家监督。国家监察具有法律的权威性和特殊的行政法律地位。我国煤炭企业国家监察最高职能部门是隶属于国家安全生产监督管理总局的国家煤矿安全监察局。

群众监督就是广大职工群众通过工会或职工代表大会等自己的组织，监督和协助企业各级领导贯彻执行安全生产方针、政策和法规，不断改善劳动条件和环境，切实保障职工享有生命与健康的合法权益。

企业负责、行业管理、国家监察、群众监督这四个方面具有不同的性质和地位，在安全生产中所起的作用也不相同。企业是安全生产工作的主体和具体实行者，它应该独立承担搞好安全生产的责任和义务，建立安全管理的自我约束机制。它所要解决的主要是遵章守法、有法必依的问题，是安全管理的核心。行业管理是行业主管部门在本行业内开展帮助、指导和监督等宏观管理工作。行业管理主要通过指令、规划、监督、服务等手段为企业提供搞好安全生产工作的外部环境并促使企业实现自我约束机制。国家监察是代表国家，以国家赋予的强制力量推动行业主管部门和企业搞好安全生产工作，它所要解决的是有法可依、执法必严和违法必究的问题，因此，国家监察是加强安全生产的必要条件。群众监督一方面要代表职工利益按国家法律法规的要求监督企业搞好安全生产，另一方面也要支持、配合企业做好安全管理工作。

学习情境一　矿井瓦斯防治

思维导图

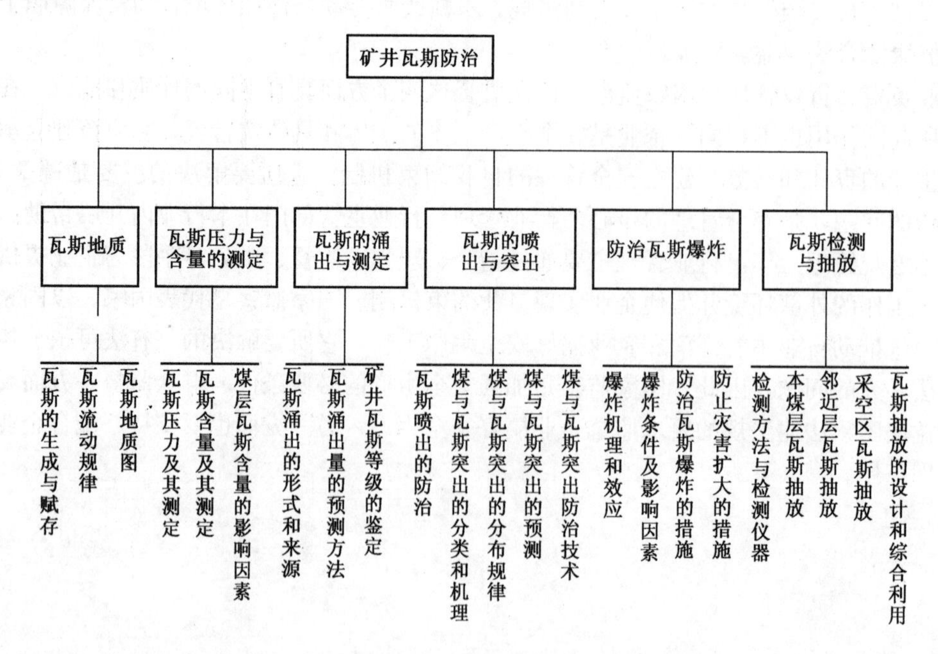

矿井瓦斯是指从煤岩中释放出的气体的总称，主要成分为甲烷，是一种无色、无味的气体。由于瓦斯相对密度小，因此容易聚集在巷道上部。瓦斯具有燃烧性与爆炸性。瓦斯与空气混合达到一定浓度后，遇火能燃烧或爆炸。爆炸产生的高温、高压和大量有害气体，能形成破坏力很强的冲击波，不但危及职工生命安全，而且会严重地摧毁井巷工程以及井下设施和设备，还可能引起煤尘爆炸和井下火灾，扩大灾害损失。

任务一　瓦 斯 地 质

导学思考题

(1) 简述矿井瓦斯的概念；

(2) 瓦斯地质的主要研究内容有哪些？

(3) 在煤层中，由浅深瓦斯赋存呈现怎样的规律？

(4) 影响瓦斯赋存的地质因素有哪些？

(5) 简述瓦斯地质图的概念。

瓦斯地质是应用地质学的理论和方法，研究煤煤层瓦斯的赋存、运移和分存布规律，矿井瓦斯涌出和煤与瓦斯突出的地质条件及其预测方法，直接应用于资源、环境和煤矿安全生产的一门新的边缘学科。

一、煤层瓦斯的生成与赋存

（一）煤层瓦斯的生成

煤层瓦斯是腐植型有机物在成煤的过程中生成的。煤是一种腐植型有机质高度富集的可燃有机岩，是植物遗体经过复杂的生物、地球化学、物理化学作用转化而成。从植物死亡、堆积到转变成煤要经过一系列演变过程，这个过程称为成煤作用。在整个成煤作用过程中都伴随有烃类、二氧化碳、氢和稀有气体的产生，结合成煤过程，大致可划分为两个成气时期。

1. 生物化学作用成气时期

生物化学是成煤作用的第一阶段，即泥炭化或腐植化阶段。这个时期是从成煤原始有机物堆积在沼泽相和三角洲相环境中开始的，在温度不超过65℃条件下，成煤原始物质经厌氧微生物的分解生成瓦斯。这个过程，一般可以用纤维素的化学反应方程式来表达：

$$\underset{\text{(纤维素)}}{4C_6H_{10}O_5} \longrightarrow \underbrace{7CH_4\uparrow + 8CO\uparrow + C_9H_6O + 3H_2O}_{\text{(类烟煤)}}$$

或

$$4C_6H_{10}O_5 \longrightarrow CH_4\uparrow + 2CO_2\uparrow + C_9H_6O + 5H_2O$$

这个阶段生成的泥炭层埋藏较浅，覆盖层的胶结固化程度不够，生成的瓦斯很容易渗透和扩散到大气中去，因此，生化作用生成的瓦斯一般不会保留到现在的煤层内。

2. 煤化变质作用成气时期

煤化变质是成煤作用的第二阶段，即泥炭、腐泥在以压力和温度为主的作用下变化为煤的过程。在这个阶段中，随着泥炭层的下沉，上覆盖层越积越厚，压力和温度也随之增高，生物化学作用逐渐减弱直至结束，进入煤化变质作用成气时期。由于埋藏较深且覆盖层已固化，因此在压力和温度影响下，泥炭进一步变为褐煤，褐煤再变为烟煤和无烟煤。

煤的有机质基本结构单元是带侧键官能团并含有杂原子的缩合芳香核体系。在煤化作用过程中，芳香核缩合和侧键与官能团脱落分解，同时会伴有大量烃类气体的产生，其中主要的是甲烷。整个煤化作用阶段形成甲烷的示意反应式可由下列方程式表达：

$$\underset{\text{(泥炭)}}{4C_{16}H_{18}O_5} \longrightarrow \underbrace{C_{57}H_{36}O_{10} + 4CO_2\uparrow + 3CH_4\uparrow + 2H_2O}_{\text{(褐煤)}}$$

$$\underset{\text{(褐煤)}}{4C_{57}H_{56}O_{10}} \longrightarrow \underbrace{C_{54}H_{42}O_5 + CO_2\uparrow + 2CH_4\uparrow + 3H_2O}_{\text{(沥青煤)}}$$

$$\underset{\text{(烟煤)}}{C_{15}H_{14}O} \longrightarrow \underbrace{C_{13}H_4 + CO_2 + 2CH_4\uparrow + H_2O}_{\text{(无烟煤)}}$$

从褐煤到无烟煤，煤的变质程度增高，生成的瓦斯量也增多。

（二）瓦斯在煤体内的赋存状态

1. 煤体内的孔隙特征

1）煤体内的孔隙分类

煤体之所以能保存一定数量的瓦斯，与煤体内具有大量的孔隙的密切关系。根据煤的组成及其结构性质，煤中的孔隙可以分为三种：

(1) 宏观孔隙：指可用肉眼分辨的层理、节理、劈理及次生裂隙等形成的孔隙。一般在0.1mm以上。

(2) 显微孔隙：指用光学显微镜和扫描电镜能分辨的孔隙。

(3) 分子孔隙：指煤的分子结构所构成的超微孔隙。一般在0.1μm以下。

根据孔隙对瓦斯吸附、渗透和煤强度性质的影响，一般按直径把孔隙分为以下几种：

(1) 微孔：直径小于0.01μm，构成煤的吸附空间。

(2) 小孔：直径为0.01μm～0.1μm，是瓦斯凝结和扩散的空间。

(3) 中孔：直径为0.1μm～1μm，构成瓦斯层流渗流的空间。

(4) 大孔：直径为1μm～100μm，构成强烈层流渗透的空间，是结构被高度破坏的煤的破碎面。

(5) 可见孔和裂隙：大小100μm，构成层流及紊流混合渗流空间，是坚固和中等强度煤的破碎面。

2) 煤的孔隙率

煤的孔隙率是指煤中孔隙总体积与煤的总体积之比，通常用百分数表示，即

$$K(\%)=\frac{V_p-V}{V_p}\times 100 \tag{1-1}$$

式中 K——煤的孔隙率，%；

V_p——煤的总体积，包括其中的孔隙体积，mL；

V_f——煤的实在体积，不包括其中孔隙体积，mL。

煤的孔隙率可以通过实测煤的真密度和视密度来确定，不同单位煤的孔隙率与煤的真密度、视密度存在如下关系：

$$K=\frac{1}{\rho_p}-\frac{1}{\rho_t} \tag{1-2}$$

$$K_1=\frac{\rho_t-\rho_p}{\rho_t} \tag{1-3}$$

式中 K、K_1——单位质量和单位体积煤的孔隙率，m^3/t、m^3/m^3（或%）；

ρ_p——煤的视密度，即包括孔隙在内的煤密度，t/m^3；

ρ_t——煤的真密度，即扣除孔隙后煤的密度，t/m^3。

煤的视密度 ρ_p 和煤的真密度 ρ_t 可在实验室内测得。真密度与视密度的差值越大，煤的孔隙率也越大。

国内外对煤孔隙率的测定结果表明，煤的孔隙率与煤的变质程度有一定关系。表1-1是我国部分矿井煤的孔隙率。图1-1是我国抚顺煤科分院对不同变质程度煤孔隙率的测定结果。

表1-1 我国一些矿井煤的孔隙率表

矿井	煤的挥发分/%	孔隙率/%
抚顺老虎台	45.76	14.05
鹤岗大陆	31.86	10.6
开栾马家沟12号煤	26.9	6.59
本溪 田师傅3号煤	13.71	6.7
阳泉三矿3号煤	6.66	14.1
焦作王封大煤	5.82	18.5

从以上图表可以看出，不同的煤种孔隙率有很大不同，即使是同一类煤，孔隙率的变化范围也很大，但总的趋势是中等变质程度的煤孔隙率最小，变质程度变小和变大时，孔隙率都会增大。

2. 瓦斯在煤体内的赋存状态

瓦斯在煤体中呈两种状态存在，即游离状态和吸附状态。

1）游离状态

游离状态也叫自由状态，存在于煤的孔隙和裂隙中，如图 1-2 所示。这种状态的瓦斯以自由气体存在，呈现出的压力服从自由气体定律。游离瓦斯量的大小主要取决于煤的孔隙率，在相同的瓦斯压力下，煤的孔隙率越大，则所含游离瓦斯量也越大。在储存空间一定时，其量的大小与瓦斯压力成正比，与瓦斯温度成反比。

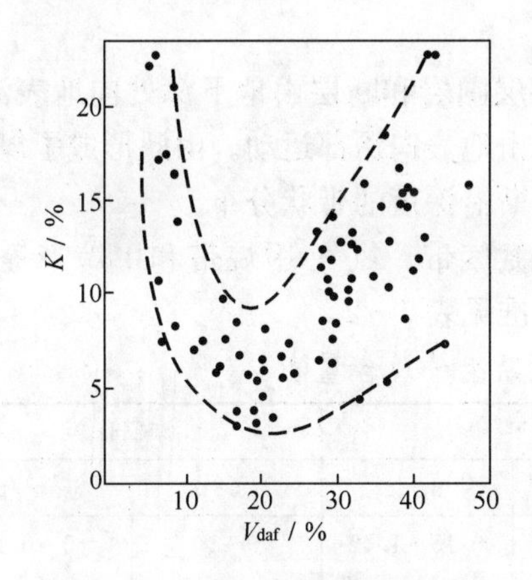

图 1-1 煤的孔隙率随煤可燃基挥发分含量的变化

图 1-2 瓦斯在煤内的存在状态示意图
1—游离瓦斯；2—吸着瓦斯；3—吸收瓦斯；4—煤体；5—孔隙。

2）吸附状态

吸附状态的瓦斯主要吸附在煤的微孔表面上（吸着瓦斯）和煤的微粒结构内部（吸收瓦斯）。吸着状态是在孔隙表面的固体分子引力作用下，瓦斯分子被紧密地吸附于孔隙表面上，形成很薄的吸附层；而吸收状态是瓦斯分子充填到极其微小的微孔孔隙内，占据着煤分子结构的空位和煤分子之间的空间，如同气体溶解于液体中的状态。吸附瓦斯量的大小，取决于煤的孔隙结构特点、瓦斯压力、煤的温度和湿度等。一般规律是：煤中的微孔越多、瓦斯压力越大，吸附瓦斯量越大；随着煤的温度增加，煤的吸附能力下降；煤的水分占据微孔的部分表面积，故煤的湿度越大，吸附瓦斯量越小。

煤体中的瓦斯含量是一定的，但处于游离状态和吸附状态的瓦斯量是可以相互转化的，这取决于外界的温度和压力等条件变化。如当压力升高或温度降低时，部分瓦斯将由游离状态转化为吸附状态，这种现象叫做吸附；相反，压力降低或温度升高时，又会有部分瓦斯由吸附状态转化为游离状态，这种现象叫做解吸。吸附和解吸是两个互逆过程，这两个过程在原始应力下处于一种动态平衡，当原始应力发生变化时，这种动态平衡状态将被破坏。

根据国内外研究成果，现今开采的深度内，煤层中的瓦斯主要是以吸附状态存在着，游离状态的瓦斯只占总量的 10%左右，但在断层、大的裂隙、孔洞和砂岩内，瓦斯则主要以游离状态赋存。随着煤层被开采，煤层顶底板附近的煤岩产生裂隙，导致透气性增加，瓦斯压力随之下降，煤体中的吸附瓦斯解吸而成为游离瓦斯，在瓦斯压力失去平衡的情况下，大量游离瓦斯就会通过各种通道涌入采掘空间，因此，随着采掘工作的进展，瓦斯涌出的范围会不断扩大，瓦斯将保持较长时间持续涌出。

（三）煤层瓦斯赋存的垂直分带

当煤层有露头或在冲击层下有含煤地层时，在煤层内存在两个不同方向的气体运移，表现为煤层中经煤化作用生成的瓦斯经煤层、上覆岩层和断层等由深部向地表运移；地面的空气、表土中的生物化学作用生成的气体向煤层深部渗透和扩散。这两种反向运移的结果，形成了煤层中各种气体成分由浅到深有规律地变化，呈现出沿赋存深度方向上的带状分布。煤层瓦斯的带状分布是煤层瓦斯含量及巷道瓦斯涌出量预测的基础，也是搞好瓦斯管理的重要依据。

1. 瓦斯风化带及其深度的确定依据

在漫长的地质历史中，煤层中的瓦斯经煤层、煤层围岩和断层由地下深处向地表流动；而地表的空气、生物化学和化学作用生成的气体，则由地表向深部运动。由此形成了煤层中各种瓦斯成分由浅到深有规律的变化，这就是煤层瓦斯沿深度的带状分布。

煤层瓦斯自上而下可划分为氮气-二氧化碳带、氮气带、氮气-甲烷带和甲烷带等四个带。前三个带统称为瓦斯风化带。各瓦斯带的划分标准见表 1-2。

表 1-2　煤层瓦斯垂直分带瓦斯组分及含量表

瓦斯带名称	CO_2		N_2		CH_4	
	%	m^3/t	%	m^3/t	%	m^3/t
氮气-二氧化碳	20～80	0.19～2.24	20～80	0.15～1.42	0～10	0～0.16
氮气	0～20	0～0.27	80～100	0.22～1.86	0～20	0～0.22
氮气-甲烷	0～20	0～0.39	20～80	0.25～1.78	20～80	0.06～5.27
甲烷	0～10	0～0.37	0～20	0～1.93	80～100	0.61～10.5

图 1-3 是煤田煤层瓦斯组分在各瓦斯带中的变化。由图中可见，甲烷带中的甲烷含量都在 80%以上，而其他各带甲烷含量逐渐减少或消失，因此，把前面的氮气-二氧化碳带、氮气带、氮气-甲烷带统称为瓦斯风化带。

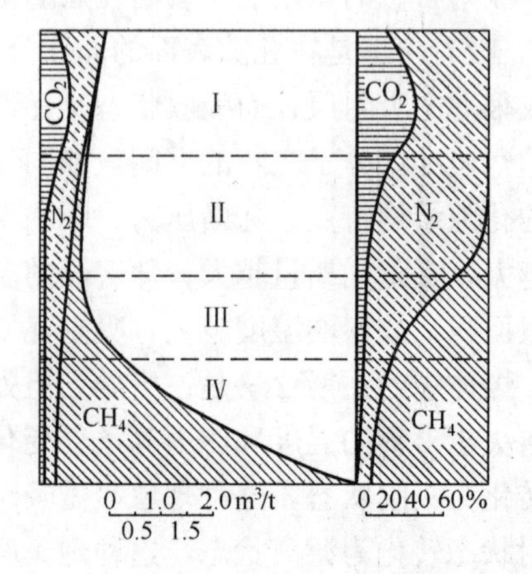

图 1-3　煤田煤层瓦斯组分在各瓦斯带中的变化
Ⅰ—氮气-二氧化碳带；Ⅱ—氮气带；
Ⅲ—氮气-甲烷带；Ⅳ—甲烷带。

由于各个煤田的形成条件和煤层瓦斯生成环境不同，各煤田的瓦斯组分可能有很大差别。此外，受成煤环境和各种地质条件的影响，有的矿井中甚至缺失了其中的一个或两个带，如沈阳红阳三矿井田就缺失了氮气带和氮气-甲烷带，而仅存在二氧化碳-甲烷带和甲烷带。有的矿井甚至出现了二氧化碳-甲烷带。

瓦斯风化带的下部边界深度可根据下列指标中的任何一项来确定：

（1）在瓦斯风化带开采煤层时，煤层的相对瓦斯涌出量达到 $2m^3/t$；

(2) 煤层内的瓦斯组分中甲烷组分含量达到80%(体积比);

(3) 煤层内的瓦斯压力为0.1MPa~0.15MPa;

(4) 煤的瓦斯含量烟煤达到$2m^3t \sim 3m^3/t$和无烟煤达到$5m^3t \sim 7m^3/t$。

瓦斯风化带的深度取决于井田地质和煤层赋存条件,如围岩性质、煤层有无露头、断层发育情况、煤层倾角、地下水活动情况等。围岩透气性越好、煤层倾角越大、开放性断层越发育、地下水活动越剧烈,则瓦斯风化带深度就越大。

不同矿区瓦斯风化带的深度有较大差异,即使是同一井田有时也相差很大,如开滦矿区的唐山矿和赵各庄矿,两矿的瓦斯风化带深度下限就相差80m。表1-3是我国部分高瓦斯矿井煤层瓦斯风化带深度的实测结果。

表1-3 我国部分高瓦斯矿井煤层瓦斯风化带深度

矿区(矿井)	煤层	瓦斯风化带深度/m	矿区(矿井)	煤层	瓦斯风化带深度/m
抚顺(龙凤)	本层	250	南桐(南桐)	4	30~50
抚顺(老虎台)	本层	300	天府(磨心坡)	9	50
北票(台吉)	4	115	六枝(地宗)	7	70
北票(三宝)	9B	110	六枝(四角田)	7	60
焦作(焦西)	大煤	180~200	六枝(木岗)	7	100
焦作(李封)	大煤	80	淮北(卢岭)	8	240~260
焦作(演马庄)	大煤	100	淮北(朱仙庄)	8	320
白沙(红卫)	6	15	淮南(谢家集)	C_{13}	45
涟邵(洪山殿)	4	30~50	淮南(谢家集)	B_{11b}	35
南桐(东林)	4	30~50	淮南(李郢孜)	C_{13}	428
南桐(鱼田堡)	4	30~70	淮南(李郢孜)	B_{11b}	420

需要特别说明,尽管位于瓦斯风化带内的矿井多为低瓦斯矿井或低瓦斯区域,瓦斯对生产安全不构成主要威胁,但有的矿井或区域二氧化碳或氮气含量很高,如果通风不良或管理不善,也有可能造成人员窒息事故。如1980年江苏某矿在瓦斯风化带内掘进带式输送机巷道时,曾先后两次发生人员窒息事故,经分析是煤层中高含量氮气涌入巷道内造成的。

2. 甲烷带

瓦斯风化带以下是甲烷带,是大多数矿井进行采掘活动的主要区域。在甲烷带内,煤层的瓦斯压力、瓦斯含量随着埋藏深度的增加呈有规律的增长。增长的梯度,随不同煤化程度、不同地质构造和赋存条件而有所不同。相对瓦斯涌出量也随着开采深度的增加而有规律地增加,不少矿井还出现了瓦斯喷出、煤与瓦斯突出等特殊涌出现象。因此,要搞好瓦斯防治工作,就必须重视甲烷带内的瓦斯赋存与运移规律,采取针对性措施,才能有效地防止瓦斯的各种危害。

二、影响瓦斯赋存的地质因素

瓦斯是地质作用的产物,瓦斯的形成和保存、运移与富集同地质条件有密切关系,瓦斯的赋存和分布受地质条件的影响和制约。以下为影响瓦斯赋存的主要地质因素。

(一) 煤的变质程度

在煤化作用过程中,不断地产生瓦斯,煤化程度越高,生成的瓦斯量越多。因此,在其他因素相同的条件下，煤的变质程度越高，煤层瓦斯含量越大。

煤的变质程度不仅影响瓦斯的生成量，还在很大程度上决定着煤对瓦斯的吸附能力。在成煤初期，褐煤的结构疏松，孔隙率大，瓦斯分子能渗入煤体内部，因此褐煤具有很大的吸附能力。但该阶段瓦斯生成量较少，且不易保存，煤中实际所含的瓦斯量一般不大。在煤的变质过程中，由于地压的作用，煤的孔隙率减小，煤质渐趋致密。长焰煤的孔隙和内表面积都比较少，所以吸附瓦斯的能力大大降低，最大吸附瓦斯量在 $20m^3/t$～$30m^3/t$ 左右。随着煤的进一步变质，在高温、高压作用下，煤体内部因干馏作用而生成许多微孔隙，使表面积到无烟煤时达到最大。据试验室测定，1g 无烟煤的微孔表面积可达 $200m^2$ 之多。因此，无烟煤吸附瓦斯的能力最强可达 $50m^3t$～$60m^3/t$。但是当由无烟煤向超无烟煤过渡时，微孔又收缩、减少，煤的吸附瓦斯能力急剧减小，到石墨时吸附瓦斯能力消失（图 1-4）。

（二）围岩条件

煤层围岩是指煤层直接顶、基本顶、老顶和直接底板等在内的一定厚度范围的层段。煤层围岩对瓦斯赋存的影响，决定于它的隔气、透气性能。

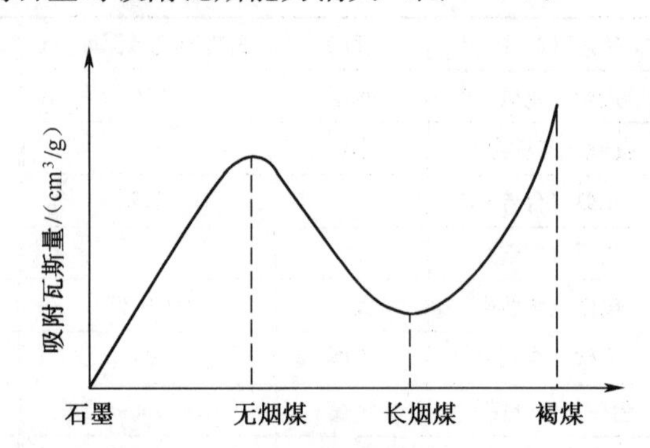

图 1-4　不同变质程度煤对瓦斯的吸附能力示意图

一般来说，当煤层顶板岩性为致密完整的岩石，如页岩、油母页岩时，煤层中的瓦斯容易被保存下来；顶板为多孔隙或脆性裂隙发育的岩石，如砾岩、砂岩时，瓦斯容易逸散。例如，北京京西煤矿，不论是下侏罗纪或是石炭二叠纪的煤层，尽管煤的牌号为无烟煤，由于煤层顶板为 12m～16m 的厚层中粒砂岩，透气性好，因此煤层瓦斯含量小，矿井瓦斯涌出量低。与围岩的隔气、透气性能有关的指标是孔隙性、渗透性和孔隙结构。泥质岩石有利于瓦斯的保存，若含砂质、粉砂质等杂质时，会大大降低它的遮挡能力。粉砂杂质含量不同，影响到泥质岩中优势孔隙的大小。例如，泥岩中粉砂组分含量为 20%时，占优势的是 0.025μm～0.05μm 的孔隙；粉砂组分含量为 50%时，优势孔隙则为 0.08μm～0.16μm。孔隙直径的这种变化，也在岩石的遮挡性质上反映出来。随着孔隙直径的增大，渗透性将增高，岩石遮挡能力则显著减弱。砂岩一般有利于瓦斯逸散，但有些地区砂岩的孔隙度和渗透率均低时，也是很好的遮挡面。

煤层围岩的透气性不仅与岩性特征有关，还与一定范围内的岩性组合及变形特点有关。按岩石的力学性质，可将围岩分为强岩层（砂岩、石灰岩等）和弱岩层（细碎屑岩和煤等）两类。强岩层不易塑性变形，而易于破裂；弱岩层则常呈塑性变形。

（三）地质构造

地质构造对瓦斯赋存的影响，一方面是造成了瓦斯分布的不均衡，另一方面是形成了有利于瓦斯赋存或有利于瓦斯排放的条件。不同类型的构造形迹，地质构造的不同部位、不同的力学性质和封闭情况，形成了不同的瓦斯赋存条件。

1. 褶皱构造

褶皱的类型、封闭情况和复杂程度，对瓦斯赋存均有影响。

当煤层顶板岩石透气性差，且未遭构造破坏时，背斜有利于瓦斯的储存，是良好的储气构造，背斜轴部的瓦斯会相对聚集，瓦斯含量增大。在向斜盆地构造的矿区，顶板封闭条件良好时，瓦斯沿垂直地层方向运移是比较困难的，大部分瓦斯仅能沿两翼流向地表。紧密褶皱地区往往瓦斯含量较高。因为这些地区受强烈构造作用，应力集中；同时，发生褶皱的岩层往往塑性较强，易褶不易断，封闭性较好，因而有利于瓦斯的聚集和保存。

2. 断裂构造

地质构造中的断层破坏了煤层的连续完整性，使煤层瓦斯运移条件发生变化。有的断层有利于瓦斯排放，也有的断层对瓦斯排放起阻挡作用，成为逸散的屏障。前者称开放型断层，后者称封闭型断层。断层的开放与封闭性决定于下列条件：

(1) 断层的性质和力学性质。一般张性正断层属开放型，而压性或压扭性逆断层封闭条件较好。

(2) 断层与地表或与冲积层的连通情况。规模大且与地表相通或与冲积层相连的断层一般为开放型。

(3) 断层将煤层断开后，煤层与断层另一盘接触的岩层性质。若透气性好则利于瓦斯排放，反之则阻挡瓦斯的逸散。

(4) 断层带的特征。断层带的充填情况、紧闭程度、裂隙发育情况等都会影响到断层的开放或封闭性。

此外，断层的空间方位对瓦斯的保存、逸散也有影响。一般走向断层阻隔了瓦斯沿煤层倾斜方向的逸散，而倾向和斜交断层则把煤层切割成互不联系的块体。

不同类型的断层，形成了不同的构造边界条件，对瓦斯赋存产生不同的影响。例如，焦作矿区东西向的主体构造凤凰岭断层和朱村断层，落差均在百米以上，使煤层与裂隙溶洞发育的奥陶系灰岩接触，皆属开放型断层，因而断裂带附近瓦斯含量很小。

3. 构造组合与瓦斯赋存的关系

控制瓦斯分布的构造形迹的组合形式，可大致归纳为以下几种类型：

(1) 逆断层边界封闭型。这一类型中，压性、压扭性逆断层常作为矿井或区域的对边边界，断层面一般相背倾斜，使整个矿井处于封闭的条件之下。如内蒙古大青山煤田，南北两侧均为逆断层，断层面倾向相背，煤田位于逆断层的下盘，在构造组合上形成较好的封闭条件。该煤田各矿煤层的瓦斯含量，普遍高于区内开采同时代含煤岩系的乌海煤田和桌子山煤田。

(2) 构造盖层封闭型。盖层条件原指沉积盖层而言，从构造角度，也可指构造成因的盖层。如某一较大的逆掩断层，将大面积透气性差的岩层推覆到煤层或煤层附近之上，改变了原来的盖层条件，同样对瓦斯起到了封闭作用。

(3) 断层块段封闭型。该类型由两组不同方向的压扭性断层在平面上组成三角形或多边形块体，块段边界为封闭型断层所圈闭。

(四) 煤层的埋藏深度

在瓦斯风化带以下，煤层瓦斯含量、瓦斯压力和瓦斯涌出量都与深度的增加有一定的比例关系。

一般情况下，煤层中的瓦斯压力随着埋藏深度的增加而增大。随着瓦斯压力的增加，煤与岩石中游离瓦斯量所占的比例增大，同时煤中的吸附瓦斯逐渐趋于饱和。因此从理论上分析，在一定深度范围内，煤层瓦斯含量亦随埋藏深度的增大而增加。但是如果埋藏深度继续增大，瓦斯含量增加的速度将要减慢。

个别矿井的煤层，随着埋藏深度的增大，瓦斯涌出量反而相对减小。例如，徐州矿务局大黄山矿属于低瓦斯矿井，位处较浅的有限煤盆地，煤层倾角大，在新老不整合面上有厚层低透气性盖层，瓦斯主要沿煤层向上运移。由于煤盆地范围小，深部缺乏足够的瓦斯补给，因而当从盆地四周由浅部向深部开采时，瓦斯涌出量随着开采深度增加而减小。

（五）煤田的暴露程度

暴露式煤田，煤系地层出露于地表，煤层瓦斯往往沿煤层露头排放，瓦斯含量大为减少。隐伏式煤田，如果盖层厚度较大，透气性又差，煤层瓦斯常积聚储存；反之，若覆盖层透气性好，容易使煤层中的瓦斯缓慢逸散，煤层瓦斯含量一般不大。

在评价一个煤田的暴露情况时，不仅要注意煤田当前的暴露程度，还要考虑到成煤后整个地质时期内煤系地层的暴露情况及瓦斯风化过程的延续时间。

（六）水文地质条件

地下水与瓦斯共存于煤层及围岩之中，其共性是均为流体，运移和赋存都与煤、岩层的孔隙、裂隙通道有关。由于地下水的运移，一方面驱动着裂隙和孔隙中瓦斯的运移，另一方面又带动溶解于水中的瓦斯一起流动。尽管瓦斯在水中的溶解度仅为1%～4%，但在地下水交换活跃的地区，水能从煤层中带走大量的瓦斯，使煤层瓦斯含量明显减少。同时，水吸附在裂隙和孔隙的表面，还减弱了煤对瓦斯的吸附能力。因此，地下水的活动有利于瓦斯的逸散。地下水和瓦斯占有的空间是互补的，这种相逆的关系，常表现为水大地带瓦斯小，反之亦然。

（七）岩浆活动

岩浆活动对瓦斯赋存的影响比较复杂。岩浆侵入含煤岩系或煤层，在岩浆热变质和接触变质的影响下，煤的变质程度升高，增大了瓦斯的生成量和对瓦斯的吸附能力。在没有隔气盖层、封闭条件不好的情况下，岩浆的高温作用可以强化煤层瓦斯排放，使煤层瓦斯含量减小。岩浆岩体有时使煤层局部被覆盖或封闭，成为隔气盖层。但在有些情况下，由于岩脉蚀变带裂隙增加，造成风化作用加强，可逐渐形成裂隙通道，而有利于瓦斯的排放。所以说，岩浆活动对瓦斯赋存既有生成、保存瓦斯的作用，在某些条件下又有使瓦斯逸散的可能性。因此，在研究岩浆活动对煤层瓦斯的影响时，要结合地质背景作具体分析。

总的来看，岩浆侵入煤层有利于瓦斯生成和保存的现象比较普遍。但在某些矿区和矿井，由于岩浆侵入煤层，亦有造成瓦斯逸散或瓦斯含量降低的情形。如福建永安矿区属暴露式煤田，岩浆岩呈岩墙、岩脉侵入煤层，对煤层有烘烤、蚀变现象。岩脉直通地表，巷道揭露时有淋水现象，说明裂隙道通良好，有利于瓦斯逸散。该矿区煤层瓦斯含量普遍很小，均属低瓦斯矿井。

三、瓦斯的流动规律

煤层是由宏观裂隙和微观孔隙组成的多孔介质，一般情况下，以承压状态赋存在煤层中的瓦斯，当回采、掘进、打钻等工作破坏了煤层中原有的压力平衡后，便会由高压向低压流动。煤层中瓦斯的流动是复杂的过程，它与介质的结构和瓦斯的赋存特性密切相关，是气体在多孔介质中的流动。

（一）流动的基本规律

气体在多孔介质中的流动主要包括两个方面，即扩散运动和渗流运动。在尺寸较大的裂隙系统中，瓦斯运动属于渗流运动，而在孔隙结构的微孔中，则是扩散运动。

1. 扩散运动

分子自由运动使得物质由高浓度区域向低浓度区域运移的过程称为扩散运动。扩散运动的速度与该物质的浓度梯度成正比。瓦斯的扩散运动符合扩散规律，即菲克（Fick）定律：

$$J=-D\frac{\partial C}{\partial l} \tag{1-4}$$

式中 J——瓦斯扩散速度，$m^3/(m^2 \cdot s)$；

D——瓦斯扩散系数，m^2/s；

$\partial C/\partial l$——瓦斯沿方向上的浓度梯度，m^{-1}。

2. 渗流运动

瓦斯在较大的孔隙和裂隙中的渗流流动情况比较复杂，在 $Re<1\sim10$ 的低雷诺数区，表现为线性层流渗流，其运动规律符合达西定律；当 Re 在 10～100 范围内时，流动为非线性渗流；当 $Re>100$ 时，为紊流流动，流动阻力和流速的平方成正比。为了简化煤层瓦斯流动状态，通常用线性层流渗流来描述瓦斯在煤层中的运移规律，即达西定律：

$$V=-\frac{K}{\mu}\cdot\frac{\partial P}{\partial l} \tag{1-5}$$

式中 V——瓦斯的流速，m/s；

K——煤层的渗透率，m^2；

μ——瓦斯的绝对黏度，$Pa \cdot s$；

$\partial P/\partial l$——瓦斯的压力梯度，Pa/m。

由式（1-5）可见，决定煤层瓦斯流速的因素除了瓦斯压力梯度外，还有一个重要因素就是煤层的渗透率。该值反映了煤层中孔隙和裂隙的状况，对煤体受到的应力非常敏感。这是因为在外力的作用下，煤体中的孔隙和裂隙发生闭合，从而会大大减小煤层的渗透性。此外，煤体吸附瓦斯后，强度降低，塑性增加，加剧了对应力的敏感程度。在矿井采掘过程中，工作空间周围煤体或岩体中的应力场会发生变化，形成卸压带（裂隙带）和应力集中带，这些带中的瓦斯的渗透性都会发生较大的变化，对瓦斯的运移具有重大影响。

（二）流动的形态

在煤层中开掘巷道后瓦斯便向其空间流动，从而形成一定的流动范围和压力分布，这一范围通常称为流动场。在瓦斯流动场内，瓦斯处于流动状态，具有流向、流速、压力梯度等运动参数。对于煤层中的瓦斯流动场，按巷道在煤层中的空间位置不同可以分为三种，即单向流动、径向流动和球向流动。

1. 单向流动

单向流动如图 1-5 所示，在三维空间内只有一个方向有流速，其余两个方向的流速为零。沿煤层开掘的平巷中，当煤层厚度小于巷道高度时，巷道两侧的瓦斯会沿着垂直于巷道轴的方向流动，形成彼此平行、方向相同的网，这就是单向流场。

2. 径向流动

径向流动是平面流动，如图 1-6 所示，瓦斯等压线为一组同心圆，瓦斯沿圆的径向向圆心流动。穿过煤层的钻孔或石门、井筒等，瓦斯流动就是径向流动。

3. 球向流动

在煤矿井下，属于球向流动的情况较少。球向流动瓦斯等压线为一组同心球，瓦斯沿球的径向流动。石门揭开特厚煤层、特厚煤层中的掘进头、煤层中的钻孔孔底及煤块的瓦斯放散等，都可以近似视为球向流动。

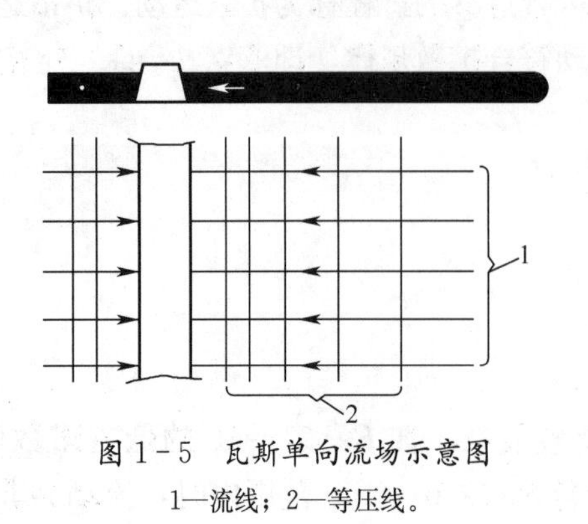

图 1-5 瓦斯单向流场示意图
1—流线；2—等压线。

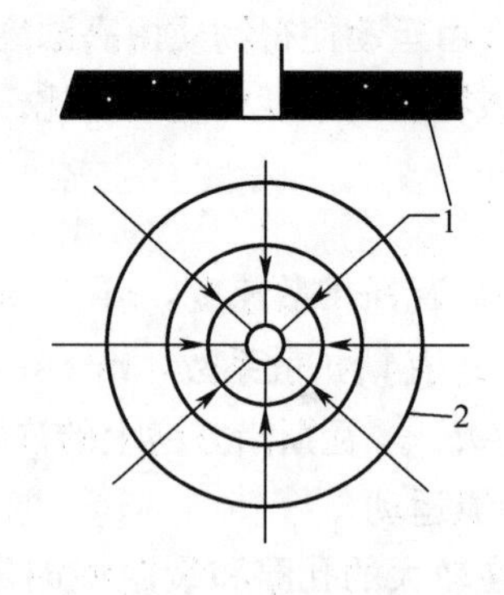

图 1-6 瓦斯径向流场示意图
1—流线；2—等压线。

上述三种流动场是典型的基本形式，实际矿井中煤层内瓦斯流动是复杂的，是多种形态的综合，在实际应用时应注意分析具体情况。

（三）采动影响下邻近煤层瓦斯的流动

当开采煤层的顶底板地层中有邻近煤层时，受到本煤层开采的影响，顶底板地层都会发生不同程度的位移和应力的重新分布，从而在地层中造成大量的裂隙，使邻近煤层中的瓦斯可以通过这些裂隙涌出到开采空间。这一过程表现最明显的地点是采煤工作面及其采空区，如图 1-7 所示。

在采煤工作面第一次放顶后，煤层顶板岩层冒落或破裂变形，在采空区附近形成一个卸压圈。靠近冒落区的邻近煤层有的直接向采空区放散瓦斯，而大多数则会通过裂隙向采空区放散瓦斯；还有一些煤层需要经过一段时间，裂隙发展到该煤层后才会向开采煤层的采空区放散瓦斯。通常，顶板岩层变形区域随时间和空间不断扩大，达到一定范围后停止。底板岩层因上部卸压引起膨胀变形，形成裂隙，从而沟通下部的邻近煤层，使其向开采空间放散瓦斯。开采过程中，由于顶底板地层裂隙的发展往往不是连续的，因此，邻近煤层的瓦斯放散也呈现跳跃式的变化。对于具体矿井，应分析开采煤层的具体情况，进行实际测定才能确定邻近煤层放散到本煤层中的瓦斯状况。

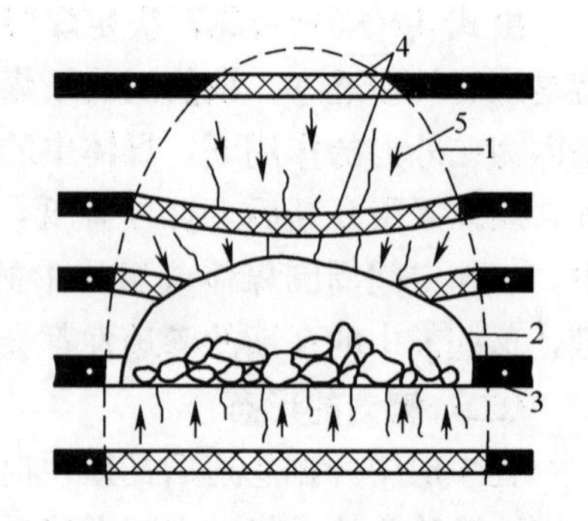

图 1-7 邻近煤层的瓦斯流动
1—卸压圈；2—冒落圈；3—开采煤层；4—邻近煤层；5—瓦斯流向。

四、影响煤与瓦斯突出分布的地质因素

国内外对煤和瓦斯突出分布的研究表明，无论在煤田、矿区或井田范围内，突出都是不均匀分布的，它们往往比较集中地发生在某些区域，称为突出的区域性分布。根据苏联马凯耶夫煤矿安全科学研究所的研究，在顿巴斯煤田各个矿井煤层中，突出危险区只占煤和瓦斯突出危险煤层总面积的 5%～7%。在预报的非突出区中，由于不采取预防措施，其产量和掘进速度可提高 5%～30%。因此，研究煤和瓦斯突出的区域性分布，对合理的采取防止突出措施，减少盲目性，具有很大的现实意义。

（一）地质构造

在我国1955年—1978年部分局矿的统计资料中，也可以看出这种联系。例如，四川南桐矿区（1955—1972年）在有资料记载的464次突出中，有436次（占94%）发生在构造带；红卫煤矿（1954—1976年）225次突出中，有190多次（占85%）发生在煤包处。

国内外大量的资料表明：煤和瓦斯突出的区域性分布主要取决于构造条件。根据已有资料，突出危险区主要发生在下述构造部位（构造带）。

1. 封闭向斜轴附近

向斜是由水平侧压力作用形成的，在其中性面的下部产生张应力，在中性面上部产生压应力。在轴部地带，上面受到强大的压应力作用，而下面受到深部地层的阻力，使岩层受到进一步的挤压，或产生一些小型的层间滑动（并且往往有近似地沿着最大应变轴方向延伸的压性逆断层出现）。这是一个地应力较高的地带。因此，向斜轴部地带往往是突出点分布密集地区。

2. 帚状构造的收敛端

帚状构造的收敛端常常是应力集中的地点，因而有较大的突出危险性。例如，天府矿务局三汇一矿+280m主平硐掘开断层上、下盘的六号煤层时，分别发生了强度12780t和2500t的特大型突出。在三号层掘进巷道时，又发生了强度为数十吨的29次突出。

3. 煤层的扭转区

在煤层扭转区，由于受到强大扭力的作用，煤层逐渐发生倒转，构造应力高度集中，故常常是突出严重的地区。

4. 煤层产状变化地带

在煤层产状沿走向（或倾向）发生转折、变陡或变缓的地区，是地应力集中的地区，也常常是突出严重的地区。

苏联H.M.毕楚克曾经对由于煤层倾角变化而产生的附加应力作过粗略的计算。当煤层的倾角由8°变到14°时（曲率半径$p \approx 600$m），如果弹性岩石埋藏在距离中性面60m处，地应力可以超过砂岩的极限强度几倍。

5. 压性、压扭性小断层带

断裂构造是地应力达到或超过岩石断裂强度时，岩石连续发生破坏的产物，总的表现为地应力的释放。然而，在一些由于受到水平方向挤压而形成的断距较小的压性或压扭性小断层带，应力释放还不充分，仍保持着应力集中，其两侧还处于强烈挤压状态，对瓦斯储存也较为有利。同时，两侧的煤体结构遭到破坏，因而常常是突出集中的地点。

（二）煤层厚度变化

突出集中发生在煤层厚度变化地带，也是各突出矿井常见的情况。在一些局矿（如北票矿务局、英岗岭煤矿等），突出发生在这类造地带约占20%～30%，湖南的一些矿井（如白沙矿务局红卫煤矿等），在此类构造带发生的突出还要多一些。

煤层厚度变化的原因很多。其中有原生的因素，也有后期构造运动所造成的。与突出有关的煤层厚度变化带多属后期构造变动引起的。在煤层厚度急剧变化处易产生应力集中和煤体结构的破坏，形成有利于突出发生的地质条件。

（三）煤体结构

煤与瓦斯突出发生在煤层中，煤的结构特征对突出也有显著影响。一般原生结构的煤不发生突出，属非突出煤。受构造应力作用，煤的原生结构遭受破坏后所表现出的结构称为构造结构。突出煤层均具有构造结构特征，它主要是指煤层在后期改造中所形成的结构。

根据大量突出点的调查统计，在发生突出的地点及附近的煤层都具有层理紊乱，煤质松软的特点。人们习惯上把这种煤叫做软分层煤，或简称软煤。地质角度分析，软分层煤应属于构造煤，它是煤层在构造应力作用下形变的产物。在突出矿井，构造煤的存在是发生突出的一个必要条件。

按照煤在构造作用下的破碎程度，可将构造煤分为3种类型：

（1）碎裂煤：煤被密集的相互交叉的裂隙切割成碎块，这些碎块保持尖棱角状，相互之间没有大的移位，煤仅在一些剪性裂隙表面被磨成细粉。

（2）碎粒煤：煤已破碎成粒状，其主要粒级在1mm以上。由于运动过程中颗粒间相互摩擦，因此大部分颗粒被磨去了棱角，并被重新压紧。

（3）糜棱煤：煤已破碎成细粒状或细粉状，并被重新压紧，其主要粒级在1mm以下，有时煤粒磨得很细，只相当于岩石的粉砂级，由于这种煤经历了强烈形变和发生了塑性流动，因而肉眼和显微镜下常可看到流动构造，如长条状颗粒的定向排列等。

对构造煤的瓦斯地质参数测试结果表明，随着煤体破坏程度的增高，煤的坚固性系数（f值）降低（图1-8），而瓦斯放散指数（Δp）增大（图1-9）。同原生结构煤相比，构造煤具有坚固性系数小、瓦斯放散指数大和瓦斯含量高等特点，这是构造煤易于发生突出的重要原因。构造变动引起的煤厚变化和煤体结构破坏是受地质构造控制的，因此这三个因素可归结为地质构造破坏。煤与瓦斯突出为什么集中发生在构造破坏带呢？大部分研究者认为：构造破坏加深了煤的破坏程度，使煤的机械强度降低、瓦斯放散能力提高，或因处于断层某一翼的煤层中的瓦斯向地表排放不利等，瓦斯含量增高。另外，在一些构造带，存在着较高的构造应力，增大了突出危险性。

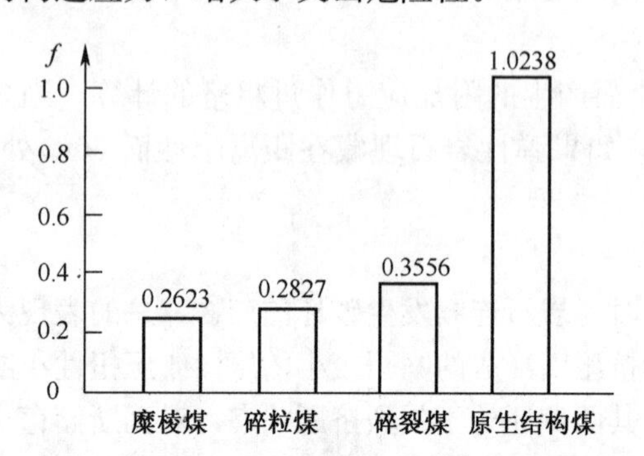

图1-8　萍乡青山矿各类煤的坚固性系数直方图

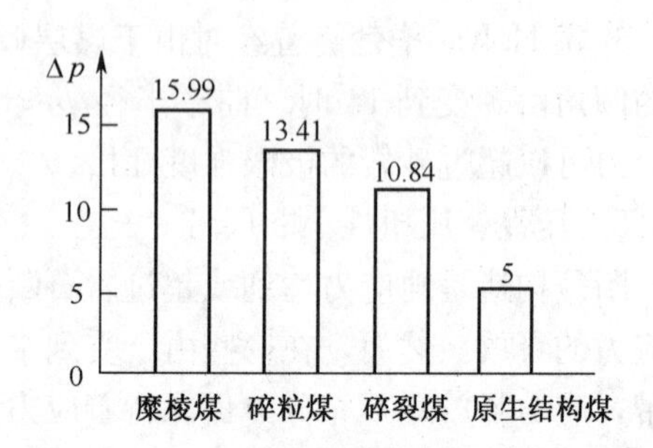

图1-9　萍乡青山矿各类煤的瓦斯放散指数

五、瓦斯地质图

（一）瓦斯地质图的作用

矿井瓦斯地质图是矿井瓦斯地质规律的科学总结，是煤炭管理工程技术人员交流的共同语言；能反映矿井瓦斯涌出规律，预测瓦斯涌出量；划分出不同级别的瓦斯地质单元，预测煤与瓦斯突出危险性；能够系统地集中反映矿井瓦斯地质资料，随时跟踪瓦斯地质信息，综合防治瓦斯灾害。

《煤矿安全规程》规定：“突出矿井必须及时编制矿井瓦斯地质图，图中表明采掘进度、被保护范围、煤层赋存条件、地质构造、突出点的位置、突出强度、瓦斯基本参数等，作为煤与瓦斯突出危险性区域预测和制定防治突出措施的依据”。《防治煤与瓦斯突出细则》规定：“在地质勘探、新井建设、矿井生产时期应进行区域预测，把煤层划分为突出煤层和非突出煤层”；“突出煤层经区域预测后，可划分为突出危险区、突出威胁区和无突出危险区。在突出危险区内，应进行工作面预测”。

搞清瓦斯地质规律，编制矿井瓦斯地质图，对煤与瓦斯突出危险性进行预测，划分突出危险性区域，预测瓦斯涌出量，做好“以风定产”，有的放矢地综合防治瓦斯灾害。

一个矿区、一个井田的瓦斯地质规律，有时需要几年或更长时间才能被认识。矿井瓦斯地质图能最大限度地集中反映出煤层采掘揭露出来的丰富的瓦斯地质信息，随着生产进程，连续跟踪、分析、整理，并不断地修改。矿井瓦斯地质图还可以最大限度地宣传、普及瓦斯地质知识，使各级领导和广大工程技术人员了解和掌握矿井瓦斯地质规律，提高防范意识，综合防治瓦斯灾害。

（二）瓦斯地质图涵盖的主要内容

（1）地质资料：包括煤层露头，煤层底板等高线，褶皱轴，断层，煤层厚度，煤层顶板砂、泥岩分界线，构造煤的类型和厚度分布。

（2）瓦斯资料：包括动力现象发生点的位置、突出（倾出）煤量和瓦斯涌出量，尤其是采掘工作面每日的瓦斯浓度、风量和抽放量，准确地计算出各个采、掘工作面每日的绝对瓦斯涌出量点值，每一个采、掘工作面每个月都可以得到30个瓦斯涌出量点值，最能反映相应位置的地质条件和采掘工艺条件下及开采程序条件的瓦斯涌出量点值，是信息量大、最可贵的与生产实际结合最紧密的第一手资料。

（三）瓦斯地质图表示方法

1. 地质内容表示方法

（1）煤层底板等高线。在瓦斯地质图中用细实线表示，标高差一般为50m，但在褶皱和断层影响引起煤层倾角变化大的部位，等高线可适当加密。等高线精度要求要高，因为瓦斯变化受煤层倾角变化和标高的控制。采掘揭露后，要对等高线进行修正。

（2）所有工程揭露的断层和褶皱轴线、煤层顶板砂泥岩分界线，瓦斯地质图中用一定颜色和型号的线条表示。

（3）构造煤厚度。选一些能反映构造煤厚度分布特征的点，在瓦斯地质图中用一定颜色、高度和宽度的小柱状来表示。

2. 瓦斯内容表示方法

（1）瓦斯涌出量区划。根据矿井瓦斯涌出特征，用一定的数值标准，在瓦斯地质图中将瓦斯涌出划分为不同的区域，并用不同的颜色来填充不同的区域以区分瓦斯涌出量的不同级别。

（2）绝对瓦斯涌出量等值线和相对瓦斯涌出量等值线。它们又各自分为实测线和预测线两部分，在瓦斯地质图中绝对瓦斯涌出量等值线和相对瓦斯涌出量等值线用不同颜色来区分，实测线和预测线用同颜色实线和虚线来区分。

（3）沿回采工作面和掘进巷道分布的回采工作面绝对瓦斯涌出量点和掘进巷道绝对瓦斯涌出量点。在瓦斯地质图中回采工作面相对瓦斯涌出量点用不同颜色的图块来区分和表示，在图块旁边辅以一定文本，来反映不同的瓦斯参数。

（4）瓦斯突出点和瓦斯突出区划。在瓦斯地质图中瓦斯突出点分别用一定颜色、大小圆点来表示突出的分布特征；瓦斯突出区划用不同的颜色填充突出预测危险区和威胁区来加以表示和区分。

（5）瓦斯含量和瓦斯压力测点。在瓦斯地质图中用不同的颜色和形状的点来表示。

（四）瓦斯地质图的类型

瓦斯地质图一般是在各种煤矿地质图的基础上绘制的，目前还没有统一的编图标准，不同矿井采用不同的编图方法和编绘内容，其形式类型可归纳为瓦斯地质柱状图、瓦斯地质剖面图、瓦斯地质平面图等类型。从各类瓦斯地质图来看，基本上涵盖了煤层底板等高线，采掘工程（回采工作面、采区、巷道），断层、褶曲等地质构造，地质勘探钻孔、井田边界，瓦斯参数实际材料点（瓦斯含量点、瓦斯压力点、煤与瓦斯突出喷出点、瓦斯放散初速度Δp、煤的坚固性系数f等测试点，瓦斯参量等值线（包括瓦斯含量等值线、瓦斯压力等值线和瓦斯涌出量等值线），区划不同瓦斯地质单元，突出煤层（包括突出危险区、突出威胁区和无突出区），瓦斯风化带等主要内容。

1. 瓦斯地质综合柱状图

瓦斯地质综合柱状图是在煤系综合柱状图或地层柱状图的基础上，叠加后编制而成的（图1-10），可以反映某一块段、某一井田或矿区的煤系瓦斯地质概况。主要内容除一般地质内容外，还应说明煤系地层的透气性和煤层的瓦斯特征。

2. 瓦斯地质剖面图

瓦斯地质剖面图是以煤层地质剖面图为基础，叠加上瓦斯内容后编制的。按剖切范围的大小，还可作进一步划分。其中突出点剖面图是反映突出点局部范围的具体特征的图件。矿井、矿区瓦斯地质剖面图是反映沿某一方向剖面线上瓦斯地质特征的图件，该图应尽量反映剖面线及邻近的瓦斯资料，如大型突出点位、突出带范围等，并附以剖面线上瓦斯参数的变化曲线。

3. 瓦斯地质平面图

1）地质平面图

一般选用矿井可采煤层底板等高线作为编制底图，比例尺选用1：5000～1：2000绘制。对于开采多煤层的矿井，要分煤层编制。对开采急倾斜煤层的矿井，则以煤层立面投影图为底图。无论平面图或是立面图，均应表示瓦斯、地质两个方面的内容。

（1）编制的瓦斯主要内容：

①各种瓦斯参数的实际材料点，如实测瓦斯含量点、实测瓦斯压力点、瓦斯喷出点、突出点等。应按坐标展绘点位，并标注实测数值。对突出点要按强度划分5级，采用同一花纹不同大小的图例来表示，还应表示突出的瓦斯量。

②各种瓦斯等值线。首先圈定瓦斯风化带和瓦斯带的界线，在瓦斯带内勾绘掘进巷道绝对瓦斯涌出量等值线、回采工作面相对瓦斯涌出量等值线、瓦斯含量等值线等。

③各项瓦斯参数在井田范围内的分区分带线，或瓦斯地质单元的界线。根据井田内瓦斯含量、瓦斯涌出量、突出危险程度的差异进行块段的划分。

（2）编制的地质内容：

①要反映井田范围内与瓦斯赋存和突出分布有关的地质条件。主要包括煤层围岩的岩性特征、煤、岩层产状及变化、井田地质构造、煤层厚度及其变化、煤质和煤体结构等项。可以采用等高线、等厚线、等深线、等值线表示，也可以把各种实际材料转换成地质指标，在图纸上用各种地质指标等值线或分区分带线等来表示。例如：用变形系数来反映褶皱的强弱，用煤厚变异系数来表示厚度变化的大小等。任何一项地质条件在图纸上可以有几种不同的表示方法。

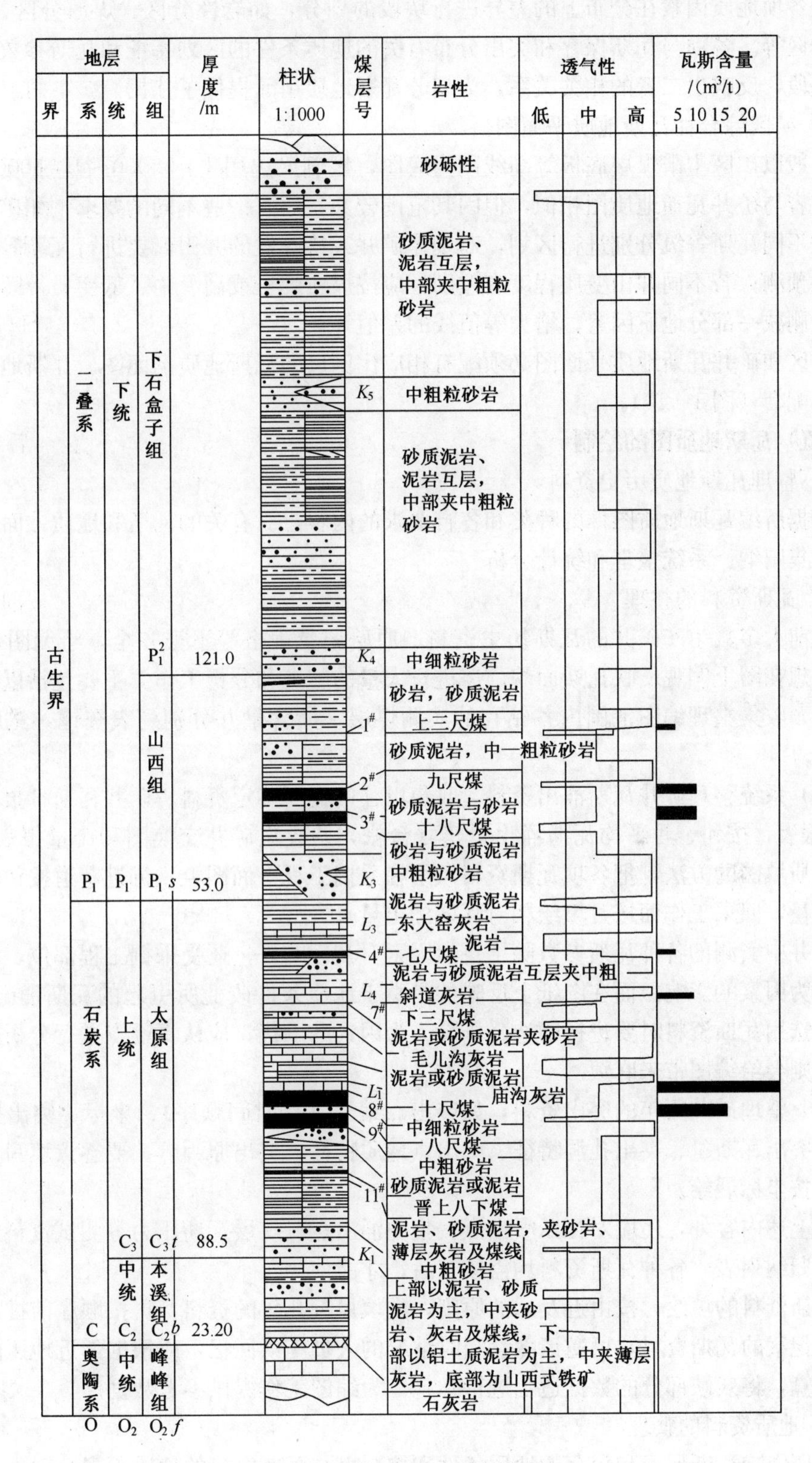

图 1-10 煤田瓦斯地质柱状图

②对矿井的各种地质条件，除应表示实际材料或分析整理的各种地质指标外，还要在图上根据各项地质因素在分布上的差异进行块段的划分，如岩性分区、煤厚分区、煤质分区、构造分区等。各项与瓦斯保存和突出分布有关的地质条件的区划特征和瓦斯参数区划叠加吻合的块段，反映出二者的相关关系，为划分瓦斯地质单元提供了依据。

2）矿区综合性瓦斯地质平面图。

一般以矿区主采煤层底板等高线图为底图，比例尺选用1：50000～1：10000绘制。其主要内容与矿井瓦斯地质图相似，但因其范围较大，还有一些不同的要求，如矿区内各个矿井可按不同瓦斯等级分别进行区划，对基建矿井或待开发的井田，要进行瓦斯等级和突出危险性的预测；若不同井田变质程度有差别，应按煤质牌号或高、中、低变质带圈定范围，可以适当删减一部分地质因素，增大等值线的差值等。

矿区和矿井瓦斯地质平面图必须配有相应比例尺的瓦斯地质剖面图、瓦斯地质综合柱状图与其配套（图1-10）。

（五）瓦斯地质图的绘制

1. 整理瓦斯地质历史资料

根据所编瓦斯地质图件的种类和各自要求的内容，对有关的瓦斯和地质方面的资料分别进行收集归纳、系统整理和统计分析。

1）瓦斯资料的整理

目前大多数生产矿井的瓦斯历史资料、原始记录表格等不很齐全，给编图带来一定困难。要想在图上客观反映瓦斯面貌，需进行大量的整理和分析工作。主要包括以下内容：

（1）收集整理编图范围内各钻孔的实测煤层瓦斯含量并分别列表登记，然后填在平面图上。

（2）系统整理矿井瓦斯涌出资料。收集以往的瓦斯鉴定资料、矿井瓦斯日报表和通风月（旬）报表，按旬、月平均瓦斯涌出量建立台帐，并收集矿井交换图和产量报表配合使用。参照地质填图的方法，把各项瓦斯资料填绘在采掘工程平面图上（掘进巷道按旬填绘绝对瓦斯涌出量，回采工作面按月填绘相对瓦斯涌出量）。

矿井中实测的各种瓦斯参数除了自然因素对其影响外，还受采掘工程部位、测定地点等一些人为因素的影响。而在图纸上反映的是由于地质条件改变所引起的瓦斯涌出量的变化。因此在选用瓦斯资料时要进行筛选，排除人为因素的干扰，应认真逐点进行分析后再决定取舍，否则会给编图带来麻烦。

（3）整理矿井历年的突出资料，如突出点编号（按时间顺序）、坐标、突出类型、突出强度、突出瓦斯量、突出孔洞特征、突出点地质特征、突出原因等。要逐点填写卡片并列表登记，按坐标展绘。

除上述内容外，还应对瓦斯喷出点、集中涌出点、煤层瓦斯压力等测试资料进行收集整理，并归纳列表。各种瓦斯资料均需核实后，才能使用。

瓦斯资料的填绘，按由近及远的原则，先填最近几年的资料，再按顺序前推。对于丢失或缺乏记载的瓦斯资料，可邀请熟悉当时情况的人员座谈回忆，或根据邻近地区的资料进行内差估算，将残缺部分的数据适当进行弥补，为编图工作提供参考数据。

2）地质资料的整理

按照影响瓦斯形成和保存的地质条件和控制煤与瓦斯突出的地质因素分项进行整理。主要有煤系特征，煤层围岩岩性及其变化，区域地质构造和井田地质构造，煤层层数，厚度及其变化，煤的变质程度、煤岩层产状及其变化，煤质和煤体结构，以及其他地质条件等。对于基建矿井和设计新井以整理勘探资料为主。对于生产矿井则从整理建井和生产地质资料入手。在列表整理的基础上还应进行统计分析，把各项地质因素转换成多种地质参数，供编图时使用。各项原始资料整理好后要逐一进行核对审查。充实完备的第一手资料是编图的前提和基础。

2. 进行瓦斯地质的综合分析

影响瓦斯赋存和突出的地质因素很多，但起主导作用的因素随各矿井地质条件的差异而有区别。在整理资料的基础上，综合分析是很重要的一项内容，也是编图的关键。

在进行综合分析时，首先要定性分析与瓦斯赋存和突出分布有关的各项地质因素，再认真从诸项地质因素中筛选出起主导作用的因素，并在图上给予重点表示。在分析瓦斯与地质之间关系时要从单项因素着手，逐项叠加。

3. 选择合理的编图方法

瓦斯地质编图原则上采用地质编图的基本原理和方法，但要将瓦斯资料和地质资料有机地结合在一起。具体编图步骤及要求：

(1) 整理资料，综合分析，展绘第一手资料点，分项勾绘各种等值线，进行瓦斯区划和地质区划，并划分瓦斯地质单元。

(2) 在连绘各项瓦斯参数等值线时，要考虑该参数已确认的一些规律，更应注意地质条件变化对它的影响。

目前还没有专门绘制瓦斯地质图的软件，可以借助 AutoCAD 和 Surfer 以及 MapGis 等软件来完成。通常以某一煤层底板等高线图为底图，添加瓦斯资料。在编图当中，经常存在以下问题：

(1) 瓦斯参量数据点偏少，人为按瓦斯梯度插值的数据点降低了瓦斯参量数据分布精度，与实际误差较大。

(2) Surfer 软件进行网格剖分时，会出现个别瓦斯参量数据点吻合较差，形成“牛眼”，尽管提高了网格的光滑度，但不符合生产实际。

(3) 在编绘某一煤层瓦斯地质图时，由于开采条件的限制，往往边界处没有瓦斯参量数据点，在进行网格剖分时，局部数据点多的地方等值线形状与实际相吻合，而边界处则吻合较差，需要人为干预。

(4) 在遇断层时瓦斯赋存条件变化，相应瓦斯参量等值线的变化趋势就会不同，而用 Surfer 进行网格剖分时不能智能识别断层性质和状态，必须人为干预，造成等值线精度下降。

(六) 瓦斯参量等值线的绘制方法

等值线是进行地理要素空间分析的强大工具，可以从总体上把握研究对象的空间变体特征。绘制等值线的目的就是要使它比较准确地进行已知因素与未知因素的对比分析研究，因此要求选用绘等值线的方法能准确地反映客观数据，就需要从诸多绘制方法中选出比较适合于煤矿地质因素分析的一种。

1. 常用绘制方法

常用绘制等值线方法有三角形线性插值法、克里格插值法、最小曲率插值法、多项式回归法等。传统的手工绘制瓦斯参量等值线最常用的是三角形线性插值法。先将已知参数点实测数据标绘在煤层底板等高线图上，采用三角网格剖分，进行插值，最后手工将相同值的数据点用光滑曲线连接起来。

2. 各种绘制等值线方法比较

瓦斯参量等值线是受多种因素影响的，不同矿区会有不同的递变规律。选用不同的绘制方法，其绘出等值线形状会有较大的变化，因此必须对这几种常用的绘制方法进行比较，选择适合的最能代表自己数据特点的最优方案。

任务二　煤层瓦斯压力与瓦斯含量的测定

导学思考题

（1）简述煤层瓦斯压力的概念以及煤层瓦斯压力分布的规律。

（2）如何测定煤层瓦斯压力？

（3）简述煤层瓦斯含量的概念。

（4）影响煤尘瓦斯含量的因素有哪些？

（5）如何测定煤层瓦斯含量？

煤矿建设和生产过程中，煤层和围岩中的瓦斯气体会涌到生产空间，对井下的安全生产构成威胁。不同的煤层、不同的矿井中的瓦斯赋存状况不同，而瓦斯所造成的危险程度也是不同的。只有在了解瓦斯的基本性质和煤层瓦斯赋存状况的前提下，煤层瓦斯赋存主要参数的测定，才能为瓦斯治理提供可靠的基础依据。本节主要介绍煤层瓦斯压力及其测定、煤层瓦斯含量及其测定等内容。

一、煤层瓦斯压力及其测定

（一）煤层瓦斯压力的概念

煤层瓦斯压力是指赋存在煤层孔隙中的游离瓦斯所表现出来的气体压力，即游离瓦斯作用于孔隙壁的压力。它是决定煤层瓦斯含量一个主要因素，当煤的孔隙率相同时，游离瓦斯量与瓦斯压力成正比；当煤的吸附瓦斯能力相同时，煤层瓦斯压力越高，煤的吸附瓦斯量越大。煤层瓦斯压力也是间接法预测煤层瓦斯含量的必备参数。此外，在瓦斯喷出、煤与瓦斯突出的发生、发展过程中，瓦斯压力也起着重大作用，瓦斯压力是预测突出的主要指标之一。

（二）煤层瓦斯压力分布的一般规律

研究表明，在同一深度下，不同矿区煤层的瓦斯压力值有很大的差别，但同一矿区中煤层瓦斯压力随深度的增加而增大，这一特点反映了煤层瓦斯由地层深处向地表流动的总规律，也揭示了煤层瓦斯压力分布的一般规律。

煤层瓦斯压力的大小，取决于煤生成后煤层瓦斯的排放条件。在漫长的地质年代中，煤层瓦斯排放条件是一个极其复杂的问题，它除与覆盖层厚度、透气性能、地质构造条件有关外，还与覆盖层的含水性密切相关。当覆盖层充满水时，煤层瓦斯压力最大，这时瓦斯压力等于同水平的静水压力；当煤层瓦斯压力大于同水平静水压力时，在漫长的地质年代中，瓦斯将冲破水的阻力向地面逸散；当覆盖层未充满水时，煤层瓦斯压力小于同水平的静水压力，煤层瓦斯以一定压力得以保存。图 1－11 是实测的我国部分局、矿煤层瓦斯压力随煤层埋深变化图，从中可以看出，绝大多数煤层的瓦斯压力小于或等于同水平静水压力。

图 1-11 也反映出有少部分煤层的瓦斯压力实测值大于同水平的静水压力，这种异常现象可能与受采动影响产生的局部集中应力有关，也可能有裂隙与深部高压瓦斯相连通，造成实测的煤层瓦斯压力值偏高。

在煤层赋存条件和地质构造条件变化不大时，同一深度各煤层或同一煤层在同一深度的各个地点，煤层瓦斯压力是相近的。随着煤层埋藏深度的增加，煤层瓦斯压力成正比例增加。

在地质条件不变的情况下，煤层瓦斯压力随深度变化的规律，通常用下式描述：

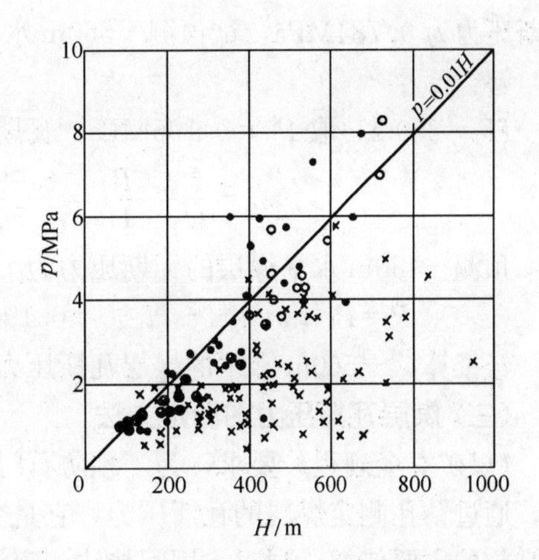

图 1-11 煤层瓦斯压力随煤层埋深变化图

•—重庆公司各局；○—北票矿务局；⊗—湖南省各局矿；×—其他局矿。

$$P=P_0+m(H-H_0) \quad (1-6)$$

式中 P——在深度 H 处的瓦斯压力，MPa；

P_0——瓦斯风化带 H_0 深度的瓦斯压力，MPa，一般取 0.15MPa ～ 0.2MPa，预测瓦斯压力时可取 0.196MPa；

H_0——瓦斯风化带的深度，m；

H——煤层距地表的垂直深度，m；

m——瓦斯压力梯度，MPa/m，计算式为

$$m=\frac{P_1-P_0}{H_1-H_0} \quad (1-7)$$

式中 P_1——实测瓦斯压力，MPa；

H_1——测瓦斯压力 P_1 地点的垂深，m。

根据我国各煤矿瓦斯压力随深度变化的实测数据，瓦斯压力梯度 m 一般为 0.007MPa/m～0.012MPa/m，而瓦斯风化带的深度则在几米至几百米之间。表 1-4 是我国部分矿井的煤层瓦斯压力和瓦斯压力梯度实测值。

表 1-4 我国部分矿井的煤层瓦斯压力和瓦斯压力梯度实测值

矿井名称	煤层	垂深/m	瓦斯压力/MPa	瓦斯压力梯度/（MPa/m）
南桐一井	4	218	1.52	0.0095
	4	503	4.22	
北票台吉一井	4	713	6.86	0.0114
	4	560	5.12	
涟邵蛇形山	4	214	2.14	0.0120
	4	252	2.60	
淮北芦岭	8	245	0.20	0.0116
	8	482	2.96	

对于一个生产矿井，应该注意积累和充分利用已有的实测数据，总结出适合本矿的基本规律，为深水平的瓦斯压力预测和开采服务。

例 1-1 某矿井瓦斯风化带深度为 250m，测得 −500m 水平（地面标高 100m）的煤层

瓦斯压力为0.784MPa，试预测－560m水平煤层的瓦斯压力。

解：

$H_0=250\text{m}$，取$P_0=0.196\text{MPa}$，瓦斯梯度为

$$m=\frac{P_1-P_0}{H_1-H_0}=\frac{0.784-0.196}{500-250}=0.00235\text{MPa/m}$$

预测－460m水平煤层的瓦斯压力为

$$P=P_0+m(H-H_0)=0.196+0.00235(560-250)=0.925\text{MPa}$$

经推算，－560m水平的煤层瓦斯压力为0.925MPa。

(三) 煤层瓦斯压力的测定方法

《煤矿安全规程》要求，为了预防石门揭穿煤层时发生突出事故，必须在揭穿突出煤层前，通过钻孔测定煤层的瓦斯压力，它是突出危险性预测的主要指标之一，又是选择石门防突措施的主要依据。同时，用间接法测定煤层瓦斯含量，也必须知道煤层原始的瓦斯压力。因此，测定煤层瓦斯压力是煤矿瓦斯管理和科研需要经常进行的一项工作。

测定煤层瓦斯压力时，通常是从围岩巷道（石门或围岩钻场）向煤层打孔径为50mm～75mm的钻孔，孔中放置测压管，将钻孔封闭后，用压力表直接进行测定。为了测定煤层的原始瓦斯压力，测压地点的煤层应为未受采动影响的原始煤体。石门揭穿突出煤层前测定煤层瓦斯压力时，在工作面距煤层法线距离5m以外，至少打2个穿透煤层全厚或见煤深度不少于10m的钻孔。

测压的封孔方法分填料法和封孔器法两类。根据封孔器的结构特点，封孔器分为胶圈、胶囊和胶圈—黏液等几种类型。

1. 填料封孔法

填料封孔法是应用最广泛的一种测压封孔方法。采用该法时，在打完钻孔后，先用水清洗钻孔，再向孔内放置带有压力表接头的测压管，管径约为6mm～8mm，长度不小于6m，最后用充填材料封孔。图1－12为填料法封孔结构示意图。

为了防止测压管被堵塞，在测压管前端焊接一段直径稍大于测压管的筛管或直接在测压管前端管壁打筛孔。为了防止充填材料堵塞测压管的筛管，在测压管前端后部套焊一挡料圆盘。测压管为紫铜管或细钢管，充填材料一般用水泥和砂子或黏土。填料可用人工或压风送入钻孔。为使钻孔密封可靠，每充填1m左右，送入一段木楔，并用堵棒捣固。人工封孔时，封孔深度一般不超过5m；用压气封孔时，借助喷射罐将水泥砂浆由孔底向孔口逐渐充满，其封孔深度可达10m以上。为了提高填料的密封效果，可使用膨胀水泥。

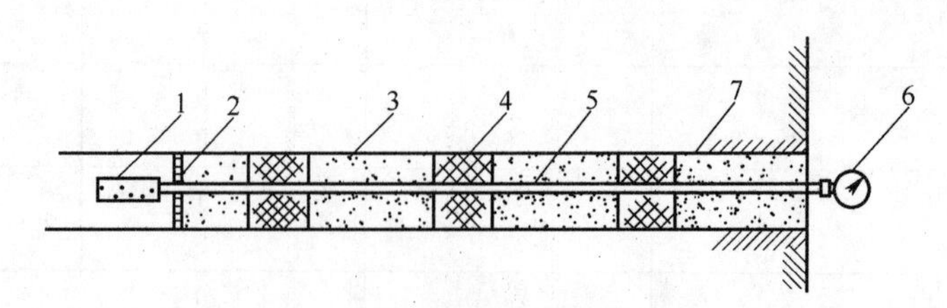

图1－12　填料法封孔结构示意图

1—前端筛管；2—挡料圆盘；3—充填材料；4—木楔；
5—测压管；6—压力表；7—钻孔。

填料法封孔的优点是不需要特殊装置，密封长度大，密封质量可靠，简便易行；缺点是

人工封孔长度短，费时费力，且封孔后需等水泥基本凝固后，才能上压力表。

2. 封孔器封孔法

1）胶圈封孔器法

胶圈封孔器法是一种简便的封孔方法，它适用于岩柱完整致密的条件。图 1-13 为胶圈封孔器封孔的结构示意图。

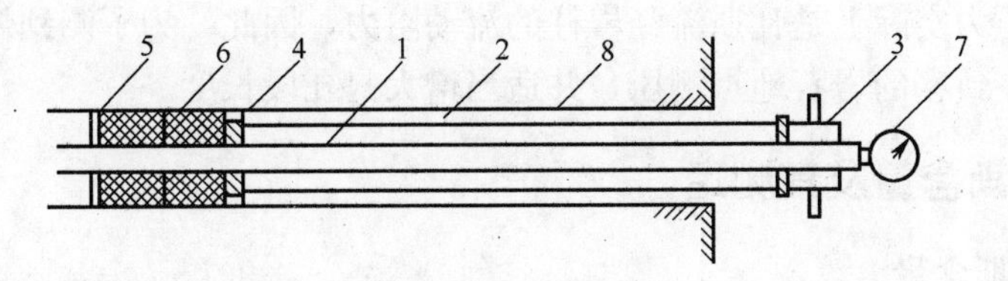

图 1-13 胶圈封孔器封孔结构示意图

1—测压管；2—外套管；3—压紧螺帽；4—活动挡圈；
5—固定挡圈；6—胶圈；7—压力表；8—钻孔。

封孔器由内外套管、挡圈和胶圈组成。内套管即为测压管。封直径为 50mm 的钻孔时，胶圈外径为 49mm，内径为 21mm，长度为 78mm。测压管前端焊有环形固定挡圈，当拧紧压紧螺帽时，外套管向前移动压缩胶圈，使胶圈径向膨胀，达到封孔的目的。北票矿务局台吉矿在－550m 水平西 5 石门用胶圈封孔器实测的 10 号煤层瓦斯压力高达 8.1MPa。

胶圈封孔器法的主要优点是简便易行，封孔器可重复使用；缺点是封孔深度小，且要求封孔段岩石必须致密、完整。

2）胶圈—压力黏液封孔器法

这种封孔器与胶圈封孔器的主要区别是在两组封孔胶圈之间，充入带压力的黏液。胶圈—压力黏液封孔器法的结构如图 1-14 所示。

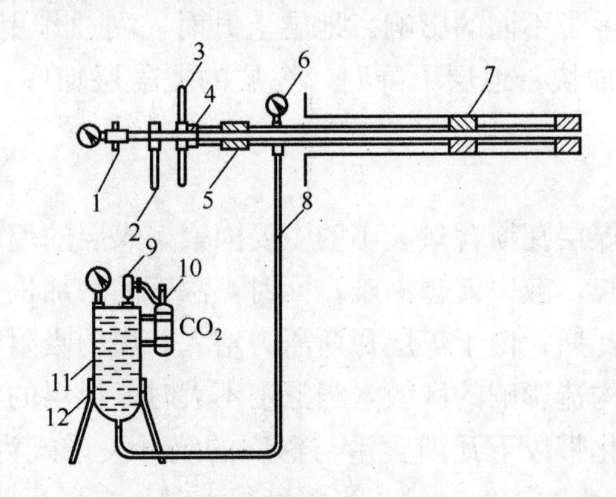

图 1-14 胶圈—压力黏液封孔器法的结构示意图

1—补充气体入口；2—固定把；3—加压手把；4—推力轴承；
5—胶圈；6—黏液压力表；7—胶圈；8—高压胶管；
9—阀门；10—二氧化碳瓶；11—黏液；12—黏液罐。

该封孔器由胶圈封孔系统和黏液加压系统组成。为了缩短测压时间，本封孔器带有预充气口，预充气压力略小于预计的煤层瓦斯压力。使用该封孔器时，钻孔直径 62mm，封孔深度 11m～20m，封孔黏液段长度 3.6m～5.4m。适用于坚固性系数 $f \geqslant 0.5$ 的煤层。

这种封孔器的主要优点是：封孔段长度大，压力黏液可渗入封孔段岩（煤）体裂隙，密封效果好。通过在阳泉、焦作和鹤壁等矿务局的实验证明，该封孔器能满足煤巷直接测定煤层瓦斯压力的要求。

实践表明，封孔测压技术的效果除了与工艺条件（如钻孔未清洗干净，填料未填紧密，水泥凝固产生收缩裂隙，管接头漏气等）有关外，更主要取决于测压地点岩体（或煤体）的破裂状态。当岩体本身的完整性遭到破坏时，煤层中的瓦斯会经过破坏的岩柱产生流动，这时所测得的瓦斯压力实际上是瓦斯流经岩柱的流动阻力，因此，为了测到煤层的原始瓦斯压力，就应当选择在致密的岩石地点测压，并适当增大封孔段长度。

二、煤层瓦斯含量及其测定

（一）煤层瓦斯含量

煤层瓦斯含量是指单位质量或体积的煤中所含有的瓦斯量，单位是 m^3/t 或 m^3/m^3。

煤层未受采动影响时的瓦斯含量称为原始瓦斯含量，如果煤层受到采动影响，已经排放出部分瓦斯，则剩余在煤层中的瓦斯含量称为残存瓦斯含量。

煤层瓦斯含量是煤层的基本瓦斯参数，是计算瓦斯蕴藏量、预测瓦斯涌出量的重要依据。国内外大量研究和测定结果表明，煤层原始瓦斯含量一般不超过 $20m^3/t \sim 30m^3/t$，仅为成煤过程生成瓦斯量的 1/5～1/10 或更少。

（二）影响煤层瓦斯含量的因素

煤层瓦斯含量的大小，除了与瓦斯生成量的多少有关外，主要取决于煤生成后瓦斯的逸散和运移条件，以及煤保存瓦斯的能力。所有这些最终都取决于煤田地质条件和煤层赋存条件。以下为主要影响因素。

1. 煤田地质史

煤田的形成经过了漫长的地质变化。随着地层的上升和沉降，覆盖层加厚或剥蚀，对煤层瓦斯流失排放的过程产生了不同的影响。地层上升时，剥蚀作用增强，使煤层露出地表，煤层瓦斯的运移排放速度加快；地层下降时，煤层的覆盖层加厚，从而缓解了瓦斯向地表散失。

2. 煤层的埋藏深度

煤层埋藏深度是决定煤层瓦斯含量大小的主要因素。煤层的埋藏深度越深，煤层中的瓦斯向地表运移的距离就越长，散失就越困难；同时，深度的增加也使煤层在地应力作用下降低了透气性，有利于保存瓦斯；由于煤层瓦斯压力增大，煤的吸附瓦斯量增加，也使煤层瓦斯含量增大。在不受地质构造影响的区域，当深度不大时，煤层的瓦斯含量随深度呈线性增加，如焦作煤田，瓦斯风化带以下瓦斯含量与深度的统计关系式为 $X=6.58+0.038H$（X 为瓦斯含量，m^3/t；H 为埋藏深度，m）；当深度很大时，煤层瓦斯含量趋于常量。

3. 地质构造

地质构造是影响煤层瓦斯含量的最重要因素之一。当围岩透气性较差时，封闭型地质构造有利于瓦斯的储存，而开放型的地质构造有利于瓦斯排放。

1）褶曲构造

闭合的和倾伏的背斜或穹窿，通常是良好的储存瓦斯的构造。顶板若为致密岩层而又未遭破坏时，在其轴部煤层内，往往能够积存高压瓦斯，形成“气顶”（图 1-15（a）、（b））；但背斜轴顶部岩层若是透气性岩层或因张力形成连通地表或其他储气构造的裂隙时，瓦斯会大量流失，轴部瓦斯含量反而比翼部少。

向斜构造一般轴部的瓦斯含量比翼部高，这是因为轴部岩层受到的挤压力比底板岩层强烈，使顶板岩层和两翼煤层的透气性变小，更有利于轴部瓦斯的积聚和封存（图 1-15 (f)），如南桐一井、鹤壁六矿。但当开采高透气性的煤层时（如抚顺龙凤矿），轴部瓦斯容易通过构造裂隙和煤层转移到向斜的翼部，瓦斯含量反而减少。

受构造影响在煤层局部形成的大型煤包（图 1-15（c）、（d）、（e））内也会出现瓦斯含量增高的现象。这是因为煤包四周在构造挤压应力作用下，煤层变薄，使煤包内形成了有利于瓦斯封闭的条件。同理，由两条封闭性断层与致密岩层构成的封闭的地垒或地堑构造，也能成为瓦斯含量增高区（图 1-15（g）、（h））。

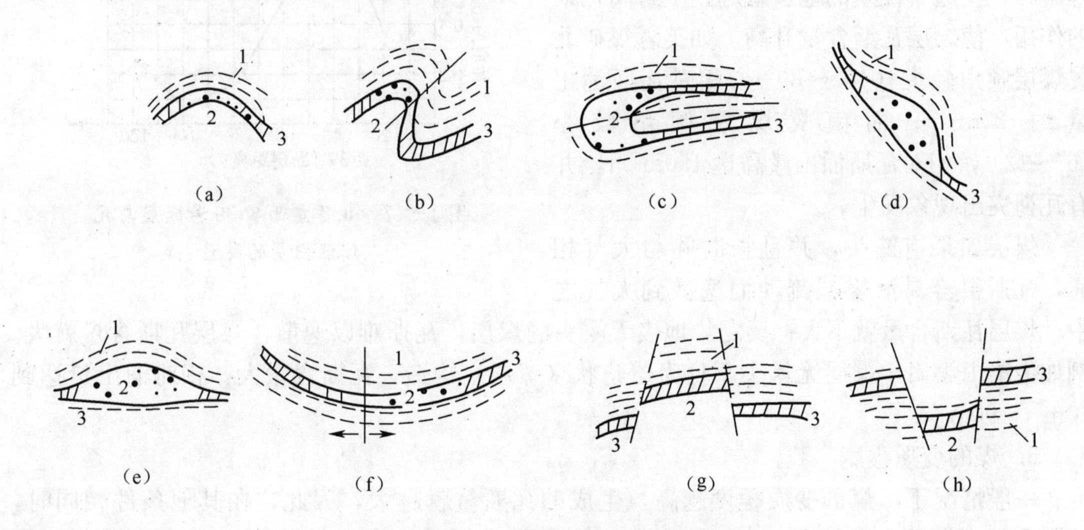

图 1-15　几种常见的储存瓦斯构造

1—不透气岩层；2—瓦斯含量增高部位；3—煤层。

2）断裂构造

断层对煤层瓦斯含量的影响比较复杂，一方面要看断层（带）的封闭性，另一方面要看与煤层接触的对盘岩层的透气性。一般来说，开放性断层（张性、张扭性或导水性断层）有利于瓦斯排放，煤层瓦斯含量降低，如图 1-16（a）所示。对于封闭性断层（压性、压扭性、不导水断层），当煤层对盘的岩层透气性差时，有利于瓦斯的存储，煤层瓦斯含量增大；如果断层的规模大而断距大时，在断层附近也可能出现一定宽度的瓦斯含量降低区，如图 1-16（b)所示。

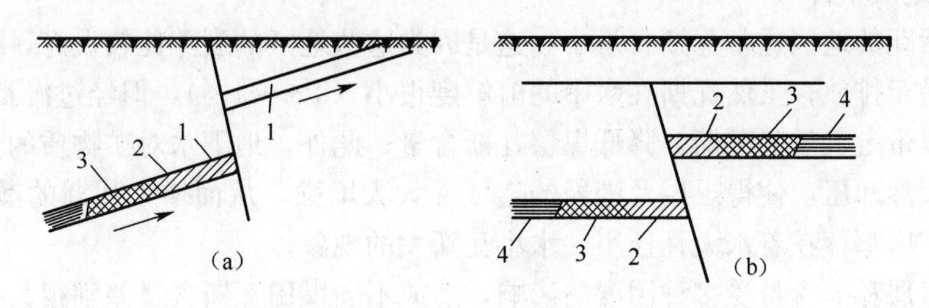

图 1-16　断层对煤层瓦斯含量的影响

1—瓦斯丧失区；2—瓦斯含量降低区；3—瓦斯含量异常增高区；4—瓦斯含量正常增高区。

煤层瓦斯含量与断层的远近有如下规律：靠近断层带附近瓦斯含量降低；稍远离断层，瓦斯含量增高；离断层再远，瓦斯含量恢复正常。实践证明，不仅是瓦斯含量，瓦斯涌出量与断层的远近也有类似规律，图1-17是焦作矿区焦西矿39号断层与巷道瓦斯涌出量的关系。

4. 煤层倾角和露头

煤层埋藏深度相同时，煤层倾角越大，有利于瓦斯沿着一些透气性好的地层或煤层向上运移和排放，瓦斯含量降低；反之，煤层倾角越小，一些透气性差的地层就起到了封闭瓦斯的作用，使煤层瓦斯含量升高。如芙蓉煤矿北翼煤层倾角较大（40°～80°），相对瓦斯涌出量约 $20m^3/t$；而南翼煤层倾角较小（6°～12°），相对瓦斯涌出量高达 $150m^3/t$，并有瓦斯突出现象发生。

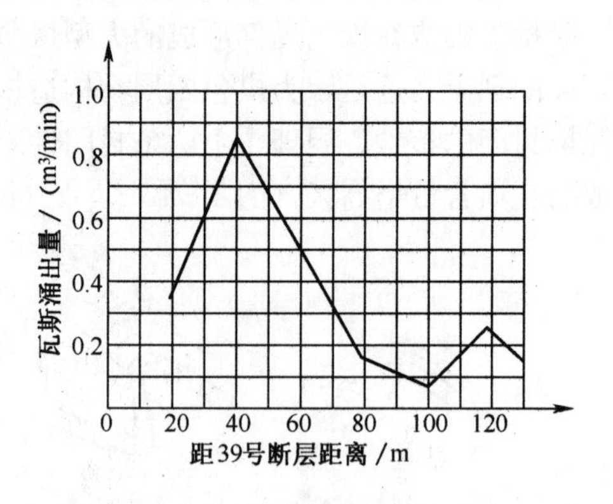

图1-17　焦作焦西矿39号断层与瓦斯涌出量的关系

煤层如果有露头，并且长时间与大气相通，瓦斯很容易沿煤层流动而逸散到大气之中，煤层瓦斯含量就不大；反之，地表无露头的煤层，瓦斯难以逸散，煤层瓦斯含量就大。例如中梁山煤田，煤层无露头，且为覆舟状（背斜）构造，瓦斯含量大，相对涌出量达到 $70m^3t$～$90m^3/t$。

5. 煤的变质程度

一般情况下，煤的变质程度越高，生成的瓦斯量就越大，因此，在其他条件相同时，其含有的瓦斯量也就越大。在同一煤田，煤吸附瓦斯的能力随煤的变质程度的提高而增大，因此，在同样的瓦斯压力和温度下，变质程度高的煤往往能够保存更多的瓦斯。但对于高变质无烟煤（如石墨），煤吸附瓦斯的能力急剧减小，煤层瓦斯含量反而大大降低。

6. 煤层围岩的性质

煤层的围岩致密、完整、透气性差时，瓦斯容易保存；反之，瓦斯则容易逸散。例如大同煤田比抚顺煤田成煤年代早，变质程度高，生成的瓦斯量和煤的吸附瓦斯能力都比抚顺煤田的高，但实际上煤层中的瓦斯含量却比抚顺煤田小得多。大同煤田的煤层顶板为孔隙发育、透气性良好的砂质页岩、砂岩和砾岩，瓦斯容易逸散；而抚顺煤田的煤层顶板为厚度近百米的致密油母页岩和绿色页岩，透气性差，故大量瓦斯能够保存下来。

7. 水文地质条件

地下水活跃的地区通常瓦斯含量小。这是因为这些地区的裂隙比较发育，而且处于开放状态，瓦斯易于排放；虽然瓦斯在水中的溶解度很小（3%～4%），但经过漫长的地质年代，地下水也可以带走大量的瓦斯，降低煤层瓦斯含量；此外，地下水对矿物质的溶解和侵蚀会造成地层的天然卸压，使得煤层及围岩的透气性大大增强，从而增大瓦斯的散失量。南桐、焦作等很多矿区都存在着水大瓦斯小、水小瓦斯大的现象。

总之，煤层瓦斯含量受多种因素的影响，造成不同煤田瓦斯含量差别很大，即使是同一煤田，甚至是同一煤层的不同区域，瓦斯含量也可能有较大差异。因此，在矿井瓦斯管理中，必须结合本井田的具体实际，找出影响本矿井瓦斯含量的主要因素，作为预测瓦斯含量和瓦斯涌出量的参考和依据。

（三）煤层瓦斯含量的测定方法

煤层瓦斯含量包含两部分，即游离的瓦斯量和煤体吸附的瓦斯量。测定方法分为直接测定法和间接测定法两类。根据应用范围又可分为地质勘探钻孔法和井下测定法两类。

1. 地质勘探时期煤层瓦斯含量的直接测定法

直接测定法就是直接从采取的煤样中抽出瓦斯，测定瓦斯的成分和含量。目前，地质勘探钻孔法主要采用解吸法直接测定，包括三个阶段：

（1）确定从钻取煤样到把煤样装入密封罐这段时间内的瓦斯损失量；

（2）利用瓦斯解吸仪测定密封罐中煤样的解吸瓦斯量；

（3）用粉碎法确定煤样的残存瓦斯量。

上述三个瓦斯量相加即得该煤样的总瓦斯含量。以下为具体测定步骤。

1）采样

当地勘钻孔见煤层时，用普通岩芯管采取煤芯。当煤芯提出地表之后，选取煤样约300g～400g，立即装入密封罐，密封罐结构如图1-18所示。在采样过程中，标定提升煤芯和煤样在空气中的暴露时间。

2）煤样瓦斯解吸规律的测定

煤样装入密封罐后，在拧紧罐盖过程中，应先将穿刺针头插入垫圈，以便密封时及时排出罐内气体，防止空气被压缩而影响测定结果。密封后，应立即将密封罐与瓦斯解吸仪相连接，测定煤样瓦斯解吸量随时间的变化而变化的规律。传统的煤芯瓦斯解吸仪如图1-19所示。

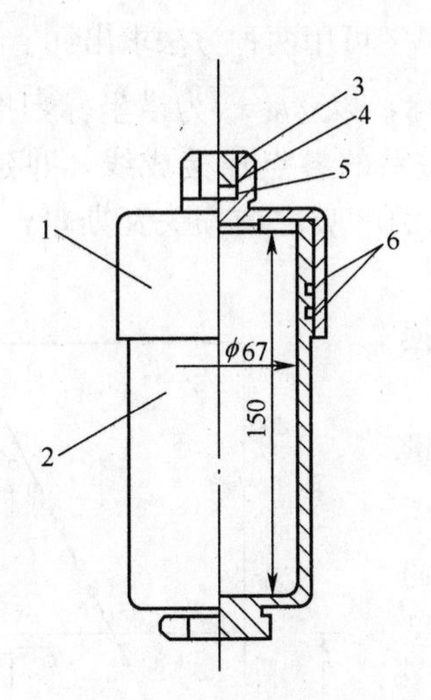

图1-18　密封罐

1—罐盖；2—罐体；3—压紧螺丝；4—垫圈；5—胶垫；6—O形密封圈。

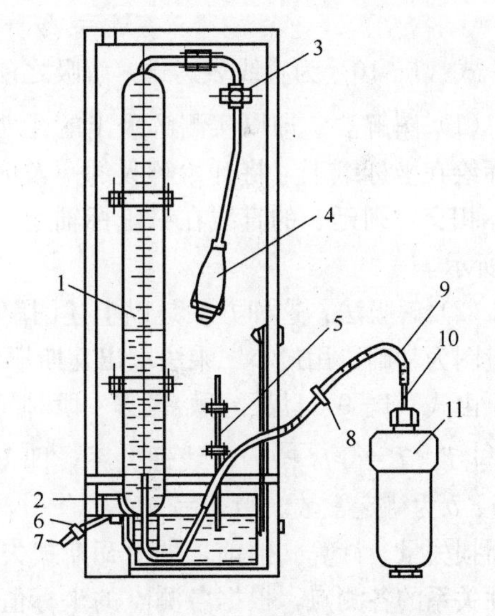

图1-19　煤芯瓦斯解吸速度测定仪

1—量管；2—水槽；3—螺旋夹；4—吸气球；5—温度计；6、8—弹簧夹；7—放水管；9—排气管；10—穿刺针头；11—密封罐。

这种瓦斯解吸仪采用排水集气，需要人工读数，误差较大。目前，在地勘部门使用的是AMG-1型自动化地勘瓦斯解吸仪，该仪器采用单片机自动测定与记录提钻时间、煤样封罐前暴露时间、煤样瓦斯解吸量及解吸时间，具有预置参数、数据采集、数据处理以及数据显示与打印等程序和功能。

煤样瓦斯解吸测定一般进行 2h，然后再把煤样密封罐封送到试验室进行脱气和气体组分分析。

3）煤样损失瓦斯量的推算

根据试验研究与理论分析，在煤样开始暴露的一段时间内，累计解吸出的瓦斯量与煤样瓦斯解吸时间呈以下关系：

$$V_Z = k\sqrt{t_0+t} \tag{1-8}$$

式中 V_Z——煤样自暴露时起至解吸测定结束时的瓦斯解吸总体积，mL；

t_0——煤样在解吸测定前的暴露时间，min，计算式为

$$t_0=\frac{1}{2}t_1+t_2$$

t_1——提钻时间，min，根据经验，煤样在钻孔内暴露解吸时间取$\frac{1}{2}t_1$；

t_2——解吸测定前在地面空气中的暴露时间，min；

t——煤样解吸测定时间，min；

k——比例常数，$mL/min^{1/2}$。

显然，利用瓦斯解吸仪在 t 时间内所测出的瓦斯解吸量 V_2 仅是煤样总解吸量 V_Z 的一部分。解吸测定之前，煤样在暴露时间 t_0 内已经损失的瓦斯量为

$$V_1=k\sqrt{t_0} \tag{1-9}$$

由此，则试验解吸的瓦斯量为

$$V_2=V_Z-V_1=k\sqrt{t_0+t}-V_1 \tag{1-10}$$

式（1-10）为直线表达式，解吸之前损失的瓦斯量 V_1 可用两种方法求出：

（1）图解法：即以实测解吸出的瓦斯量 V_2 为纵坐标，以 $\sqrt{t_0+t}$ 为横坐标，把全部测点标绘在坐标纸上，将开始解吸的一段时间内呈直线关系的各点连接成线，并延长与纵坐标相交，则延长的直线在纵坐标轴上的截距即为所求的解吸之前损失瓦斯量，如图 1-20 所示。

（2）解吸法：这种方法是以上述图解法作出的瓦斯损失量图为基础，用最小二乘法求出瓦斯损失量。

由式（1-9），煤样开始暴露一段时间内的解吸瓦斯量 V_2 与 T（$T=\sqrt{t_0+t}$）呈线性关系，即 $V=a+bT$，式中的 a、b 为待定常数。当 $T=0$ 时，$V=a$，a 值即为所求的瓦斯损失量。计算 a 值前，先由瓦斯损失量图大致判定呈线性关系的各测点，根据各测点的坐标值，按最小二乘法求出 a 值。当解吸观测点比较分散或解吸瓦斯量较大时，用解吸法计算比较方便。

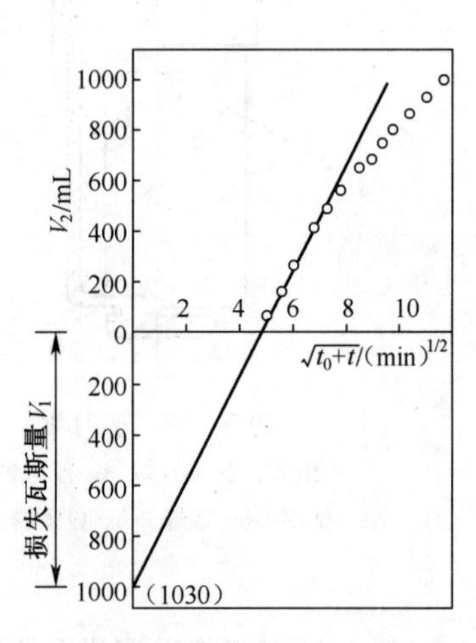

图 1-20 瓦斯损失量计算图

从实际测定结果看，煤样解吸之前损失的瓦斯量可占煤样总瓦斯含量的10%～50%，且煤的瓦斯含量越大，煤越粉碎，损失瓦斯量所占的比例越大。为了提高煤层瓦斯含量的测定精度，应尽量减少煤样的暴露时间，选取较大

粒度的煤样，以减少瓦斯损失量在煤样总瓦斯量中的比重。

实践表明，上述的推算方法存在着钻孔取样深度越大，煤层瓦斯含量预测值越低的缺陷，其原因是所采取的取芯损失瓦斯量的推算方法有局限性，故一般适用于钻孔深度不大于500m 的条件下。

4）煤样残存瓦斯含量的试验室测定

经过瓦斯解吸仪解吸测定后，煤样在密封状态下应尽快送试验室进行加热，真空脱气。脱气分为两次，第一次脱气后需将煤样粉碎，再进行第二次脱气，根据两次脱出气体量和瓦斯组分，求出煤样粉碎前后脱出的瓦斯量即残存瓦斯量。

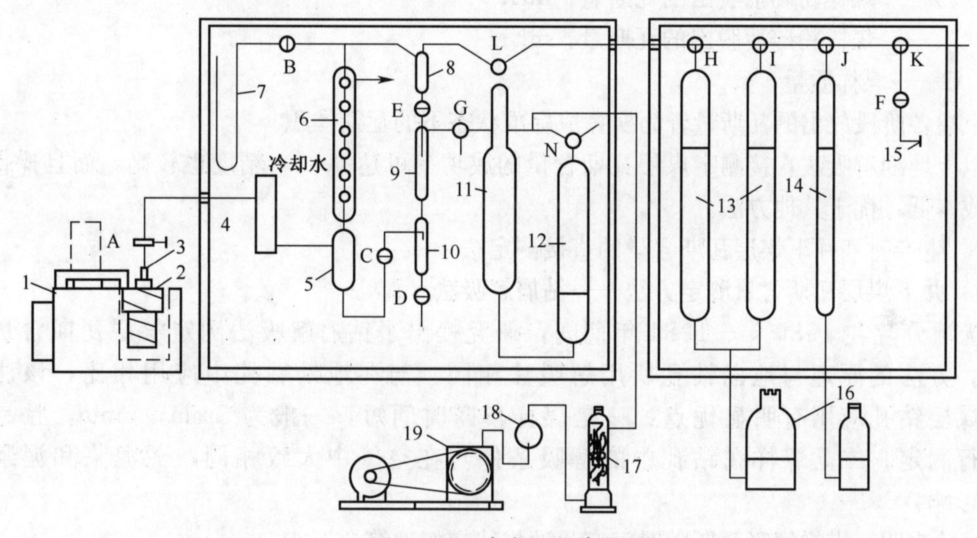

图 1-21 真空脱气装置

1—超级恒温器；2—密封罐；3—穿刺针头；4—滤尘管；5—集水瓶；6—冷却管；7—水银真空计；8—隔水瓶；9—吸水管；10—排水瓶；11—吸气瓶；12—真空瓶；13—大量管；14—小量管；15—取气支管；16—水准瓶；17—干燥管；18—分隔球；19—真空泵；A—螺旋夹；B、C、D、E、F—单向活塞；G、H、I、J、K—三通活塞；L、N—120°三通活塞。

真空脱气仪原理如图 1-21 所示。它是由煤样恒温槽、脱气系统和气体计量系统组成。以下为测定步骤。

将装有待测煤样的密封罐装入恒温槽 1 中，进行真空脱气，脱气时恒温 95℃，直到每半小时泄出瓦斯量小于 10mL、煤芯所含的水分大部分蒸发出来为止。这一阶段脱气所需的时间约 5h，之后测量脱出气体体积，并用气相色谱仪分析气体成分。

煤样第一次脱气后，打开煤样密封罐，取出煤样，放入密封球磨罐粉碎 4h～5h，要求粉碎后煤样的粒度在 0.25mm 以下，然后进行第二次脱气，脱气方法同粉碎前。第二次脱气大约需要 5h，一直进行到无气体泄出、真空计的水银柱趋于稳定为止。用同样的方法计量抽出的气体体积，并进行气体分析。

脱气后，将煤样称重并进行工业分析。

根据两次脱气的气体分析中的氧含量，扣除混入的空气成分，即可求出无空气基的煤的气体成分。根据两次脱气的体积和瓦斯组分、煤样质量和工业分析结果，即可计算出单位质量煤（或可燃物）中的瓦斯量，即煤的残存瓦斯含量。

5）煤层瓦斯含量计算

煤层瓦斯含量是通过上述各阶段实测煤样放出瓦斯量、损失瓦斯量和煤样质量计算的，计算公式如下：

$$X_0=\frac{V_1+V_2+V_3+V_4}{G} \tag{1-11}$$

式中 X_0——煤层原始瓦斯含量，mL/g；

V_1——推算出的损失瓦斯量，mL；

V_2——煤样解吸测定中累计解吸出的瓦斯量，mL；

V_3——煤样粉碎前脱出的瓦斯量，mL；

V_4——煤样粉碎后脱出的瓦斯量，mL；

G——煤样质量，g。

上述各阶段放出的瓦斯量皆为换算成标准状态下的瓦斯体积。

以上地勘解吸法直接测定煤层瓦斯含量的成功率可达98%，精度也较高，而且操作简单，成本低，优于其他方法。

2. 生产时期井下煤层瓦斯含量的直接测定法

1）井下煤层瓦斯含量测定方法——钻屑解吸法（A）

抚顺分院在1980年—1981年期间，研究提出了钻屑解吸法测定煤层瓦斯含量的方法。方法的原理与地勘钻孔所用解吸法相同。与在地勘钻孔中应用相比，该法在井下煤层钻孔应用有明显优点：一是煤样暴露时间短，一般为3min～5min，且易准确进行测定；二是煤样在钻孔中的解吸条件与在空气中大致相同，无泥浆和泥浆压力的影响。

试验表明，煤样解吸瓦斯随时间变化的规律较好地符合下式：

$$q=q_1t^{-k} \tag{1-12}$$

式中 q——在解吸时间为t时煤样的解吸瓦斯速度，mL/（g·min）；

q_1——$t=1$min时煤样瓦斯解吸速度，mL/（g·min）；

k——解吸速度随时间的衰减系数。

在解吸时间为t时累计的解吸瓦斯量为

$$Q=\int_0^t q_1t^{-k}\mathrm{d}t=\frac{q_1}{1-k}t^{1-k} \tag{1-13}$$

在测定时从石门钻孔见煤时开始计时，直至开始进行煤样瓦斯解吸测定这段时间即为煤样解吸测定前的暴露时间t_0，显然，瓦斯损失量为

$$Q_2=\frac{q_1}{1-k}t_0^{1-k} \tag{1-14}$$

式中 Q_2——煤样瓦斯损失量，mL/g；

t_0——解吸测定前煤样暴露时间，min。

可以看出，当$k\geqslant1$时，无解；因此，利用幂函数规律求算瓦斯损失量仅适用于$k<1$的场合，为此在采煤样时应尽量选取较大的粒度。

应用该法测定煤层瓦斯含量时，同样需要测定钻屑的现场解吸量Q_1和试验室测出的试样粉碎前后瓦斯脱出量Q_3和Q_4，将$Q_1+Q_2+Q_3+Q_4$值除以钻屑试样的质量G，即可得到煤层的瓦斯含量，有关Q_1、Q_3和Q_4的测定方法同前。

2）井下煤层瓦斯含量测定方法——钻屑解吸法（B）

在钻屑解吸法（A）中，用于推算取样损失量的公式 $Q_2=\frac{q_1}{1-k}t_0^{1-k}$ 不能用于 $k\geqslant 1$ 的煤层。为了弥补这一不足，中国矿业大学的俞启香教授提出了一种新的钻屑解吸法，简称钻屑解吸法（B）。和钻屑解吸法（A）相比，钻屑解吸法（B）只是对取样时的钻屑损失瓦斯量计算作了改进，改进后的方法适应于所有煤层，无论突出煤还是非突出煤，也无论煤样粒度。

钻屑解吸法（B）采用的取样损失量推算公式为

$$Q_2=-\frac{r_0}{k}[e^{-kt_1}-1] \tag{1-15}$$

式中 r_0——钻屑开始解吸瓦斯时的解吸瓦斯速度；

k——常数；

t_1——煤样从脱离煤体至开始解吸测定所用时间。

至于 Q_1、Q_3 和 Q_4 的测定，与钻屑解吸法（A）完全相同。

3）井下煤层瓦斯含量测定方法——钻屑解吸法（C）

无论是钻屑解吸法（A）或钻屑解吸法（B），无一例外地要推算煤样在取样过程中的损失量 Q_2、煤样解吸测定终了后的残存瓦斯量 Q_3+Q_4。这些测定在需要在专门的试验室完成，因此测定周期长。为了实现井下煤层瓦斯含量快速测定，煤炭科学研究总院抚顺分院在1993年—1995年期间提出了一种新的钻屑解吸法——钻屑解吸法（C），并以此为基础研制了WP-1型井下煤层瓦斯含量快速测定仪。WP-1型井下煤层瓦斯含量快速测定仪就是根据煤样瓦斯解吸速度随时间变化的幂函数关系，利用瓦斯解吸速度特征指标计算煤层瓦斯含量的原理设计的。它由煤样罐、检测器和数据处理机三部分组成。煤样罐由有机玻璃制成，内装粒度1mm～3mm，重20g的煤样，为了快速装样并保证不漏气，采用高真空橡胶塞为盖。检测器是通过测定煤样的瓦斯解吸量和解吸速度来完成的，它采用热导式气体流量传感器作为测量器件，传感器电路由加热控制桥路和感应平衡桥路两部分组成，通过瓦斯气体流入对某一电阻值的变化，使感应平衡桥路失去平衡而产生偏压电压，经过放大调整和A/D转换，变成一个与瓦斯气流速呈线形关系的数字信息，送入单片机进行定时数据采集，并把采集的瓦斯流量值、计时值分别进行存储和显示。当整个瓦斯解吸过程结束后，将内存存储的瓦斯流量测定数据组和计时组通过计算处理后，显示或打印出最终测定参数。

WP－1型瓦斯含量快速测定仪的测定依据如下：

$$X=a+bV_1 \tag{1-16}$$

式中 X——煤层瓦斯含量，mL/g；

V_1——单位质量煤样在脱离煤体1min时的瓦斯解吸速度，mL/（g·min）；

a、b——反映 V_1 与 X 间的特征常数，不同煤层有不同值，需要在试验室模拟测定得到。

WP－1型瓦斯含量快速测定仪利用井下煤层钻孔采集煤屑，自动测定煤样的瓦斯解吸速度 V_1 值和瓦斯含量 X 值，由于不需要测定取样损失瓦斯量和试样的残存瓦斯量，因而测定周期大大缩短，整个测定周期仅需15min～30min，真正实现了井下煤层瓦斯含量就地快速测定。

4）煤层可解吸瓦斯含量测定

该法的原理是根据煤的瓦斯解吸规律来补偿采样过程中损失的瓦斯量。该法首先在法国得到成功应用，现已在西欧一些国家应用。根据这种方法测定的不是煤层原始瓦斯含量，而是煤的可解吸瓦斯含量。煤的可解吸瓦斯含量等于煤的原始含量与0.1MPa瓦斯压力下煤的残存瓦斯含量之差，它的实际意义大致代表煤在开采过程中在井下可能泄出的瓦斯量。采用可解吸瓦斯含量的概念后，就没有必要再把煤样在真空下进行脱气了。

以下为应用该法进行测定的步骤。

(1) 采样。用手持式压风钻机垂直于新鲜暴露煤壁面打直径约42mm、深12m～15m的钻孔，每隔2m取两个煤样，打钻时使用中空螺旋钻杆。图1-22所示为带有压风引射器的取煤样装置。

不采样时，阀门3和4关闭，阀门5打开。钻进时，压风经接头7和钻杆8的中心孔吹向孔底，将钻屑排出孔外。采煤样时，关闭阀门5，打开阀门3和4，压风经阀门4和引射器1吹出，在孔底造成负压，钻孔底部钻屑在负压作用下，瞬间经钻杆中心孔、接头7、阀门3进入煤样筒，煤样筒装有筛网，煤屑经筛选将粒度为1mm～2mm的煤样收集起来。取煤样10g，装入样品管中，同时记录从采样到装入样品管的时间 t_1（一般为1min～2min）。

(2) 瓦斯解吸量测定。样品管预先与瓦斯解吸仪连接，测定经过相同时间 t_1 的瓦斯解吸量 q。

解吸仪最简单的形式是如图1-23所示的皂膜流量计。测定时用秒表计时测定经 t_1 时间皂膜移动的距离，得出瓦斯解吸量 q。

(3) 送样过程中的瓦斯解吸量。将煤样从样品管中取出装入容积为0.5L或1L的塑料瓶，同时测定并记下测定地点空气中的瓦斯浓度 C_0；样品送到试验室后开瓶前再一次测定瓶中的瓦斯浓度 C。

(4) 煤样粉碎过程和粉碎后解吸的瓦斯量。打开煤样瓶称煤样质量，并迅速放入密封粉碎罐中磨20min～30min，同时收集粉碎过程中泄出的瓦斯，直至无气泡泄出为止，记录泄出瓦斯体积 Q_3。

(5) 可解吸瓦斯量的计算。煤的可解吸瓦斯量由下列三部分组成，分别计算如下：

①从煤体钻取煤样到煤样装入塑料瓶这段时间煤样所泄出的瓦斯量 Q_1。它包括煤样暴露时间为 t_1 时的损失瓦斯量和时间从 t_1 到 $2t_1$ 实测的解吸量 q。

根据累计瓦斯解吸量与解吸时间成正比的规律，有

$$Q_1=k\sqrt{t_1+t_1}=k\sqrt{2t_1} \tag{1-17}$$

$$q=k\sqrt{2t_1}-k\sqrt{t_1} \tag{1-18}$$

则有

$$Q_1=3.4q$$

②煤样在塑料瓶中在运送期间泄出的瓦斯量 Q_2 按下式计算：

$$Q_2=\left(\frac{C-C_0}{100}\right)\left(1+\frac{C}{100}\right)V \tag{1-19}$$

式中 V——塑料瓶体积，mL；

C_0——采样地点井下空气中瓦斯浓度，%；

C——煤样粉碎前装煤样的塑料瓶中的瓦斯浓度，%。

③煤样粉碎过程中和粉碎后释放的瓦斯量 Q_3 直接测定得出。

最后按下式计算煤的可解吸瓦斯含量：

$$X=\left(\frac{Q_1+Q_2+Q_3}{m}\right)\frac{1}{1-1.1A_{ad}} \tag{1-20}$$

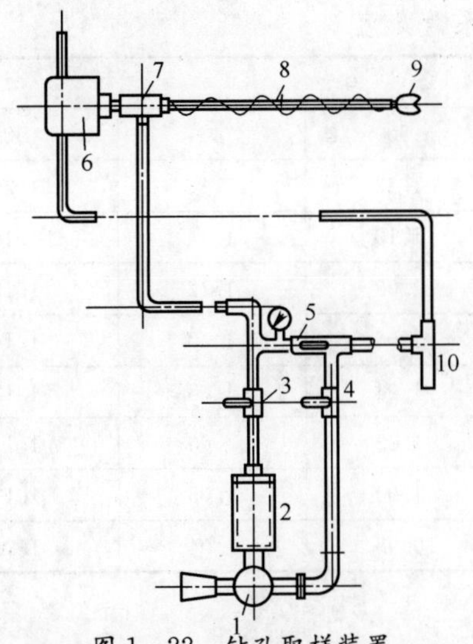

图 1-22　钻孔取样装置

1—压风引射器；2—煤样筒；3、4、5—阀门；
6—手持式风动钻机；7—活接头；8—中空麻花钻杆；
9—钻头；10—压风管线。

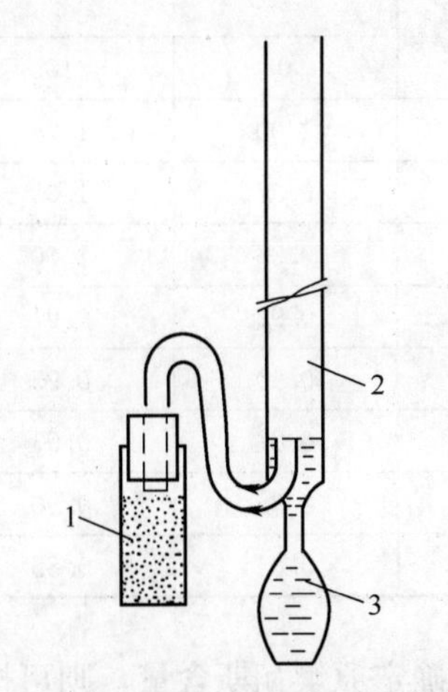

图 1-23　瓦斯解吸量测定装置

1—煤样罐；2—皂膜流量计；
3—皂液。

式中　X——纯煤的可解吸瓦斯含量，mL/g；

m——煤样质量，g；

A_{ad}——煤灰分校正系数；

1.1——煤灰分校正系数。

该法简单易行，井下解吸测定时间短，且采样方法能保证准确判定采样地点。对不同深度钻孔进行采样测定，能判断工作面排放带的影响范围。沿孔深实测最大而稳定的瓦斯含量即为煤层原始可解吸瓦斯含量。

3. 煤层瓦斯含量间接测定方法

1）根据煤层瓦斯压力和煤的吸附等温线确定煤的瓦斯含量

根据已知煤层瓦斯压力和试验室测出的煤对瓦斯吸附等温线，可用下式确定纯煤（煤中可燃质）的瓦斯含量：

$$X=\frac{abp}{1+bp}\frac{1}{1+0.3M_{ad}}e^{n(t_s-t)}+\frac{10Kp}{k} \tag{1-21}$$

式中　X——纯煤（煤中可燃质）的瓦斯含量，m^3/t；

p——煤层瓦斯压力，MPa；

a——吸附常数，试验温度下煤的极限吸附量，m^3/t；

b——吸附常数，MPa^{-1}；

t_s——试验室做吸附试验的温度，℃；

t——井下煤体温度，℃；

M_{ad}——煤中水分含量，%；

n——系数，按下式确定：

$$n=\frac{0.02t}{0.993+0.07p} \tag{1-22}$$

K——煤的孔隙容积，m^3/t；

k——甲烷的压缩系数，见表 1-5。

表 1-5 甲烷的压缩系数 k 值

压力/MPa	温度/ ℃					
	0	10	20	30	40	50
0.1	1.00	1.04	1.08	1.12	1.16	1.20
1.0	0.97	1.02	1.06	1.10	1.14	1.18
2.0	0.95	1.00	1.04	1.08	1.12	1.16
3.0	0.92	0.97	1.02	1.06	1.10	1.14
4.0	0.90	0.95	1.00	1.04	1.08	1.12
5.0	0.87	0.93	0.98	1.02	1.06	1.11
6.0	0.85	0.90	0.95	1.00	1.05	1.10
7.0	0.83	0.88	0.93	0.98	1.04	1.09

如需确定原煤瓦斯含量，则可按下式进行换算：

$$X_0 = X\frac{100-A_{ad}-M_{ad}}{100} \tag{1-23}$$

式中 X_0——原煤瓦斯含量，m^3/t；

A_{ad}——煤中灰分含量，%；

M_{ad}——煤中水分含量，%。

2）含量系数法

为了减小试验室条件和天然煤层条件的差异所带来的误差，中国矿业大学周世宁院士研究提出了井下煤层瓦斯含量测定的含量系数法，他在分析研究煤层瓦斯含量的基础上，发现煤中瓦斯含量和瓦斯压力之间的关系可以近似用下式表示：

$$X = \alpha\sqrt{p} \tag{1-24}$$

式中 X——煤瓦斯含量，m^3/t；

α——煤的瓦斯含量系数，$m^3/m^3 \cdot MPa^{\frac{1}{2}}$；

P——瓦斯压力，MPa。

煤层瓦斯含量系数在井下可直接测定得出。

在掘进巷道的新鲜暴露煤面，用煤电钻打眼采煤样，煤样粒度为 0.1mm～0.2mm，质量为 60g～75g，装入密封罐。用井下钻孔自然涌出的瓦斯作为瓦斯源，用特制的高压打气筒，将钻孔涌出的瓦斯打入密封罐内。为了排除气筒和罐内残存的空气，应先用瓦斯清洗气筒和煤样罐数次，然后向煤样正式注入瓦斯。特制打气筒打气最高压力达 2.5MPa 时，即可满足测定含量系数的要求。煤样罐充气达 2.0MPa 以上时，即关闭罐的阀门，然后送入试验室，在简易测定装置上测定调至不同平衡瓦斯压力下煤样所解吸出的瓦斯量，最后按式(1-24)求出平均的煤的瓦斯含量系数 α 值。

3）根据煤的残存瓦斯含量推算煤层瓦斯含量

根据煤的残存瓦斯含量推算煤层原始瓦斯含量是一种简单易行的方法。在波兰，该法得到较广泛的应用。使用该法时，在正常作业的掘进工作面，在煤壁暴露 30min 后，从煤层顶部和底部各取一个煤样，装入密封罐，送入试验室测定煤的残存瓦斯含量。如工作面煤壁暴露时间已超过 30min，则采样时应把工作面煤壁清除 0.2m～0.3m 深，再采煤样。

当实测煤的残存瓦斯含量在 $3m^3/t$ 可燃物以下时，按下式计算煤的原始瓦斯含量：

$$X_0=1.33X_c \tag{1-25}$$

式中 X_0——纯煤原始瓦斯含量，m^3/t；

X_c——实测煤的残存瓦斯含量，m^3/t。

当煤的残瓦斯含量大于 $3m^3/t$ 可燃物时，用下式计算煤的瓦斯含量：

$$X_0=2.05X_c-2.17 \tag{1-26}$$

在所采两煤样中，以实测较大的残存量为计算依据。

任务三　矿井瓦斯涌出与测定

导学思考题

(1) 什么叫矿井瓦斯涌出？有哪些形式？瓦斯涌出的来源有哪些？

(2) 相对瓦斯涌出量与绝对瓦斯涌出量有何区别与联系？

(3) 影响瓦斯涌出量的因素有哪些？

(4) 简述矿井瓦斯涌出预测的概念。

(5) 矿井瓦斯涌出预测的方法有哪些？简述其原理。

(6) 矿井瓦斯等级是依据什么划分的？

(7) 如何鉴定矿井瓦斯等级？

矿井瓦斯灾害一般都具有突发性、危害性大的特点，一旦事故发生，不仅造成巨大的经济和财产损失，更为严重的造成矿毁人亡，带来极为不良的政治影响和经济后果。因此，在煤矿建设和生产过程中，只有了解煤层瓦斯涌出规律，掌握矿井瓦斯涌出源和预测瓦斯涌出技术，就可以从根本上有效地控制和治理矿井瓦斯事故的发生。

一、矿井瓦斯涌出

（一）矿井瓦斯涌出形式

矿井建设和生产过程中煤岩体遭受到破坏，储存在煤岩体内的部分瓦斯将会离开煤岩体释放到井巷和采掘工作面空间，这种释放现象称为矿井瓦斯涌出。

由于采掘生产的影响，破坏了煤岩层中瓦斯赋存的正常平衡状态，使游离状态的瓦斯不断涌向低压的采掘空间。与此同时，吸附状态的瓦斯不断解吸，也以不同的形式涌现出来，其涌出形式有普通涌出与特殊涌出。

1. 普通涌出形式

普通涌出是指瓦斯通过煤体或岩石的微小裂隙，从暴露面上均匀、缓慢、连续不断地向采掘工作面空间释放。

普通涌出是煤矿井下瓦斯的主要涌出形式，其涌出特点：时间长、范围大、涌出量多，速度慢而均匀。

2. 特殊涌出形式

煤层或岩层内含有的大量高压瓦斯，在很短的时间内自采掘工作面的局部地区，突然涌出大量的瓦斯，或伴随瓦斯突然涌出而有大量的煤和岩石被抛出。其涌出形式包括瓦斯喷出和煤与瓦斯突出。

（二）矿井瓦斯涌出的来源

矿井瓦斯一般来源于掘进区瓦斯、采煤区瓦斯和采空区瓦斯三个部分。

1. 掘进区瓦斯

掘进区瓦斯是基建矿井中瓦斯的主要来源。在生产矿井中，掘进区瓦斯占全矿井瓦斯涌出量的比例，主要取决于准备巷道的多少、围岩瓦斯含量的大小和掘进是否在瓦斯聚集带。当矿井采用准备巷道多的采煤方法、煤层瓦斯含量高、瓦斯释放较快时，掘进区瓦斯所占比例就大。如某矿采用水平分层采煤方法时，掘进和平巷的瓦斯涌出量占各分层涌出量总和的59.2%～66.2%，在瓦斯聚集带掘进巷道时，掘进瓦斯曾占矿井瓦斯总涌出量的67.5%。

2. 采煤区瓦斯

采煤区瓦斯是正常生产矿井瓦斯的主要来源之一。它一部分来自开采层本身，一部分来自围岩和邻近煤层。在多数情况下，开采单一煤层时其本身的瓦斯涌出是主要的，但开采煤层群时，邻近煤层涌出的瓦斯往往也占有很大的比例。如某矿对九个采煤工作面的统计，来自开采煤层本身的瓦斯占48%，而由围岩及邻近煤层中释放出的瓦斯占52%。

3. 采空区瓦斯

采空区瓦斯包括早已采过的老空区的瓦斯。随着采空区岩石的冒落，有时从顶、底板围岩和邻近煤层中放出大量瓦斯，丢弃在采空区的煤柱、煤皮、浮煤也放出瓦斯。采空区瓦斯涌出的多少，主要取决于煤层赋存条件、顶板管理方法、采空区面积的大小和管理状况。如果是煤层群开采，煤层顶、底板和邻近煤层含有大量瓦斯时，则采空区瓦斯涌出就多，用水砂充填法管理顶板时比用垮落法瓦斯涌出少，其他条件相同时，随着采空区面积的增大，这部分的瓦斯涌出所占比例也就增大。采空区的管理状况是影响采空区瓦斯是否大量涌出的直接因素。因此，提高密闭质量，及时封闭采空区和合理调整通风系统，能大大降低采空区瓦斯的涌出，这时矿井生产后期的瓦斯管理更有重要的意义。

（三）瓦斯涌出量及其影响因素

1. 瓦斯涌出量

瓦斯涌出量是指在矿井建设和生产过程中从煤与岩石内涌出的瓦斯量，对应于整个矿井的称为矿井瓦斯涌出量，对应于翼、采区或工作面的称为翼、采区或工作面的瓦斯涌出量。矿井瓦斯涌出量的大小通常用两个参数来表示，即矿井绝对瓦斯涌出量和矿井相对瓦斯涌出量。

1）矿井绝对瓦斯涌出量

矿井在单位时间内涌出的瓦斯量，单位 m^3/min 或 m^3/d。它与风量、瓦斯浓度的关系为

$$Q_{CH_4}=Q_f\times C \tag{1-27}$$

式中 Q_{CH_4}——绝对瓦斯涌出量，m^3/min；

Q_f——瓦斯涌出地区的风量，m^3/min；

C——风流中的平均瓦斯浓度，%。

2）矿井相对瓦斯涌出量

矿井在正常生产条件下，平均日产1t煤同期所涌出的瓦斯量，单位 m^3/t。其与绝对瓦斯涌出量、煤量的关系为

$$q_{CH_4}=Q_{CH_4}/T \tag{1-28}$$

式中　q——相对瓦斯涌出量，m^3/t；

Q——绝对瓦斯涌出量，m^3/d；

T——矿井日产煤量，t/d。

2. 影响瓦斯涌出量的因素

矿井瓦斯涌出量大小，取决于自然因素和开采技术因素的综合影响。

1）自然因素

自然因素包括煤层的自然条件和环境因素两个方面。

（1）煤层的瓦斯含量是影响瓦斯涌出量的决定因素。煤层瓦斯含量越大，瓦斯压力越高，透气性越好，则涌出的瓦斯量就越高。煤层瓦斯含量的单位与矿井相对瓦斯涌出量相同，但其代表的物理意义却完全不同，数量上也不相等。矿井瓦斯涌出量中，除包含本煤层涌出的瓦斯外，邻近煤层通过采空区涌出的瓦斯等还占有相当大的比例，因此，有些矿井的相对瓦斯涌出量要大于煤层瓦斯含量。

（2）在瓦斯带内开采的矿井，随着开采深度的增加，相对瓦斯涌出量增高。煤系地层中有相邻煤层存在时，其含有的瓦斯会通过裂隙涌出到开采煤层的风流中，因此，相邻煤层越多，含有的瓦斯量越大，距离开采层越近，则矿井的瓦斯涌出量就越大。

（3）地面大气压变化时引起井下大气压的相应变化，它对采空区（包括回采工作面后部采空区和封闭不严的老空区）或塌冒处瓦斯涌出量的影响比较显著。如图1-24所示大气压力变化时，引起瓦斯涌出量增加的是工作面采空区（图中②③）和老采区（图中⑤⑥）的瓦斯涌出，掘进工作面几乎不受影响。

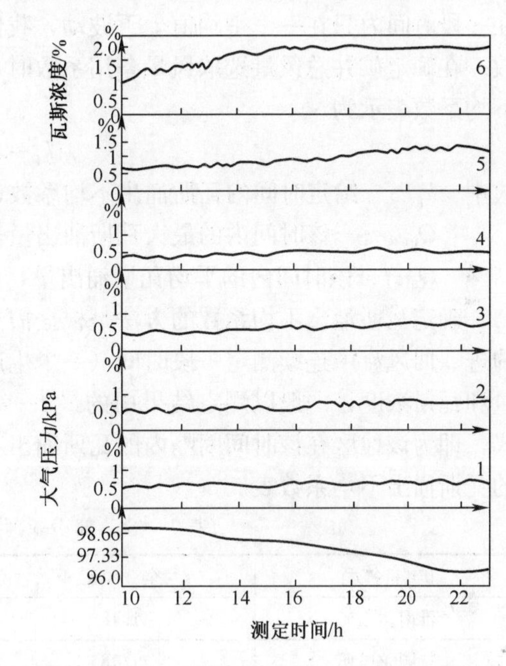

图1-24　地面大气压力下降对矿井瓦斯用处的影响

1—掘进巷道回风；2—采煤面2回风；3—采煤面1回风；4—掘进区总回风；5—1采区总回风；6—2采区总回风。

2）开采技术因素

（1）开采强度和产量。矿井的绝对瓦斯涌出量与回采速度或矿井产量成正比，而相对瓦斯涌出量变化较小。当回采速度较高时，相对瓦斯涌出量中开采煤层涌出的量和邻近煤层涌出的量反而相对减少，使得相对瓦斯涌出量降低。实测结果表明，如从两方面考虑，则高瓦斯的综采工作面快采必须快运才能减少瓦斯的涌出。

（2）开采顺序和回采方法。厚煤层分层开采或开采有邻近煤层涌出瓦斯的煤层时，首先开采的煤层瓦斯涌出量较大，因为除本煤层（或本分层）瓦斯涌出外，邻近层（或未开采分层）的瓦斯也要通过回采产生的裂隙与孔洞渗透出来，增大瓦斯涌出量，之后其他层开采时，瓦斯涌出量则大大减少。

采空区丢失煤炭多，回采率低的采煤方法，采区瓦斯涌出量大。管理顶板采用垮落法比充填法造成的顶板破坏范围大，邻近层瓦斯涌出量较大。回采工作面周期来压时，瓦斯涌出量也会增大。

(3) 风量的变化。风量变化时，瓦斯涌出量和风流中的瓦斯浓度由原来的稳定状态，逐渐转变为另一稳定状态。风量变化时，漏风量和漏风中的瓦斯浓度也会随之变化。井巷的瓦斯涌出量和风流中的瓦斯浓度，在短时间内就会发生异常的变化。通常风量增加时，起初由于负压和采空区漏风的加大，一部分高浓度瓦斯被漏风从采空区带出，绝对瓦斯涌出量迅速增加，回风流中的瓦斯浓度可能急剧上升。然后，浓度开始下降，经过一段时间，绝对瓦斯涌出量恢复到或接近原有值，回风流中的瓦斯浓度才能降低到原值以下，风量减少时情况相反。这类瓦斯涌出量变化的时间，由几分钟到几天，峰值浓度和瓦斯涌出量可为原值的几倍。

3. 瓦斯涌出不均系数

在正常生产过程中，矿井绝对瓦斯涌出量受各种因素的影响，其数值是经常变化的，但在一段时间内只在一个平均值上下波动，我们把其峰值与平均值的比值称为瓦斯涌出不均系数。在确定矿井总风量选取风量备用系数时，要考虑矿井瓦斯涌出不均系数。矿井瓦斯涌出不均系数表示为

$$k_g = Q_{max}/Q_a \tag{1-29}$$

式中 k_g——给定时间内瓦斯涌出不均系数；

Q_{max}——该时间内的最大瓦斯涌出量，m^3/min；

Q_a——该时间内的平均瓦斯涌出量，m^3/min。

确定瓦斯涌出不均系数的方法是根据需要，在待确定地区（工作面、采区、翼或全矿）的进、回风流中连续测定一段时间（一个生产循环、一个工作班、一天、一月或一年）的风量和瓦斯浓度，一般以测定结果中的最大一次瓦斯涌出量和各次测定的算术平均值代入上式，即为该地区在该时间间隔内的瓦斯涌出不均系数。表 1-6 为一些矿根据通风报表统计的瓦斯涌出不均系数表。

表 1-6 部分矿井瓦斯涌出不均系数表

矿井名称	全矿	采煤工作面	掘进工作面
淮南谢二矿	1.18	1.51	
抚顺龙凤矿	1.18	1.32	1.42
抚顺胜利矿	1.29	1.38	
阳泉一矿北头嘴井	1.24	1.41	1.40

通常，工作面的瓦斯涌出不均系数总是大于采区的，采区的大于一翼的，一翼的大于全矿井的。进行风量计算时，应根据具体的情况选用合适的瓦斯涌出不均系数。

总之，任何矿井的瓦斯涌出在时间上与空间上都是不均匀的。在生产过程中要有针对性地采取措施，使瓦斯涌出比较均匀稳定。例如尽可能均衡生产，错开相邻工作面的破煤、放顶时间等。

二、矿井瓦斯涌出量的预测

瓦斯涌出量的预测是根据某些已知相关数据，按照一定的方法和规律，预先估算出矿井或局部区域瓦斯涌出量的工作。其任务是确定新矿井、新水平、新采区、新工作面投产前瓦斯涌出量的大小；为矿井、采区和工作面通风提供瓦斯涌出基础数据；为矿井通风设计、瓦斯抽放和瓦斯管理提供必要的基础参数。

决定矿井风量的主要因素往往是瓦斯涌出量，所以预测结果的正确与否，能够影响矿井开采的经济技术指标，甚至影响矿井正常生产。大型高瓦斯矿井，如果预测瓦斯涌出量偏低，投产不久就需要进行通风改造，或者被迫降低产量。而预测瓦斯涌出量偏高，势必增大投资和通风设备的运行费用，造成不必要的浪费。

矿井瓦斯涌出量预测方法可概括为两大类：一类是矿山统计预测法；另一类是根据煤层瓦斯含量进行预测的分源预测法。

（一）矿山统计预测法

矿山统计预测法的实质是根据对本矿井或邻近矿井实际瓦斯涌出量资料的统计分析得出的矿井瓦斯涌出量随开采深度变化的规律，来推算新井或延深水平的瓦斯涌出量。这方法适用于生产矿井的延深水平，生产矿井开采水平的新区，与生产矿井邻近的新矿井。在应用中，必须保证预测区的煤层开采顺序、采煤方法、顶板管理等开采技术条件和地质构造、煤层赋存条件、煤质等地质条件与生产区相同或类似。应用统计预测法时的外推范围一般沿垂深不超过100m～200m，沿煤层倾斜方向不超过600m。

1. 基本计算式

矿井开采实践表明，在一定深度范围内，矿井相对瓦斯涌出量与开采深度呈如下线性关系：

$$q=\frac{H-H_0}{a}+2 \tag{1-30}$$

式中 q——矿井相对瓦斯涌出量，m^3/t；

H——开采深度，m；

H_0——瓦斯风化带深度，m；

a——开采深度与相对瓦斯涌出量的比例常数，t/m^2。

瓦斯风化带深度 H_0 即为相对瓦斯涌出量为 $2m^3/t$ 时的开采深度。开采深度与相对瓦斯涌出量的比例常数 a 是指在瓦斯风化带以下、相对瓦斯涌出量每增加 $1m^3/t$ 时的开采下延深度。H_0 和 a 值根据统计资料确定，为此，至少要有瓦斯风化带以下两个水平的实际相对瓦斯涌出量资料，有了这些资料后，可按下式计算 a 值：

$$a=\frac{H_2-H_1}{q_2-q_1} \tag{1-31}$$

式中 H_1、H_2——瓦斯带内1和2水平的开采垂深，m；

q_1、q_2——在 H_1 和 H_2 深度开采时的相对瓦斯涌出量，m^3/t。

a 值确定后，瓦斯风化带深度可由下式求得：

$$H_0=H_1-a(q_1-2) \tag{1-32}$$

瓦斯风化带深度也可以根据地勘阶段实测的煤层瓦斯成分来确定。

a 值的大小取决于煤层倾角、煤层和围岩的透气性等因素。当有较多水平的相对瓦斯涌出量资料时，可用图解法或最小二乘法按下式确定平均的 a 值：

$$a=\frac{n\sum_{i=1}^{n}q_iH_i-n\sum_{i=1}^{n}H_i\sum_{i=1}^{n}q_i}{n\sum_{i=1}^{n}q_i^2-\left(\sum_{i=1}^{n}q_i\right)^2} \tag{1-33}$$

式中 H_i、q_i——第 i 个水平的开采深度和相对瓦斯涌出量，m、m^3/t；

n——统计的开采水平个数。

对于某些矿井相对瓦斯涌出量与开采深度之间并不呈线性关系，即 a 值不是常数，此时，应首先根据实际资料确定 a 值随开采深度的变化规律，然后才能进行深部区域瓦斯预测。

2. 生产水平矿井瓦斯涌出量和平均开采深度的确定

应用矿山统计法预测矿井瓦斯涌出量，必须首先统计至少两个开采水平的瓦斯涌出量资料。在统计确定某一水平矿井瓦斯涌出量时，通风瓦斯旬报、矿井瓦斯等级鉴定以及专门进行的瓦斯涌出量测定资料均可加以利用；此外，还应掌握在统计期间的矿井开采和地质情况。对于全矿井，可以统计某一生产时期的绝对瓦斯涌出量和采煤量，并用加权平均方法求出该时期的平均开采深度和平均相对瓦斯涌出量。

下面介绍利用矿井瓦斯等鉴定资料确定矿井瓦斯涌出量和平均开采深度的具体方法。

根据《煤矿安全规程》的规定，矿井瓦斯等级鉴定工作是在鉴定月份的上、中、下旬各选一天，分三班或四班进行的，且每班测定 3 次；按矿井、煤层、一翼、水平和采区分别计算日产 1t 煤的瓦斯涌出量，并选取相对瓦斯涌出量最大一天的数据作为确定矿井瓦斯等级的依据。在瓦斯预测工作中，与矿井瓦斯等级鉴定的要求不同，它是取 3d 测定结果的平均值作为确定相对瓦斯涌出量的依据。

确定全矿井相对瓦斯涌出量时，可采用矿井总回风的瓦斯鉴定资料。根据鉴定月份井下各采区的煤炭产量和采深，按下式计算鉴定月份全矿井的加权平均开采深度：

$$H_c = \frac{\sum_{i=1}^{n} H_i A_i}{\sum_{i=1}^{n} A_i} \tag{1-34}$$

式中 H_c——全矿井加权平均开采深度，m；

H_i、A_i——鉴定月份第 i 采区的采深和产量，m、t。

根据历年的矿井相对瓦斯涌出量和加权平均深度，可用图解法或计算法找出相对瓦斯涌出量与采深间的关系。

3. 瓦斯涌出量预测图编制

根据通风瓦斯旬报，按下式计算每个采区（或工作面）日瓦斯涌出量的月平均值：

$$G = 1.44 \frac{\sum_{i=1}^{n} Q_i \cdot C_i}{n} \tag{1-35}$$

式中 G——采区或工作面日瓦斯涌出量的月平均值，m^3/d；

Q_i、C_i——每次测得的采区或工作面回风量和风流中瓦斯浓度，m^3/min、%；

n——统计月份的测定次数。

统计月份的平均日产量按下式确定：

$$A = \frac{A_M}{N} \tag{1-36}$$

式中 A——统计月平均日产量，t/d；

A_M——月采煤量，t；

N——月工作天数。

采区或工作面月平均相对瓦斯涌出量为

$$q=\frac{G}{A} \tag{1-37}$$

应当指出，在工作面开采初期，从开切眼形成到第一次放顶期间，由于瓦斯涌出尚未达正常状态，因此在该段时间内的测定数据不能在统计分析中应用；此外，在采煤不正常的情况下测得的瓦斯涌出量，以及地质变化带采区瓦斯涌出量变化很大的情况下测得的瓦斯涌出量，均不能在统计分析中应用。

在实施瓦斯抽放的采区或工作面，确定相对瓦斯涌出量时，还应考虑抽放瓦斯的影响。

若采区总抽出瓦斯量为 G_d，采区总采出煤量为 A_m，则采区每采出 1t 煤抽出的瓦斯量 $q_d=\frac{G_d}{A_m}$，这时采区总的相对瓦斯涌出量应为 $q_m=q+q_d$。

得出采区或工作面每月平均相对瓦斯涌出量后，把该值标在采掘工程平面图（1∶5000）对应采区或工作面开采范围的中央，根据大量月份的统计资料，用插值法绘出瓦斯涌出量等值线图。从绘出的瓦斯涌出量等值线图上可以看出瓦斯涌出量在煤层走向和倾向上的变化。通常，相对瓦斯涌出量等值线的间距为 $2m^3/t$ 或 $5m^3/t$。

（二）分源预测法

1. 分源预测法的基本原理

含瓦斯煤层在开采时，受采掘作业的影响，煤层及围岩中的瓦斯赋存平衡状态即遭到破坏，破坏区内煤层、围岩中的瓦斯将涌入井下巷道。井下涌出瓦斯的地点即为瓦斯涌出源。瓦斯涌出源的多少、各涌出源涌出瓦斯量的大小直接决定着矿井瓦斯涌出量的大小。根据煤炭科学研究总院抚顺研究院的研究，矿井瓦斯涌出的源、汇关系如图 1-25 所示。

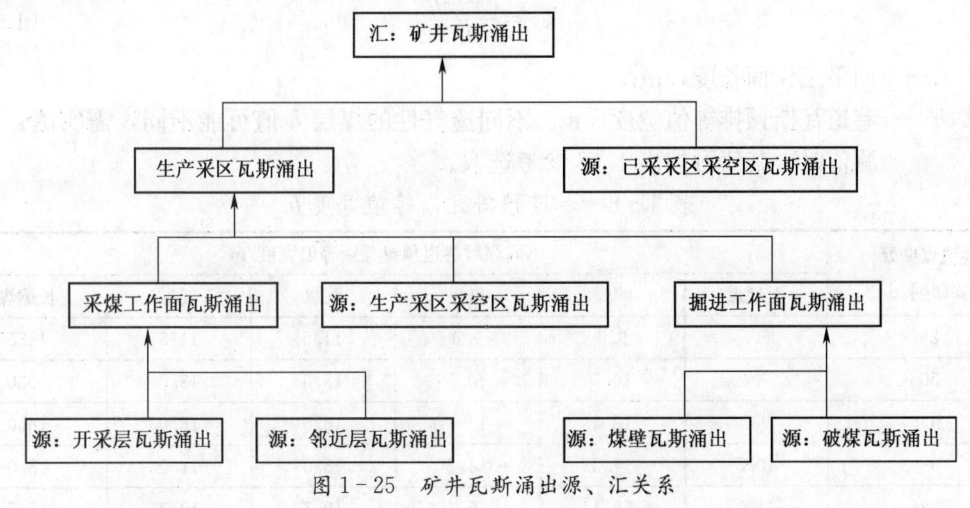

图 1-25　矿井瓦斯涌出源、汇关系

应用分源预测法预测矿井瓦斯涌出量，是以煤层瓦斯含量、煤层开采技术条件为基础，根据各基本瓦斯涌出源的瓦斯涌出规律，计算回采工作面、掘进工作面、采区及矿井瓦斯涌出量。

2. 预测所需的原始资料

应用分源预测法预测瓦斯涌出量时，需要准备如下原始资料：

(1) 各煤层瓦斯含量测定资料、瓦斯风化带深度以及瓦斯含量等值线图；

(2) 地层剖面和柱状图，图上应标明各煤层和煤层夹矸的厚度、层间距离和岩性；

(3) 煤的灰分、水分、挥发分和密度等工业分析指标和煤质牌号；

(4) 开拓和开采系统图，应有煤层开采顺序、采煤方法、通风方式等。

3. 计算方法

1) 开采煤层（包括围岩）瓦斯涌出量

(1) 薄及中厚煤层不分层开采时按下式计算：

$$q_1 = k_1 \cdot k_2 \cdot k_3 \frac{m_0}{m_1} \cdot (X_0 - X_1) \tag{1-38}$$

式中 q_1——开采煤层（包括围岩）相对瓦斯涌出量，m^3/t；

k_1——围岩瓦斯涌出系数，其值取决于回采工作面顶板管理方法；

k_2——工作面丢煤瓦斯涌出系数，其值为工作面回采率的倒数；

k_3——准备巷道预排瓦斯对工作面煤体瓦斯涌出影响系数；

m_0——煤层厚度（夹矸层按层厚 1/2 计算），m；

X_0——煤层原始瓦斯含量，m^3/t；

X_1——煤的残存瓦斯含量，m^3/t。X_1 值与煤质和原始瓦斯含量有关，需实测；如无实测数据，可参考表 1-7 取值。

表 1-7 运至地表时煤残存瓦斯含量

煤的挥发分含量 V_{daf}/%	6～8	8～12	12～8	18～26	26～35	35～42	42～50
煤残存瓦斯含量 X'_1/（m^3/t）	9～6	6～4	4～3	3～2	2	2	2

采用长壁后退式回采时，系数 k_3 按下式确定：

$$k_3 = \frac{L-2h}{L} \tag{1-39}$$

式中 L——回采工作面长度，m；

h——巷道瓦斯预排等值宽度，m。不同透气性的煤层 h 值可能不同，需实测；无实测值时，其值可按表 1-8 参考选取。

表 1-8 巷道预排瓦斯等值宽度 h

巷道煤壁暴露时间/d	不同煤种巷道预排瓦斯等值宽度/m					
	无烟煤	瘦煤	焦煤	肥煤	气煤	长焰煤
25	6.5	9.0	9.0	11.5	11.5	11.5
50	7.4	10.5	10.5	13.0	13.0	13.0
100	9.0	12.4	12.4	16.0	16.0	16.0
160	10.5	14.2	14.2	18.0	18.0	18.0
200	11.0	15.4	15.4	19.7	19.7	19.7
250	12.0	16.9	16.9	21.5	21.5	21.5
300	13.0	18.0	18.0	23.0	23.0	23.0

采用长壁前进式方法回采时，如上部相邻工作面已采，则 $k_3=1$；如上部相邻工作面未采，则可按下式计算 k_3 值：

$$k_3=\frac{L+2h+2b}{L+2b} \tag{1-40}$$

式中　b——巷道长度，m。

残存瓦斯含量的单位为每1t煤的瓦斯体积，在应用式（1-38）时，应按下式换算为原煤残存瓦斯含量：

$$X_1=\frac{100-A_{ad}-M_{ad}}{100}X'_1 \tag{1-41}$$

式中　X'_1——纯煤残存瓦斯含量，m^3/t；

A_{ad}——原煤中灰份含量,%；

X_{ad}——原煤中水份含量,%。

（2）厚煤层分层开采时按下式计算：

$$q_1=k_1\cdot k_2\cdot k_3\cdot k_{fi}\cdot (X_0-X_1) \tag{1-42}$$

式中　k_{fi}——取决于煤层分层数量和顺序的分层开采瓦斯涌出系数，可按表1-9取值。

表1-9　厚煤层分层开采瓦斯涌出系数k_{fi}

两分层开采		三分层开采		
k_{f1}	k_{f2}	k_{f1}	k_{f2}	k_{f3}
1.504	0.496	1.820	0.692	0.488

2）邻近层瓦斯涌出量

$$q_2=\sum_{i=1}^{n}\frac{m_i}{m_1}k_i\cdot(X_{0i}-X_{1i}) \tag{1-43}$$

式中　q_2——邻近层相对瓦斯涌出量，m^3/t；

m_i——第i个邻近层厚度，m；

m_1——开采层的开采厚度，m；

X_{0i}——第i邻近层原始瓦斯含量，m^3/t；

X_{1i}——第i邻近层残存瓦斯含量，m^3/t；

k_i——受多种因素影响但主要取决于层间距离的第i邻近层瓦斯排放率。

邻近层瓦斯排放率与层间距存在如下关系：

$$k_i=1-\frac{h_i}{h_p} \tag{1-44}$$

式中　k_i——第i邻近层瓦斯排放率；

h_i——第i邻近层至开采层垂直距离，m；

h_p——受开采层采动影响顶底板岩层形成贯穿裂隙、邻近层向工作面释放卸压瓦斯的岩层破坏范围，m。

开采层顶板的影响范围由下式计算：

$$h_p=k_y\cdot m_1\cdot (1.2+\cos a) \tag{1-45}$$

式中　k_y——取决于顶板管理方式的系数（对采高小于等于2.5m的煤层，用全部垮落法管理顶板时，$k_y=60$；用局部充填法管理顶板时，$k_y=45$；用全部充填法管理顶板时，$k_y=25$）；

m_1——开采层的开采厚度，m；

a——煤层倾角，(°)。

开采倾斜和缓斜煤层时，开采层底板的影响范围为35m～60m。开采急倾斜煤层时，底板的影响范围由下式计算：

$$h_{\mathrm{p}}=k_{\mathrm{y}}\cdot m_1\cdot(1.2-\cos a) \quad (1-46)$$

3）掘进巷道煤壁瓦斯涌出量

$$q_1=n\times m_0\times v\times q_0(2\sqrt{L_v}-1) \quad (1-47)$$

式中 q_1——掘进巷道煤壁瓦斯涌出量，m^3/min；

n——煤壁暴露面个数；

m_0——煤层厚度，m；

v——巷道平均掘进速度，m/min；

L——巷道长度，m；

q_0——煤壁瓦斯涌出初速度，$m^3/m^2\cdot min$。q_0 按下式计算：

$$q_0=0.026(0.0004V_{\mathrm{daf}}^2+0.16)X_0 \quad (1-48)$$

式中 V_{daf}^2——煤中挥发分含量,%；

X_0——煤层原始瓦斯含量，m^3/t。

4）掘进破煤的瓦斯涌出量

$$q_1=S\cdot v\cdot\gamma\cdot(X_0-X_1) \quad (1-49)$$

式中 q_1——掘进巷道落煤瓦斯涌出量，m^3/min；

S——掘进巷道断面积，m^2；

v——巷道平均掘进速度，m/min；

γ——煤的密度，t/m^3；

X_0——煤层原始瓦斯含量，m^3/t；

X_1——煤层残存瓦斯含量，m^3/t。

5）采煤工作面瓦斯涌出量

回采工作面瓦斯涌出量由开采层（包括围岩）、邻近层瓦斯涌出量两部分组成，其计算公式为

$$q_5=q_1+q_2 \quad (1-50)$$

式中 q_5——回采工作面相对瓦斯涌出量，m^3/t。

6）掘进工作面瓦斯涌出量

掘进工作面瓦斯涌出量包括掘进巷煤壁和掘进落煤瓦斯涌出量两部分，由下式计算：

$$q_6=q_3+q_4 \quad (1-51)$$

式中 q_6——掘进工作面瓦斯涌出量，m^3/min。

7）生产采区瓦斯涌出量

生产采区瓦斯涌出量系采区内所有回采工作面、掘进工作面及采空区瓦斯涌出量之和，其计算公式为

$$q_7=(1+k')\cdot\left(\sum_{i=1}^{n}q_{5i}\cdot A_1+1440\sum_{i=1}^{n}q_{6i}\cdot A_1\right)/A_0 \quad (1-52)$$

式中 q_7——生产采区瓦斯涌出量，m^3/t；

k'——生产采区内采空区瓦斯涌出系数，取 $k'=0.15$～0.25；

q_{5i}——第 i 回采工作面瓦斯涌出量，m^3/t；

A_1——第 i 回采工作面平均日产量，t；

q_{6i}——第 i 掘进工作面瓦斯涌出量，m^3/min；

A_0——生产采区平均日产量，t。

8）矿井瓦斯涌出量

矿井瓦斯涌出量为矿井内全部生产采区和已采采区（包括其他辅助巷道）瓦斯涌出量之和，其计算公式为

$$q_8 = \frac{(1+k'')\sum_{i=1}^{n} q_{7i} \cdot A_{0i}}{\sum_{i=1}^{n} A_{0i}} \tag{1-53}$$

式中 q_8——矿井相对瓦斯涌出量，m^3/t；

k''——已采区采空区瓦斯涌出量系数，其值为 k''＝0.10～0.25；

q_{7i}——第 i 生产采区瓦斯涌出量，m^3/t；

A_{0j}——第 i 生产采区日平均产量，t。

（三）类比法

1. 基本原理

瓦斯生成、赋存、排放条件是受地质构造因素控制的。在未开发的井田、未受采动影响处于自然状态的煤层瓦斯含量的分布规律与地质构造条件有密切的关系，而矿井瓦斯涌出量的大小，一方面受地质因素控制，另一方面受开采方法的影响。因此，在一个煤田或一个矿区范围内，在地质条件相同或相似的情况下，矿井瓦斯涌出量与钻孔煤层瓦斯含量之间存在一个自然比值。

对于新建矿井，在地质勘探期间已经提供了钻孔煤层瓦斯含量的基础数据，而矿井瓦斯涌出量是未知数。若要获得该参数，可以通过邻近生产矿井已知的矿井瓦斯涌出量资料和钻孔煤层瓦斯含量资料的统计运算，求得一个比值。然后将该比值与新建矿井已知的钻孔煤层瓦斯含量相乘，即可得到新建矿井的瓦斯涌出量。

2. 类比条件

运用类比法预测新建矿井瓦斯涌出量是通过邻近生产矿井的实际瓦斯资料统计来进行的。因此，必须把相同或相似的地质、开采条件作为两个矿井类比的前提。

3. 计算方法

1）采煤工作面瓦斯涌出量

（1）采煤工作面相对瓦斯涌出量：

$$q_h = w_o \times k_1 \tag{1-54}$$

式中 q_h——采煤工作面相对瓦斯涌出量，m^3/t；

w_o——采煤工作面煤层瓦斯含量，m^3/t；

k_1——类比矿采煤工作面相对瓦斯涌出量与瓦斯含量比值。

（2）采煤工作面绝对瓦斯涌出量：

$$Q_h = q_h \times T_1/1440 \tag{1-55}$$

式中 Q_h——采煤工作面绝对瓦斯涌出量，m^3/min；

T_1——采煤工作面日产量，t。

2）掘进巷道绝对瓦斯涌出量：

$$Q_j = w_o \times k_2 \times k_3 \quad (1-56)$$

式中 Q_j——掘进巷道绝对瓦斯涌出量，m^3/min；

k_2——类比矿掘进巷道绝对瓦斯涌出量与瓦斯含量比值；

k_3——巷道条数。

3）采区瓦斯涌出量

（1）采区绝对瓦斯涌出量：

$$Q_c = Q_h + Q_j \quad (1-57)$$

式中 Q_c—采区绝对瓦斯涌出量，m^3/min；

（2）采区相对瓦斯涌出量：

$$q_c = Q_c \times 1440 / T_2 \quad (1-58)$$

式中 q_c——采区相对瓦斯涌出量，m^3/t；

T_2——采区日产量，t。

4）矿井相对瓦斯涌出量：

$$q_k = \sum_{i=1}^{n} Q_{ci} \times 1400 / T_3 \quad (1-59)$$

式中 q_k——矿井相对瓦斯涌出量，m^3/t；

Q_{ci}——第 i 采区绝对瓦斯涌出量，m^3/min；

T_3——矿井日产量，t。

三、矿井瓦斯等级及鉴定

矿井安全工作的基本方针是“安全第一、预防为主”，瓦斯灾害是煤矿开采过程中最重要的灾害，瓦斯事故的防治是煤矿安全工作的重中之重。每一个生产矿井都必须建立适合矿井瓦斯状况的防治体系，制定各项瓦斯管理制度和措施，预防瓦斯事故的发生。由于各矿的具体情况不同，因此，根据矿井瓦斯的涌出情况和灾害情况对矿井进行瓦斯等级划分，有利于矿井瓦斯灾害的防治和管理。

（一）矿井瓦斯等级的划分

矿井瓦斯等级是矿井瓦斯量大小和安全程度的基本标志。根据矿井瓦斯涌出量或瓦斯危害程度的不同，选用相应的机电设备，采取符合客观规律要求的防治措施和管理制度，以保障矿井安全生产。《煤矿安全规程》规定“一个矿井中只要有一个煤（岩）层发现瓦斯，该矿井即为瓦斯矿井。瓦斯矿井必须依照矿井瓦斯等级进行管理。”

矿井瓦斯等级是根据矿井相对瓦斯涌出量、矿井绝对瓦斯涌出量和瓦斯涌出形式进行划分，包括以下等级：

（1）低瓦斯矿井：矿井相对瓦斯涌出量小于或等于 $10m^3/t$ 且矿井绝对瓦斯涌出量小于或等于 $40m^3/min$。

（2）高瓦斯矿井：矿井相对瓦斯涌出量大于 $10m^3/t$ 或矿井绝对瓦斯涌出量大于 $40m^3/min$。

（3）煤（岩）与瓦斯（二氧化碳）突出矿井。

矿井在采掘过程中，只要发生过 1 次煤（岩）与瓦斯突出（简称突出），该矿井即为突出矿井，发生突出的煤层即为突出煤层。低瓦斯矿井中，相对瓦斯涌出量大于 $10m^3/t$ 或有瓦斯喷出的个别区域（采区或工作面）为高瓦斯区，该区应该按高瓦斯矿井管理。

（二）矿井瓦斯等级鉴定

《煤矿安全规程》规定："每年必须对矿井进行瓦斯等级和二氧化碳涌出量的鉴定工作，报省（自治区、直辖市）负责煤炭行业管理的部门审批，并报省级煤矿安全监察机构备案。上报时应包括开采煤层最短发火期和自燃倾向性、煤尘爆炸性的鉴定结果"。

矿井瓦斯等级鉴定是矿井瓦斯防治工作的基础。借助于矿井瓦斯等级鉴定工作，也可以较全面地了解矿井瓦斯的涌出情况，包括各工作区域的涌出和各班涌出的不均衡程度。

1. 生产矿井瓦斯等级鉴定方法

1）鉴定条件

矿井瓦斯鉴定工作应在正常的条件下进行，按每一矿井的全矿井、煤层、一翼、水平和采区分别计算月平均日产1t煤的瓦斯涌出量。在测定时，应采取各项测定中的最大值，作为确定矿井瓦斯等级的依据。

2）鉴定时间

根据矿井生产和气候变化的规律，可以选在瓦斯涌出量较大的一个月进行，一般为七、八月份。在这两个月份中产量较正常的一个月进行鉴定。并在鉴定月的上、中、下旬中各取一天（如5、15、25日），每天分早、中、夜三班测定。如果是四班工作制，则按四班进行。每班测定的时间最好是在交班后2h，生产正常之后进行。

3）测前准备

测前要做好仪器校正和实测人员的组织分工，使每个实测人员明确自己的岗位及实测、记录、计算方法。

4）鉴定内容与测点位置

（1）鉴定的内容应包括矿井、一翼、水平和采区的瓦斯以及二氧化碳涌出量。

（2）测点的选择是以能够便于准确测量和真实反映测定区域的回风量，以及瓦斯和二氧化碳浓度为准。因此，测点应布置在通风机硐室内，以及煤层、一翼、水平和采区的回风巷道的测风站内，如果回风巷道内没有测风站，则可选择断面规整、无杂物堆积的一段平直巷道作为观测点。

（3）测定的基础数据有测点的巷道断面积、风速、风流内的瓦斯和二氧化碳浓度、当月的产煤量、工作日数，以及地面和井下测点的温度，气压、温度和湿度等气象条件等。

（4）井下测量应力求准确，最好每一个数据测定3次，求其平均值作为基础数据。测定瓦斯浓度时，在巷道风流的上部，即距支架顶帮50mm或距碹顶或锚喷拱顶200mm进行；测定二氧化碳时，应在巷道风流的下部，即距底板及两帮支架50mm或无支架巷道底板及两帮200mm进行。有瓦斯抽放系统的矿井，在测定日应同时测定各区域内瓦斯的抽放量，矿井的瓦斯等级必须包括抽放瓦斯量在内的吨煤瓦斯涌出量。

5）记录整理计算

测定计算的矿井、煤层、一翼、水平或采区的瓦斯或二氧化碳涌出量时，应该扣除相应的进风流中瓦斯或二氧化碳量。计算结果填入测定表中。

绝对瓦斯涌出量=风量瓦斯浓度，m^3/min

6）矿井瓦斯等级鉴定报告

从鉴定月三天测定的数据中选取瓦斯涌出量最大的一天，作为计算相对瓦斯涌出量的基础。根据鉴定的结果，结合产量、地质构造、采掘比等提出确定矿井瓦斯等级的意见，填写矿井瓦斯等级鉴定报告，并连同其他资料报上级主管部门审批。

7）申报矿井瓦斯等级所需资料

（1）瓦斯和二氧化碳测定基础数据表。

（2）矿井瓦斯等级鉴定申报表。

（3）矿井通风系统图（标明鉴定工作的观测地点）。

（4）煤尘爆炸指数表。

（5）上年度矿井内外因火灾记录表。

（6）上年度煤（岩）与瓦斯（二氧化碳）突出或喷出记录表。

（7）其他说明，比如鉴定中生产是否正常和矿井瓦斯来源分析等资料。

2. 基建矿井的瓦斯鉴定

对于正在建设的矿井也应进行矿井瓦斯等级的鉴定，特别是已经揭露煤层的矿井。如果测定的结果超过原设计确定的矿井瓦斯等级，应提出修改矿井瓦斯等级的专门报告，报请原设计审批单位批准。

3. 煤与瓦斯突出矿井的鉴定

煤与瓦斯突出矿井也必须按照鉴定规范要求进行测定工作。《煤矿安全规程》中规定，只要发生过1次煤（岩）与瓦斯突出（简称突出），该矿井即被定为突出矿井，发生突出的煤层即被定为突出煤层。矿井发生了瓦斯或二氧化碳喷出的地点，在其影响范围内应按防治喷出的有关规定管理，在下一年度鉴定时，如果该地点的瓦斯或二氧化碳喷出现象已经消失，则可以根据实际情况不再按防治喷出的有关规定管理。

鉴定报告的内容包括以下方面：

（1）矿井概况：

①矿井地质概况：所属煤田、成煤时代、地质构造、煤层赋存等。

②矿井生产概况：开拓方式、采煤方法、顶板管理方法、生产水平和开拓水平的标高及垂深。

③矿井通风瓦斯概况：通风方式、风量、瓦斯涌出量、瓦斯压力、瓦斯含量、瓦斯抽放方法及抽放量等。

（2）发生动力现象地点的情况：

①发生动力现象采区的地质资料：断层和褶曲的分布，煤层厚度及倾角的变化。

②该地点的巷道名称、类别、标高及距地表的垂深。

③发生动力现象的地点与邻近层开采的相对位置。

④该采区的煤层瓦斯压力、瓦斯含量、煤的坚固性系数和破坏类型。

（3）动力现象发生前后的实况描述和动力现象的主要特征。

按表1-10内容详细填写、绘制矿井动力现象记录卡片。按表1-11填写煤与瓦斯突出矿井基本情况调查表。

表 1-10 矿井动力现象记录卡片

编号：　　　管理局　　　矿务局　　　矿　　　井（坑）

突出时间		年 月 日 时	标高		发生动力现象后的主要特征	孔洞形状，轴线与水平面的夹角				
地点			距地面垂深/m			喷出煤量及岩石量/t	煤炭		岩石	
煤层特征	名称		巷道类型			煤喷出距离及堆积坡度				
	厚度/m		突出地点煤层剖面图（注比例尺）			喷出煤的粒度及分选情况				
	倾角/(°)					突出地点附近围岩及煤层破碎情况				
	煤质					动力效应（支架、巷道及设备破坏情况）				
顶底板岩性	顶板									
	底板					突出前瓦斯压力及突出后瓦斯涌出情况				
邻近层开采情况	上部									
	下部					其他				

地质构造叙述（断层，弯曲，厚度与倾角变化）				突出孔洞及煤堆积情况（注比例尺）					
支护形式									
控顶距离/m		搁间距离/m							
通风方式		有效风量/(m³/min)							
正常瓦斯浓度/%		绝对瓦斯量/(m³/min)							
突出前作业及使用工具				现场见证人（姓名、职务）					
突出前所采取的措施（附图）				伤亡情况					
突出预兆				动力现象类型及分析意见					
突出前及突出发生过程的描述				防突负责人		通风区（队）长		矿总工程师	矿长
				填表人		填表日期 年 月 日			

4. 鉴定报告的编写

矿井瓦斯等级鉴定报告要求包括以下主要内容：

（1）矿井基本情况表（表 1-12）；

（2）矿井瓦斯和二氧化碳测定基础数据表（表 1-13）；

（3）矿井瓦斯和二氧化碳测定结果报告表（表 1-14）；

（4）矿井通风系统图；

（5）瓦斯来源分析；

表 1-11 煤与瓦斯突出矿井基本情况调查表

省　　市（县）　　企业名称　　矿　　井　　填表日期　　年　　月　　日

<table>
<tr><td colspan="2">矿井设计能力/t</td><td colspan="2"></td><td colspan="2" rowspan="3">首次突出</td><td colspan="6">时　间</td><td colspan="4"></td></tr>
<tr><td colspan="2">矿井实际生产能力/t</td><td colspan="2"></td><td colspan="6">地点及标高/m</td><td colspan="4"></td></tr>
<tr><td colspan="2">开拓方式</td><td colspan="2"></td><td colspan="6">距地表垂深/m</td><td colspan="4"></td></tr>
<tr><td colspan="2">矿井可采煤层层数</td><td colspan="2"></td><td colspan="2" rowspan="3">突出次数</td><td rowspan="3">总计</td><td colspan="9">各类坑道中突出次数</td></tr>
<tr><td colspan="2">矿井可采煤层储量/t</td><td colspan="2"></td><td>石门</td><td colspan="2">平巷</td><td colspan="2">上山</td><td colspan="2">下山</td><td>回采</td><td>其他</td></tr>
<tr><td colspan="2">突出煤层可采储量/t</td><td colspan="2"></td><td></td><td colspan="2"></td><td colspan="2"></td><td colspan="2"></td><td></td><td></td></tr>
<tr><td rowspan="6">突出煤层及围岩特征</td><td>名称</td><td colspan="2"></td><td colspan="2" rowspan="2">突出最大强度</td><td colspan="5">煤（岩）量（t）</td><td colspan="5"></td></tr>
<tr><td>厚度/m</td><td colspan="2"></td><td colspan="5">突出瓦斯量/m³</td><td colspan="5"></td></tr>
<tr><td>倾角/（°）</td><td colspan="2"></td><td colspan="5">千吨以上突出次数</td><td colspan="2"></td><td colspan="3" rowspan="7">采取何种防突措施及其效果</td><td colspan="2" rowspan="7"></td></tr>
<tr><td>煤质</td><td colspan="2"></td><td rowspan="6">其中</td><td colspan="4">石门</td><td colspan="2"></td></tr>
<tr><td>顶板岩性</td><td colspan="2"></td><td colspan="4">平巷</td><td colspan="2"></td></tr>
<tr><td>底板岩性</td><td colspan="2"></td><td colspan="4">上山</td><td colspan="2"></td></tr>
<tr><td rowspan="4">保护层</td><td>类型</td><td colspan="2"></td><td colspan="4">下山</td><td colspan="2"></td></tr>
<tr><td>煤层名称</td><td colspan="2"></td><td colspan="4">回采</td><td colspan="2"></td></tr>
<tr><td>厚度/m</td><td colspan="2"></td><td colspan="4">其他</td><td colspan="2"></td></tr>
<tr><td>距危险层最大距离/m</td><td colspan="2"></td><td colspan="5" rowspan="3">目前正在进行的防治突出的研究课题</td><td colspan="4">主攻方向</td><td colspan="3"></td></tr>
<tr><td rowspan="2">瓦斯压力</td><td colspan="2">最高压力/MPa</td><td></td><td colspan="4">进展情况</td><td colspan="3"></td></tr>
<tr><td colspan="2">测压地点距地表垂深/m</td><td></td><td colspan="4">人员及参加单位</td><td colspan="3"></td></tr>
<tr><td colspan="3">煤层瓦斯含量/（m³/t）</td><td></td><td colspan="5" rowspan="3">备　　注</td><td colspan="7" rowspan="3"></td></tr>
<tr><td colspan="3">矿井瓦斯涌出量/（m³/min）</td><td></td></tr>
<tr><td colspan="3">有无抽放系统及抽放方式</td><td></td></tr>
</table>

煤矿企业负责人：　　　　煤矿企业技术负责人：　　　　通风处长：　　　　填表人：

（6）矿井煤尘爆炸性鉴定情况（情况说明，附鉴定报告）；

（7）煤层自然发火倾向性鉴定（情况说明，附鉴定报告）、煤层最短自然发火期及内、外因火灾发生情况；

（8）矿井煤（岩）与瓦斯（二氧化碳）突出情况，瓦斯（二氧化碳）喷出情况；

（9）鉴定月份生产状况及鉴定结果简要分析或说明；

（10）鉴定单位和鉴定人员。

表 1-12 矿井基本情况表

矿井名称		隶属关系	
详细地址		法人代表	
矿井职工人数		下井职工数	
井田面积/km²		可采储量/Mt	

（续）

矿井现状	□生产 □基建	投产日期		
设计生产能力/（Mt/a)		核定生产能力/（Mt/a)		
上年度原煤产量/Mt		本年度计划产量/Mt		
可采煤层数		现开采煤层名称		
煤层开采顺序		地质构造复杂程度		
煤层倾角 /（°）		主采煤层厚度/m		
开拓方式		井筒数		
水平数		现开采水平		
采区数		现开采采区名称		
采煤工作面数		煤巷掘进工作面数		
采煤方法		采煤工艺		
顶板管理方法		掘进方式		
通风方式、方法		主要通风机	型号、台数	
			电机功率/kW	
矿井总进风量/（m^3/min)		矿井总回风量/（m^3/min)		
矿井等积孔/m^2		突出煤层名称		
地面抽放泵型号及台数		抽放泵型电机功率/kW		
井下移动泵站型号及台数		移动泵站电机功率/kW		
抽放管路直径及长度		瓦斯抽放方法		
瓦斯抽放泵站负压/kPa		瓦斯抽放浓度/%		
上年度抽放量/Mm^3		抽放瓦斯利用率/%		
安全监控系统型号		生产厂家		
监控系统安装时间		联网情况		
甲烷传感器安装数		瓦斯检查报警仪有效台数		
瓦检员数量	应配人数	自救器数量	应配台数	
	实配人数		实配人数	
其他需说明的情况				

5．鉴定报告的审批程序

矿务局（或矿）根据国家授权单位提出的鉴定报告，正式向省（区）煤炭局申报，经省（区）煤炭局批准后报部备案。批准后的文件应抄送原鉴定单位存档。

表 1-13　瓦斯和二氧化碳涌出量测定基础数据表

矿　　　井　　　　　　　　　　　　　　　　　　　　　　　　　　　年　　　月

测点名称	气体名称	旬别	日期	第一班			第二班			第三班			三班平均风排量/（m^3/min）	抽放瓦斯量/（m^3/min）	涌出总量/（m^3/min）	月工作日	月产煤量/t	说明
				风量/（m^3/min）	浓度/%	涌出量/（m^3/min）	风量/（m^3/min）	浓度/%	涌出量/（m^3/min）	风量/（m^3/min）	浓度/%	涌出量/（m^3/min）						
	瓦斯	上																
		中																
		下																
	二氧化碳	上																
		中																
		下																

表 1-14　矿井瓦斯等级鉴定和二氧化碳测定结果报告表

矿　　　井　　　　　　　　　　　　　　　　　　　　　　　　　　　年　　　月

矿井、煤层、翼、水平、采区名称	气体名称	三旬中最大一天的涌出量/（m^3/min）			月实际工作日数/d	月产煤量/t	月平均日产煤量/（t/d）	相对涌出量/（m^3/t）	矿井瓦斯等级	上年度瓦斯等级	上年度矿井瓦斯涌出量		说明
		风排量	抽放量	总量							绝对量/（m^3/min）	相对量/（m^3/t）	
	瓦斯												
	二氧化碳												

任务四　瓦斯喷出、煤与瓦斯突出的防治

导学思考题

(1) 简述矿井瓦斯喷出的概念及其危害。

(2) 简述造成瓦斯喷出的原因。

(3) 瓦斯喷出通常会呈现哪些规律?

(4) 如何防治瓦斯喷出?

(5) 简述煤与瓦斯突出的概念。

(6) 简述煤与瓦斯突出的分类方法(按突出现象不同,按突出强度不同)。

(7) 什么叫区域性突出危险性预测?什么叫工作面突出危险性预测?

一、矿井瓦斯喷出的防治

(一) 矿井瓦斯喷出及其危害

大量的承压状态的瓦斯从可见的煤、岩裂缝中快速喷出到采掘工作面和巷道的现象叫做矿井瓦斯喷出。

矿井瓦斯喷出在时间上的突然性和空间上的集中性,对煤矿安全生产的威胁很大。一旦发生,可以造成局部地区瓦斯积聚,甚至使采区或一翼充满高浓度瓦斯,致使人员窒息;也可能引起瓦斯爆炸或火灾等事故,给矿井造成严重的破坏。

(二) 瓦斯喷出分类与特点

从瓦斯喷出裂缝的显现原因不同,可分为地质来源的和采掘地压形成的两大类。

1. 瓦斯沿原始地质构造洞缝喷出

这类喷出大多发生在地质破坏带(包括断层带)、石灰岩溶洞裂缝区、背斜或向斜轴部储瓦斯区以及其他储瓦斯构造附近有原始洞缝相通的区域。这类瓦斯喷出的特点:往往流量大,持续时间长,无明显的地压显现,喷瓦斯裂缝多属于开放性裂缝(张性或张扭性断裂),它们与储气层(煤层、砂岩层等)、溶洞或断层带相通。

2. 瓦斯沿采掘地压形成的裂缝喷出

高压瓦斯沿采掘地压显现生成的裂缝喷出。这类喷出也往往与地质构造有关,因为在各种地质构造应力影响区内,原有处于封闭状态的构造裂隙在采掘地压与瓦斯压力共同作用下很容易张开、扩展开来,成为瓦斯喷出的通道。这类瓦斯喷出的特点:喷出即将发生时伴随着地压显现效应,出现多种显现预兆,喷出持续的时间较短,其流量与卸压区面积、瓦斯压力和瓦斯含量大小等因素有关。地压显现时的卸压区,其裂隙由封闭型变为开放型,成为瓦斯喷出的通道。可以认为,在地质构造破坏地区瓦斯喷出的危险性更大。喷出瓦斯源是突然卸压煤层所含的高压瓦斯。

(三) 瓦斯喷出的原因和规律

根据瓦斯喷出事故的规律和其发生的原因,一般认为:煤层或岩层的构造裂缝中储存有大量高压瓦斯是引起矿井瓦斯喷出的内在因素;在采掘过程中,由于爆破穿透、机械震动或

地压活动，使煤岩造成卸压缝隙，构成瓦斯喷出的通道是其外在因素。喷出一般有如下规律：

(1) 瓦斯喷出与地质变化有关。一般喷出均发生在地质变化带。如南桐煤矿回采工作面的喷出，就是发生在斜轴或断层这些压扭性结构面附近。

(2) 煤层顶、底板岩层中有溶洞、裂隙发育的石灰岩，其中储有大量沼气时，则可能发生大规模的瓦斯喷出现象。

(3) 瓦斯喷出一般具有明显的喷出口或裂隙。

(4) 瓦斯喷出量有大有小，从几立方米到几十万立方米，喷出的持续时间从几分钟到几年，甚至十几年。它与蓄积的瓦斯量和瓦斯来源的范围有密切的关系。

(5) 瓦斯喷出前往往出现预兆，地压活动显著加剧，发生底板臌起，支架来压破坏，煤层变软、湿润，瓦斯涌出忽大忽小、有时出现嘶嘶声等。

(四) 瓦斯喷出的防治措施

预防与处理瓦斯喷出的措施，应根据瓦斯喷出量的大小和瓦斯压力的高低来拟定。矿井瓦斯喷出的防治措施可总结为“探、排、引、堵”。探就是探明地质构造和瓦斯情况；排就是排放或抽放瓦斯；引就是把瓦斯引至总回风流或工作面后 20m 以外的区域；堵就是将裂隙、裂缝等堵住，不让瓦斯喷出。

1. 探明地质构造情况

(1) 作业前利用打超前钻孔等办法，探明采掘区域与巷道（井）前方的地质构造、溶洞裂隙的位置分布以及瓦斯的储量。对于溶洞及断层带和无吸附能力的砂岩、石灰岩洞缝隙的储瓦斯容积可用下式估算：

$$V=QPa/(P_1-P_2) \quad (1-60)$$

式中 V——储瓦斯洞缝的容积，m^3；

Q——井下测试时，两次测压期间从洞缝排出的瓦斯量，m^3；

P_1——排放瓦斯前，洞缝的瓦斯压力，kPa；

P_2—测试地点的瓦斯压力，kPa。

(2) 对于有吸附能力的煤岩层按煤岩的瓦斯含量与储气层煤岩的储量来预计。根据瓦斯压力和洞缝大小预先制订好防治喷出的设计与安全措施。

(3) 根据初期卸压面积计算卸压瓦斯量。根据这个瓦斯量及瓦斯喷出的危险程度确定预排初期卸压瓦斯钻孔的数量和孔位。尽可能提高抽放负压，以求增大预排瓦斯量。对于突出煤层，可采用在邻近该突出煤层瓦斯初期卸压位置打密集钻孔抽放卸压瓦斯，或打密集穿层钻孔进行水力冲孔。

2. 利用引排、封堵、抽放进行综合治理

(1) 当用通风的办法不能使井巷的瓦斯浓度降到《规程》规定的允许浓度时，就要采用隔离瓦斯源的措施，利用专门通道把瓦斯排（或引）到安全地点。当喷出量小而裂隙又不大时，可用罩子或其他设施（铁风筒、金属溜槽或铁板等）将喷出裂隙封盖好，并利用管路将瓦斯引排到回风巷或地面。若面积较大，可以安设若干个引排罩。安设引排罩时，先将煤（或岩石）挖出 30mm～40mm 深的槽，然后把引排罩罩在喷出口上，并在四周用混凝土或黄泥等料填实，利用管路把瓦斯引走（图 1-26）。

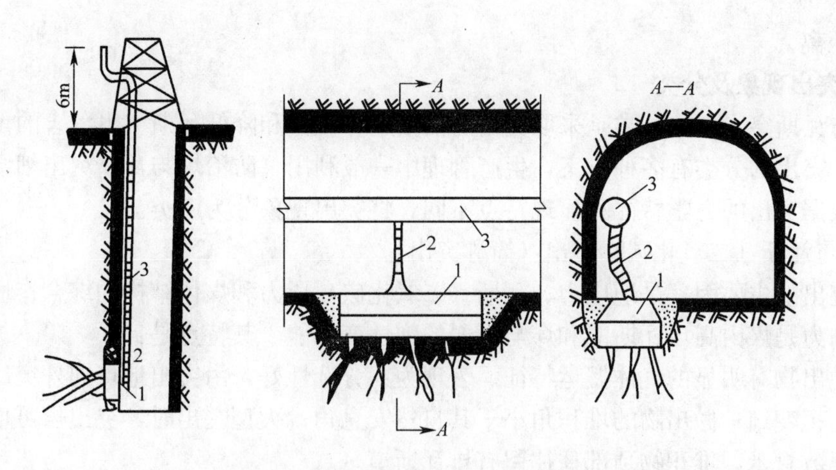

图 1-26　引排罩排放瓦斯示意图

1—引排罩；2—软管；3—瓦斯管。

(2) 不能用引排罩时，可以考虑采用包帮包顶抽放和打钻孔抽放瓦斯，钻孔直径为45mm～110mm。也可以先砌筑混凝土井壁或巷道碹体，然后在碹壁外注水泥浆封固，同时壁后插管可将瓦斯引排到回风巷或地面。

(3) 若瓦斯喷出很强烈不能采用上述方法时，必须封闭喷出瓦斯巷道。通过密闭墙把瓦斯抽出或引入回风巷进行抽放。为了放水、抽瓦斯和取气样，在密闭墙上应安设 3 个直径为 35mm 的插管：一个为抽放瓦斯管，最好安有孔板流量计（以便测定流量)；一个是放水管在密闭墙下部（为了水封瓦斯应做成 U 形)；一个取样用，平时用塞子堵严。

3. 加强管理工作

(1) 严格通风和瓦斯检查制度，掌握瓦斯涌出动态与抽放动态和瓦斯喷出预报，以防止瓦斯喷出。

(2) 加强全员安全培训，人人掌握瓦斯喷出预兆，配备隔离式自救器，熟悉避灾路线。

(3) 抓好工程质量，搞好顶板管理，加强支架质量检查，必要时采取人工卸压措施，以防大面积突然卸压。

(4) 搞好工作面通风，加强瓦斯检查、上报制度。

二、煤与瓦斯突出的分类、过程和机理

煤矿地下采掘过程中，在很短的时间内，从煤（岩）壁内部向采掘工作空间突然喷出大量煤（岩）和瓦斯（CH_4、CO_2）的现象，称为煤（岩）与瓦斯突出，简称突出。它是矿井瓦斯特殊涌出的一种形式，是煤矿严重的自然灾害之一，它是煤体在地应力和高压瓦斯的共同作用下发生的一种异常动力现象，表现为几吨至数千吨甚至达万吨以上的破碎煤在数秒至几十秒极短的时间内由煤体向巷道、工作面等采掘空间抛出，并伴有大量瓦斯涌出。危害轻的突出摧毁采掘工作空间设施，破坏采掘设备；危害严重的突出会发生抛出物埋人，涌出的瓦斯能造成局部地区乃至整个矿井风流反向，引起人员窒息，甚至引起瓦斯煤尘爆炸，造成一次伤亡数十人的重大恶性事故。煤与瓦斯突出是一个经过长期研究至今未能可靠解决、威胁煤矿安全生产的世界性难题。我国对煤与瓦斯突出防治技术开展了长期的研究工作，取得了显著的成绩，但距完全控制煤与瓦斯突出还相

差一定的距离。

（一）突出现象及分类

对煤与瓦斯突出现象分类是采取突出防治措施、减少和降低瓦斯突出危害的重要基础工作。对瓦斯突出的分类有多种方案，生产管理中一般利用《防治煤与瓦斯突出细则》中的分类，其中根据突出的力学特征和显现特点不同，将突出现象分为四类。

1．煤与瓦斯（二氧化碳）突出（简称突出）

发动突出的主要因素是地应力、瓦斯（二氧化碳）压力和煤体结构的综合作用。实现突出的基本动力是煤内高压瓦斯能和煤与围岩的弹性变形能。其特点是：

（1）抛出物有明显的气体搬运特征。表现为：分选性好，由突出地点向外突出物由大变小、颗粒由粗变细；抛出物的堆积角小于其自然安息角；大型突出时，突出煤可堆满巷道达数十米甚至数百米，堆积物顶部往往留有排瓦斯道。

（2）由于高压气体对煤的破碎作用，突出物中有大量极细的煤粉。

（3）抛出煤的距离从几米至几百米，大型和特大型突出可达千米以上。

（4）喷出的瓦斯（二氧化碳）量大大超出煤层瓦斯含量，突出所形成的冲击波和瓦斯（二氧化碳）风暴可逆风行进数十米、数百米，甚至更远使风流逆转。

（5）动力效应大，能推倒矿车，破坏巷道和通风设施。

（6）孔洞形状呈腹大口小的梨形、舌形、倒瓶形，甚至形成奇异的分岔孔洞。

2．煤与瓦斯的突然压出（简称压出）

实现压出的主要因素是由应力集中所产生的地应力。实现压出的主要动力是煤和围岩的弹性变形能。其特点是：

（1）压出有两种形式，即煤的整体位移和煤有一定距离的抛出，但位移和抛出的距离都较小。

（2）压出后，在煤层与顶板之间的裂隙中常留有细煤粉，整体位移的煤体上有大量的裂隙；有时是煤壁外臌或底板底臌。

（3）压出的煤呈块状，无分选现象。

（4）巷道瓦斯（二氧化碳）涌出量增大。

（5）孔洞呈口大腹小的楔形、唇形，有时无孔洞。

3．煤与瓦斯的突然倾出（简称倾出）

发动倾出的主要动力是地应力。实现倾出的基本动力是煤的自重（注意这时煤的结构松软、内聚力小）。其特点是：

（1）倾出的煤按自然安息角堆积，并无分选现象。

（2）倾出常发生在煤质松软的急倾斜煤层中，倾出的煤距离近，一般为几米，上山中可达十几米。

（3）喷出的瓦斯（二氧化碳）量取决于倾出的煤量及瓦斯含量，一般无逆风流现象。

（4）动力效应较小，一般不破坏工程、设施。

（5）孔洞呈口大腹小的舌形、袋形，并沿煤层倾斜或铅垂方（厚煤层）延伸。

4．岩石与二氧化碳（瓦斯）突出

在我国的东北和西北个别矿井中，也发生过岩石与二氧化碳（瓦斯）突出的现象。其发动突出的主要动力是地应力，实现突出的基本能源是岩石的变形能、二氧化碳内能。其特点是：

（1）在有突出危险的砂岩中进行爆破时，在炸药直接作用范围外发生岩石破坏、抛出等现象。

（2）有突出危险的砂岩岩层松软，呈片状、碎屑状，并具有较大的孔隙率和二氧化碳（瓦斯）含量。

（3）突出的砂岩中，含有大量的砂粒和粉尘。

（4）巷道的二氧化碳（瓦斯）涌出量增大，二氧化碳（瓦斯）量取决于抛出的岩量及二氧化碳（瓦斯）含量。

（5）动力效应明显，破坏性较强。

（6）在岩体中形成与煤与瓦斯突出类似的孔洞。

（二）突出强度及分类

煤与瓦斯突出的规模有很大的差别，瓦斯突出的规模常用突出强度来表述。突出强度是指每次突出中抛出的煤（岩）量（t）和涌出的瓦斯量（m^3），因瓦斯量计量困难，通常以突出的煤（岩）量作为划分依据。一般分为以下几种：

（1）小型突出（＜50t）；

（2）中型突出（≥50t，＜100t）；

（3）次大型突出（≥100t，＜500t）；

（4）大型突出（≥500t，＜1000t）；

（5）特大型突出（≥1000t）。

（三）突出过程

煤与瓦斯突出是一种复杂的动力现象，突出过程就是一个能量释放的过程。根据瓦斯突出过程的特征，一般认为突出的发生和发展要经历以下四个阶段：

（1）准备阶段。能量的积聚，包括应力集中而形成的弹性变形能和瓦斯流动受阻而形成高压瓦斯能。此阶段经历着两个过程，即能量积聚过程和阻力降低过程。能量积聚过程是地应力集中，煤体受压，煤体的弹性能增加，孔隙压缩，使瓦斯压缩能提高；阻力降低过程是因落煤工序，使煤体由三向受力状态变为两向甚至单向受力状态，煤的强度骤然下降，经过以上两个过程后，煤体内显现有声和无声预兆。

（2）激发（发动）阶段。在此阶段中，处于极限应力状态的部分煤体突然破碎卸压，发出巨响和冲击，使瓦斯作用在突然破裂煤体上的推力向巷道自由方向增加几倍至十几倍，这时膨胀瓦斯流开始形成，大量吸附瓦斯进入解吸过程，加强了流速。

（3）发展（抛出）阶段。在这个阶段中，破碎的煤在高速瓦斯流中呈悬浮状态流动，这些煤在煤体内外瓦斯压力差的作用下被破碎成更小粒度，撞击与摩擦也加大了煤的粉化程度，煤的粉化又加速了吸附瓦斯的解吸作用，增强了瓦斯风暴的搬运力。这时瓦斯流连同碎煤从煤体内以极短的时间抛出并形成强大的动力效应，随着碎煤被抛出和瓦斯的快速喷出，突出孔壁内的地应力与瓦斯压力分布进一步发生变化，煤体内，由于瓦斯排放，压力逐渐下降，致使地应力增加，导致破碎区连续地向煤体深部扩展，又进入准备阶段，当条件具备时，即可发生第二次、第三次突出。

（4）稳定（停止）阶段。突出发展到一定程度，由于抛出物的堆积使瓦斯流动阻力增大，瓦斯解吸速度放慢，从而导致煤体内瓦斯压力下降速度放慢，使煤体的平衡得到加强；另一方面，突出孔洞扩展到一定程度也形成了有利于煤体平衡的拱形结构。这些有利因素满足了煤体新的平衡条件，突出趋于稳定，但这时煤的突出虽然停止了，而从突出孔周围卸压区与突出煤炭中涌出瓦斯的过程并没有完全停止，异常的瓦斯涌出还要持续相当长的时间，这就造成了突出的瓦斯量大大超过了煤的瓦斯含量的现象。

（四）突出机理

煤与瓦斯突出机理的研究是认识这一动力现象的基础，对于开展瓦斯突出预测预报和正确地采取有效防突措施均具有重要的理论和实际意义。突出发生的突然性和危险性，使得直接观测突出的发生和发展过程极为困难。目前对突出机理的研究，还只能是根据突出统计资料、突出后的现场观测数据以及采用试验室模拟方法，通过对不同的试验结果分析进行。

1. 国外对煤与瓦斯突出机理的认识

国外关于煤与瓦斯突出机理的研究很广泛，由于突出的区域性及复杂性，对突出机理形成众多假说，概括起来主要有四种类型：

（1）以瓦斯为主导作用的假说。这类假说强调瓦斯是突出的主要能源，高压瓦斯突破煤壁，携带碎煤猛烈喷出，形成突出。

（2）以地应力为主导作用的假说。这类假说认为突出的主要因素和能源是地应力，而瓦斯是次要因素。突出的发生是由于积聚在煤层周围岩石的弹性变形潜能所引起的。

（3）化学本质假说。认为突出是由于煤在很大的深度内变质时发生的化学反应而引起的。

（4）综合假说。该假说是当前较普遍认同的一种假说，认为地应力、瓦斯和煤的结构是导致煤与瓦斯突出的三个主要因素，如图 1-27 所示。其主要论点是：

①煤与瓦斯突出是地应力、高压瓦斯、煤的结构性能等三个要素综合作用的结果，除了地压和瓦斯压力外，在煤层中不存在任何其他导致突出的能源。

②地压破碎煤体是造成突出的首要原因，而瓦斯则起着抛出体和搬运煤体的作用，从突出的总能量来说，瓦斯是完成突出的主要能源。

③煤的强度是形成突出的一个重要因素，只有当煤的强度很低、煤与围岩的摩擦力不大时，地压造成的变形潜能才能使煤体破碎。

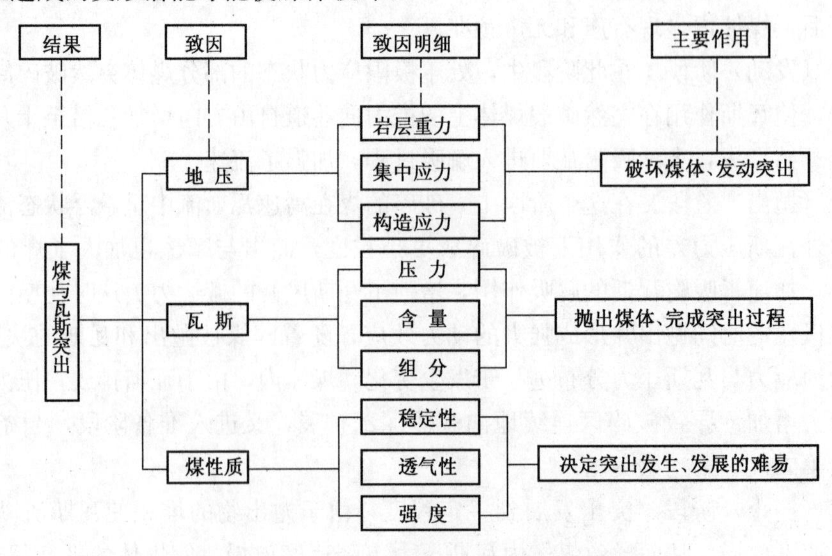

图 1-27　综合作用假说论突出机理

2. 国内对煤与瓦斯突出机理的认识

我国从 20 世纪 60 年代起就对突出煤层的应力状态、瓦斯赋存状态、煤的物理力学性能等开展了研究，根据现场资料和试验研究对突出机理进行了探讨，提出了新的见解和观点。特别是近几年，随着研究的深入及手段的应用，产生了许多新认识，目前已能对突出发生的原因、条件、能量来源作出定性的解释和近似的定量计算，为防治措施选择及效果检验提供理论依据。概括起来主要有以下几方面：

(1) 中心扩张学说。认为煤和瓦斯突出是从离工作面某一距离处的中心开始，尔后向周围扩展，由发动中心周围的煤—岩石—瓦斯体系提供能量并参与活动。在煤和瓦斯突出地点，地应力、瓦斯压力、煤体结构和煤质是不均匀的，突出发动中心就处在应力集中点，煤体的低透气性有助于建立大的瓦斯压力梯度。

(2) 流变说。认为煤和瓦斯突出是含瓦斯煤体在采动影响后地应力与孔隙瓦斯气体耦合的一种流变过程。在突出的准备阶段，含瓦斯煤体发生蠕变破坏形成裂隙网，之后瓦斯能量冲垮破坏的煤体发生突出。该观点对延期突出的解释很有帮助。

(3) 二相流体说。认为突出的本质是在突出中形成了煤粒和瓦斯的二相流体。二相流体受压积蓄能量，卸压膨胀放出能量，冲破阻碍区形成突出，强调突出的动力源是压缩积蓄能量、卸压膨胀能量，不是煤岩弹性能。

(4) 固流耦合失稳理论。认为突出是含瓦斯煤体在采掘活动影响下，局部发生迅速、突然破坏而生成的现象。采深和瓦斯压力的增加都将使突出发生的危险性增加。

(5) 球壳失稳观点。认为突出实质是地应力破坏煤体、煤体释放瓦斯、瓦斯使煤体裂隙扩张并使形成的煤壳失稳破坏的过程。煤体的破坏以球盖状煤壳的形成、扩展及失稳抛出为主要特点。这种观点对于解释突出孔洞的形状及形成过程很有帮助。

此外还有多种观点，如中国科学院力学研究所从力学角度对突出过程做了大量的研究工作，提出了突出破坏过程及瓦斯渗流的机制方程。

(五) 突出发生的条件

煤和瓦斯突出是地应力、煤中的瓦斯及煤的结构和力学性质综合作用的动力现象。突出过程中，地应力、瓦斯压力是发动与发展煤和瓦斯突出的动力，煤的结构、力学性质则是突出发生的阻碍因素。它们存在于一个共同体中，有其内在联系，但不同因素对突出的作用不同，不同的突出起主要作用的因素也不一样。

1. 发生突出的地应力条件

地应力包括自重应力、构造应力和采动应力。地应力对突出主要有三方面的作用：

(1) 围岩或煤层的弹性变形潜能使煤体产生突然破坏和位移。

(2) 地应力控制瓦斯压力场，促进瓦斯破坏煤体。

(3) 围岩中应力增加决定了煤层的低透气性，造成瓦斯压力梯度增高，煤体一旦破坏，对突出有利。可见，煤层和围岩具有较高的地应力，并且在工作面附近煤层的应力状态要发生突然变化，使潜能有可能突然释放，是发生煤和瓦斯突出的第一个必要和充分条件。

2. 瓦斯在突出中的作用

存在于煤裂隙和煤孔隙中的瓦斯对煤体有三方面的作用：

(1) 全面压缩煤的骨架，促使煤体产生潜能。

(2) 吸附在微孔表面的瓦斯分子对微孔起楔子作用，降低煤的强度。

(3) 瓦斯压力可降低地应力的作用。瓦斯的解吸使煤的破碎和移动进一步加强，并由瓦斯流不断地把碎煤抛出，使突出空洞壁始终保持着一个较大的地应力梯度和瓦斯压力梯度，使煤的破碎不断向深处发展。所以，瓦斯的作用称为突出发生的第二个必要和充分条件。

3. 发生突出的煤体结构条件

煤体结构破坏程度影响煤层的力学性质和对瓦斯的储集能力，因而不同的煤体结构类型具有不同的突出危险性。苏联科学院地质研究所基于对煤中原生与次生节理的变化、微裂隙间距、断口和光泽特征，将煤体结构分为5种类型，并认为Ⅳ、Ⅴ类破坏类型的煤体结构分层是发生煤和瓦斯突出的必要条件。中国矿业学院瓦斯组在此分类基础上，把煤体结构的破坏程度分为甲、乙、丙3类。焦作工学院从瓦斯地质角度出发，根据煤体宏观和微观结构特征，将煤体结构划分为4种类型。煤炭工业部颁发的《防治煤与瓦斯突出细则》以苏联5类划分为基础，提出了煤体结构破坏类型划分新标准。

三、煤与瓦斯突出的分布规律和特征

（一）突出分布的规律

1. 我国突出矿区分布规律

从地理分布来看，我国突出分布的总规律是南方多、北方少，东部多、西部少。根据全国煤与瓦斯突出分布的不均衡性，可将我国分为6个煤与瓦斯突出区域：华南区、华北区、东北区、西北区、西藏区、台湾区，其中以华南区突出最严重。根据突出次数和严重程度，大体依次为湖南、四川、贵州、江西、辽宁、黑龙江、河南、山西、吉林、广东、广西、江苏、河北等省。

从时代分布来看，由最老的早石炭纪煤层（如湖南金竹山地区）到最新的第三纪煤层（如抚顺）都有突出发生。但突出最严重的是华南晚二叠纪龙潭组煤系，其次是晚侏罗纪和早第三纪煤系，然后是石炭二叠纪的太原组。因为不同时代的煤层瓦斯生成和保存条件有很大的差别，因此煤层厚，围岩完整致密，煤是中高变质程度，地质构造复杂，煤层埋藏深的高瓦斯矿井一般是瓦斯突出矿井。

突出分布的不均衡性是普遍现象。如我国南、北方和东、西方的不同，各时代煤系的不同，都是这种不均衡性的反映。又如严重突出的四川天府煤矿，其南井的背斜东翼无突出；四川南桐矿区突出严重，但该矿区的直属四矿和红岩矿瓦斯突出并不严重；山东瓦斯普遍很低，但营县煤矿不但瓦斯含量高，而且还有突出现象。总之，从全国、省区、矿区、矿井，甚至从采区来看，这种不均衡性都是存在的。

2. 矿区内突出分布的规律

我国各矿区的突出分布具有一定的规律性。

1）突出具有方向性

煤与瓦斯突出的分布与构造线方向密切相关，瓦斯突出条带常沿构造带分布。如我国南桐二井，其突出点大致沿一组构造扭裂面NW60°～70°一线展布。

2）突出具有集中性

一个矿区突出分布有不均匀性，主要有几个矿井突出，突出矿井只有几个突出工作面。各突出区的突出点多集中分布在构造应力集中部位或其他瓦斯地质异常区附近。

3）突出具有相似性

在相似的瓦斯地质条件区域，具有相似的突出分布特点。不同的矿井或不同的煤层，发生煤与瓦斯突出的地质条件具有相似性，因此，在瓦斯突出预测中有瓦斯地质类比法。

4）突出具有递增性

煤与瓦斯突出规模和次数随开采深度的增加而增加（表1-15）。

表1-15　突出于开采深度的关系

矿井 / 水平	平均突出强度/t·次$^{-1}$		
	平顶山矿	六枝大用矿	天府矿
第一水平	344	7	20
第二水平	1395	117	26
第三水平	3371	360	32

5）突出具有分级性

地质构造级别的大小和序次的前后对突出分布具有明显的对应控制作用。如南桐一井，其突出的总体分布受八面山向斜轴控制，靠近轴部突出次数多，强度大，突出点的具体分布又受低序次的NE50°～60°和NW40°～50°两组扭裂面的控制；又如平顶山矿，矿区地质构造控制突出矿井的分布，矿井地质构造控制突出集中区的分布。

（二）突出的基本特征

根据对我国大量突出资料的研究，煤与瓦斯突出的基本特征主要有如下几个方面。

1．始突深度

我国煤与瓦斯突出的始突深度在不同地区的矿井中相差很大，最小的不到100m，最大的超过600m。一般在华南东部的始突深度最小，在100m左右；其次是华南地区西部，一般在200m左右；华北地区始突深度的一般在300m；东北地区的始突深度一般在100m～400m，最大在600m，且突出强度和次数随深度增加而增加。

2．突出强度

煤与瓦斯突出强度以中、小型为常见，特大型突出主要发生在高瓦斯区内煤层瓦斯含量和矿井瓦斯涌出量相当高的矿井中。华南地区占全国特大型突出矿井的80％。截至目前，全国最大的突出是天府的三汇坝一矿，突出的煤量为12780t，其次是南桐矿区的鱼田堡矿，突出煤量为8327t。

3．突出受地质因素控制

断层等地质构造带附近易发生突出，特别是构造应力集中的部位突出的危险性大。突出煤层一般强度较低。突出强度和次数随着煤层厚度（特别是软分层厚度）的增加而增加，随煤层倾角的增大而增加。煤层顶底板与煤层的接触面越光滑，越易发生突出。突出危险性随煤层含水量的增加而减小。

4．气体成分

突出气体主要成分是甲烷，高瓦斯矿井易发生瓦斯突出。突出的气体成分为二氧化碳时，突出规模一般比较大。二氧化碳突出常常与火山岩中的气体有关。在我国某些矿区的瓦斯突出中，常含有一定数量的重烃，有时可高达10％以上。

5．突出与工程因素有关

煤与瓦斯突出大多发生在落煤时，尤其是在爆破作业时，不同的采掘方式下煤层突出强度不一样，不同作业方式和工序下突出概率不同。因此，有效的防突措施可以在很大程度上降低突出强度，减少突出次数。

6. 突出有预兆

(1) 地压显现预兆：煤炮声、支架断裂、岩煤开裂掉碴、底臌、岩煤自行剥落、煤壁颤动、钻孔变形、垮孔、顶钻、夹钻杆、钻机过负荷等。

(2) 瓦斯涌出预兆：瓦斯涌出异常、忽大忽小，煤尘增大、气温异常、气味异常，打钻喷瓦斯，喷煤粉、哨声、蜂鸣声等。

(3) 煤结构预兆：层理紊乱、强度降低、松软或不均质、暗淡无光泽、厚度增大、软分层厚度增大、倾角变陡、挤压褶曲、波状隆起、煤体干燥、煤体断裂等。

7. 突出空洞

突出空洞多呈口小肚大的梨形。

8. 突出强度与频度

突出矿井可分为两类：一类是频率高而强度低，往往煤层酥松，围岩破碎，瓦斯已发生运移；另一类是频率低而强度高，煤质多为坚硬，围岩破碎不严重，属地应力相对集中地带。

(三) 煤与瓦斯突出点地质特征

在中小型地质构造及构造尖灭端，煤与瓦斯突出常常集中分布。如平顶山十二矿 160 采区，受牛庄逆断层尖灭端影响，采面掘进时曾发生煤与瓦斯突出 10 次；平顶山八矿已三采区受辛店正断层尖灭端的影响，采面掘进时共发生 8 次煤与瓦斯突出。受到两条断层的影响，这两个采面成为平顶山矿区的两个高突工作面。

对不同矿区的煤与瓦斯突出点地质构造性质、煤体结构类型、突出煤层、突出点标高和垂深等因素的统计结果表明，煤与瓦斯突出点有如下地质特征：

(1) 随开采深度增加，煤与瓦斯突出危险性增加。不同煤层始突深度不同，造成这种现象的主要原因是随煤层埋藏深度增加煤层中的瓦斯保存条件较好，瓦斯压力及煤层瓦斯含量增加，突出在不同深度上有表现。

(2) 煤与瓦斯突出分布受地质构造控制。煤与瓦斯突出多发生在矿井构造附近。统计资料表明，很多突出矿区地质构造带的突出占突出总数的 70%以上，而且突出点煤层层理紊乱，煤体结构破坏严重，突出点构造煤厚度增加，突出点有不同的地质构造特征。

(3) 煤与瓦斯突出分区与地质条件分区相关。如在平顶山东矿区发生的突出占矿区内突出总数的 80%，西区的矿井和中区的矿井只占少数。突出的分区与矿区构造分区相一致，在矿区构造带或褶皱轴部的过渡地带，往往是煤与瓦斯突出带。

(四) 工程因素对突出分布的影响

对矿区内历次突出中反映动力特征的突出煤量和瓦斯量、煤的抛出距离和堆积角、分选性、突出孔洞形态和深度、突出类型等指标的统计结果表明，矿区内煤与瓦斯突出动力特征如下：

(1) 从突出规模看，已发生的突出以小型突出为主，中型、大型突出较少。如平顶山矿区，小于 100t/次的突出占突出总数的 85%。从突出类型看，煤与瓦斯压出、倾出、突出类型的比例也是不同的，对矿井生产系统造成的破坏程度也不同。

(2) 突出在不同采掘施工程中的分布不同。煤巷掘进工作面发生突出最多，如平顶山矿区煤巷掘进中的突出占突出次数的 80%以上；在平巷中发生的次数高于上山和下山、回采工作中的突出次教。突出在不同生产工序中，如放炮后、综采中、综掘中、打钻中或其他作业中，发生突出的次数也不同，在煤巷掘进及放炮作业后发生的突出最多。

(3) 突出前有一系列动力预兆。所有的突出发生前都有瓦斯涌出量增加、瓦斯压力升高、煤层变软、煤层内响煤炮的现象，有时煤体温度降低，甚至出现冒顶和片帮、夹钻现象，有时钻孔冒白烟，支架变形损坏，迎头煤体变软，矿压显现。

四、煤与瓦斯突出预测

(一) 煤层突出危险性预测分类和突出危险性划分

根据突出预测的范围和精度，煤层突出危险性预测分为区域突出危险性预测（简称区域预测）和工作面突出危险性预测（包括石门和竖、斜井揭煤工作面，煤巷掘进工作面和采煤工作面的突出危险性预测，简称工作面预测）。区域预测应预测煤层和煤层区域的突出危险性，并应在地质勘探、新井建设、新水平和新采区开拓或准备时进行。工作面预测是预测工作面附近煤体的突出危险性，应在工作面推进过程中进行。

在地质勘探、新井建设、矿井生产时期应进行区域预测，把煤层划分为突出煤层和非突出煤层。突出煤层经区域预测后可划分为突出危险区、突出威胁区和无突出危险区。在突出危险区域内，工作面进行采掘前应进行工作面预测。采掘工作面经预测后，可划分为突出危险工作面和无突出危险工作面。

突出煤层在开采过程中，如果已确切掌握煤层突出危险区域的分布规律，并且有可靠的预测资料，在确认的无突出危险区内可不采取防治突出措施，可直接采取安全防护措施进行采掘作业。在突出威胁区内，根据煤层突出危险程度，采掘工作面每推进 30m～100m，应用工作面预测方法连续进行不少于两次区域预测验证，其中任何一次验证为有突出危险时，该区域应改划为突出危险区。只有连续两次验证都为无突出危险时，该区域才能继续定为突出威胁区域。

(二) 区域突出危险性预测

《防治煤与瓦斯突出细则》（简称《细则》）规定，在确定新建矿井煤层突出危险性时，地质勘探部门必须提供初步预测资料。设计新矿井前，编制设计任务书的单位应根据地质勘探部门提供的矿井突出危险性的基础资料，并参照邻近矿井突出情况和预测煤层突出危险性指标，与原煤炭部授权的煤炭科研单位共同确定矿井突出危险性，方可将矿井突出危险性列入设计任务书中，报上级批准后，作为新矿井的设计依据。

区域突出危险性预测是预测矿井、煤层和煤层区域的突出危险性。区域突出危险性预测的方法，有单项指标法、瓦斯地质统计法和综合指标法等。

1. 单项指标法

根据煤的破坏类型、瓦斯放散初速度指标 Δp、煤的坚固性系数 f 和煤层瓦斯压力 p，判断煤层突出危险性的临界值，应根据矿井的实测资料确定，如无实测资料时，可参考表 1-16所列数据划分。煤的破坏类型可参考表 1-17 确定。只有全部指标达到或超过其临界值时方可划为突出煤层。

表 1-16　预测煤层突出危险性单项临界指标值

煤层突出危险性	煤的破坏类型	瓦斯的放散初速度 Δp	煤的坚固性系数 f	煤层瓦斯压力 p /MPa
突出危险	Ⅲ、Ⅵ、Ⅴ	10	0.5	0.74
注：煤的破坏类型见《细则》				

表 1-17 煤的破坏类型分类表

破坏类型	光泽	构造与构造特征	节理性质	节理面性质	断口性质	强度
Ⅰ类煤（非破坏煤）	亮与半亮	层状构造，块状构造，条带清晰明显	一组或两三组节理，节理系统发达，有次序	有充填物（方解石），次生面少，节理、劈理面平整	参差阶状，贝状，波浪状	坚硬，用手难以掰开
Ⅱ类煤（破坏煤）	亮与半亮	1. 尚未失去层状，较有次序 2. 条带明显，有时扭曲，有错动 3. 不规则块状，多棱角 4. 有挤压特征	次生节理面多，且不规则，与原生节理呈网状节理	节理面有擦纹、滑皮，节理平整，易掰开	参差多角	用手极易剥成小块，中等硬度
Ⅲ类煤（强烈破坏煤）	半亮与半暗	1. 弯曲呈透镜体构造 2. 小片状构造 3. 细小碎块，层理较紊无次序	节理不清，系统不发达，次生节理密度大	有大量擦痕	参差及粒状	用手捻之成粉末，硬度低
Ⅳ类煤（粉碎煤）	暗淡	粒状或小颗粒胶结而成，形似天然煤团	节理失去意义，呈黏块状		粒状	用手捻之成粉末，偶尔较硬
Ⅴ类煤（全粉煤）	暗淡	1. 土状构造 2. 断层泥状			土状	可捻成粉末，疏松

建井时期应由施工单位测定煤层瓦斯压力 p、瓦斯放散初速度指标 Δp、煤的坚固性系数 f 等基本参数，并根据揭穿各煤层的实际情况，重新验证开采煤层的突出危险性。如果验证结果与设计任务书中所确定的煤层突出危险性不符，则要求重新确定煤层突出危险性。

2. 瓦斯地质统计法

煤和瓦斯突出动力现象形成于一定的地质条件中。国外对煤和瓦斯突出地质条件的研究表明，突出分布的不均匀性受地质条件控制，突出与构造复杂程度、煤层围岩、煤变质程度有关，在所有突出点都有地质构造或构造作用形成的软煤带。澳大利亚 Brown 煤田突出点都发生在落差 0.4m 以上的断层处。我国 20 世纪 60 年代开始对瓦斯赋存规律研究，20 世纪 70 年代开始研究瓦斯突出分布的地质规律，20 世纪 80 年代提出煤和瓦斯突出预测的地质条件，并认为主要有矿井地质构造、煤体结构、煤层和围岩四个方面，构造煤是煤和瓦斯突出的必要条件。瓦斯地质区划论阐明了瓦斯分布和突出分布的不均衡性、分区分带性受地质因素制约，在煤和瓦斯突出预测中发挥了重要作用。我国瓦斯地质工作者从构造地质、数学地质、岩体力学、地球化学、构造物理等方面对地质构造控制煤和瓦斯突出规律开展了广泛的研究，在利用构造应力场、构造特征、煤体结构、地应力等瓦斯地质因素预测突出危险性方面取得了大量成果，有效地控制了重大瓦斯事故的发生。

对煤层瓦斯分布规律和煤与瓦斯突出地质规律的研究，形成了煤与瓦斯突出预测的地质方法。利用瓦斯地质方法预测煤与瓦斯突出的基本原理是“瓦斯地质区划论”。由于瓦斯是地质历史时期的产物，是地质体的一部分，因此瓦斯的形成和保存是受地质条件控制的。控制瓦斯突出主要是指控制瓦斯突出的空间分布。根据突出分布在空间上的范围大小，可分为瓦斯突出区、瓦斯突出带、瓦斯突出点，点、带皆属区；点在带内，带在区内。瓦斯突出区、突出带、突出点的控制条件是有区别的，即瓦斯突出具有分级控制的特点。

瓦斯地质区划论的工作方法又称为瓦斯地质单元法。通过地质预测实现瓦斯突出预测，对研究区域进行瓦斯地质单元划分，是开展瓦斯地质研究的第一步。在单个瓦斯地质因素划分单元的基础上，对多个地质因素划分的单元进行综合，作为控制突出分布和级别的地质条件和地质背景。依据瓦斯参数和瓦斯突出资料同样可以划分出单元，作为区域内瓦斯的综合。瓦斯参数包括瓦斯含量、瓦斯压力、瓦斯涌出量等，依此划分出高、中、低瓦斯单元；瓦斯突出分布以瓦斯突出点为基础，划分出严重瓦斯突出带、一般瓦斯突出带和非瓦斯突出带。划分单元的地质指标有定性和定量指标，如煤层埋深、煤层厚度、煤的强度、构造变形系数、瓦斯成分中的重烃含量等为定量指标，而构造类型、构造力学性质、围岩性质、煤种、构造煤类型等为定性指标。这些指标在地质单元划分中都是经常用到的地质变量。

采用瓦斯地质统计法进行区域预测，是根据已开采区域确切掌握的煤层赋存和地质构造条件与突出分布的规律，划分出突出危险区域与突出威胁区域。划分突出危险区一般可达到下列要求：

（1）在上水平发生过一次突出的区域，可预测下水平垂直对应区域的突出危险性。

（2）根据上水平突出点分布与地质构造的关系及突出点距构造线两侧的最远距离，并结合地质部门提供的下水平或下部采区的地质构造分布，预测下水平或下部采区的突出危险区域。

（3）根据上水平突出规律预测下水平或采区的突出威胁区。

3. 综合指标法

由于煤和瓦斯突出原因的复杂性和影响因素的多样性，突出预测没有一种绝对敏感的指标，多种指标的综合应用往往有更好的预测效果，因而，出现了突出预测综合指标法。综合指标法可以是对几种瓦斯突出预测指标不同的经验处理或数学计算。采用综合指标法对煤层进行区域预测的方法是：

（1）在岩石工作面向突出煤层至少打两个测压钻孔，测定煤层瓦斯压力。

（2）在打测压孔过程中，每1m煤孔采取一个煤样，测定煤的坚固性系数（f）。

（3）将两个测压孔所得的坚固性系数最小值加以平均作为煤层软分层的平均坚固性系数。

（4）将坚固性系数最小的两个煤样混合，测定煤的瓦斯放散初速度（Δp）。

煤层区域性突出危险性，按下列两个综合指标判断：

$$D=(0.0075H/f-3)(P-0.74) \tag{1-61}$$

$$K=\Delta p/f \tag{1-62}$$

式中 D——煤层的突出危险性综合指标；

K——煤层的突出危险性综合指标；

H——开采深度，m；

P——煤层瓦斯压力，取两个测压钻孔实测瓦斯压力的最大值，MPa；

Δp——软分层煤的瓦斯放散初速度；

f——软分层煤的平均坚固性系数。

综合指标 D、K 的突出临界指标值应根据本矿区实测数据确定，如无实测资料时可参照表 1－18 所列的临界值确定区域突出危险性。如果测压孔所取得的煤样粒度达不到测定 f 值所要求的粒度，则可采取粒度为 1mm～3mm 的煤样进行测定。

表 1－18　预测煤层区域突出危险性的综合指标 D 和 K 的临界值

煤的突出危险性综合指标 D	煤的突出危险性综合指标 K	
	无烟煤	其他煤种
0.25	20	15

注：(1) 如果式 (1－61) 中两个括号内的计算值都为负时，则不论 D 值大小，都为突出威胁区域；

(2) 地质勘探和新井建设时期进行煤层突出危险倾向性预测时，视为无突出危险煤层。

(三) 工作面突出危险性预测

1. 石门揭煤工作面突出危险性预测

《细则》规定，在突出煤层的构造破坏带，包括断层、褶曲、火成岩侵入等，在煤层赋存条件急剧变化和采掘应力叠加的区域，在工作面预测过程中出现喷孔、顶钻等动力现象或工作面出现明显突出预兆时，应视为突出危险工作面。石门揭开突出煤层前，可选用综合指标法、钻屑瓦斯解吸指标法或其他经证实有效的方法预测工作面突出危险性。

采用综合指标法预测石门揭煤工作面突出危险性的方法同前。利用钻屑瓦斯解吸指标法预测石门揭煤工作面突出危险性的方法如下：

(1) 在石门工作面距煤层最小垂距为 3m～10m 时，利用探明煤层赋存条件和瓦斯情况的钻孔或至少打两个直径为 50mm～75mm 的预测钻孔，在其钻进煤层时，用 1mm～3mm 的筛子筛分钻屑，测定其瓦斯解吸指标 (Δh_2 或 K_1)。

(2) 钻屑瓦斯解吸指标的突出临界值，应根据实测数据确定；如无实测数据时，可参照表 1－19 中所列的指标临界值预测突出危险性。

表 1－19　钻屑指标法预测石门揭煤工作面突出危险性的临界值

Δh_2/Pa	K_1/mL·$(g \cdot min^{1/2})^{-1}$
干煤 200	0.5
湿煤 160	0.4

(3) 选用表 1－19 中的任一指标进行预测时，当指标超过临界值时，该石门工作面预测为突出危险工作面；反之，为无突出危险工作面。

2. 煤巷掘进工作面突出危险性预测

在突出危险区域中掘进煤巷时，可采用钻孔瓦斯涌出初速度法、R 值指标法和钻屑指标法及其他经证实有效的方法（钻屑温度、煤体温度、放炮后瓦斯涌出量等）预测煤巷工作面的突出危险性。

1) 钻孔瓦斯涌出初速度法

用钻孔瓦斯涌出初速度法预测煤巷掘进工作面突出危险性的方法如下：

(1) 在掘进工作面的软分层中，靠近巷道两帮，各打一个平行于巷道掘进方向直径 42mm、深 3.5m 的钻孔。

(2) 用专门的封孔器封孔，封孔后测量室长度为 0.5m。

(3) 钻孔瓦斯涌出初速度的测定必须在打完钻后 2min 内完成。

判断突出危险性的钻孔瓦斯涌出初速度的临界值 q_m 应根据实测资料分析确定；如无实测资料时，则可参照表1-20中的临界值 q_m。当实测的 q 值等于或大于临界值 q_m 时，煤巷掘进工作面应预测为突出危险工作面；实测值小于临界值 q_m 时，该工作面应预测为无突出危险工作面。

表1-20　判断突出危险性的钻孔瓦斯涌出初速度临界值

煤的挥发分 V_{def}/%	5～15	15～20	20～30	>30
q_m/（L/min）	5.0	4.5	4.0	4.5

用钻孔瓦斯涌出初速度法预测煤巷掘进工作面突出危险性时，如预测为无突出危险工作面，每预测循环应留有2m预测超前距。

2）R 值指标法

R 值指标法预测煤巷掘进工作面突出危险性的程序如下：

（1）在煤巷掘进工作面打2个（倾斜或急倾斜煤层）或3个（缓倾斜煤层）直径为42mm、深为5.5m～6.5m的钻孔。钻孔应布置在软分层中，一个钻孔位于巷道工作面中部，并平行于掘进方向，其他钻孔的终孔点应位于巷道轮廓线外2m～4m处。

（2）钻孔每打1m，测定一次钻屑量和钻孔瓦斯涌出初速度。测定钻孔瓦斯涌出初速度时，测量室的长度为1.0m。根据每个钻孔的最大钻屑量和最大瓦斯涌出初速度按下式确定各孔的 R 值：

$$R=(S_{max}-1.8)(q_{max}-4) \tag{1-63}$$

式中　S_{max}——每个钻孔沿孔长最大钻屑量，L/m；

q_{max}——每个钻孔沿孔长最大瓦斯涌出初速度，L/（m·min）。

判断煤巷掘进工作面突出危险性的临界指标 R_m 应根据实测资料确定；如无实测资料时，取 $R_m=6$。任何一个钻孔中，当 $R>R_m$ 时，该工作面预测为突出危险工作面；当 $R<R_m$ 时，该工作面预测为无突出危险工作面。当 R 为负值时，应用单项（取公式中的正值项）指标预测。

（3）当预测为无突出危险时，每预测循环应留有2m的预测超前距。

3）钻屑指标法

采用钻屑指标法预测煤巷掘进工作面突出危险性时，应按下列步骤进行：

（1）在煤巷掘进工作面打2个（倾斜和急倾斜煤层）或3个（缓倾斜煤层）直径42mm、孔深8m～10m的钻孔。

（2）钻孔每打1m测定钻屑量一次，每隔2m测定一次钻屑解吸指标。根据每个钻孔沿孔长每米的最大钻屑量 S_{max} 和钻屑解吸指标 K_1 或 Δh_2 预测工作面的突出危险性。

采用钻屑指标法预测工作面突出危险性时，各项指标的突出危险临界值应根据现场测定资料确定。如无实测资料时，可参照表1-21数据确定工作面的突出危险性。实测得到的任一指标 S_{max} 值、K_1 值或 Δh_2 值等于或大于临界值时，该工作面预测为突出险工作面。

（3）采用钻屑指标法预测突出危险性，当预测为无突出危险性时，每预测循环应留有2m的预测超前距。

表1-21　钻屑指标法预测煤巷掘进工作面突出危险性的临界值

Δh_2	最大钻屑量		K_1	危险性
Pa	kg/m	L/m	mL/（g·min$^{1/2}$）	
≥200	≥6	≥5.4	≥0.5	突出危险工作面
<200	<6	<5.4	<0.5	无突出危险工作面

3. 采煤工作面突出危险性预测

相对煤巷掘进工作面而言，采煤工作面的突出危险性较小，采煤工作面突出危险性预测，可使用煤巷掘进工作面突出预测方法，沿采煤工作面每隔 10m～15m 布置一个预测钻孔，孔深根据工作面条件选定．但不得小于 3.5m。当预测为无突出危险工作面时，每预测循环应留 2m 预测超前距。采煤工作面的预测比巷道预测相对方便，在采面预测中可以在利用煤巷工程中的瓦斯地质资料基础上，补充重点区域的瓦斯地质资料。

突出预测地质敏感性指标主要有地质构造指标和煤体结构指标等。在矿井瓦斯地质研究基础上，通过对突出煤层地质构造的研究，区分突出地质构造和非突出地质构造、突出构造的突出段和非突出段；通过对煤层中软煤分布规律及发生煤与瓦斯突出的软煤临界厚度的研究，进一步对煤与瓦斯突出进行准确预测，在生产中得到了有效的应用。

五、煤与瓦斯突出防治技术

开采突出煤层时，必须采取综合防突措施。在采用防治突出措施时，应优先选择区域性防治突出措施，如果不具备采取区域性防治突出措施的条件，则必须采取局部防治突出措施。

（一）区域性防治突出措施

1. 开采保护层

在突出矿井开采煤层群时，必须首先开采保护层。开采保护层后，在被保护层中受到保护的地区按无突出煤层进行采掘工作，开采保护层防治煤与瓦斯突出的机理如图 1-28 所示。在未受到保护的地区，则必须采取防治突出措施。

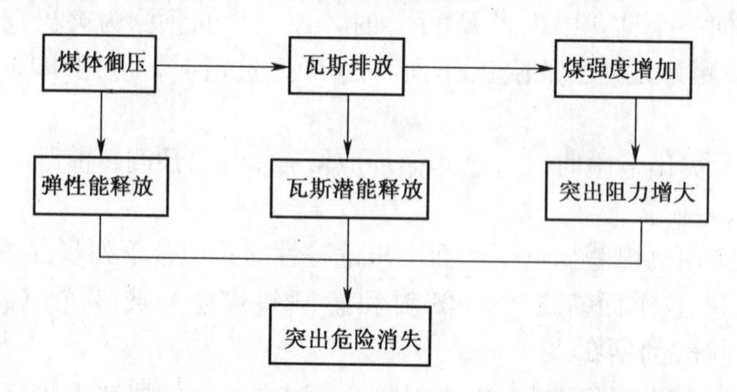

图 1-28　开采保护层防治煤与瓦斯突出的机理

在开采保护层之前，选择保护层是一项关键工作，一般应首先选择无突出危险的煤层作为保护层。当煤层群中有几个煤层都可作为保护层时，应根据安全、技术和经济的合理性，综合比较分析，择优选定。当矿井中所有煤层都有突出危险时，应选择突出危险程度较小的煤层作保护层，但在此保护层中进行采掘工作时，必须采取防治突出措施。选择保护层时，应优先选择上保护层，条件不允许时，也可选择下保护层，但在开采下保护层时，不得破坏被保护层的开采条件。

开采下保护层时，上部被保护层不被破坏的最小层间距离应根据矿井开采实测资料确定；如无实测资料时，可参用式（1-64）或式（1-65）确定：

$$H = KM\cos a \quad (a < 60^\circ) \tag{1-64}$$

$$H = KM\sin(a/2) \quad (a > 60^\circ) \tag{1-65}$$

式中 H——允许采用的最小层间距，m；

M——保护层的开采厚度，m；

a——煤层倾角；

K——顶板管理系数。冒落法管理顶板，$K=10$；充填法管理顶板，$K=6$。

划定保护层有效作用范围的有关参数，应根据矿井实测资料确定；对暂无实测资料的矿井，可参照下述方法：

(1) 保护层与被保护层之间的有效垂距，可用式（1－66）或式（1－67）或根据《细则》确定。

下保护层最大有效距离：

$$S_{下}=S'_{下}\beta_1\beta_2 \tag{1-66}$$

上保护层最大有效距离：

$$S_{上}=S'_{上}\beta_1\beta_2 \tag{1-67}$$

式中 β_1——保护层开采影响系数当（$M\leqslant M_o$ 时，$\beta_1=M/M_o$；当 $M>M_o$ 时，$\beta_1=1$）；

$S'_{下}$、$S'_{上}$——下保护层和上保护层的理论有效间距，m；

M——保护层的开采厚度，m；

M_o——开采保护层的最小有效厚度，m；

β_2——层间硬岩（砂岩、石灰岩）含量系数。以 η 表示硬岩在层间岩石中所占有的百分比，当 $\eta<50\%$时，$\beta_2=1-0.4\eta$；当 $\eta<50\%$时，$\beta_2=1$。

(2) 正在开采的保护层工作面，必须超前于被保护层的掘进工作面，其超前距离不得小于保护层与被保护层层间垂距的两倍，并不得小于30m。

(3) 对停采的保护层采煤工作面，停采时间超过3个月且卸压比较充分时，该采煤工作面的始采线、采止线及所留煤柱对被保护层沿走向的保护范围可暂按卸压角56°～60°划定。

(4) 保护层沿倾向的保护范围，按卸压角划定。卸压角的大小应采用矿井的实测数据。如无实测数据时，参照《细则》中的数据确定。

(5) 矿井首次开采保护层时，必须进行保护层保护效果及范围的实际考察，并不断积累、补充资料，以便尽快得出确定本矿保护层有效作用范围的参数。

开采保护层时，采空区内不得留有煤（岩）柱，特殊情况需留煤（岩）柱时，必须将煤（岩）柱的位置和尺寸准确地标在采掘平面图上。每个被保护层的瓦斯地质图上，应标出煤（岩）柱的影响范围，在这个范围内进行采掘工作时，必须采取防治突出的措施。当保护层内非留煤柱不可时，必须按照其最外缘的轮廓划出平直轮廓线，并根据保护层与被保护层之间的层间距变化确定其有效影响范围。在被保护层中进行采掘工作时，还应根据采掘瓦斯动态及时修改。

开采厚度等于或小于0.5m的保护层时必须检验实际保护效果。如果保护层的实际保护效果不好，在开采被保护层时还必须采取防治突出的补充措施。在有抽放瓦斯系统的矿井开采保护层时，应同时抽放被保护层的瓦斯。开采近距离保护层时，必须采取措施，严防被保护层初期卸压的瓦斯突然涌入保护层采掘工作面或误穿突出煤层。

2. 预抽煤层瓦斯

一个采煤工作面的瓦斯涌出量每分钟大于5m³时，或一个掘进工作面每分钟大于3m³，采用通风方法解决瓦斯问题不合理时，应采取抽放瓦斯措施。经验证明，预抽煤层瓦斯是一种有效的方法。矿井瓦斯抽放方法要根据矿井瓦斯来源、煤层地质和开采技术条件以及瓦斯基础参数来定，“多打孔、严封闭、综合抽”是加强瓦斯抽放工作的方向。为提高抽放效果，可采用人为的卸压措施，如水力割缝、水力压裂、松动爆破和深孔控制卸压爆破等。

瓦斯抽放方法主要有四类：开采层瓦斯抽放、邻近层瓦斯抽放、采空区瓦斯抽放、围岩瓦斯抽放。生产中根据矿井煤层瓦斯赋存情况及矿井条件可采用不同的方法，有时在一个抽放瓦斯工作面同时采用两种以上方法进行抽放瓦斯，即综合抽放瓦斯。

单一的突出危险煤层和无保护层可采的突出煤层群，可采用预抽煤层瓦斯防治突出的措施，钻孔应控制整个预抽区域并均匀布置。预抽煤层瓦斯钻孔可采用沿煤层或穿层布置方式。在未受保护的煤层中掘进钻场或掘进打钻时，都必须采取防治突出措施。

采用预抽煤层瓦斯措施防治突出时，钻孔封堵必须严密，穿层钻孔的封孔深度应不小于3m，沿层钻孔的封孔深度应不小5m。钻孔孔口抽放负压不应小于13kPa，并应使波动范围尽可能降低。采用预抽煤层瓦斯防治突出措施的有效性指标，应根据矿井实测资料确定。如果无实测数据，可参考下列方法确定：

（1）预抽煤层瓦斯后，突出煤层残存瓦斯含量应小于该煤层始突深度的原始煤层瓦斯含量。

（2）煤层瓦斯预抽率应大于25%。煤层瓦斯预抽率应用钻孔控制范围内煤层瓦斯储量与抽出瓦斯量（包括打钻时钻孔喷出的瓦斯量、自然排放量）来计算。

达不到上述预抽指标的区域，在进行采掘工作时，都必须采取防治突出的补充措施。采用煤层瓦斯抽出率作为有效性指标的突出煤层，在进行采掘作业时，必须参照《细则》所规定的方法对预抽效果进行经常复查。

（二）局部防治突出措施

1. 石门和其他岩巷揭煤防治突出措施

1）石门揭穿突出煤层

石门揭穿突出煤层，即石门自底（顶）板岩柱穿过煤层进入顶（底）板的全部作业过程，都必须采取防治突出措施。在地质构造破坏带应尽量不布置石门。如果条件许可，石门应布置在被保护区或先掘出石门揭煤地点的煤层巷道，然后再用石门贯通。石门与突出煤层中已掘出的巷道贯通时，该巷道应超过石门贯通位置5m以上，并保待正常通风。

在揭穿突出煤层时，为防治突出应按顺序进行：①探明石门（或揭煤巷道）工作面和煤层的相对位置：②在揭煤地点测定煤层瓦斯压力或顶测石门工作面突出危险性；③预测有突出危险时，采取防治突出措施；④实施防突措施效果检验；⑤用远距离放炮或震动放炮揭开或穿过煤层；⑥在巷道与煤层连接处加强支护；⑦穿透煤层进入顶（底）板岩石。

为防治石门揭煤发生突出，在石门揭穿突出煤层的设计中要求：①突出预测方法及预测钻孔布置、控制突出煤层层位和测定煤层瓦斯压力的钻孔布置。②建立安全可靠的独立通风系统，并加强控制通风风流设施的措施。在建井初期矿井尚未构成全风压通风时，在石门揭穿突出煤层的全部作业过程中，与此石门有关的其他工作面都必项停止工作。放震动炮揭穿突出煤层时，与此石门通风系统有关地点的全部人员必须撤至地面，井下全部断电，井口附近地面20m范围内严禁有任何火源。③揭穿突出煤层的防治突出措施。④准确确定安全岩柱厚度的措施。⑤安全防护措施。

在石门揭穿突出煤层前，必须对煤层突出危险性进行探测，主要工作内容：

（1）石门揭穿突出煤层前，必须打钻控制煤层层位、测定煤层瓦斯压力或预测石门工作面的突出危险性。前探钻孔布置方式如图1-29所示。

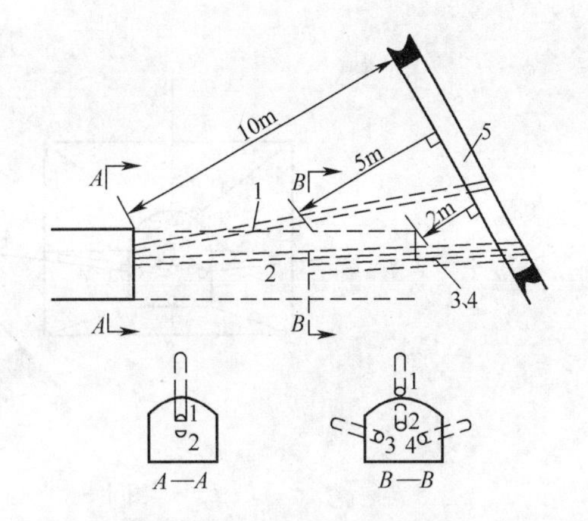

图1-29　前探钻孔布置方式图

1、2—控制层位钻孔；3、4—测定瓦斯压力钻孔；5—突出煤层。

（2）在石门工作面掘至距煤层10m（垂距）之前，至少打2个穿透煤层全厚且进入顶（底）板、直径不小于0.5m的前探钻孔。地质构造复杂、岩石破碎的区域，石门工作面掘至距煤层20m（垂距）之前，必须在石门断面四周轮廓线外5m范围煤层内布置一定数量的前探钻孔，以保证能确切地掌握煤层厚度、倾角的变化、地质构造和瓦斯情况等。

（3）在石门工作面距煤层5m（垂距）以外，至少打2个穿透煤层全厚的测压（预测）钻孔，测定煤层瓦斯压力、煤的瓦斯放散初速度与坚固性系数或钻屑瓦斯解吸指标等。为准确得到煤层原始瓦斯压力值，测压孔应布置在岩层比较完整的地方，测压孔与前探孔不能共用时，两者见煤点之间的间距不得小于5m。在近距离煤层群中，层间距小于5m或层间岩石破碎时，应测定各煤层的综合瓦斯压力。

（4）为了防止误穿煤层，在石门工作面距煤层垂距5m时，应在石门工作面顶（底）部两侧补打3个小直径（42mm）超前钻孔，其超前距不得小于2m。当岩巷距突出煤层垂距不足5m且大于2m时，为了防止岩巷误穿突出煤层，必须及时采取探测措施，确定突出煤层层位，保证岩柱厚度不小于2m（垂距）。

（5）石门掘进工作面与煤层之间必须保持一定厚度的岩柱。岩柱的尺寸应根据防治突出的措施要求、岩石的性质、煤层倾角等确定。采用震动放炮措施时，石门掘进工作面距煤层的最小垂距是：急倾斜煤层2m、倾斜和缓倾斜煤层1.5m，如果岩石松软、破碎，还应适当增加垂距。

2）揭穿突出煤层的措施

石门揭穿突出煤层前，当预测为突出危险工作面时，必须采取防治突出措施，经效果检验有效后可用远距离放炮或震动放炮揭穿煤层；若检验无效，应采取补充措施，经效果检验有效后，用远距离放炮或震动放炮揭穿煤层。当预测为无突出危险时，可不采取防治突出措施，但必须采用震动放炮揭穿煤层。当石门揭穿厚度小于0.3m的突出煤层时，可直接用震动放炮揭穿煤层。

（1）预抽瓦斯措施。在石门揭煤时利用预抽瓦斯措施，要选择煤层透气性较好并有足够的抽放时间（一般不少于3个月）的巷道；抽放钻孔布置到石门周界外3m～5m的煤层内，抽放钻孔的直径为75mm～100mm，钻孔孔底间距一般为2m～3m；在抽放钻孔控制范围内，如预测指标降到突出临界值以下，认为防突措施有效。

（2）水力冲孔措施。当打钻时具有自喷（喷煤、喷瓦斯）现象，可采用水力冲孔措施进行石门揭煤。水力冲孔的水压视煤层的软硬程度而定，一般应大于3MPa。钻孔应布置到石门周界外3m～5m的煤层内，冲孔顺序一般是先冲对角孔后冲边上孔，最后冲中间孔。石门冲出的总煤量不得少于煤层厚度20倍的煤量，如冲出的煤量较少时，应在该孔周围补孔（图1-30）。

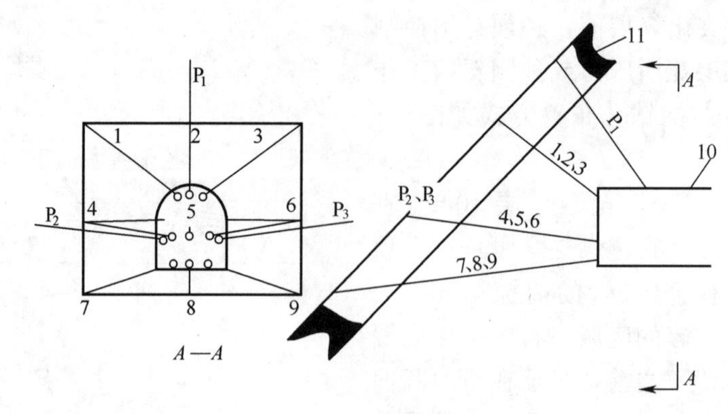

图 1-30　水力冲孔钻孔布置图

1～9—水冲孔；P_1、P_2、P_3—瓦斯压力孔；10—巷道；11—突出危险煤层。

(3) 排放钻孔措施。在排放钻孔的控制范围内，预测指标降到突出临界值以下措施才有效。对于缓倾斜厚煤层，当钻孔不能一次打穿煤层全厚时可采取分段打钻，但第一次打钻钻孔穿煤长度不得小于 15m，进入煤层掘进时必须留有 5m 最小超前距离（掘进到煤层顶（底）板时不在此限）。下一次的排放钻孔参数应与第一次相同（图 1-31）。

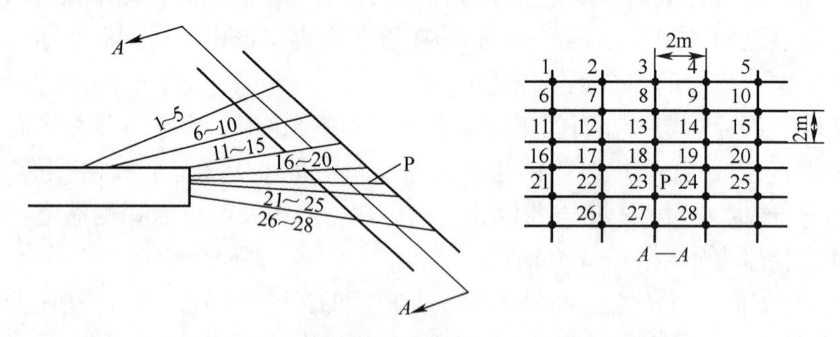

图 1-31　石门排放钻孔布置图

P—测压孔；1～28—排放钻孔。

(4) 金属骨架措施。金属骨架措施主要用于石门与煤层层面交角较大或具有软煤和软围岩的薄及中厚突出煤层。在石门上部和两侧周边外 0.5m～1.0m 范围内布置骨架孔；骨架钻孔穿过煤层并进入煤层顶（底）板至少 0.5m，钻孔间距不得大于 0.3m，对于软煤要架两排金属骨架，钻孔间距应小于 0.2m。骨架材料可选用 8kg/m 的钢轨、型钢或直径不小于 50mm 的钢管，其伸出孔外端用金属框架支撑或砌入碹石内。揭开煤层后，严禁拆除金属骨架，而且金属骨架防治突出措施应与抽放瓦斯、水力冲孔或排放钻孔等措施配合使用。

3) 立井揭穿突出煤层

立井揭穿突出煤层前，在立井工作面距煤层 10m（垂距）处，至少打 2 个前探钻孔，查明煤层赋存情况。如果立井工作面附近有地质构造存在（断层、褶曲或煤层走向与倾角急剧变化等），前探钻孔不得少于 3 个，并预测工作面突出危险性。当预测为突出危险工作面时，必须采取防治突出措施，经效果检验有效后，可用远距离放炮或震动放炮揭穿煤层；若检验无效，应采取补充措施并经措施效果检验有效后，用远距离放炮或震动放炮揭穿煤层。当预测为无突出危险时，可不采取防治突出措施，但必须采用震动放炮揭穿煤层，突出煤层厚度小于 0.3m 时，立井工作面可直接用震动放炮揭穿煤层。

（1）排放钻孔措施。立井工作面采用排放钻孔措施时要求在距煤层5m（垂距）时必须打测定煤层瓦斯压力的钻孔，并进行工作面突出危险性预测。立井工作面距煤层最小垂距为3m时，打直径75mm～90mm的排放钻孔，钻孔必须穿透煤层全厚、外圈钻孔超出井筒轮廓线外的距离不得小于2m，钻孔间距一般取1.5m～2.0m，在控制断面内均匀布孔（图1-32）。为加快煤层瓦斯排放，可采用松动爆破等辅助措施。

（2）金属骨架措施。采用金属骨架防治突出措施时，要求工作面距突出煤层最小垂距为3m，沿井筒周边打直径75mm～90mm的钻孔。钻孔呈辐射状布置，并穿透煤层全厚，进入底板岩石深度不得小于0.5m。钻孔见煤处的间距应小于0.3m。向钻孔插入直径50mm的钢管或型钢，然后向孔内灌水泥砂浆，将骨架外端封固在井壁上。骨架安设牢固后，必须配合其他防治突出的措施，并进行效果检验。检验证实措施有效后，方可用震动放炮或远距离放炮揭穿煤层。

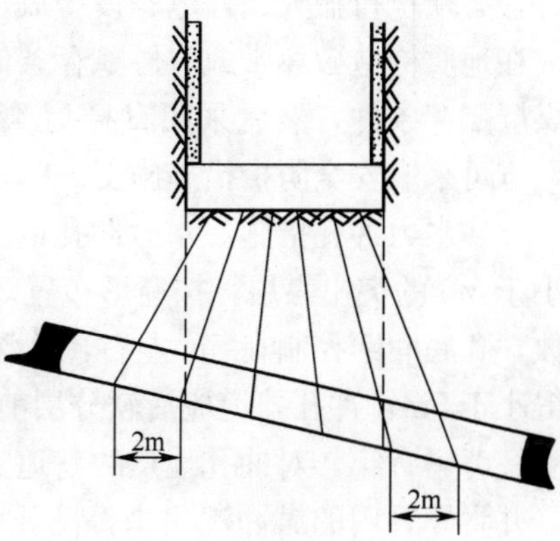

图1-32　立井揭穿突出煤层时的钻孔布置图

2. 采掘工作面防治突出措施

在突出煤层中进行掘进和回采时，都应预测煤层的突出危险性，并根据煤层的突出危险性和具体条件，采取防治突出措施。在一个或相邻的两个采区中同一阶段的突出煤层中进行采掘作业时，不得布置两个工作面相向回采和掘进。突出煤层的掘进工作面，不得进入本煤层或邻近煤层采煤工作面的应力集中区。突出煤层的采掘工作面靠近或处于地质构造破坏和煤层赋存条件急剧变化地带时，都应认真检验防治突出措施的效果。如果措施无效，应及时采取补救措施。

1）煤巷掘进工作面防治突出措施

在突出危险煤层中掘进平巷时，应采用超前钻孔、松动爆破，前探支架、水力冲孔或其他经试验证实有效的防治突出措施。在第一次执行上述措施或无措施超前距时，必须采用浅孔排放或其他防治突出措施，在工作面前方形成5m的执行措施的安全屏障后，方可进入正常防突措施施工，确保执行措施的安全。

（1）超前钻孔措施。采用超前钻孔作为防治突出的措施时要求在煤层透气性较好、煤质较硬的突出煤层中，超前钻孔直径应根据煤层赋存条件和突出情况确定，一般为75mm～120mm，地质条件变化剧烈地带也可采用直径42mm的钻孔。钻孔超前于掘进工作面的距离不得小于5m；若超前钻孔直径超过120mm，必须采用专门的钻进设备和制定专门的施工安全措施；钻孔应尽量布置在煤层的软分层中，超前钻孔的控制范围，应控制到巷道断面轮廓线外2m～4m（包括巷道断面内的煤层），超前钻孔孔数应根据钻孔的有效排放半径确定。钻孔的有效排放半径必须经实测确定，煤层赋存状态发生变化时，应及时探明情况，再重新确定超前钻孔的参数。必须对超前钻孔进行效果检验，若措施无效，必须补打钻孔或采取其他补充措施。超前钻孔施工前应加强工作面支护，打好迎面支架，工作面打好背板。

（2）深孔松动爆破措施。深孔松动爆破措施适用于煤质较硬、突出强度较小的煤层。深孔松动爆破的孔径为42mm，孔深不得小于8m。深孔松动爆破应控制到巷道轮廓线外1.5m～2m的范围。孔数应根据松动爆破有效半径确定，采用深孔松动爆破防突措施，在掘进时必须留有不小于5m的超前距。深孔松动爆破的有效影响半径应进行实测，深孔松动爆破孔的装药长度为孔长减去5.5m～6m，每个药卷（特制药卷）长度为1m，每个药卷装入一个雷管。装药必须装到孔底。装药后，应装入不小于0.4m的水炮泥，水炮泥外侧还应充填长度不小于2m的封口炮泥，在装药和充填炮泥时，应防止折断电雷管的脚线。深孔松动爆破后，必须按照规定进行措施效果检验。如果措施无效，必须采取补救措施。深孔松动爆破时，必须执行撤人、停电、设警戒、远距离放炮、反向风门等安全措施。

在地质构造破坏带或煤层赋存条件急剧变化处不能按原措施要求实施时，必须打钻孔查明煤层赋存条件，然后采用直径为42mm～75mm的钻孔进行排放。经措施效果检验有效后，方可采取安全防护措施施工。

（3）水力冲孔措施。水力冲孔适用于有自喷现象的严重突出危险煤层。在厚度3m左右和小于3m的突出煤层，按扇形布置3个孔，在地质构造破坏带或煤层较厚时，应适当增加孔数，孔底间距控制在5m左右，孔深通常为20m～25m，冲孔钻孔超前掘进工作面的距离不得小于5m，冲孔孔道应沿软分层前进。冲孔前掘进工作面必须架设迎面支架，并用木板和立柱背紧背牢，对冲孔地点的巷道支架必须检查和加固。冲孔后和交接班前都必须退出钻杆，并将导管内的煤冲洗出来，防止煤、水、瓦斯突然喷出伤人。冲孔后必须进行效果检验，经检验有效后方可采取安全措施施工。若措施无效，必须采取补充措施。

前探支架可用于松软煤层的平巷工作面，以防止工作面顶部悬煤垮落而造成突出（倾出）。前探支架一般是向工作面前方打钻孔，孔内插入钢管或钢轨，其长度可按两次掘进长度再加0.5m确定，每掘进一次，打一排钻孔，形成两排钻孔交替前进，钻孔间距为0.2m～0.3m。

在突出煤层中掘进上山时，应采取超前钻孔、松动爆破、掩护挡板或其他保证作业人员安全的防护措施。若是急倾斜煤层，可采用双上山或伪倾斜上山等掘进方式，并应加强支护。当采用大直径钻孔（直径300mm以上）时，应一次打透上部平巷；如果不能一次打透，应先将已经打好钻孔的部分刷大到规定的断面，加强支护，然后继续打钻。当煤质较软（$f<0.3$）或受设备的限制时，可打直径75mm～120mm的超前钻孔。也可采用双上山掘进，在两个上山之间应开联络横贯，该横贯间距不得大于10m，上山和横贯只准一个工作面作业。突出煤层上山掘进工作面同上部平巷贯通前，上部平巷必须超过贯通位置，其超前距不得小于5m，并采用抗静电的硬质风筒通风。突出煤层上山掘进工作面采用放炮作业时，应采用浅炮眼远距离全断面一次爆破。

2）采煤工作面防治突出措施

《细则》要求当急倾斜突出煤层厚度大于0.8m时，应优先采用伪倾斜正台阶或掩护支架采煤法。急倾斜突出煤层倒台阶采煤工作面，各个台阶高度应尽量加大，台阶宽度应尽量缩小，每个台阶的底脚必须背紧背严，落煤后必须及时紧贴煤壁支护；必须及时维修突出煤层采煤工作面进、回风道，保持风流畅通。在突出煤层中，不得使用综合机械化放顶煤采煤法，特殊情况下必须制定安全技术措施。开采有突出危险的急倾斜厚煤层时，可利用上分层或上阶段开采后造成的卸压作用保护下分层或下阶段，但必须掌握上分层或上阶段的卸压范围，以确定其保护范围，使下分层或下阶段的采掘工作面布置在这个保护范围内。

有突出危险的采煤工作面可采用松动爆破、注水湿润煤体、超前钻孔、预抽瓦斯等防治突出措施，并尽量采用刨煤机或浅截深采煤机采煤。采煤工作面的松动爆破防治突出措施，适用于煤质较硬、围岩稳定性较好的煤层。松动爆破孔沿采煤工作面每隔2m～3m打一个，孔深不小于3m，炮泥封孔长度不得小于1m。措施实施后，必须经措施效果检验有效，方可进行采煤。采用松动爆破防治突出措施的超前距离不得小于2m。采煤工作面浅孔注水湿润煤体措施适用于煤质较硬的突出煤层。注水孔沿工作面每隔2m～3m打一个，孔深不小于3.0m，向煤体注水压力不得低于8MPa。发现水由煤壁或相邻注水钻孔中流出时，即可停止注水。注水后必须经措施效果检验有效后，方可进行采煤。注水孔超前工作面的距离不得小于2m。

（三）防治岩石与二氧化碳（瓦斯）突出措施

在有岩石与二氧化碳（瓦斯）突出的岩层内掘进巷道或揭穿该岩层时，可采取岩芯法或突出预兆法预测岩层的突出危险性。有突出危险时，必须采取防治岩石与二氧化碳（瓦斯）突出的措施。

1. 岩芯法预测

在工作面前方岩体内，打直径50mm～70mm、长度不小于10m的钻孔，取出全部岩芯，并从孔深2m处起记录岩芯中的圆片数。当取出的岩芯中大部分长度在150mm以上，且有裂缝围绕，个别为小圆柱体或圆片时，应预测为一般突出危险地带；在取出的1m长的岩芯内，部分岩芯呈现出20个～30个圆片，其余岩芯为长50mm～100mm的圆柱体并有环状裂隙时，应预测为中等突出危险地带；当1m长的岩芯内具有20个～40个凸凹状圆片时，应预测为严重突出危险地带；岩芯中没有圆片和岩芯表面上没有环状裂缝时，应预测为无突出危险地带。

2. 突出预兆预测

突出预测预兆主要有：岩石呈簿片状或松软碎屑状；工作面爆破后，进尺超过炮眼深度；有明显的火成岩侵入或工作面二氧化碳（瓦斯）涌出量明显增大。

在有岩石与二氧化碳（瓦斯）突出危险的岩层中掘进巷道时，应采取相应的防治措施，一般或中等程度突出危险的地带可采用浅孔爆破措施或远距离多段放炮法，以减少对岩体的震动强度，降低突出频率和强度。采用远距离多段放炮法时，先在工作面打6个掏槽眼、6个辅助眼，呈椭圆形布置，使爆破后形成椭圆形超前孔洞，然后爆破周边炮眼，其炮眼距超前孔洞周边应大于0.6m，孔洞超前距不应小于2m，在严重突出危险地带，可采用超前钻孔和深孔松动爆破措施。超前钻孔直径不小于75mm，孔数应不少于3个，孔深应大于40m，钻孔超前工作面的安全距离不得少于5m。深孔松动爆破孔径60mm～75mm，孔长15m～25m，封孔深度不小于5m，孔数4个～5个，其中爆破孔1个～2个，其他孔不装药，以提高松动效果。在岩石与二氧化碳（瓦斯）突出危险严重地带中掘进放炮时，在工作面附近应安设挡栏，以限制岩石与二氧化碳（瓦斯）突出。

（四）防治突出措施效果检验

1. 远距离和极薄保护层的保护效果检验

保护层的开采厚度等于或小于0.5m上、保护层与突出煤层间距大于50m或下保护层与突出煤层间距大于80m时，都必须对保护层的保护效果进行检验。检验应在被保护层中掘进巷道时进行。如果各项测定指标都降到该煤层突出危险临界值以下，则认为保护层开采有效；反之，认为无效。

2. 预抽煤层瓦斯防治突出措施效果检验

预抽煤层瓦斯在突出防治中取得了很好的效果，但预抽煤层瓦斯后对其效果也需进行检验。对预抽瓦斯防治突出效果的检验应在煤巷掘进时进行。

3. 石门揭煤工作面防治突出措施效果检验

石门防治突出措施执行后，应采取钻屑指标等方法检验措施效果。检验孔孔数为 4 个，其中石门中间 1 个并应位于措施孔之间，其他 3 个孔位于石门上部和两侧，终孔位置应位于措施控制范围的边缘线上。如检验结果的各项指标都在该煤层突出危险临界值以下，则认为措施有效；反之，认为措施无效。

4. 煤巷掘进工作面防治突出措施效果检验

煤巷掘进工作面执行防治突出措施效果检验时，检验孔孔深应小于或等于措施孔，并应布置在两个措施孔之间。如果测得的指标都在该煤层突出危险临界值以下，则认为措施有效；反之，认为措施无效。当措施无效时，无论措施孔还留有多少超前距，都必须采取防治突出的补充措施，并经措施效果检验有效后，方可采取安全措施施工。当检验孔孔深等于措施孔孔深时，经检验措施有效后，必须留有 5m 投影孔深的超前距。当检验孔孔深小于措施孔孔深，且两孔投影孔深的差值不小于 3m 时，经检验措施有效后，可采用 2m 投影孔深的超前距。

5. 采煤工作面防治突出措施效果检验

采煤工作面采用浅孔注水或松动爆破措施时，可采用钻孔瓦斯涌出初速度法、钻屑指标法或其他经试验证实有效的方法检验防治突出措施的效果。检验钻孔应打在措施孔之间，检验指标小于该煤层的突出危险临界值时，则认为防突措施有效；反之，认为防突措施无效。在措施效果无效区段，必须采取补充防治突出的措施，并经措施效果检验有效后，方可采取安全措施施工，并应留有不小于 2m 的超前距。

（五）安全设施及防护措施

为降低煤与瓦斯突出造成的危害、减少不必要的伤亡，在井巷揭穿突出煤层或在突出煤层中进行采掘作业时，都必须采取安全防护措施。安全防护措施主要有震动放炮、远距离放炮、避难所、压风自救系统和隔离式（压缩氧和化学氧）自救器等。

1. 震动放炮

对石门揭穿突出煤层采用震动放炮有严格规定，工作面必须有独立可靠的回风系统，必须保证回风系统中风流畅通，并严禁人员通行和作业。在其进风侧的巷道中应设置两道坚固的反向风门，与该系统相连的风门、密闭、风桥等通风设施必须坚固可靠，防止突出后的瓦斯涌入其他区域；凿岩爆破参数、放炮地点、反向风门位置、避灾路线及停电、撤人、警戒范围等，必须有明确规定；放震动炮要有统一指挥，并由矿山救护队在指定地点值班，放炮后至少经 30min，由矿山救护队人员进入工作面检查。根据检查结果，确定采取的恢复送电、通风及排除瓦斯等具体措施。为降低震动放炮时诱发突出的强度，应采用挡栏设施。挡栏可用金属、矸石或木垛等构成。揭开煤层后，在石门附近 30m 范围内掘进煤巷时，必须加强支护，严格采取防突措施。

震动放炮要求一次全断面揭穿或揭开煤层。对急倾斜和倾斜的薄煤层，都必须一次全断面揭穿煤层全厚；对急倾斜和倾斜的中厚、厚煤层，一次全断面揭入煤层深度应不小于 1.3m；对缓倾斜煤层，应一次全断面揭开岩柱。如果震动放炮未能按要求揭穿煤层，则在掘进剩余部分时（包括掘进煤层和进入底、顶板 2m 范围内），必须按照震动放炮的安全要求进行放炮作业。震动放炮未崩开石门全断面的岩柱和煤层时，继续放炮仍需按照震动放炮有关规定执行，并需加强支护，设专人检查瓦斯和观察突出预兆；在作业中，如发现突出预兆，工作人员应立即撤到安全地点。

煤层特厚或倾角过小不能一次揭开煤层全厚时，在掘进剩余部分时，必须采用抽放瓦斯、排放钻孔、水力冲孔等防突措施。在采用抽放瓦斯、排放钻孔、水力冲孔之前，必须加强巷道及迎面支护，巷道支架背严背实后方可进行作业。作业时，必须采取保护工作面作业人员的安全措施；放震动炮前，对所有钻孔和在煤体中形成的孔洞都应严密封闭孔口，孔内注满水或以黄土、砂充实。

2. 反向风门

对突出危险区设置反向风门时，必须设在石门掘进工作面的进风侧，以控制突出时的瓦斯能沿回风道流入回风系统；必须设置两道牢固可靠的反向风门，风门墙垛可用砖或混凝土砌筑，其嵌入巷道周边岩石的深度可根据岩石的性质确定，但不得小于0.2m，墙垛厚度不得小于0.8m。门框和门可采用坚实的木质结构，门框厚度不得小于100mm，风门厚度不得小于50mm。两道风门之间的距离不得小于4m。放炮时风门必须关闭，对通过内墙垛的风筒，必须设有隔断装置。放炮后，矿山救护队和有关人员进入检查时，必须把风门打开顶牢。反向风门距工作面的距离和反向风门的组数，应根据掘进工作面的通风系统和石门揭穿突出煤层时预计的突出强度确定。

3. 远距离放炮

采用远距离放炮时，放炮地点应设在进风侧反向风门之外或避难所内，放炮地点距工作面的距离根据实际情况确定。放炮员操纵放炮的地点，应配备压风自救系统或自救器。远距离放炮时，回风系统的采掘工作面及其他有人作业的地点都必须停电撤人，放炮30min后，方可进人工作面检查。

4. 井下避难所或压风自救系统

井下避难所要求设在采掘工作面附近和放炮员操纵放炮的地点，避难所必须设置向外开启的隔离门，室内净高不得低于2m，长度和宽度应根据同时避难的最多人数确定，但每人使用面积不得少于0.5m。避难所内支护必须保持良好，并设有与矿（井）调度室直通的电话，有供给空气的设施，每人供风量不得少于0.3m^3/min。如果用压缩空气供风，应有减压装置和带有阀门控制的呼吸嘴。避难所内应根据避难最多人数，配备足够数量的自救器。

压风自救系统要求安设在井下压缩空气管路上，应设置在距采掘工作面25m～40m的巷道内、放炮地点、撤离人员与警戒人员所在的位置以及回风道有人作业处。长距离的掘进巷道中，应每隔50m设置一组压风自救系统，每组压风自救系统一般可供5人～8人用，压缩空气供给量，每人不得少于0.1m^3/min。

5. 其他防护措施

在有突出危险的采区和工作面，电气设备必须有专人负责检查、维护，并应每旬检查一次防爆性能，严禁使用防爆性能不合格的电气设备。突出矿井所有入井人员，必须随身携带隔离式（压缩氧和化学氧）自救器。

六、煤与瓦斯突出典型案例分析

1997年4月13日凌晨3时40分，在平煤集团公司八矿己$_{15}$－14081采煤工作面风巷掘进工作面发生了平顶山矿区较大一次典型的煤与瓦斯突出。突出煤量478t，涌出瓦斯40217m^3，煤体抛出距离76.4m，瓦斯流携带粉煤长度（含堆积煤）152m。突出时巷道内最高瓦斯浓度推测达60％以上，瓦斯超限时间长达90h，严重威胁矿井安全生产和矿工的生命安全。这起煤与瓦斯突出再次给我们敲响了警钟，同时也给我们如何采取对策、有效防治突出确保安全生产提出了新的课题。

（一）矿井及工作面概况

1. 矿井概况

平煤集团公司八矿位于平顶山矿区东部，设计生产能力 300 万 t/a，1996 年实际生产原煤 186 万 t，属于煤与瓦斯突出矿井。井田东西走向长 12.5km，南北倾斜宽 3.6km，井田含煤面积 $45km^2$。矿井主要可采煤自上而下为丁$_{5-6}$、戊$_{9-10}$、己$_{15}$、己$_{16-17}$四层，其中戊$_{9-10}$和己$_{15}$煤层为突出煤层。

2. 工作面概况

己$_{15}$－14081 工作面风巷位于己四准备采区西翼下部，设计走向长 1353m。原设计采用钢梯支护（2.8m×2.6m），突出前巷道改为钢带锚杆支护。钢带长 3.2m；锚杆长：顶板 1.8m，巷帮 1.6m。工作面沿顶掘进，上帮高 4.1m，下帮高 1.6m，断面积 $9.4m^2$。该工作面从 1995 年 9 月开始施工，发生突出时已掘进 482m，突出发生在工作面钢带锚网支护 20m 处，迎头处煤厚 4.2m，煤层倾角在巷道中从外向里由 25°增加到 34°，巷道标高为－385m，埋深为 485m。机巷 650m 处有一落差 1m 的断层，延展方向指向风巷迎头 100m 处。煤体结构类型为Ⅰ～Ⅲ类，煤层顶板为砂质泥岩，底板为泥岩。

该掘进工作面一开始就作为重点防突管理工作面，采取大功率对旋局部通风机、ϕ800mm 风筒供风，有效风量：双极 $500m^3/min$ 左右，单级 $300m^3/min$ 左右。防突上采取 q 值连续预侧和效果检验，16 个 ϕ42mm、深 10m 超前排放钻孔。安全防护上，设有反向风门、过风筒逆止阀、压风自救系统和控制循环进尺、放炮停电、人员撤到反向风门以外等技术管理措施。掘进工作面工程布置如图 1－33 所示。

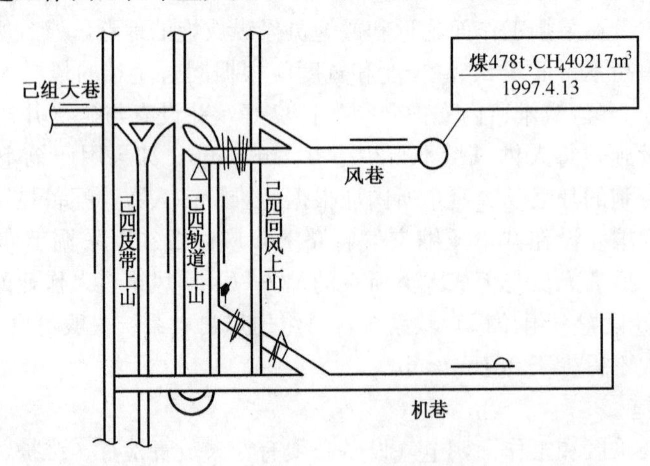

图 1－33　己$_{15}$－14081 风巷掘进工作面布置示意图

（二）突出经过及特征

1. 突出经过

4 月 13 日夜班 q 值预测：上帮 1.5L/min，下帮 1.3L/min 之后布置炮眼装填水胶炸药。准备放炮，放炮前检查工作面瓦斯浓度为 0.4%，在停电撤人后，于 3 时 40 分放炮。炮响后，人们在反向风门外听到风筒及风门有异常震动响声，随即检查回风口处瓦斯浓度达 3%，即向井上调度室汇报。两小时后，矿救护队员到现场检查巷道中瓦斯浓度为 35%，据此推测当时最高瓦斯浓度达 60%以上，并确认发生了煤与瓦斯突出。直至 4 月 16 日巷道中瓦斯浓度才降到1%左右。

2. 突出后现场特征

经现场调查，并结合突出煤清理过程中发现的情况，认为这次突出具有以下特征，如图1-34所示。

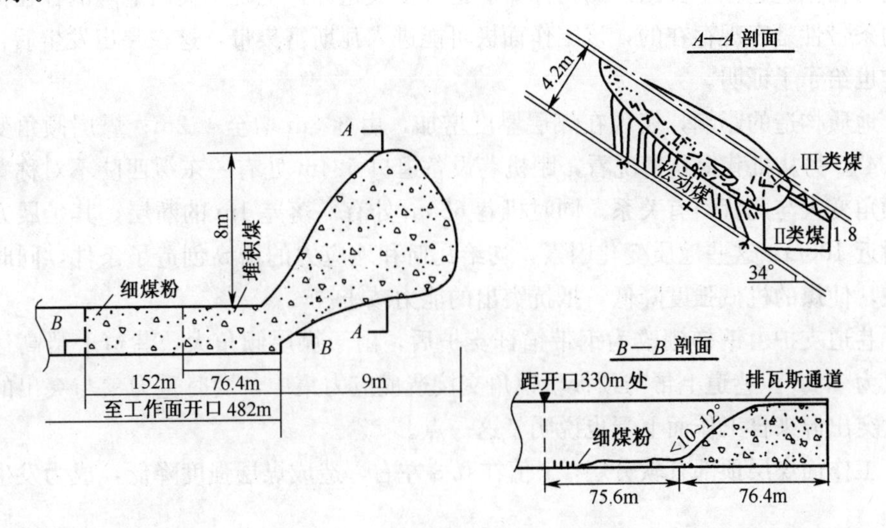

图1-34 突出现场平剖示意图

（1）掘进工作面煤体被抛出76.4m，其中靠近工作面41.4m处的巷道被煤塞满，以外35m形成斜坡堆积，堆积坡度为10°～12°，远小于煤的自然安息角。

突出时，随着煤炭被抛出，伴随大量的高压瓦斯流涌出，携带出大量的细煤粉飞扬在巷道空间中，在后续巷道形成长75.6m、厚20mm～50mm的粉煤铺满巷通底板，在巷道棚子上也有大量积尘。

（2）突出煤具有明显的分选性，在堆积煤巷道上帮顶部有明显的排放瓦斯通道。

（3）有明显的动力效应。靠近迎头附近有29架棚子顶梁垮落，上帮腿弯曲变形、掉爪；钢带锚网支护段，上帮锚杆脱落，顶部钢带弯曲变形、顶板垮落。突出时工作面顶部断裂岩石被突出煤流搬运外移，共有大块岩石7块，质量为0.4t～2.2t，其中最大块岩石2.2t，被搬运至距工作面28m处，显示出突出的强大的动力破坏性。

（4）在工作面上帮形成一个口小腔大的孔洞，宽约8m，洞深沿煤层顶板向上部和工作面前方发展，目测约在9m以外。

（5）突出煤量近500t，涌出瓦斯4万m^3左右，属于一次典型的煤与瓦斯突出。

（三）原因分析

通过突出前后现场调查分析，这次突出的发生有以下方面的原因。

1. 客观因素

煤与瓦斯突出现象，目前大多认为是由地应力、高压瓦斯和煤的物理力学性质综合作用的结果。其中地应力、瓦斯压力是发生突出的动力，煤的物理力学性质，即煤的黏结性、结构、强度也与突出的发生发展关系密切。针对八矿己$_{15}$－14081风巷掘进工作面，从客观因素看，这次突出的发生有以下原因：

（1）该区域己$_{15}$煤层瓦斯含量高、瓦斯压力大。己$_{15}$－10481采面风巷、机巷在掘进过程中瓦斯涌出量大，在采用大功率局部通风机使工作面风量增加到500m^3/min情况下，仍然频繁发生瓦斯超限，不得不采取浅炮眼小循环进尺，但还不能保证放炮瓦斯不超限，这与煤层本身的高瓦斯含量和瓦斯解吸特征均有关系。该风巷掘进到400m后所取煤样化验的瓦斯放散初速度指标均达到10以上，说明煤炭的瓦斯解吸速度快，给突出的发生增加了有利因素，同时在掘进过程中突出预测指标 q 值也曾多次超标，也说明突出危险的存在，再者瓦斯赋存的条带性是客观存在的，该工作面极可能进入瓦斯富集带，这在突出发生后，工作面掘进困难也给予了证明。

（2）地质构造的影响，表现在煤层厚度增加，由3.8m增至4.2m；煤层倾角变大，由28°增至34°。另从机巷揭露情况看，距机巷设备道口524m处有一东缓西陡不对称背斜，风巷煤层倾角变大与此背斜有关系。同时机巷650m处有一落差1m的断层，其延展方向指向突出点附近100m。这些地质变化因素，均给瓦斯和地应力的增高创造了条件，同时由于构造的存在，使煤的机械强度降低，抵抗突出的能力减小。

（3）巷道支护由钢梯棚改为钢带锚杆支护后，由于煤层倾角大，巷道上帮高达4.1m，而下帮仅为1.6m。巷道上帮与顶板呈锐角交接造成应力集中，同时重力参与突出的作用增大。这次突出源来自工作面上帮也说明了这一点。

（4）工作面煤层顶部有软分层，f 值在0.3左右，造成煤层强度降低，成为发生突出的突破口。

2. 主观因素

（1）工作面煤层赋存条件已发生较大变化（倾角变大、煤层增厚等），而且在改变了支护形式后，没有及时修改防突技术措施，没有在工作面上帮锐角区布置钻孔控制卸压和排放瓦斯。

（2）测试工和个别盯岗人员素质不高，在测试钻孔布置、仪器检查和操作等方面有可能造成偏差，测定结果不能反映工作面的真实突出危险性，使防突管理人员放松警惕性。

（四）经验教训

己$_{15}$－14081采面风巷掘进工作面这起突出虽然存在着许多客观原因，但通过对总的情况调查分析，认为在防突管理上仍然存在着值得注意的问题：

（1）采区不具备专用回风上山，上部回风系统有人作业，有机电设备，存在发生恶性瓦斯事故的隐患。

（2）瓦斯地质工作没有很好地同工作面的日常防突工作密切配合，没有充分发挥瓦斯地质预报的先导作用。

（3）部分测试工为采掘队人员兼职，且有个别测试工没有经过系统培训，无证上岗。这些测试工素质低，不能满足防突测试所要求的技术素质和担负这些重要工作应具有的责任感，造成测试数据存在不同程度的偏差，致使防突部门难以做到统一管理，不利于测试中问题的及时发现和解决。

（4）防突技术管理存在不到位现象。己$_{15}$-14081采面机巷早已超前风巷掘进，没有及时分析总结机巷掘进过程中的问题，用于指导风巷的防突管理工作。同时风巷煤层厚度、倾角及支护形式变化后，没有引起足够的重视，使措施失去针对性。

（5）这次突出做到不伤人的经验，就是坚持放炮停电，人员撤到反向风门外新鲜风流中放炮。今后还要把好防突管理的最后一道防线。

任务五　矿井瓦斯爆炸的防治

导学思考题

(1) 瓦斯爆炸的危害形式有哪些?

(2) 瓦斯爆炸的基本条件是什么? 影响瓦斯爆炸的因素有哪些?

(3) 如何防止瓦斯爆炸事故的发生? 如何防治灾害扩大?

矿井瓦斯爆炸是煤矿生产中最为严重的灾害，一旦发生，不仅会造成人员伤亡和财产损失，还会严重摧毁矿井设施、中断生产，有时还能引起煤尘爆炸、矿井火灾、井巷垮塌和顶板冒落等二次灾害，加重矿井灾害的后果，使生产难以在短期内恢复。所以，预防矿井瓦斯爆炸是煤矿生产的首要任务。研究与掌握瓦斯爆炸的防治技术，对确保煤矿安全生产具有重要意义。

一、瓦斯爆炸机理及其效应

(一) 瓦斯爆炸的形成

瓦斯爆炸是一定浓度的瓦斯和空气中氧气组成的爆炸性混合气体，在高温热源的作用下发生复杂的激烈氧化反应结果。其最终的化学反应式为

$$CH_4+2O_2 = CO_2+2H_2O+882.6kJ/mol$$

当空气中的氧气不足或反应进行不完全时的最终反应式为

$$CH_4+O_2 = CO+H_2+H_2O$$

矿井瓦斯爆炸是一种链式反应（也称链锁反应）。当爆炸混合物吸收一定能量（通常是引火源给予的热能）后，反应分子的链即行断裂，离解成两个或两个以上的游离基（也叫自由基）。这类游离基具有很大的化学活性，成为反应连续进行的活化中心。在适合的条件下，每一个游离基又可以进一步分解，再产生两个或两上以上的游离基。这样循环不已，游离基越来越多，化学反应速度也越来越快，最后就可以发展为燃烧或爆炸式的氧化反应。根据爆炸的传播速度，可燃混合气体的燃烧爆炸可分为爆燃和爆轰两种状态。

1. 爆燃

爆燃时的火焰传播速度在声速以内，一般为每秒几米至每秒几百米；冲击波压力在0.15倍大气压以内，完全可以使人烧伤和引起火灾。发生在煤矿井下的瓦斯爆炸属于较强烈的爆燃，具体的爆炸强度与瓦斯积聚的量、点燃源的热能强度及爆炸发展过程中的巷道状况等都有关系。

2. 爆轰

爆轰时的火焰传播速度超过声速，可达每秒数千米；冲击波压力可达数个至数十个大气压。根据爆轰波的理论，爆轰波由一个以超声速传播的冲击波和冲击波后被压缩、加热气体构成的燃烧波组成。冲击波过后，紧随其后的燃烧波发生剧烈的化学反应，随着反应的进行，温度升高，密度和压力降低。据表1-22爆轰与爆燃的有关指标，可见爆轰比爆燃要猛烈得多。对井下人员和设施具有强烈的杀伤能力和摧毁作用。

表 1-22　可燃可爆气体爆燃与爆轰间的定性判断

项目	数值范围		备　注
	爆轰	爆燃	
U_b/C_0	5～10	0.0001～0.03	C_0 是未燃混合气体中的声速，U 是燃烧速度，P 是压力，T 是热力学温度，ρ 是密度。下标 b 表示燃烧后状态，0 表示初始状态
U_b/U_0	0.4～0.7	4～6	
P_b/P_0	13～55	0.976～0.98	
T_b/T_0	8～21	4～16	
ρ_b/ρ_0	1.4～2.6	0.06～0.25	

爆轰波依靠其后燃烧反应区的支持，可传播到可爆混合气体占据的全部空间，当混合气体中瓦斯等可燃气体的含量减少时，爆轰波的能量也会逐渐衰减。由于巷道的转弯、壁面阻力等影响，前导冲击波的能量也逐渐衰减。爆炸发生时，爆源附近的气体向外冲出，而燃烧反应生成的水蒸气凝结成水，使该区域空气的体积缩小形成一个负压区。这样，爆炸冲击波在向前传导的同时，又生成反向冲击冲回爆源，特别是当冲击波遇到巷道转弯时，反射回来的冲击波具有更高的能量。这种反向冲击波作用于已遭到破坏的巷道，往往造成更严重的后果。

煤矿井下的瓦斯爆炸可以认为处于爆炸极限内的瓦斯空气混合气体首先在点燃源处被引燃，形成厚度仅有 0.01mm～0.1mm 的火焰层面。该火焰峰面向未燃的混合气体中传播，传播的速度称为燃烧速度。瓦斯燃烧产生的热使燃烧峰面前方的气体受到压缩，产生一个超前于燃烧峰面的压缩波，压缩波作用于未燃气体使其温度升高，从而使火焰的传播速度进一步增大，这样就产生压力更高的压缩波，从而获得更高的火焰传播速度。层层产生的压缩波相互叠加，形成具有强烈破坏作用的冲击波，这就是爆炸。沿巷道传播的冲击波和跟随其后的燃烧波受到巷道壁面的阻力和散热作用的影响，冲击波的强度和火焰温度都会衰减，而供给能量的瓦斯一般不可能大范围积聚。因此，当波面传播出瓦斯积聚区域后，爆炸强度就逐渐减弱，直至恢复正常。若存在大范围的瓦斯积聚和良好的爆炸波传播条件，则燃烧峰面的不断加速将使得前驱冲击波的压力越来越高，最终形成依靠本身高压产生的压缩温度就能点燃瓦斯的冲击波，这种状况就是爆轰。煤矿井下的爆炸一般不能发展为爆轰，这主要是井下环境条件的影响所致。

（二）瓦斯爆炸的效应

矿井瓦斯在高温火源的引发下的激烈氧化反应形成爆炸过程中，如果氧化反应极为剧烈，膨胀的高温气体难于散失时，将会产生极大的爆炸动力效应危害。

1. 爆炸产生高温高压

瓦斯爆炸时反应速度极快，瞬间释放出大量的热，使气体的温度和压力骤然升高。试验表明，爆炸性混合气体中的瓦斯浓度为 9.5%时，在密闭条件爆炸气体温度可达 2150℃～2650℃，相对应的压力可达 1.02MPa；在自由扩散条件下爆炸气体温度可达 1850℃，相对应的压力可达 0.74MPa，其爆炸压力平均值为 0.9MPa。煤矿井下是处于封闭和自由扩散之间，因此，瓦斯爆炸时的温度高于 1850℃，相对应的压力高于 0.74MPa。

2. 爆炸产生高压冲击和火焰峰面

瓦斯爆炸时产生的高压高温气体以极快的速度（可达每秒几百米甚至数千米）向外运动传播，形成高压冲击波。瓦斯爆炸产生的高压冲击作用可以分为直接冲击和反向冲击两种。

(1) 直接冲击。爆炸产生的高温及气浪，使爆源附近的气体以极高的速度向外冲击，造成井下人员伤亡，摧毁巷道和设备、扬起大量的煤尘参与爆炸，使灾害事故扩大。

(2) 反向冲击。爆炸后由于附近爆源气体以极高的速度向外冲击，爆炸生成的一些水蒸气随着温度的下降很快凝结成水，在爆源附近形成空气稀薄的负压区，致使周围被冲击的气体将又高速返回爆源地点，形成反向冲击，其破坏性更为严重。如果冲回气流中有足够的瓦斯和氧气时，遇到尚未熄灭的爆炸火源，将会引起二次爆炸，造成更大的灾害破坏和损失。

伴随高压冲击波产生的另一危害是火焰峰面。火焰峰面是瓦斯爆炸时沿巷道运动的化学反应区和高温气体总称。其传播速度速度可在宽阔的范围内变化，从正常的燃烧速度1m/s～2.5m/s到爆轰式传播速度2500m/s，火焰峰面温度可高达2150℃～2650℃。火焰峰面所经过之处，可以造成人体大面积皮肤烧伤或呼吸器官及食道、胃等黏膜烧伤，可烧坏井下的电气设备、电缆，并可能引燃井巷中的可燃物，产生新的火源。

3. 产生有毒有害气体

根据一些矿井瓦斯爆炸后的气体成分分析，氧气浓度为6%～10%，氮气为82%～88%，二氧化碳4%～8%，一氧化碳2%～4%。如果有煤尘参与爆炸时，一氧化碳的生成量将更大，往往是造成人员大量伤亡的主要原因。如1996年5月21日18时11分，平顶山煤业（集团）有限责任公司十矿已二采区已$_{15}$－22210回采准备工作面发生特大瓦斯爆炸事故，据统计分析造成84人死亡的主要原因是一氧化碳中毒。

二、瓦斯爆炸条件及其影响因素

煤矿瓦斯在适当的浓度和引火热源的作用下会产生强烈的燃烧和爆炸，给矿井造成严重的人员伤亡和财产损失。

（一）瓦斯爆炸的基本条件

瓦斯爆炸必备的3个基本条件是混合气体中瓦斯浓度达到一定的爆炸界限范围；存在高能量的引燃火源；有足够的氧气，三者缺一不可。

1. 瓦斯浓度

瓦斯爆炸发生的浓度界限是指瓦斯与空气的混合气体发生爆炸时其中瓦斯的体积浓度。试验证实，瓦斯浓度低于5%，遇火只能燃烧而不能发生爆炸；瓦斯浓度在5%～16%时，混合气体具有爆炸性；瓦斯浓度大于16%时混合气体将失去爆炸和燃烧爆炸性，但当供给新鲜空气时，混合气体可以在与新鲜空气接触面上燃烧。由此表明，瓦斯只能在一定的浓度范围内具有爆炸性，即下限浓度为5%～6%，上限浓度为6%～14%。理论上当瓦斯浓度达到9.5%时，混合气体中的氧气与瓦斯完全反应，放出的热量最多，爆炸的强度最大。当瓦斯浓度低于9.5%时，其中一部分氧没有参与爆炸，使爆炸威力减弱；瓦斯浓度高于9.5%时，混合气体中的瓦斯过剩而空气中的氧气不足，爆炸威力也被减弱。但在实际矿井生产中，由于混入了其他可燃气体或人为加入了过量的惰性气体，则上述瓦斯爆炸的界限就要发生变化，这种变化通常是不能忽略的。

煤矿井下生产过程中，涌出的瓦斯被流过工作面的风流稀释、带走。当工作面风量不足或停止供风时，以瓦斯涌出地点为中心，瓦斯浓度将迅速升高，形成局部瓦斯积聚。例如断面积为8m^{2}的煤巷掘进工作面，绝对瓦斯涌出量为1m^3/min，正常通风时期供风量为200m^3/min，回风流瓦斯浓度为0.5%。假设工作面新揭露断面及距该断面10m范围内的煤壁涌出的瓦斯占掘进工作面总瓦斯涌出量的50%，如果工作面停止供风，则只需要8min距该断面10m范围内平均瓦斯浓度达到爆炸下限5%。若工作面空间瓦斯分布得不均匀，在局部区域达到瓦斯爆炸限的时间将更短。由此可见，在井下停风时，很容易形成瓦斯爆炸的第一个基本条件。因此，《煤矿安全规程》规定：采掘工作面内，体积大于0.5m³的空间内瓦斯浓度达到2%时即构成局部瓦斯积聚，就必须停止工作，撤出人员。

2. 氧气的浓度

瓦斯与空气的混合气体中氧气的浓度必须大于12%，否则爆炸反应不能持续。煤矿井下的封闭区域、采空区内及其他裂隙等处由于氧气消耗或没有供氧条件，可能会出现氧气浓度低于12%的情况，其他巷道、工作场所等一般不存在氧气浓度低于12%的条件，因为，在此条件下人员在短时间内就会窒息而死亡。

进入井下的新鲜空气中氧气浓度为21%，由于瓦斯、CO_2等其他气体的混入和井下煤炭、设备、有机物的氧化、人员呼吸消耗，风流中的氧含量会逐渐下降，但到达工作地点的风流中的氧含量一般都在20%以上。因此，煤矿井下混合气体中瓦斯浓度增高到10%形成瓦斯积聚时，混合气体中氧浓度才下降到18%；只有当瓦斯浓度升高到40%以上时，其氧浓度才能下降到12%。由此可见，在矿井瓦斯积聚的地点，往往都具备氧浓度大于12%的第二个爆炸条件。在恢复工作面通风、排放瓦斯的过程中，高浓度的瓦斯与新鲜风流混合后得到稀释，氧浓度迅速恢复并超过12%。此时，如果不能很好地控制排放量，则这种混合气流的瓦斯浓度很容易达到爆炸范围。因此，排放瓦斯必须制定专门的防治瓦斯爆炸措施。

3. 高能量引燃火源

正常大气条件下，火源能够引燃瓦斯爆炸的温度不低于650℃～750℃、最小点燃能量为0.28mJ和持续时间大于爆炸感应期。煤矿井下的明火、煤炭自燃、电弧、电火花、赤热的金属表面和撞击或摩擦火花都能点燃瓦斯。

(1) 明火火焰。这类点火源的特点是伴随有燃烧化学反应。如明火、井下焊接产生的火焰、放炮火焰、煤炭自燃产生的明火、电气设备失爆产生的火焰、油火等。

(2) 炽热表面和炽热气体。炽热的表面，如电炉、白炽灯、过流引起的线路灼热，皮带打滑机械摩擦引起的金属表面炽热等都会引起瓦斯爆炸。白炽灯中钨丝的工作温度高达2000℃，在该温度下钨丝暴露于空气中就会发生激烈的氧化，从而便会立刻点燃瓦斯。因此，煤矿井下使用专用的照明灯具，以防止灯泡破裂时引燃瓦斯。炽热的废气或火灾产生的高温烟流也会引起瓦斯爆炸，这主要是由于它们与瓦斯相遇时发生氧化、燃烧等化学反应所致。瓦斯的引燃温度在650℃，机械、电气设备等的表面温度持续升高或防爆电器内部发生失爆时都可能达到这一温度，保持机械设备地点的供风可大大降低其表面温度。

(3) 机械摩擦及撞击火花。矿用设备在使用过程中的摩擦和撞击所产生的火花可引燃瓦斯。如跑车时车辆和轨道的摩擦、金属器件之间的撞击、钢件与岩石的碰撞、矿用机械的割齿同巷道坚固岩石的摩擦、巷道塌落时岩石同岩石的碰撞（主要是火成岩等坚硬岩石间的碰撞）等都能产生足以引燃瓦斯的火花。

(4) 电火花。主要包括电弧放电、电气火花和静电产生的火花。瓦斯爆炸的最小点燃能量是0.28mJ，该值就是使用电容放电产生火花的方法测定的。在瓦斯爆炸的事故案例中，电火花引燃瓦斯的例子很多，井下输电线路的短路、电器失爆、接头不符合要求及带电检修等都是造成瓦斯爆炸的主要原因。假设人体的电容为200pF，化纤衣服静电电位为15kV，则其放电的能量可达22.5mJ，大大超过最小点燃能量。因此，要求井下工作人员的服装必须是棉织品。对井下容易形成瓦斯积聚的工作场所，应特别加强电气设备的管理和瓦斯的监测，以防止点火源的出现。地面闪电通过矿用管路传输到井下也可能引燃瓦斯。此外，井下测量的激光，因其光束窄、能量集中，也具有点燃瓦斯的能力。在使用该类设备时，不仅应保证其外壳和电路的安全性，还应该保证其激光辐射的安全性。

由此可见，采取特殊的安全防爆技术措施后，可避免火源不能满足点燃瓦斯的点火条件。如井下安全爆破时产生的火焰，虽然温度高达2000℃，但持续的时间很短，小于爆炸感应期，所以，不会引起瓦斯爆炸。

（二）影响瓦斯爆炸发生的因素

煤矿井下复杂的环境条件对瓦斯爆炸有重要影响，主要表现在不同环境条件和各种点燃源对爆炸性混合气体爆炸界限的影响。随着其他可燃可爆性物质的混入、惰性物质的混入，环境温度、压力、氧气浓度及点燃源能量等因素的变化，将会引起矿井瓦斯爆炸界限的变化。忽视这些影响因素，将会造成难以预料的瓦斯爆炸灾害事故；而主动利用这些影响因素，则可以为矿井防治瓦斯灾害和救灾提供安全保证。

1. 可燃可爆性物质的影响

1）可燃可爆性气体的掺入

矿井瓦斯混合气体中掺入其他可燃可爆性气体时，不仅增加了爆炸性气体的总浓度，而且又使瓦斯爆炸界限发生变化，即爆炸下限降低，爆炸上限升高。总体来说，其他可燃气体的混入往往使瓦斯的爆炸下限降低，从而增加其爆炸危险性。多种可燃可爆性气体混合物的爆炸界限可按下式计算：

$$C=\frac{100}{\frac{C_1}{N_1}+\frac{C_2}{N_2}+\frac{C_3}{N_3}+\cdots} \tag{1-68}$$

式中　N——混合气体的爆炸上限或下限，%；

C_1、C_2、C_3…——各种可燃可爆性气体所占混合气体总体积的百分比，且$C_1+C_2+C_3+\cdots=100\%$；

N_1、N_2、N_3…——各种可燃可爆性气体的爆炸上限或下限，%。

煤矿中常见气体的爆炸界限见表1-23。

表1-23　煤矿中常见气体的爆炸界限

气体名称	化学分子式	爆炸下限/%	爆炸上限/%	气体名称	化学分子式	爆炸下限/%	爆炸上限/%
甲烷	CH_4	5.00	16.00	乙烯	C_2H_4	2.75	28.60
乙烷	C_2H_6	3.22	12.45	一氧化碳	CO	12.50	75.00
丙烷	C_3H_6	2.40	9.50	氢气	H_2	4.00	74.20
丁烷	C_4H_{10}	1.90	8.50	硫化氢	H_2S	4.32	45.50
戊烷	C_3H_{12}	1.40	7.80				

例：假设某矿井封闭区域内可燃气体的组成和浓度分别为$CH_4$4.5%，CO1.5%，$C_2H_6$0.1%，$H_2$0.05%。混合气体的总浓度为6.15%，根据式（1-68），可得混合气体的爆炸下限浓度为5.7596%，爆炸上限浓度为20.14%。

2）可爆性煤尘的混入

具有爆炸危险性的煤尘飘浮在瓦斯混合气体中时，不仅增强爆炸的猛烈程度，还可降低瓦斯的爆炸下限，这主要是因为在300℃～400℃时，煤尘会干馏出可燃气体。试验表明，瓦斯混合气体中煤尘浓度达 $68g/m^3$ 时，瓦斯的爆炸下限降低到 2.5%。

2. 惰性气体和氧浓度的影响

1）惰性气体的混入

试验表明，瓦斯混合气体中混入惰性气体可以升高瓦斯爆炸的下限、降低上限，减小爆炸区间的范围，又可以降低氧的浓度，并阻碍爆炸活化中心的形成。例如瓦斯混合气体中加入 36% N_2 或 25.5% 的 CO_2，可以使瓦斯空气混合物丧失爆炸性。煤矿井下空气中惰性气体浓度的升高，主要来源于空气中氧气浓度的降低，使惰性气体浓度相对升高；人为在矿井火区或防爆区域内的空气中加入惰性气体，使燃烧减弱或使瓦斯混合气体失去爆炸性。常使用的惰气主要是 N_2 和 CO_2，其具有捕捉燃烧反应活化基的作用，从而抑制爆炸物链式反应的进行，降低矿井瓦斯爆炸的危险性。

2）氧浓度的变化

正常大气压力和温度条件下，根据瓦斯混合气体的爆炸界限与氧浓度关系，可以构成柯瓦德爆炸三角形，如图 1-35 所示。图中的三个顶点 B、C、E 分别表示瓦斯爆炸下限、上限和爆炸临界点时混合气体中瓦斯和氧气的浓度。其中 B 点为爆炸下限，CH_4 浓度为 5%，O_2 浓度为 19.88%；C 点为爆炸上限，CH_4 浓度为 16%、O_2 浓度为 17.58%。E 点是爆炸临界点，指空气中掺入过量的惰性气体时，瓦斯爆炸界限的变化。混入的惰性气体不同，E 点的位置也不同，如混入 CO_2 时，瓦斯爆炸临界点的 CH_4 浓度为 5.96%，O_2 浓度为 12.32%。

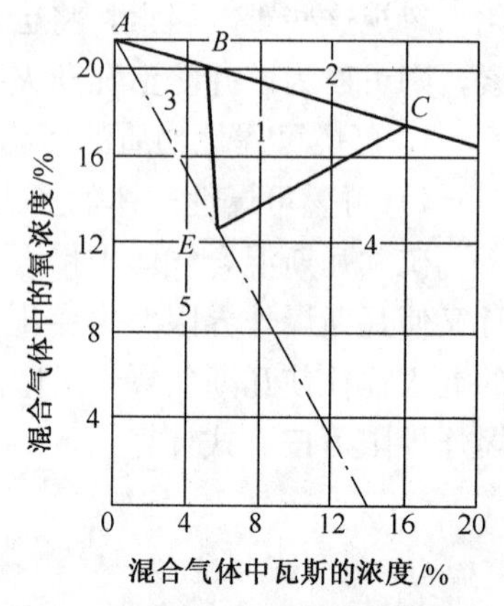

图 1-35　瓦斯混合气体爆炸界限与氧浓度的关系

由图 1-35 可见，B、C、E 构成的瓦斯爆炸三角形与氧浓度始点 A，可以将组成瓦斯爆炸三角形的整体分为 5 个区域部分。1 区即瓦斯爆炸危险区，该区内的瓦斯处于爆炸界限，遇到足够能量的点火源即可发生爆炸；不可能存在的混合气体区（图 1-35 中 2 区），因为 ABC 线是混合气体氧浓度的顶线，不可能再向空气中加入过量的氧；瓦斯浓度不足区（图 1-35 中 3 区），该区内瓦斯的浓度低于爆炸界限，但遇到点火源瓦斯可以燃烧；瓦斯浓度过高失爆区（图 1-35 中 4 区），处于该区的瓦斯混合气体若有新鲜风量掺入，就会进入爆炸危险区；贫氧失爆区（图 1-35 中 5 区），由于混合气体中的氧含量不足，使混合气体失爆。试验表明，瓦斯混合气体中氧浓度的降低，不仅能使爆炸范围缩小，而且爆炸冲击的压力也明显减小。

确定爆炸三角形的失爆点顶点 E 时，先由式（1-69）和式（1-70）求出混合气体失爆点浓度 L_{Tn} 和失爆点相应的氧气浓度 L_{TO_2}，即

$$L_{Tn}=\frac{P_{Tn}}{\frac{P_1}{L_1}+\frac{P_2}{L_2}+\frac{P_3}{L_3}+\cdots+\frac{P_n}{L_n}} \tag{1-69}$$

$$P_{Tn}=P_1+P_2+P_3+\cdots+P_n$$

式中　L_{Tn}、P_{Tn}——混合气体的爆炸界限和可燃气体的总浓度，%；

L_1、L_2、…、L_n——各可燃气体组分的爆炸界限，%；

P_1、P_2、…、P_n——各可燃气体组分的百分比，%。

$$L_{TO_2}=0.2093\times(100-N_{ex}-L_{Tn})\ (\%) \tag{1-70}$$

式中 L_{Tn}——混合气体失爆点浓度对应的可燃气体百分比，%；

N_{ex}——使混合气体惰化应加入的惰气体积百分比。

$$N_{ex}=\frac{L_{Tn}}{P_{Tn}}\ (N_1\times P_1+N_2\times P_2+N_3\times P_3+\cdots+N_n\times P_n)\ (\%) \qquad (1-71)$$

式中 N_i——使单位体积的某种可燃气体惰化所应加入的惰气体积量（$i=1,\ 2,\ \cdots,\ n$），由表1-24中第三列数据查得；

P_{Tn}——混合气体中可燃气体总浓度；

P_i——混合气体中第 i（$i=1,\ 2,\ \cdots,\ n$）种可燃气体浓度。

表1-24 可爆性气体 H_2、CH_4、CO 失爆所需的惰气量

可燃气体	加入的惰气	惰气/可燃气体（体积比率）	失爆点处的气体浓度（体积/%）	
			可燃气体	氧气
H_2	N_2	16.55	4.3	5.1
	CO_2	10.20	5.3	8.4
CH_4	N_2	3.00	6.1	12.1
	CO_2	3.20	7.3	14.6
CO	N_2	4.12	13.9	6.0
	CO_2	2.16	18.6	8.6

选择不同的起始点，惰化单位体积可燃气体所需的惰气体积不变。表1-24中第三列给出了使用 N_2 和 CO_2 惰化不同可燃气体的体积比例。在混合气体中除大气正常的氮气与氧气比例之外的富余 N_2 浓度，即是使混合气体达到失爆点时应加入的氮气量。以图1-35中对应的 CH_4 爆炸三角形为例，若由 AB 线任一点开始，加入富余的氮气，将使其混合气体组分点沿直线向原点移动。当该点跨过 AE 线时，混合气体完全失去爆炸性。这时，单位体积的瓦斯浓度（横坐标）相对应的氮气（富余氮气）的体积量为定值，这是因为 AB 和 AE 均为直线所致。以 AB 线的任意点开始，例如从 AB 线与横坐标的交点开始加入 N_2，则混合气体组分点沿横坐标向左移动，从而与惰化线 AE 相交于横坐标上的一点，该点对应的 CH_4 浓度为 14.14%。此时，因氧浓度为零，所以富余氮气浓度为 100－14.14%＝85.86%。因此，对于每 $1m^3$ 甲烷加入 85.86/14.14≈$6m^3$ 的氮气，可使混合气体刚好惰化。

下面举例说明计算有惰性气体混入后，混合气体爆炸性的改变。

例：某井下气体试样的化验结果为 CH_4 8%，CO 5%，H_2 3%，O_2 6%，N_2 78%，确定其混合气体爆炸三角形失爆点顶点所对应的失爆点浓度 L_{Tn} 和失爆点相应的氧气浓度 L_{TO_2}。

解：混合可燃气体的总浓度

$$P_T=P_{CH_4}+P_{CO}+P_{H_2}=(8+5+3)\%=16\%$$

由表1-23查得 CH_4 等可燃气体的爆炸上、下限，根据式（1-68）计算求得混合气体爆炸上限浓度为 26.35%、下限浓度为 5.82%；

由表1-24第四列查得各可燃气体失爆点浓度，求得爆炸性混合气体的失爆点浓度为

$$L_{Tn}=\frac{16}{\frac{8}{6.1}+\frac{5}{13.9}+\frac{3}{4.3}}\%=6.75\%$$

由表1-24第三列查得式（1-70）中 N_{ex} 值，求得混合气体失爆点相应的氧浓度为

$$N_{ex}=\frac{6.75}{16}(3\times8+4.12\times5+16.5\times3)\%=39.7\%$$

由式（1-70），得

$$L_{TO_2}=0.2093(100-39.7-6.75)\%=11.21\%$$

所以，混合气体的失爆点坐标为（6.75，11.21%），与位于 AB 线上的 L_{TL}（5.82%）和 L_{TU}（23.56%）构成该混合气体组分相对应的爆炸三角形。由于混合气体的可燃气体总浓度 P_T（横坐标）和氧浓度 P_{O_2}（纵坐标）确定的实际组分点（16，6）位于爆炸三角形之外，所以该混合气体无爆炸性，原因是混合气体中氧浓度较低。若注入空气，混合气体组分点将向左上方移动，可能进入爆炸三角形内，而使混合气体具有爆炸性。

爆炸三角形法是确定混合气体爆炸性的重要方法之一。但其仍存在一些不足：

（1）对于不同组分、浓度的混合气体，爆炸三角形是变化的，实际应用时若以人工计算和绘图，则比较费时、费力。但是，计算过程很容易编制成简单的计算机程序，只需输入混合气体的组分，则可立即确定爆炸三角形和混合气体组分点，并以图形显示其爆炸可能性。随着混合气体组分的动态变化，计算机可以给出相应的一系列计算结果和爆炸三角形的变化，帮助人们预测爆炸可能性的变化趋势并及时采取措施。

（2）此方法仅考虑了一种惰化作用，未涉及有不同惰化能力的两种或两种以上惰气综合效果，其精确度还有待进一步提高。在实际的救灾和工程应用中，该式的计算结果可以作为有力的依据。

3. 混合气体初温度、压力的影响

1）环境初始温度

温度是热能的体现，温度越高表明具有的能量越大。瓦斯混合气体热化反应与环境初始温度有很大的关系，试验证明（表 1-25），环境初始温度越高，瓦斯混合气体热化反应越快，爆炸范围越大（即爆炸上限升高，爆炸下限下降）。

表 1-25　瓦斯爆炸界限与初温度的关系

初始温度/℃	20	100	200	300	400	500	600	700
爆炸下限/%	6.00	5.45	5.05	4.40	4.00	3.65	3.35	3.25
爆炸上限/%	13.40	13.50	13.85	14.25	14.70	15.35	16.40	18.75

2）环境初始气压

试验表明，瓦斯爆炸界限的变化与环境初始压力有关。环境初始压力升高时，爆炸下限变化很小，而爆炸上限则大幅度增高，如表 1-26 所列。

表 1-26　瓦斯爆炸界限与初温度的关系

初始压力/kPa	101.3	1013	5065	12662.5
爆炸下限/%	5.6	5.9	5.4	5.7
爆炸上限/%	14.3	17.2	29.4	45.7

井下环境空气压力发生显著变化的情况很少，但在矿井火灾、爆炸冲击波或其他原因（如大面积冒顶等）引起的冲击波峰作用范围内，环境气压会显著地增高，点燃源向邻近气体层传输的能量增大，燃烧反应可自发进行的浓度范围增宽，使正常条件下未达到爆炸浓度界限的瓦斯发生爆炸。

4. 瓦斯点燃温度和能量与引火延迟性的影响因素

1）瓦斯的最低点燃温度和最小点燃能量

瓦斯的最低点燃温度和最小点燃能量决定于空气中的瓦斯浓度。瓦斯—空气混合气体的最低点燃温度，绝热压缩时为565℃，其他情况时为650℃，最低点燃能量为0.28mJ。根据在球形容器中进行的试验，随着点燃能量的增加，瓦斯空气混合物的爆炸界限有明显的变化(表1-27)，最佳爆炸极限的点燃能量约为10000J，煤矿井下明火、电火花、放炮火焰、煤炭自燃、电器设备失爆产生的火焰等各种点燃源的能量往往大大超过这一数值。从煤矿瓦斯爆炸事故的统计数据来看，电火花约占50%，而放炮点燃占30%。

表1-27　点火能量对瓦斯混合气体爆炸界限的影响

点燃能量/J	爆炸下限/%	爆炸上限/%	爆炸范围/%
1	4.9	13.5	8.9
10	4.6	14.2	9.6
100	4.25	15.1	10.8
10000	3.6	17.5	13.9

2）瓦斯引火的迟延性

瓦斯与高温热源接触后，不是立即燃烧或爆炸，而是要经过一个很短的间隔时间，这种现象叫引火延迟性，间隔的这段时间称感应期。感应期的长短与瓦斯的浓度、火源温度和火源性质有关，而且瓦斯燃烧的感应期总是小于爆炸的感应期。由表1-28可见，火源温度升高，感应期迅速下降；瓦斯浓度增加，感应期略有增加。

表1-28　瓦斯爆炸的感应期

瓦斯浓度/%	火源温度/℃						
	755	825	875	925	975	1075	1175
	感应期/s						
6	1.08	0.58	0.35	0.20	0.12	0.039	
7	1.15	0.6	0.36	0.21	0.13	0.041	0.01
8	1.25	0.62	0.37	0.22	0.14	0.042	0.012
9	1.3	0.65	0.39	0.23	0.14	0.044	0.015
10	1.4	0.68	0.41	0.24	0.15	0.049	0.018
12	1.64	0.74	0.44	0.25	0.16	0.055	0.02

三、瓦斯爆炸事故防治

煤矿瓦斯爆炸事故始终是我国煤矿一次死亡3人以上重大伤亡事故的主要因素，而这种倾向在10人以上特大事故中更为明显。据国家煤矿安全监察局统计，在1994年—1997年间，我国煤矿各类灾害事故死亡人数24759人，其中瓦斯灾害死亡人数为11600人，占同期煤矿灾害事故死亡人数的46.85%（表1-29），由此可以看出，瓦斯灾害是我国煤矿最严重的自然灾害。加强煤矿安全的监察管理工作，防治重大恶性事故的发生，以预防为主防治瓦斯爆炸事故是煤矿安全工作的重点。

表 1-29　1994 年—1997 年中国煤矿灾害事故死亡人数统计

年份	顶板		瓦斯		机电		运输		放炮		水害		火害		其他		总计	
	人	%	人	%	人	%	人	%	人	%	人	%	人	%	人	%	人	%
1994	2359	33.1	2935	41.2	204	2.9	552	7.8	142	2.0	521	7.3	106	1.5	302	4.2	7121	100
1995	2078	33.0	2565	40.7	165	2.6	540	8.6	113	1.8	506	8.0	61	1.0	267	4.3	6295	100
1996	1441	27.7	2593	49.8	120	2.3	379	7.3	73	1.4	367	7.1	56	1.1	173	3.3	5202	100
1997	1447	23.6	3502	57.0	138	2.2	397	6.5	67	1.1	367	6.0	46	0.7	177	2.9	6141	100
合计	7325	29.6	11595	46.8	627	2.5	1868	7.5	395	1.6	1761	7.1	269	1.1	919	3.7	24759	100

（一）瓦斯爆炸事故原因分析

根据煤矿瓦斯爆炸事故原因分析，瓦斯聚积和引爆火源是造成瓦斯爆炸的基本因素；违章作业、违章指挥、安全生产技术措施不完善、安全技术水平不高是造成事故的人为因素。采煤工作面和掘进工作面是瓦斯极易聚积造成爆炸事故的主要地点，只要掌握矿井瓦斯聚积的规律，有针对性地采取预防措施，即可杜绝瓦斯爆炸事故发生。

1. 矿井瓦斯积聚的原因

矿井局部空间的瓦斯浓度达到 2%，其体积超过 $0.5m^3$ 的现象，称为瓦斯积聚。瓦斯积聚是造成瓦斯爆炸事故的根源。

1）工作面风量不足引起瓦斯积聚

通风是排除瓦斯最主要的手段。通风系统的不合理，供风距离过远，采掘布置过于集中，工作面瓦斯涌出量过大而风量供给不足，采煤工作面瓦斯积聚通常首先发生在回风隅角处，因此，有时需要对该区域实施特别的通风处理，才能保证工作面无瓦斯超限。对于掘进工作面，风筒漏风、局部通风机能力不足、串联通风、风筒安设不当、出风口距离工作面距离过远、单台局部通风机向多头供风等往往造成掘进工作面风量不足，引起瓦斯积聚。

此外，供给局部通风机的全风压风量不足，造成局部通风机发生循环风等，或局部通风机安装位置距离回风口过近造成循环风等，也会使掘进工作面的瓦斯浓度超限，形成积聚。

2）通风设施质量差、管理不善引起瓦斯积聚

正常生产时期，煤矿井下的通风设施绝不允许非专业人员随意改变其状态。每一通风设施都有控制风流的目的，改变其状态，往往造成风流短路或某些巷道、工作面风量的减小，由此引起的瓦斯积聚通常难以预料。由此可见，井下的通风设施应该定期检查其质量，一旦发现损坏，立即进行修理，以保证其控制风流的有效性。

3）串联通风、不稳定分支等引起的瓦斯积聚

采掘工作面的串联通风必须严格按照《煤矿安全规程》的规定实施和管理。由于上工作面的乏风要进入下工作面，因此，必须能够监测进入下工作面的瓦斯，防止瓦斯涌出叠加而超限。不稳定分支会造成井下风流的无计划流动，从而造成难以预测的瓦斯积聚。除总进风、总回风外，采区之间应尽量避免角联分支的出现。角联分支的风流方向受到自然风压及其他分支阻力的影响，可能会发生改变，从而使原来的回风流污染进风，造成瓦斯超限和积聚。

4）局部通风机停止运转造成的瓦斯积聚

从瓦斯爆炸条件计算示例可见，局部通风机停止运转可能使掘进工作面很快达到瓦斯爆炸的界限。因此，对局部通风机的严格管理和风电闭锁等措施，是防止这类事故的根本。从

对事故原因的统计分析可以看出到，设备检修时随意开停风机，无计划停电、停风，掘进面停工停风后不检查瓦斯就随意开动风机供风等是造成掘进工作面瓦斯积聚和瓦斯爆炸事故的主要原因。通常，局部通风机等机电设备属机电部门维修管理，而掘进面瓦斯监测属通风部门管理，因此，两部门之间的协调合作对管理好掘进工作面的瓦斯十分重要，应建立相应的制度。

5）恢复通风排放瓦斯时期容易造成瓦斯事故

对封闭的区域或停工一段时间的工作面恢复通风，必须制定专门的排放瓦斯措施排放积存在停风区域内的高浓度瓦斯。此时，必须严格控制排出的瓦斯速度，以保证混合风流中的瓦斯浓度不超过规定的限制。否则，很容易使排放风流中的瓦斯浓度达到爆炸界限。巷道贯通等风流流动状态改变时，都容易出现这样的问题。

6）采空区及盲巷中积聚的瓦斯

采空区和盲巷中往往积存有大量高浓度的瓦斯，当大气压发生变化或采空区发生大面积冒顶时，这些区域的瓦斯会突然涌出，造成采掘空间的瓦斯积聚。

7）瓦斯异常涌出造成的瓦斯积聚

当采掘工作面推进到地质构造异常区域时，有可能发生瓦斯异常涌出，使得正常通风状态下供给的风量不足以稀释涌出的瓦斯，造成瓦斯积聚。煤与瓦斯突出矿井发生突出灾害，有瓦斯抽放系统的矿井抽放系统突然出现故障时等情况，都可归属于瓦斯异常涌出。这些特殊时期的瓦斯爆炸防治重点，应着重放在断电、停工、撤人等防止点火源的出现上。

8）巷道冒落空间等的瓦斯积聚

巷道冒落空间由于通风不良容易形成瓦斯积聚，而采区煤仓虽然瓦斯涌出量不大，但也是瓦斯容易积聚的地点。

9）小煤矿瓦斯积聚的原因

小煤矿的瓦斯积聚原因多样，除上述几个方面外，许多情况是缺乏最基本的通风设施和通风基本技术造成的。主要有：

(1）独眼井开采，没有形成通风系统；

(2）未安装主要通风机，依靠自然风压进行通风；

(3）使用局部通风机替代主要通风机，风机能力不匹配，井下风量过小；

(4）回风井筒兼作提升，矿井漏风严重，通风机不能发挥作用；

(5）矿井停工停风或掘进工作面停工停风；

(6）井下通风系统混乱，串联通风严重；

(7）掘进工作面无局部通风机或一台局部通风机给多个掘进头通风；

(8）矿井无瓦斯检查、监测制度或制度很不完善，矿井缺乏相应的瓦斯检查仪器或瓦斯检查仪器仪表超期使用，误差太大；

(9）矿井无专门的安全技术人员从事安全管理工作，或安全技术及管理人员的素质太低等。

2. 瓦斯爆炸的点火源

有点火源出现在瓦斯积聚并达到爆炸界限的区域才能引起瓦斯爆炸事故。在正常生产时期，存在许多足以引燃瓦斯的点火源，例如矿车与轨道的摩擦、工作过程中的机械碰撞、采煤机截齿与煤层夹矸的碰撞等。这些点火源的出现有时是难以避免的，具有随机性。从事故的统计分析可以看到，很多瓦斯爆炸事故的点火源都是人为造成的，即违章作业、使用不合格的产品等，应该找出这些方面的规律，坚决杜绝类似现象的发生。

1）井下爆破

爆破工作本身就具有一定的危险性。在煤矿井下进行的爆破，因其特殊的环境条件，安全爆破就显得更为重要。据统计，近年来因井下爆破引起的瓦斯爆炸和燃烧事故呈增加的趋势。存在的主要问题有：①使用了不符合安全要求的炸药或炸药已经超过安全有效期限；②充填炮泥不合格，造成放炮火焰存在时间过长；③爆破炮眼布置不合理，抵抗线过低，或放明炮、糊炮等；④爆破电路连线不合格，产生电火花；⑤放炮器不合格或使用明电放炮等。

2）电火花

因电火花引起的瓦斯爆炸与电气设备的不合格和人员违章操作有关，主要原因有线路接头不符合要求、电器失爆、带电检修、违章私自打开矿灯或矿灯失爆、使用非煤矿用的电气设备等。

3）摩擦撞击火花

井下工作中的摩擦和撞击有时难以避免，因此，在瓦斯高浓度的区域，例如排放瓦斯的路线上、U+L形通风的瓦斯尾巷等，应该减少或停止井下各类作业施工。从事故原因的统计看，该类原因仅次于前两类点火源。

4）明火点燃

井下使用明火的情况很少，属于严格限制的作业。此类引爆原因多是发生在小煤矿井下的吸烟，这是缺乏最基本的安全常识和安全管理造成的。其他情况有：矿井火灾时期封闭火区引起的瓦斯爆炸，或者自然发火引起采空区小规模的瓦斯爆炸等。

（二）预防煤矿爆炸事故的技术措施

预防煤矿爆炸事故，就是消除引发爆炸的基本条件，即防止瓦斯的积聚和点火源的出现。

1. 防止瓦斯积聚的技术措施

煤矿井下容易发生瓦斯积聚的地点是采掘工作面和通风不良的场所，每一矿井必须从采掘工作、生产管理上采取措施，保持工作场所的通风良好，防止瓦斯积聚。

1）保证工作面的供风量

所有没有封闭的巷道、采掘工作面和硐室必须保证风量和风速，足以稀释瓦斯到规定界限使瓦斯没有积聚的条件。应保证采煤工作面风路的畅通，对每个掘进工作面在开始工作前都应构造合理的进、回风路线，避免形成串联通风。对于瓦斯涌出量大的煤层或采空区，在采用通风方法处理瓦斯不合理时，应采取瓦斯抽放措施。

掘进工作面供风是煤矿井下最容易出现安全问题的地点，特别是在更换、检修局部通风机或风机停运时，必须加强管理、协调通风部门和机电部门的工作，以保证工作的顺利进行和恢复通风时的安全。对高瓦斯矿井，为防止局部通风机停风造成的危险，必须使用“三专”（专用变压器、专用开关、专用线路）和“两闭锁”装置（风电闭锁、瓦斯电闭锁），局部通风机要挂牌指派专人管理，严格非专门人员操作局部通风机和随意开停风机；即使是短暂的停风，也应该在检查瓦斯后开启风机；在停风前，必须先撤出工作面的人员并切断向工作面的供电。在进行工作面机电设备的检修或局部通风机的检修时，应该特别注意安全，严禁带电检修。局部通风筒的出风口距离掘进工作面的距离一般不大于7m、风量要大于40，以防止出现通风死角和循环通风。供风的风筒要吊挂平直，在拐弯处应该缓慢拐弯，风筒接头应严密、不漏风、禁止中途割开风筒供风。局部通风机及启动装置必须安装在新鲜风流中，距离回风口的距离不小于10m。安设局部通风机的进风巷道所通过的风量要大于局部通风机吸风量的1.43倍，以保证局部通风机不会吸入循环风。

对于采煤工作面应特别注意回风隅角的瓦斯超限，保证工作面的供风量。整个矿井的生产和通风是相匹配的，为了避免工作面的风量供应不足，首先应该采掘平衡，不要将整个矿井的生产和掘进都安排在一个采区或集中到矿井的一翼；其次，各采区在开拓工作面时，应该首先开掘中部车场，避免造成掘进和采煤工作面的串联通风。矿井漏风也是风量不足的主要原因。对于采深较浅的矿井，受小煤矿开采的影响，常造成大量漏风，使得矿井总风量不足。因此，堵漏对提高矿井风量和矿井安全都十分重要。

2）处理采煤工作面回风隅角的瓦斯积聚

正常生产时期，采煤工作面的回风隅角容易积聚瓦斯，及时有效地处理该区域积聚的瓦斯是日常瓦斯管理的重点。采取的方法主要有风障引流、移动泵站采空区抽放、改变工作面的通风方式（如采用Y形通风、Z形通风）等消除回风隅角瓦斯积聚的现象（可参见矿井通风的相关资料）。

（1）挂风障引流。该方法是在工作面支柱或支架上悬挂风帘或苇席等阻挡风流，改变工作面风流的路线，以增大向回风隅角处的供风。悬挂的方法如图1-36所示。该方法的优点是：操作简单、快捷，立即就可以发挥一定的作用；缺点是：能引流的风量有限，且风流不稳定，增加了工作面的通风阻力和向采空区的漏风，对工作面的作业有一定的影响。该方法可以作为一种临时措施在井下采用，对于瓦斯涌出量较大、回风隅角长期超限的工作面，应该采用更为可靠的方法进行处理。

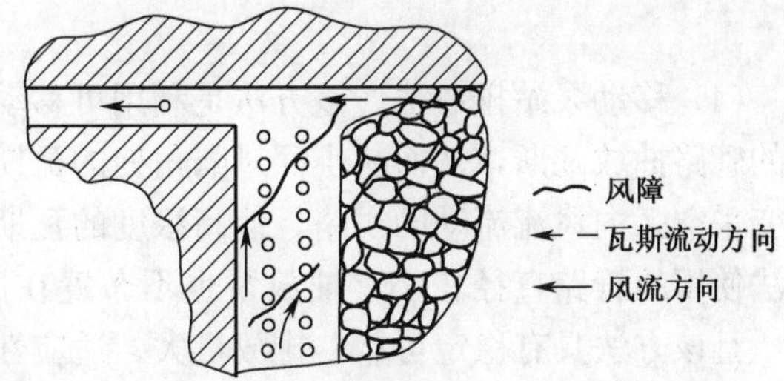

图1-36　工作面挂风障排放上隅角聚积的瓦斯

（2）尾巷排放瓦斯法。尾巷排放瓦斯是利用与工作面回风巷平行的专门瓦斯排放巷道，通过其与采空区相连的联络巷排放瓦斯的方法。巷道的布置如图1-37所示。该方法改变了采空区内风流流动的路线，尾巷专门用于排放瓦斯，不安排任何其他工作，《煤矿安全规程》规定尾巷中瓦斯浓度可以放宽到2.5%。该方法的优点是：充分利用已有的巷道，不需要增加设备，易于实施。缺点是：增加了向采空区的漏风，对于有自然发火的工作面不宜采用。瓦斯尾巷的管理十分重要，必须保证其安全，即：采煤工作面瓦斯涌出量大于$20m^3/min$，经抽放瓦斯（抽放率25%以上）和增大风量已经达到最高允许风速后，其回风巷风流中瓦斯浓度仍不符合《规程》的规定时，经企业负责人审批后，可采用专用排放瓦斯巷。

采用专用排放瓦斯巷的要求：①工作面的风流控制必须可靠；②专用排瓦斯巷内不得进行生产作业和设置电气设备，如需进行巷道维修工作，瓦斯浓度必须低于1.5%；③专用排瓦斯巷内风速不得低于0.5m/s；④专用排瓦斯巷内必须用不燃性材料支护，并应有防止产生静电、摩擦和撞击火花的安全措施；⑤专用排瓦斯巷必须贯穿整个工作面推进长度且不得留有盲巷；⑥专用排瓦斯巷内必须安设甲烷传感器，甲烷传感器应悬挂在距专用排瓦斯巷回风口15m处，当甲烷浓度达到2.5%时，能发出报警信号并切断工作面电源，工作面必须停止工作，进行处理；⑦煤层的自燃倾向性为不易自燃。

（3）风筒导引法。该方法是利用铁风筒和专门的排放管路引排回风隅角积聚的瓦斯。为了增加管路中风流的流量，一般附加其他动力以促使回风隅角处的风流流入风筒中。如图

1-38所示，利用水力引射器，其他动力还可以是局部通风机、井下压气等。该方法的优点是：适应性强，可应用于所有矿井，且排放能力大，安全可靠；缺点是：需要在回风巷道布置管路等设备，影响工作面的作业。该方法使用的动力设备必须是防爆的，在排放风流的管路内保证没有点燃瓦斯的可能，且引排风筒内的瓦斯浓度要加以限制，一般小于3%。

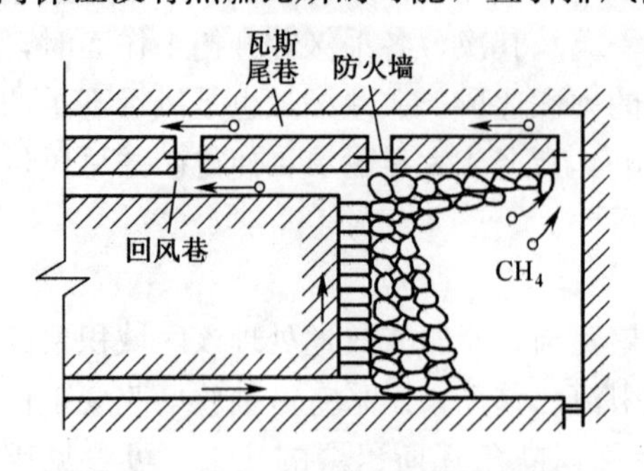

图1-37　利用尾巷排放上隅角聚积的瓦斯

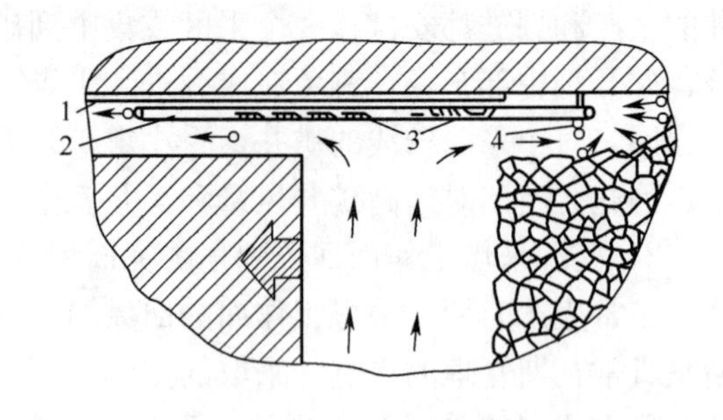

图1-38　利用水力引射器排放上隅角聚积的瓦斯
1—水管；2—导风筒；3—水力引射器；4—风障。

(4) 移动泵站排放法。该方法是利用可移动的瓦斯抽放泵，通过埋设在采空区一定距离内的管路抽放瓦斯，从而减小回风隅角处的瓦斯涌出，如图1-39所示。该方法的实质也是改变采空区内风流流动的线路，使高浓度的瓦斯通过抽放管路排出。同风筒导风法相比，该方法使用的管路直径较小，抽放泵也不布置在回风巷道中，因此，对工作面的工作影响较小，且该方法具有稳定可靠、排放量大、适应性强的优点，目前得到了较广泛的应用。但对于自燃倾向性比较严重的煤层不宜采用。

(5) 液压局部通风机吹散法。该方法在工作面安设小型液压通风机和柔性风筒，向上隅角供风，吹散上隅角处积聚的瓦斯，如图1-40所示。该方法克服了原压入式局部通风机处理上隅角瓦斯需要铺设较长风筒，而采用抽出式局部通风机抽放上隅角瓦斯时瓦斯浓度不得大于3%的弊病，是一种较为安全可靠的处理工作面上隅角瓦斯积聚的方法。图1-40是平顶山煤业集团研制的一套应用小型液压通风机自动排放上隅角瓦斯的装置。

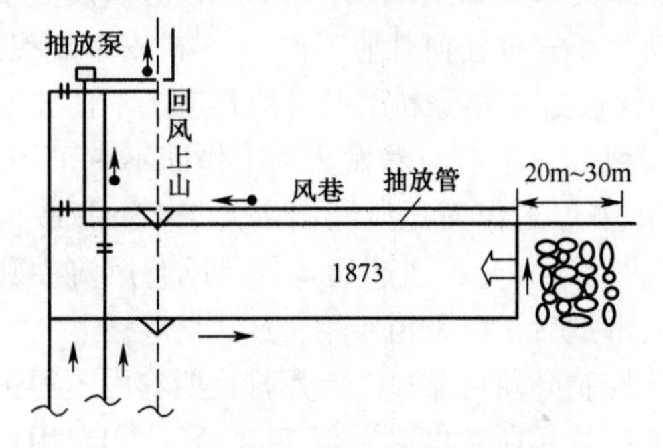

图1-39　移动抽放泵站排放采空区瓦斯

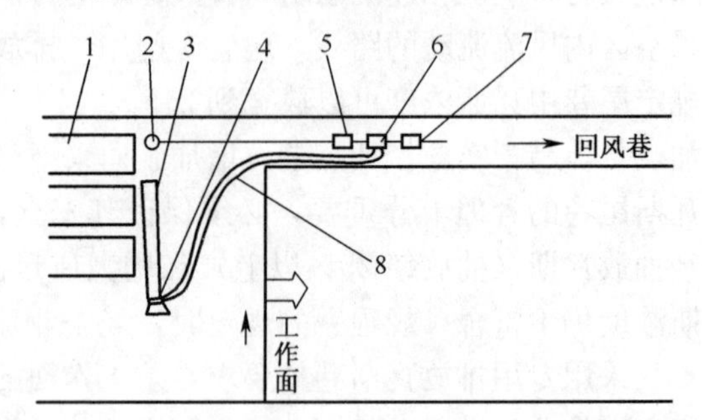

1-40　小型液压局部通风机排放上隅角聚积的瓦斯
1—工作面液压支架；2—瓦斯传感器；3—柔性风筒；
4—小型液压通风机；5—中心控制处理器；6—液压泵站；
7—磁力启动器；8—油管。

3) 掘进工作面局部瓦斯积聚的处理

掘进工作面的供风量一般都比较小，因此，出现瓦斯局部积聚的可能性较大，应该特别注意防范，加强监测工作。对于瓦斯涌出大的掘进工作面尽量使用双巷掘进，每隔一定距离开掘联络巷，构成全负压通风，以保证工作面的供风量。盲巷部分要安设局部通风机供风，使掘进排除的瓦斯直接流入回风道中。掘进工作面或巷道中的瓦斯积聚，通常出现在一些冒落空洞或裂隙发育、涌出速率较大的地点。对于这些地点积聚的瓦斯可以使用下列的方法处理。

(1) 充填法。充填法就是将沙土等惰性物质充填到冒落的空洞内，以消除瓦斯积聚的空间，如图 1-41 所示。

(2) 引风法。如图 1-42 所示，该方法是利用安设在巷道顶部的挡风板将风流引入冒落的空洞中，以稀释其中积聚的瓦斯。

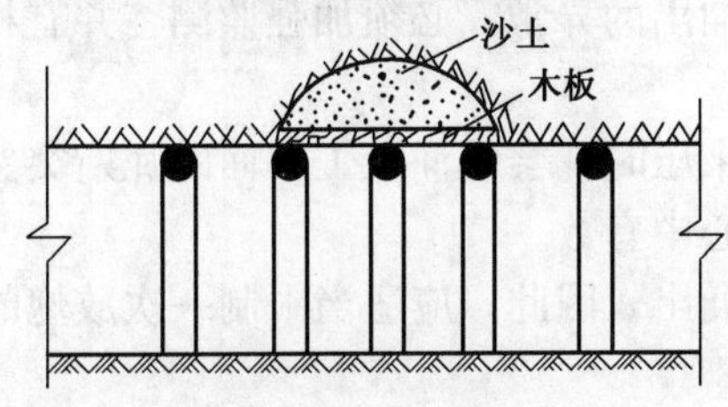

图 1-41 充填法处理冒落空洞聚积的瓦斯

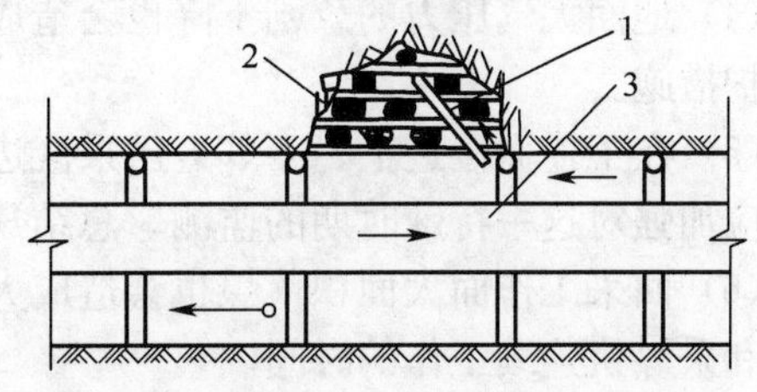

图 1-42 挡风板引导风流处理冒落空洞聚积的瓦斯
1—挡风板；2—坑木；3—风筒。

(3) 风筒分支排放法。如图 1-43 所示，在局部通风机风筒上安设三通或直径较小的风筒，将部分风流直接送到冒落的空洞中，排放积聚的瓦斯。该方法适用于积聚的瓦斯量较大、冒落空间较大、挡风引风难以奏效有情况下。

(4) 黄泥抹缝法。该方法是在顶板裂隙发育、瓦斯涌出量大而又难以排除时使用。它首先将巷道棚顶用木板背严，然后用黄泥抹缝将其封闭，以减少瓦斯的涌出或扩大瓦斯涌出的面积。

(5) 钻孔抽放裂隙带的瓦斯。如图 1-44 所示，当巷道顶、底板裂隙大量涌出瓦斯时，可以向裂隙带打钻孔，利用抽放系统对该区域进行定点抽放。这种方法适用于通风难以解决掘进面瓦斯涌出的情况下，否则，因工程量较大，而使用期较短，在经济上不合理。

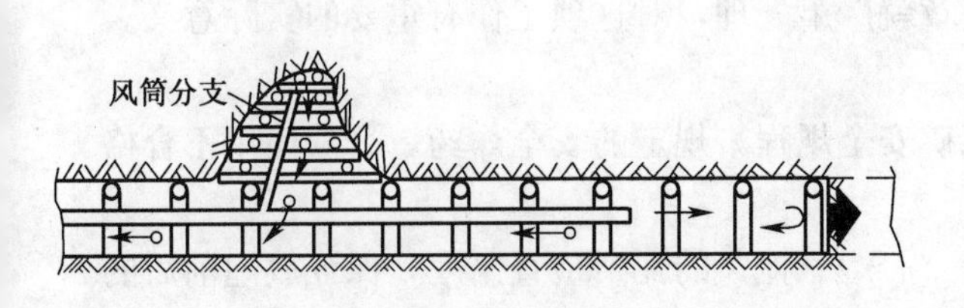

图 1-43 风筒分支法处理冒落空洞聚积的瓦斯

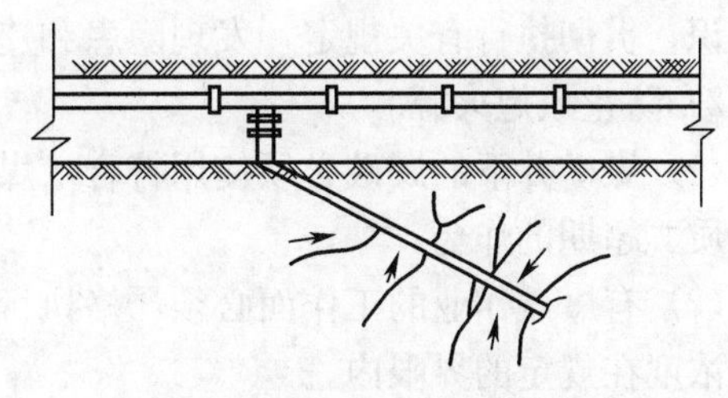

图 1-44 钻孔抽放裂隙带的瓦斯

4) 刮板输送机底槽瓦斯积聚的处理

刮板输送机停止运转时，底槽附近有时会积聚高浓度的瓦斯。由于刮板与底槽之间在运煤时产生的摩擦火花能引起瓦斯燃烧爆炸，因此，必须排除该处的瓦斯。处理的方法有：

(1) 设专人清理输送机底遗留的煤炭，保证底槽畅通，使瓦斯不易积聚。

(2) 保证输送机经常运转，即使不出煤也让输送机继续运转，以防止瓦斯积聚。

(3) 吊起输送机处理积聚的瓦斯。如果发现输送机底槽内有瓦斯超限的区段，可把输送机吊起来，使空气流通而排除瓦斯。

(4) 压风排瓦斯。有压风管路的地点可以将压风引至底槽进行通风，排除积聚的瓦斯。

5）通风异常或瓦斯涌出异常时期应特别注意的事项

（1）煤与瓦斯突出造成的短时间内涌出大量瓦斯，形成高瓦斯区，此时必须杜绝一切可能产生的火源，切断该区域的供电、撤出人员，并对灾区实行警戒，然后制定专门措施处理积聚的瓦斯。

（2）抽放瓦斯系统停止工作时，必须及时采取增加供风、加强监测直至停产撤人的措施，防止瓦斯事故的发生。

（3）排除积存瓦斯时期可能会造成局部区域的瓦斯超限，因此，必须制定排放方案和保安措施，以保证排放工作的顺利。

（4）地面大气压力的急剧下降也会造成井下瓦斯涌出的异常，必须加强监测，并有相应的防护措施。

（5）在工作面接近上、下邻近已采区边界或老顶来压时，会使涌入工作面的瓦斯突然增加，应加强对这一特殊时期的监测，总结规律，做到心中有数。

（6）回采工作面大面积落煤也会造成大量的瓦斯涌出，因此，应适当限制一次放炮的落煤量和采煤机连续工作的时间。

井下通风改变引起的瓦斯浓度异常变化往往被忽视。在井下巷道贯通、增加或减少某工作场所的风量、停止供风或恢复供风、井下通风设施遭到破坏、矿井反风及矿井灾变时期等都会引起井下瓦斯浓度的异常变化。这些情况下，必须首先考虑矿井安全，防止出现瓦斯积聚。局、矿安全管理部门应当依据《煤矿安全规程》的相关规定，制定井下巷道贯通、瓦斯排放、掘进面临时停风、封闭区域恢复通风、灾害时期的瓦斯管理规定技术措施，以有效地防止特殊情况下的瓦斯积聚。

2. 防止点火源的出现

防止点燃火源的出现，就是要严禁一切非生产火源，严格管理和限制生产中可能出现的火源、热源，特别是容易积聚瓦斯的地点更应该重点防范。

1）加强管理，提高防火意识

在长期的生产中，要做到日日不松懈，班班严格执行机电、放炮、摩擦撞击、明火等的防治规定和措施，是十分不易的。提高井下工人和工程技术人员的素质，加强他们的防火防爆意识，贯彻执行有关规定，发现隐患和违章就严肃处理，对这项工作有重要的实际意义。

2）防止放炮火源

（1）煤矿井下的爆破必须使用符合《煤矿安全规程》规定的安全炸药，严禁使用不合格或变质、超期的炸药。

（2）有爆破作业的工作面必须严格执行“一炮三检”的瓦斯检查制度，保证放炮前后的瓦斯浓度在规定的界限内。

（3）禁止使用明接头或裸露的放炮母线，放炮连线、放炮等工作要由专门的人员操作，放炮员尽量在新鲜风流中执行放炮操作，要严格执行“三人连锁放炮”制度。

（4）炮眼的深度、位置、装药量要符合该工作面“作业规程”的要求，炮眼要填满、填实，严禁使用可燃性物质代替炮泥充填炮眼，要坚持使用水炮泥。禁止放明炮、糊炮。

（5）严格执行井下火药、雷管的存放、运输管理规定，放炮员要持证上岗。

3）防止电气火源和静电火源

井下电气设备的选用应符合表1-30的要求，井下严禁带电检修、搬运电气设备。井下防爆电气在入井前需由专门的防爆设备检查员进行安全检查，合格后方可入井。井下供电应做到：无“鸡爪子”、“羊尾巴”和明接头，有过电流和漏电保护，有接地装置；坚持使用检漏继电器、煤电钻综合保护、局部通风机风电闭锁和瓦斯电闭锁装置；发放的矿灯要符合要求，严禁在井下拆开、敲打和撞击矿灯灯头和灯盒。

表 1-30 井下电气设备选用安全规定

类别 \ 使用场所	煤与瓦斯突出矿井及瓦斯喷出区域	瓦斯矿井			
		井底车场、总或主要进风道		采区进风道翻罐笼硐室	采区总、主要回风道和工作面进、回风道
		低瓦斯矿井	高瓦斯矿井		
高低压电机和电气设备	矿用防爆型（矿用增安型除外）	矿用一般型	矿用一般型	矿用防爆型	矿用防爆型（矿用增安型除外）
照明灯具	矿用防爆型（矿用增安型除外）	矿用一般型	矿用增安型	矿用防爆型	矿用防爆型（矿用增安型除外）
通信、自动化装置和仪表、仪器	矿用防爆型（矿用增安型除外）	矿用一般型	矿用增安型	矿用防爆型	矿用防爆型（矿用增安型除外）

为防止静电火花，井下使用的高分子材料（如塑料、橡胶、树脂）制品，其表面电阻应低于其安全限定值。洒水、排水用塑料管外壁表面电阻应小于 $1\times10^{9}\,\Omega$，压风管、喷浆管的表面电阻应小于 $1\times10^{8}\,\Omega$。消除井下杂散电流产生的火源首先应普查井下杂散电流的分布，针对产生的原因采取有效措施，防治杂散电流。

4）防止摩擦和撞击点火

随着井下机械化程度的日益提高，机械摩擦、冲击引燃瓦斯的危险性也相应增加。防治的主要措施有：在摩擦发热的装置上安设过热保护装置和温度检测报警断电装置；在摩擦部件金属表面附着活性低的金属，使其形成的摩擦火花难以引燃瓦斯，或在合金表面涂苯乙烯醇酸，以防止摩擦火花的产生；工作面遇坚硬夹石或硫化铁夹层时，不能强行截割，应放炮处理；定期检查截齿和其后的喷水装置，保证其工作正常。

5）防止明火点燃

煤矿井下对明火的使用和火种都有严格的管理规定，关键是必须做到长期认真执行，坚决防止任何可能的明火点燃出现。主要的规定有：

（1）严禁携带烟草、点火物品入井，严禁携带易燃物品入井。必须带入井下的易燃物品要经过矿总工程师的批准，并指定专人负责其安全。

（2）严禁在井口房、通风机房、瓦斯泵房周围 20m 范围内使用明火、吸烟或用火炉取暖。

（3）不得在井下和井口房内从事电气焊作业，如必须在井下主要硐室、主要进风巷道和井口房内从事电气焊或使用喷灯作业时，每次都必须制定安全措施，报矿长批准，并遵守《煤矿安全规程》的有关规定，防止火源出现。在回风巷道内不准进行焊接作业。

（4）严禁在井下存放汽油、煤油、变压器油等，井下使用的棉纱、布头、润滑油等必须放在有盖的铁桶内，严禁乱扔乱放或抛在巷道、硐室及采空区内。

（5）井下严禁使用电炉或灯泡取暖。

（6）必须加强井下火区管理。

6）防止其他火源

井下火源的出现具有突然性，在工作场所，由于机械作业和金属材料的大量使用，很多情况下撞击、摩擦等火源难以避免，这些地点的通风工作就显得更为重要。但是，对灾害区域、封闭的瓦斯积聚区域，必须采取措施防止点火源的出现。除上述方面外，地面的闪电或其他突发的电流也可能通过井下管理进入这些可能爆炸区域而引燃瓦斯，因此，通常应当截断通向这些区域的铁轨、金属管道等。

（三）加强瓦斯的检查和监测

随时检查和监测煤矿井下的通风、瓦斯状况，是矿井安全管理的主要内容。它可以及时发现瓦斯超限和积聚，从而采取处理措施，使事故消除在萌芽状态。每个矿井都必须建立井下瓦斯检查制度，设立相应的瓦斯检查和通风管理机构，配备相应的瓦斯检查仪器仪表，以监测监控井下的瓦斯。低瓦斯矿井每班至少检查瓦斯 2 次，高瓦斯矿井每班至少检查瓦斯 3 次。对有煤与瓦斯突出或瓦斯涌出量较大的采掘工作面，应有专人负责检查瓦斯。瓦斯检查人员发现瓦斯超限，有权立即停止工作，撤出人员，并向有关人员汇报。瓦斯检查员应由责任心强、经过专业培训并考试合格的人员担任。严禁瓦斯检查空班、漏检、假报等，一经发现，严肃处理。

通风安全管理部门的值班人员，必须审阅瓦斯检查报表，掌握瓦斯变化情况，发现问题及时处理，并向矿调度室汇报。对重大的通风瓦斯问题，通风部门应制定措施，报矿总工程师批准，进行处理。每日通风、瓦斯情况必须送矿长、总工程师审阅，一矿多井的矿必须同时送井长、井技术负责人审阅。

高瓦斯矿井、煤（岩）与瓦斯突出矿井、有高瓦斯区的低瓦斯矿井必须装备矿井安全监控系统。没有装备矿井安全监控系统的矿井的煤巷、半煤岩巷和有瓦斯涌出的岩巷的掘进工作面，必须装备风电闭锁装置和甲烷断电仪。编制采区设计、采掘作业规程时必须对安全监控设备的种类、数量和位置等作出明确的规定。

安全监测所使用的仪器仪表必须定期进行调试、校正，每月至少一次。甲烷传感器、便携式甲烷检测报警仪等采用催化元件的设备，每隔 7 天必须使用校准气样和空气样按使用说明书的要求调校 1 次，每隔 7 天必须对甲烷断电功能进行测试。

矿务局（集团公司）、矿区应建立安全仪表计量检验机构，对矿区内各矿井使用的检测仪器仪表进行性能检验、计量鉴定和标准气样配置等工作，并对矿安全仪器仪表检修部门进行技术指导。

四、防止灾害扩大的措施

瓦斯爆炸的突发性、瞬时性，使得在爆炸发生时难以进行救治。因此，防止灾害扩大的措施应该集中在灾害发生前的预备设施和灾害发生时的快速反应。具体的措施有隔爆、阻爆两个方面，即分区通风和利用爆炸产生的高温、冲击波设置自动阻爆装置。灾害预防处理计划的制定对快速有效的救灾也具有十分重要意义。

（一）分区通风

分区通风是防止灾害蔓延扩大的有效措施。利用矿井开拓开采的分区布置，在各个采区之间、不同生产水平之间、矿井两翼之间自然分割（保护煤柱等）的基础上，布置必要的防止爆炸传播设施，可以实现井下灾害的分区管理。这样，使某一区域发生的灾害难以传播到相邻的区域，从而简化救灾抢险工作，防止灾害的扩大。

要实现分区管理，矿井的通风系统应力求简单，对井下各工作区域实行分区通风。每一生产水平，每一采区都必须布置独立的回风道，严格禁止各采区、水平之间的串联通风，尽量避免采区之间角联风路的存在。采区内采煤工作面和掘进工作面应采用独立的通风路线，防止互相影响。对于矿井主要进、回风道之间的联络巷必须构筑永久性挡风墙，生产必须使用的，应安设正、反向两道风门。装有主要通风机的出风口应安装防爆门。在开采有煤尘爆炸危险的矿井两翼、相邻采区、相邻煤层、相邻工作面时，应安设岩粉棚或水棚隔开。在所有运输巷道和回风巷道中必须撒布岩粉，防止爆炸传播。

对于多进风井、多主要通风机的矿井，应尽量减少各风机所辖风网之间的联络巷道，如果无法避免，则应保证风流的稳定并安设必要的隔爆设施。各主要通风机的特性最好相近，并与负担的通风需求相匹配。进风区域中公共部分应该尽量减少，以防止风速超限和增加矿井通风阻力。

（二）隔爆、阻爆装置

当瓦斯爆炸发生后，依靠预先设置的隔爆装置可以阻止爆炸的传播，或减弱爆炸的强度、减小爆炸的燃烧温度，以破坏其传播的条件，尽可能地限制火焰的传播范围。

1. 用岩粉阻隔爆炸的蔓延

岩粉是不燃性细散粉尘，定期将岩粉撒布在积存煤尘的工作面和巷道中，可以阻碍煤尘爆炸的发生和瓦斯煤尘爆炸的传播。撒布的岩粉要求与煤尘混合，长度不少于300m，使不燃物含量大于80％。岩粉棚是安装在巷道靠近顶板处的若干组台板，每块台板上存放大量岩粉。发生爆炸时，冲击波将台板摧垮使岩粉弥漫于巷道中，吸收爆炸火焰的热量及惰化空气，阻碍爆炸的传播。

2. 用水预防和阻隔爆炸

在巷道中架设水棚的作用与岩粉棚的作用相同，只是用水槽或水袋代替岩粉板棚。要求每个水槽的容量为40L～75L，总水量按巷道断面计算不低于$400L/m^2$，水棚长度不小于30m。岩粉的缺点是易受潮结块，需要经常更换，成本较高，国内外现在都广泛使用水代替岩粉隔爆。火的比热容比岩粉高5倍，汽化时吸热并能降低氧气的浓度，在爆炸的作用下比岩粉飞散快，隔爆效果较好。

3. 自动式防爆棚

使用压力或温度传感器，在爆炸发生时探测爆炸波的传播，及时将预先放置的水、岩粉、氮气、二氧化碳、磷酸铵等喷洒到巷道中，从而达到自动、准确、可靠地扑灭爆炸火焰，防止爆炸蔓延的目的，常用的有自动水幕等。

（三）编制矿井灾害预防和处理计划

《煤矿安全规程》规定："煤矿企业必须编制年度灾害预防和处理计划，并根据具体情况及时修改。灾害预防和处理计划由矿长负责组织实施。煤矿企业每年必须至少组织1次矿井救灾演习。"针对可能发生的井下灾害，预先编制处理计划，是防止灾害扩大、及时抢险救灾的主要方法。矿井灾害处理计划除了必须掌握灾害发生时必须通知的相关人员、救护队的情况外，还应包括当前矿井的基本情况。救灾指挥部的具体组成和设置地点，根据灾害的具体情况确定。

1. 灾害预防处理必备的资料

每一矿井都必须有反映当前实际情况的图纸，主要包括：矿井地质图；地面、井下巷道、采掘工程对照图；通风系统图；管路（排水、防火、压风、瓦斯抽放等）布置系统图；安全监测控制系统图；井下配电系统图；井下电气设备布置图及井下避灾路线图。这些矿井的基础资料是进行及时救灾的保证。

2. 灾害预防处理计划主要内容

对井下主要的采掘工作面和其他可能发生爆炸灾害的地点，应根据各自的不同特点，制定合适的救灾计划。每年都要根据井下状况的变化对计划的内容作出相应的修改。计划内容主要包括：

（1）确定发生爆炸后可能造成的影响。爆炸对通风系统的影响，爆炸蔓延传播的可能性，爆炸对井下工作人员构成威胁的区域等。

（2）制定恢复灾区通风和人员避灾路线的安全措施。受爆炸破坏的通风系统恢复通风的安全技术措施；调整通风时保证可能受影响区域人员的安全撤离路线。

（3）灾害区域的断电方法。局部区域或更大范围、地点的断电安全措施。

（4）防止爆炸火灾、二次爆炸及灾害扩大的措施。制定可行的救灾方案和控制灾害范围的措施。

（5）救灾人员的安全路线。根据灾害的具体情况，计划制定出救护队员下井进行侦察、救灾时的安全路线。

任务六　节矿井瓦斯检测与技术管理

导学思考题

（1）矿井瓦斯检测的主要位置有哪些？检测仪器有哪些？

（2）列举矿井瓦斯管理的有关规定和制度。

（3）列举安全排放瓦斯的主要技术手段。

一、矿井瓦斯的检测

矿井瓦斯检查测定是煤矿安全管理中一项重要的工作内容。其目的一是了解掌握煤矿井下不同地点、不同时间的瓦斯涌出情况，为矿井风量计算、分配和调节提供可靠的防止瓦斯灾害技术参数，以达到安全、经济、合理通风的目的；二是妥善处理和防止瓦斯事故的发生，及时检查发现瓦斯超限或积聚等灾害隐患，以便采取针对性的有效预防措施。

（一）矿井主要检测地点瓦斯浓度的安全规定

（1）矿井总回风巷或一翼回风巷中瓦斯或二氧化碳浓度超过0.75%时，必须立即查明原因，进行处理。

（2）采区回风巷、采掘工作面回风巷风流中瓦斯浓度超过1.0%或二氧化碳浓度超过1.5%时，必须停止工作，撤出人员，采取措施，进行处理。

（3）装有矿井安全监控系统的机械化采煤工作面、水采和煤层厚度小于0.8m的保护层的采煤工作面，经抽放瓦斯（抽放率25%以上）和增加风量已达到最高允许风速后，其回风巷风流中瓦斯浓度仍不能降低到1.0%以下时，回风巷风流中瓦斯最高允许浓度为1.5%，但应符合下列要求：

①工作面的风流控制必须可靠。

②必须保持通风巷的设计断面。

③必须配有专职瓦斯检查工。

（4）采掘工作面风流中瓦斯浓度达到1%时，必须停止用电钻打眼；放炮地点附近20m以内风流中的瓦斯浓度达到1%时，严禁放炮。

（5）采掘工作面及其他作业地点风流中、电动机或其开关地点附近 20m 以内风流中的瓦斯浓度达到 1.5%时，必须停止工作，切断电源，撤出人员，进行处理。

（6）采掘工作面内，体积大于 0.5m^3 的空间，局部积聚瓦斯浓度达到 2%时，附近 20m 内，必须停止工作，撤出人员，切断电源，进行处理。

（7）综合机械化采掘工作面，应在采煤机和掘进机上安设机载式断电仪，当其附近瓦斯浓度达到 1%时报警，达到 1.5%时必须停止工作，切断采煤机和掘进机的电源。

（二）矿井主要地点瓦斯浓度的检查测定

1. 巷道风流中瓦斯浓度的检查测定

1）巷道风流范围的划定

巷道风流是指距巷道顶板、底板及两壁一定距离的巷道空间的风流。棚子支架支护巷道风流范围，是距支架和巷道底板各 50mm 的巷道空间内的风流；锚喷、砌碹支护巷道风流范围，是距巷道顶、底、帮 200mm 的巷道空间内的风流。

2）巷道风流中瓦斯及二氧化碳浓度的测定方法

巷道风流中瓦斯与二氧化碳在巷道空间位置中的浓度分布不同，因此，检测时，应在巷道风流中分别测定瓦斯或二氧化碳浓度。

（1）CH_4 浓度的测定，应在巷道风流的上部进行。将 CH_4 检测仪的进气口置于巷道风流的上部靠近顶板处进行采样，连续检测 3 次，取其平均值。

（2）CO_2 浓度的测定，应在巷道风流的下部进行。

采用光学瓦斯检测仪测定 CO_2 时，先将光学瓦斯检测仪的进气口置于巷道风流的下部靠近底板处测出 CH_4 浓度，然后去掉 CO_2 吸收管测出该处混合气体浓度，后者减去前者乘以 0.952 校正系数即是 CO_2 浓度的测定值。连续检测 3 次，取其平均值。

2. 采煤工作面瓦斯浓度的检查测定

1）采煤工作面测定瓦斯浓度地点

（1）工作面进风流。指进风顺槽至工作面煤壁线以外的风流。

（2）工作面风流。指距煤壁、顶、底板各 200mm（小于 1m 厚的薄煤层采煤工作面距煤壁、顶、底板各 100mm）和以采空区切顶线为界的采煤工作面空间的风流。

（3）上隅角。指采煤工作面回风侧最后一架棚落山侧 1m 处。

（4）工作面回风流。指距采煤工作面 10m 以外的回风顺槽内不与其他风流汇合的一段风流。

（5）尾巷。指高瓦斯与瓦斯突出矿井采煤工作面专用于排放瓦斯的巷道栅栏处。

2）采煤工作面瓦斯浓度测定方法及规定

采煤工作面瓦斯及二氧化碳浓度的测定方法与巷道风流中的测定方法相同，但要取其中的最大值作为测定结果和处理依据。其检查的顺序和有关规定要求如下：

（1）采煤工作面是从进风巷开始，经采煤工作面、上隅角、回风巷、尾巷栅栏处等为一次循环检查。

（2）循环检查中，应在采煤工作面上、下次检查的间隔时间中确定无人工作区或其他检查点的检查时间。

（3）检查瓦斯的间隔时间要均匀，在正常情况下，每班检查 3 次的，其相隔时间不允许过大或过小，每班检查 2 次的，其相隔时间要求不允许半班内完成一班的检查次数。

（4）检查采煤工作面上隅角、采空区边缘的瓦斯时，要站在支护完好的地点用小棍将胶管送到检测地点，以防缺氧而窒息。

（5）检查采煤机前后 20m 内，距煤壁 300mm、距顶板 200mm 范围内的瓦斯。当局部积聚的瓦斯浓度达 2%或采煤机前后 20m 内风流中瓦斯浓度达 1.5%时，应停止采煤机工作，切断工作面电源，立即进行处理。

（6）利用检查棍、胶皮管检查采煤机滚筒之间、距煤壁 300mm、距顶板 200mm 范围内的瓦斯。当瓦斯浓度达 2%时，应停止采煤机的工作，切断工作面电源，进行处理；凡处理不了的，应立即向通风调度汇报。

3. 掘进工作面瓦斯浓度的检查测定

1）掘进工作面测定瓦斯浓度地点

（1）掘进工作面风流。指风筒出口或入口前方到掘进工作面的一段风流。

（2）掘进工作面回风流。

（3）局部通风机前后各 10m 以内的风流。

（4）局部高冒区域。

2）掘进工作面检测瓦斯的有关规定要求

（1）检测掘进工作面上部左右角距顶、帮、煤壁各 200mm 处的 CH_4 浓度，取测量次数中的最大值作为检测结果和处理依据。

（2）检测掘进工作面第一架棚子左右柱窝距帮、底各 200mm 处的 CO_2 浓度，取测量次数中的最大值作为检测结果和处理依据。

（3）循环检查中，应在掘进工作面上、下次检查的间隔时间中确定无人工作区或其他检查点的检查时间。

（4）检查瓦斯的间隔时间要均匀，在正常情况下，每班检查 3 次的，其相隔时间不允许过大或过小，每班检查 2 次的，其相隔时间要求不允许半班内完成一班的检查次数。

（5）双巷掘进工作面由一名瓦斯检查员检查时，一次循环检查瓦斯应从进风侧掘进开始到回风侧掘进面结束。

（6）检查局部高冒区域的瓦斯时，要站在支护完好的地点用小棍将胶管送到检测地点，由低到高逐渐向上检查，检查人员的头部切忌超越检查的最大高度，以防缺氧而窒息。

（7）对于使用掘进机的掘进工作面，当掘进机工作时，应检查掘进机的电动机附近 20m 范围内及风筒出口至煤壁间风流中的瓦斯浓度。当瓦斯浓度达到 1.5%或掘进工作面回风流中瓦斯浓度达到 1%时，应停止掘进机工作，切断工作面电源，立即进行处理；处理不了的，应向通风调度汇报。

4. 盲巷和临时停风的掘进工作面瓦斯浓度的检查测定

盲巷和临时停风时间长的掘进工作面，往往会积聚大量的高浓度瓦斯，进行检查瓦斯和其他有害气体时，要特别小心谨慎确保安全，防止窒息、中毒或瓦斯爆炸事故的发生。

（1）检查废巷、盲巷和临时停风的掘进工作面及密闭墙外的瓦斯、二氧化碳及其他有害气体时，只准在栅栏处检查；必须进入盲洞内检查时，应由救护队员进行。

（2）检查时，必须最少 2 人一起，在确认携带的矿灯、自救器和瓦斯检定器完好可靠情况下，方能进行瓦斯检查工作。2 人一前一后保持一定的安全距离，先检查巷道入口处的瓦斯和二氧化碳浓度，测定浓度均小于 3%时，方可由外向内逐步进行检查。

（3）在盲巷入口或任何一处，检查瓦斯或二氧化碳浓度达到 3%及其他有害气体浓度超过规定时，必须停止前进，并在入口处设置栅栏，向通风调度汇报，由通风部门按规定进行处理。

(4) 在盲巷内检查瓦斯和二氧化碳浓度外，还必须检查氧气浓度和其他有害气体浓度。倾角较大的上山盲巷应重点检查瓦斯浓度，倾角较大的下山盲巷应重点检查二氧化碳浓度。

5. 煤与瓦斯突出孔内的检查测定

煤与瓦斯突出孔内未通风处理前，往往会积聚大量的高浓度瓦斯，检查瓦斯时，严禁冒险进入突出孔内检查，防止瓦斯窒息事故的发生。必须在确保安全的条件下，利用瓦斯检测棍把检测仪的进气管伸到突出孔内，由外向里逐渐进行检查，并根据检测的瓦斯浓度和积聚瓦斯量采取相应的措施进行处理。

6. 工作面爆破过程中的瓦斯检查

1) 放炮地点检查瓦斯的部位

(1) 采煤工作面放炮地点的瓦斯检查，应在沿工作面煤壁上下各 20m 范围内的风流中进行。

(2) 掘进工作面放炮地点的瓦斯检查，应在该点向外 20m 范围内的巷道风流中及本范围内局部瓦斯积聚处进行。

2) 安全爆破检查的有关规定要求

井下爆破煤（岩）时，往往会从煤（岩）层中释放出大量的瓦斯。而达到燃烧或爆炸浓度的瓦斯，因爆破产生的火焰将会导致瓦斯燃烧或爆炸事故。因此，在采掘工作面爆破过程中，必须严格执行“一炮三检”和“三人连锁放炮”的安全爆破制度。

(1)“一炮三检”即装药前、爆破前、爆破后必须检查爆破地点附近 20m 以内风流中的瓦斯浓度，瓦斯浓度达到 1%时，严禁装药爆破。爆破后至少等待 15min（突出危险工作面至少 30min）待炮烟吹散，瓦斯检查工、爆破工和生产班组长一同进入爆破地点检查瓦斯及爆破效果等情况。

(2)“三人连锁放炮”即瓦斯检查工持起爆器钥匙、生产班组长持工作牌、爆破工持爆破牌，经爆破前各项检查和警戒工作符合安全要求时，相互交换牌才可爆破。

二、矿井瓦斯检测仪器

矿井瓦斯检测仪种类很多，主要分为便携式和固定式两大类，按其工作原理又分为光干涉式、热催化式、热导式、红外线式、气敏半导体式、声速差式和离子化式等几种。

下面只介绍瓦斯检查员必备的便携式光学瓦斯检测器和井下部分流动人员经常携带的便携式瓦斯报警器的构造、原理、使用方法。

（一）光学瓦斯检测器

光学瓦斯检测器是煤矿井下用来测定瓦斯和二氧化碳气体浓度的便携式仪器。这种仪器的特点是携带方便，操作简单，安全可靠，且有足够的精度。但由于采用光学系统，因此构造复杂，维修不便。仪器测定范围和精度有两种：0～10.0%，精度 0.01%；0～100%，精度 0.1%。

1. 光学瓦斯检测器的构造

光学瓦斯检测器有很多种类，其外形和内部构造基本相同。现以 AQC-1 型光学瓦斯检测器为例介绍其构造。

图 1-45 为 AQC-1 型光学瓦斯检测器的内部构造图，它由三个系统组成：

(1) 气路系统。由进气管、二氧化碳吸收管、水分吸收管、气室、吸收管、吸气橡皮球、毛细管等组成。其中主要部件的作用如下：

二氧化碳吸收管：装有颗粒直径 2mm～5mm 的钠石灰，当测定瓦斯浓度时，用于吸收混合气体中的二氧化碳。

水分吸收管：水分吸收管内装有氯化钙（或硅胶），吸收混合气体中的水分。

气室：如图 1-46 中的 5，用于分别存储新鲜空气和含有瓦斯或瓦斯、二氧化碳的混合气体。A 为空气室，B 为瓦斯室。

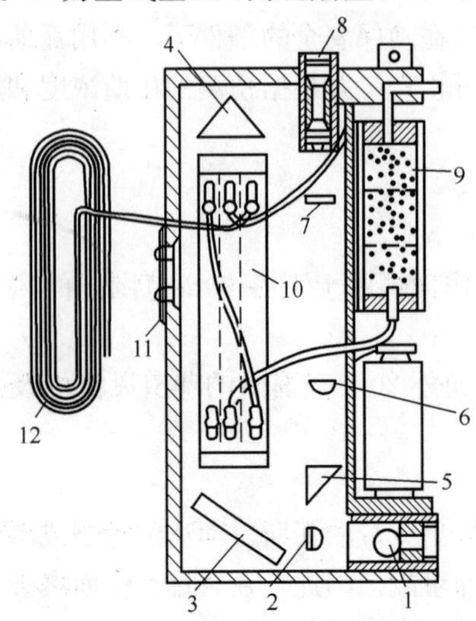

图 1-45　光学瓦斯检测器的内部结构

1—灯泡；2—聚光镜；3—平面镜；4—折光棱镜；5—反射棱镜；6—物镜；7—测微玻璃；8—目镜；9—吸收管；10—气室；11—按钮；12—盘形管。

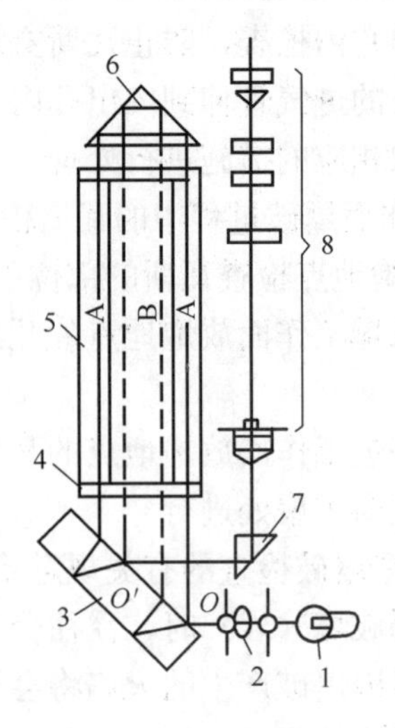

图 1-46　光学瓦斯检测器原理图

1—光源；2—聚光镜；3—平面镜；4—平行玻璃；5—气室；6—反光棱镜；7—反射棱镜；8—望远镜系统。

毛细管：毛细管的一端与大气相通，另一端与空气室相连。其作用是保持空气室内的空气的温度和绝对压力与被测地点相同。

(2) 光路系统。光路系统及其组成如图 1-46 所示。

(3) 电路系统。电路系统由电池、光源灯泡、光源盖、微读数电门和光源电门等组成，实现光路系统的电能供给和电路控制功能。

2. 光学瓦斯检测器的原理

光学瓦斯检测器的工作原理如图 1-46 所示。由光源 1 发出的光，经聚光镜 2，到达平面镜 3 的 O 点后分为两束光线。一束光在平面镜 O 点反射穿过右空气室，经反光棱镜 6 两次反射后穿过左空气室，然后回到平面镜 3，折射入平面镜，经其底面反射到镜面，再折射，于 O' 点穿出平面镜 3。另一束光被折射入平面镜 3，在底面反射，镜面折射穿过瓦斯室 B，经反光棱镜 6，仍然通过瓦斯室 B 也回到平面镜 3 的 O' 点，反射后与第一束光一同进入反射棱镜 7，再经 90°反射进望远镜。这两束光由于光程不同，在望远镜的焦面上就产生了白色光特有的干涉条纹——光谱。通过望远镜就可以清晰地看到有两条黑条纹和若干条彩色条纹组成的光谱。如果以空气室和瓦斯室均充入密度相同的新鲜空气时产生的干涉条纹为基准，当用含有瓦斯的空气置换瓦斯室的空气后，两气室内的气体成分和密度不同，折射率也就不同，光谱发生位移。若保持气室的温度和压力相同，光谱的位移距离就与瓦斯的浓度成正比，从望远镜系统中的刻度尺上读出光谱位移量，以此位移量来表示瓦斯的浓度，这就是光学瓦斯检测器的原理。

当待测地点的气体压力和温度变化时，瓦斯室内的气体的压力和温度随之变化，气体折射率也要变化，会因此产生附加的干涉条纹位移。由于仪器空气室安设了毛细管，其作用是消除环境条件变化的干扰，使测得的瓦斯浓度值不受影响。

3. 准备工作

使用光学瓦斯检测器前，应首先检查其是否完好。

(1) 检查药品性能。检查水分吸收管中氯化钙（或硅胶）和外接的二氧化碳吸收管中的钠石灰是否失效。如果药品失效，应更换新药品。新药品的颗粒直径应在2mm～5mm之间。药品颗粒过大，不能充分吸收通过气体中的水分或二氧化碳，使测定结果偏大；颗粒过小又易于堵塞气路，甚至将药品粉末吸入气室内。

(2) 检查气路系统。首先，检查吸气橡皮球是否漏气，方法是一手捏扁橡皮球，另一手捏住橡皮球的胶管，然后放松皮球，若不胀起，则表明不漏气。其次，检查仪器是否漏气，将吸气橡皮球胶管同检测仪吸气孔连接，堵住进气管，捏扁皮球，松手后球不胀起为好。最后，检查气路是否畅通，即放开进气管，捏扁吸气球，以吸气橡皮球鼓起自如为好。

(3) 检查光路系统。按光源电门，由目镜观察，并旋转目镜筒，调整到分划板刻度清晰时，再看干涉条纹。如不清晰，取下光源盖，拧松光源灯泡后盖，转动灯泡后端小柄，并同时观察目镜内条纹，直至条纹清晰为止，拧紧光源灯泡后盖，装好仪器。若电池无电应及时更换新电池。

(4) 对仪器进行校正。国产光学瓦斯检测器的校正办法是将光谱的第一条黑色条纹对在“0”刻度上，如果第5条条纹正在“7%”的数值上，则表明条纹宽窄适当，可以使用。否则应调整光学系统。

4. 测定瓦斯

用光学瓦斯检测器测定瓦斯时，应按下述步骤进行操作。

(1) 对零。在与待测地点温度、气压相近的进风巷道中，如图1-47所示，捏放吸气橡皮球7次，清洗瓦斯室。温度和气压相近，是防止因温度和空气压力不同引起测定时出现零点漂移的现象。然后，按下微读数电门5，观看微读数观测窗，旋转微调手轮1，使微读数盘的零位刻度和指标线重合；再按下光源电门4，观看目镜，旋下主调螺旋盖，转动主调手轮2，在干涉条纹中选定一条黑基线与分划板的零位相重合，并记住这条黑基线，盖好主调螺旋盖，再复查对零的黑基线是否移动。

(2) 测定。在测定地点处将仪器进气管送到待测位置，如果测点过高或人不能进入的空间，可接长胶皮管，系在木棍或竹棍上，送到待测位置。捏放橡皮吸气球5次～10次（胶皮管长，次数增加），将待测气体吸入瓦斯室。按下光源电门4，从目镜中观察黑基线的位置，黑基线处在两个整数之间时，转动微调手轮，使黑基线倒退到和小的整数重合，读出此整数，再从微读数盘上读出小数位，二者之和即为测定的瓦斯浓度。例如，从整数位读出整数值为1，微读数读出0.36，则测定的瓦斯浓度为1.36%。同一地点最少测3次，然后取平均值。

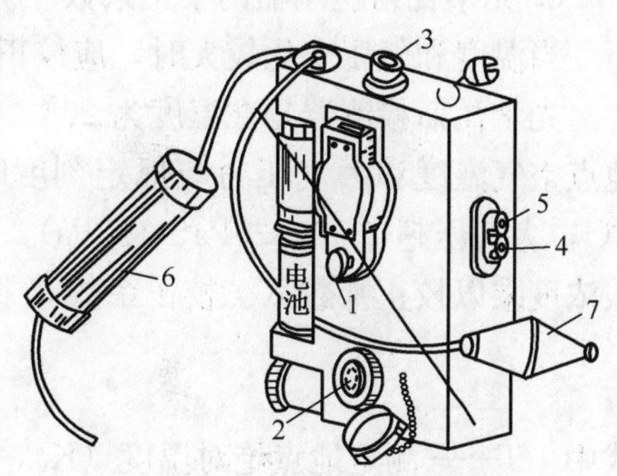

图1-47 光学瓦斯检测器的使用

1—微调手轮；2—主调手轮；3—目镜；4—光源电门；5—微读数电门；6—二氧化碳吸收管；7—吸气球。

5. 测定二氧化碳

用光学瓦斯检测仪测定二氧化碳浓度时，先用上述方法测出待测点的瓦斯浓度，然后取下二氧化碳吸收管，在此点再捏放吸气球5次～10次，测出二氧化碳和瓦斯的混合浓度，从混合浓度中减去瓦斯浓度，再乘以 0.952 的校正系数，即得二氧化碳的浓度。

6. 使用和保养

光学瓦斯检测器的使用和保养应注意以下问题：

(1) 携带和使用检测仪时，应轻拿轻放，防止和其他物体碰撞，以免仪器受较大振动，损坏仪器内部的光学镜片和其他部件。

(2) 当仪器干涉条纹观察不清时，往往是测定时空气湿度过大，水分吸收管不能将水分全部吸收，在光学玻璃上结成雾粒；或者有灰尘附在光学玻璃上。当光学系统确有问题时，调动光源灯泡也不能解决，就要拆开进行擦拭，或调整光学系统。

(3) 如果空气中含有一氧化碳（火灾气体）或硫化氢，将使瓦斯测定结果偏高。为消除这一影响，应再加一个辅助吸收管，管内装颗粒活性碳可消除硫化氢；装 40%氧化铜和 60%二氧化锰混合物可消除一氧化碳。

(4) 在严重缺氧的地点（如密闭区和火区），气体成分变化大，光学瓦斯检测器测定的结果将比实际浓度大得多，这时最好采取气样，用气体分析的方法测定瓦斯浓度。

(5) 高原地区空气密度小、气压低，使用时应对仪器进行相应的调整，或根据测定地点的温度和大气压力计算校正系数，并进行测定结果的校正。

(6) 定期对仪器进行检查、校正，发现问题及时维修。仪器不用时，应放在干燥地点，取出电池，防止仪器腐蚀。

7. 防止光学瓦斯检测器零点漂移

用光学瓦斯检测器测定瓦斯时，发生零点漂移会使测定结果不准确，其主要原因和解决办法有：

(1) 仪器空气室内空气不新鲜。解决办法是用新鲜空气清洗空气室，不得连班使用同一台光学瓦斯检测器，否则毛细管里的空气不新鲜，起不到毛细管的作用。

(2) 对零地点与测定地点温度和气压不同。解决办法是尽量在靠近测定地点、标高相差不大、温度相近的进风巷道内对零。

(3) 瓦斯室气路不畅通。要经常检查气路，如发现堵塞及时修理。

8. 光学瓦斯检刚器的校正系数

当温度和气压变化较大时，应校正已测得的瓦斯或二氧化碳浓度值。

光学瓦斯检测器是在温度为 20℃、1 个标准大气压力条件下标定分划板刻度的。当被测地点空气温度和大气压力与标定刻度时的温度和大气压力相差较大时（温度超过 20℃±2℃，大气压超过 101325Pa±100Pa），应进行校正。校正的方法是将已测得的瓦斯或二氧化碳浓度乘以校正乘数 K。校正系数 K 按下式计算：

$$K=345.8\frac{T}{p} \tag{1-72}$$

式中 T——测定地点绝对温度（K），绝对温度 T 与摄氏温度 t 的关系为 $T=t+273$；

p——测定地点的大气压力，Pa。

例如，测定地点温度为 27℃、大气压力为 86645Pa，测得瓦斯浓度读数为 2.0%，根据公式计算，$T=273+27=300$K，得 $K=1.2$，校正后瓦斯浓度为 2.4%。

（二）便携式瓦斯检测报警器

便携式瓦斯检测报警器是一种可连续测定环境中瓦斯浓度的电子仪器。当瓦斯浓度超过设定的报警点时，仪器能发出声、光报警信号。它具有体积小、质量轻及检测精度高、读数直观、连续检测、自动报警等优点，是煤矿防止瓦斯事故的重要防线。

便携式瓦斯检测报警器种类很多，目前尚无统一、明确的分类方法，习惯上按检测原理分类，主要分为热催化（热效）式、热导式及半导体气敏元件式三大类。便携式瓦斯检测报警器的测量瓦斯浓度范围一般在0%～4.0%或0%～5.0%。当瓦斯浓度在0%～1.0%时，测量误差为±0.1%；当瓦斯浓度在1.0%～2.0%时，测量误差为±0.2%；当瓦斯浓度在2.0%～4.0%时，测量误差为±0.3%。

1. 热催化（热效）式瓦斯检测报警器

热催化（热效）式瓦斯检测报警器是由热催化元件、电源、放大电路、警报电路、显示电路等部分构成。其中热催化元件是仪器的主要部分，它直接与环境中的瓦斯相接触，当甲烷等可燃气体在元件表面发生氧化反应时，放出的热使元件的温度上升，改变其金属丝的电阻值，测量电路有电压输出，以此电压的大小来表示瓦斯浓度的高低。

热催化元件是用铂丝按一定的几何参数绕制的螺旋圈，外部涂以氧化铝浆并经锻烧而成的一定形状的耐温多孔载体，如图1-48所示。其表面上浸渍一层铂、钯催化剂。这种检测元件表面呈黑色，称黑元件。除黑元件以外，在仪器中还有一个与黑元件结构相同，但表面没有涂催化剂的补偿元件，称白元件。黑白两个元件分别接在一个电桥的相邻桥臂上，电桥的另两个桥臂分别接入适当的电阻，测量电桥如图1-49所示。

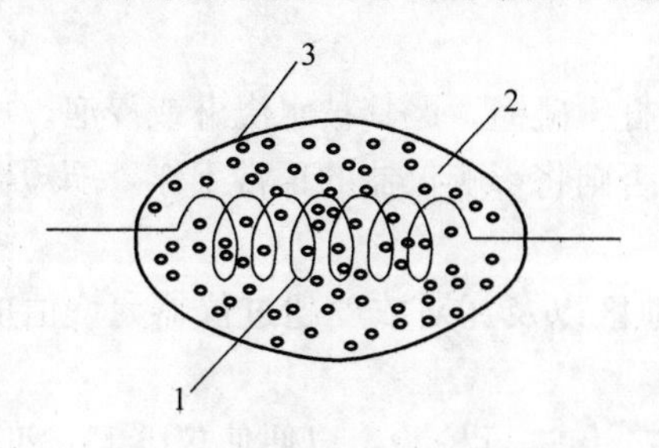

图1-48　载体催化元件的结构

1—铂丝；2—氧化铝；3—催化剂。

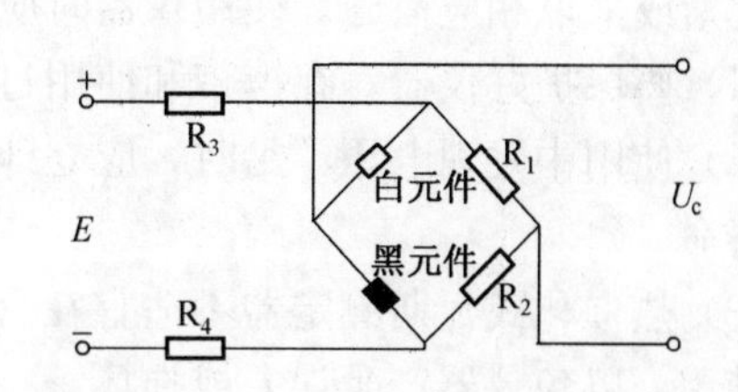

图1-49　催化传感器测量电桥原理

使用时，一定的工作电流通过检测元件，其表面被加热到一定的温度，含有瓦斯的空气接触到黑元件表面时，便被催化燃烧，燃烧放出的热量又进一步使元件的温度升高，使铂丝的电阻值明显增加，于是电桥就失去平衡，输出一定的电压U_c。在瓦斯浓度低于4%的情况下，电桥输出的电压与瓦斯浓度基本上呈直线关系，因此可以根据测量电桥输出电压的大小测算出瓦斯浓度的数值；当瓦斯浓度超过4%时，输出电压就不再与瓦斯浓度成正比关系。所以按这种原理做成的甲烷检测报警器只能测低浓度的瓦斯。

2. 热导式瓦斯检测报警器

热导式瓦斯检测报警器与热催化瓦斯检测报警器的构造基本相同，也是由热导元件、电源、放大电路、显示及报警电路组成，区别在于两种仪器热敏元件的构造和原理不同。

热导式检测器是依据矿井空气的导热系数随瓦斯含量的变化而变化这一特性，通过测量这个变化来达到测量瓦斯含量的目的。通常仪器都是通过某种热敏元件将混合气体中待测成分含量变化引起的导热系数变化转变成为电阻值的变化，再通过平衡电桥来测定这一变化的。其原理图如图1-50所示。

图1-50中，r_1和r_2为两热敏元件，分别置于同一气室的两个小孔腔中，它们和电阻R_3、R_4共同构成电桥的4个臂。放置r_1的小孔腔与大气连通，称为工作室；放置r_2的小

孔腔充入清净空气后密封，称为比较室。工作室和比较室在结构上尺寸、形状完全相同。

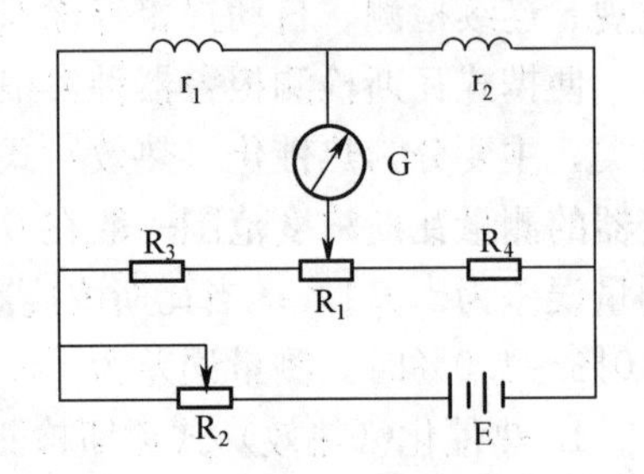

图 1-50　热导式瓦斯传感器电路原理

在无瓦斯的情况下，由于2个小孔腔中各种条件皆相同，2个热敏元件的散热状态也相同，电桥就处于平衡状态，电表G上无电流通过，其指示为零。

当含有瓦斯的气体进入气室与 r_1 接触后，由于瓦斯比空气的导热系数大、散热好，故使其温度下降，电阻值减小，而被密封在比较室内的 r_2 阻值不变，于是电桥失去平衡，电表G中便有电流通过。瓦斯含量越高，电桥就越不平衡，输出的电流就越大。根据电流的大小，便可得出矿井空气中瓦斯含量值。利用这种原理制成的检定器，一般用于检定高浓度瓦斯。

3. 便携式瓦斯检测报警器的使用

便携式瓦斯检测报警器在每次使用前都必须充电，以保证其可靠工作。使用时首先在清洁空气中打开电源，预热15min，观察指示是否为零，如有偏差，则需调整调零电位器使其归零。

测量时，用手将仪器的传感器部位举至或悬挂在测点处，经十几秒的自然扩散，即可读取瓦斯浓度的数值；也可由工作人员随身携带，在瓦斯超限发出声、光报警时，再重点监视环境瓦斯或采取相应措施。使用仪器时应当注意：

（1）要保护好仪器，在携带和使用过程中严禁摔打、碰撞，严禁被水浇淋或浸泡。

（2）使用中发现电压不足时，应立即停止使用，否则将影响仪器的正常工作，缩短电池使用寿命。

（3）热催化式瓦斯测定器不适宜在含有 H_2S 的地区以及瓦斯浓度超过仪器允许值的场所中使用，以免仪器产生误差或损坏。

（4）对仪器的零点、测试精度及报警点应1周或1旬进行校验，以便使仪器测量准确、可靠。

（三）瓦斯传感器的设置

瓦斯传感器也称甲烷自动检测报警装置，在井下它像哨兵一样能连续检测瓦斯浓度并能在瓦斯超限时发出警报。瓦斯传感器应垂直悬挂在巷道顶板（顶梁）下距顶板不大于300mm、距巷道侧壁不小于200mm处，该巷道顶板要坚固、无淋水；在有风筒的巷道中，不得悬挂在风筒出风口和风筒漏风处。下面说明瓦斯传感器在主要地点的设置。

1. 采煤工作面瓦斯传感器的设置

（1）低瓦斯矿井的采煤工作面中，瓦斯传感器按图1-51所示设置。

报警浓度：大于等于1.0%；

断电浓度：大于等于1.5%；

复电浓度：小于1.0%；

断电范围：工作面及其回风巷内全部非本质安全型电器设备。

（2）高瓦斯矿井的采煤工作面中，瓦斯传感器按图1-52所示设置。

报警浓度：S_1 和 S_2 均大于等于1.0%；

断电浓度：S_1 大于等于1.5%，S_2 大于等于1.0%；

复电浓度：S_1 和 S_2 均小于1.0%；

断电范围：S_1 和 S_2 均为工作面及回风巷内全部非本质安全型电气设备。

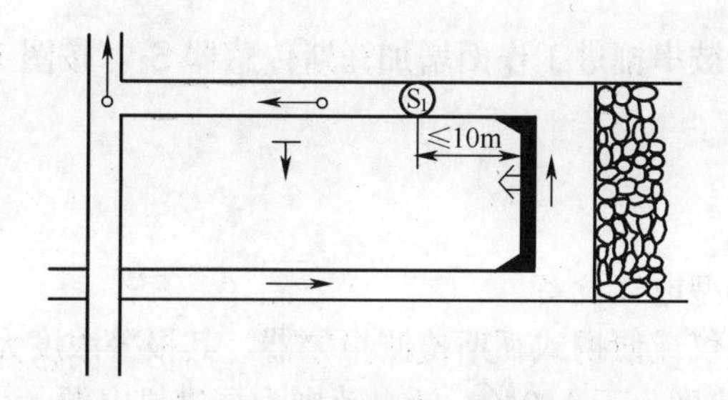

图 1-51　低瓦斯工作面瓦斯传感器设置

S_1—采煤工作面风流中的瓦斯传感器。

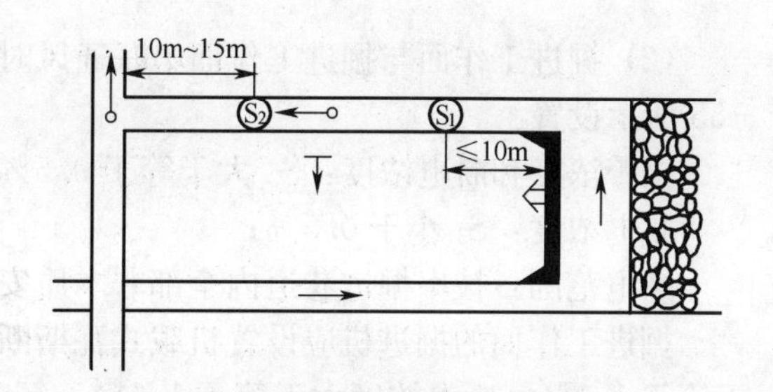

图 1-52　高瓦斯工作面瓦斯传感器设置

S_1—采煤工作面风流中的瓦斯传感器；

S_2—采煤工作面回风流中的瓦斯传感器。

(3) 煤与瓦斯突出矿井的采煤工作面中，瓦斯传感器按图 1-53 所示设置。

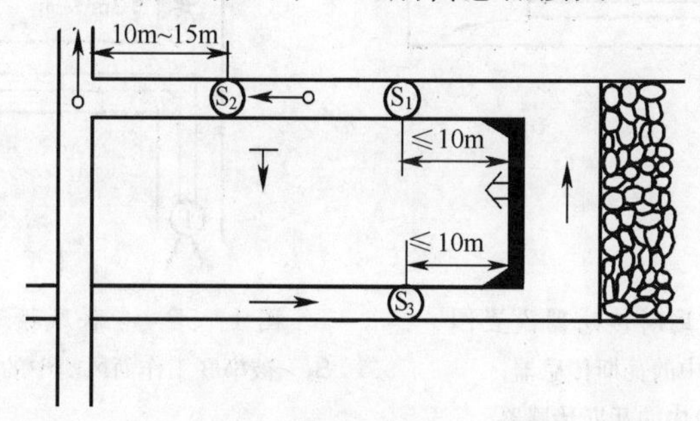

图 1-53　煤与瓦斯突出工作面瓦斯传感器设置

S_1—采煤工作面风流中的瓦斯传感器；S_2—采煤工作面回风流中的瓦斯传感器；

S_3—采煤工作面进风流中的瓦斯传感器。

S_1 和 S_2 的规定与高瓦斯矿井采煤工作面的设置相同，其中，S_1 和 S_2 的断电范围扩大到进风巷内全部非本质安全型电气设备，如果不能实现断电，则应增设 S_3。

S_3 的报警浓度和断电浓度均大于等于 0.5%，复电浓度小于 0.5%，断电范围为采煤工作面及进回风巷内全部非本质安全型电气设备。

采煤工作面采用串联通风时，被串联工作面的进风巷必须设置瓦斯传感器。瓦斯传感器的报警浓度和断电浓度均大于等于 0.5%，复电浓度小于 0.5%，断电范围为被串采煤工作面及其进回风巷内全部非本质安全型电气设备。

装有矿井安全监控系统的采煤工作面，符合条件且经批准，回风巷风流中瓦斯浓度提高到 1.5%时，回风巷（回风流）瓦斯传感器的报警浓度和断电浓度均大于等于 1.5%，复电浓度小于 1.5%。

采煤工作面的采煤机应设置机载式瓦斯断电仪或便携式瓦斯检测报警器。其报警浓度大于等于 1.0%，断电浓度大于等于 1.5%，复电浓度小于 1.0%，断电范围为采煤机电源。

2. 掘进工作面瓦斯传感器的设置

(1) 高瓦斯矿井和煤与瓦斯突出矿井的煤巷、半煤岩巷和有瓦斯涌出的岩巷掘进工作面，瓦斯传感器按图 1-54 所示设置。

低瓦斯矿井的掘进工作面，可不设 S_2。

报警浓度：S_1 和 S_2 均大于等于 1.0%；

断电浓度：S_1 大于等于 1.5%，S_2 大于等于 1.0%；

复电浓度：S_1 和 S_2 均小于 1.0%；

断电范围：S_1 和 S_2 均为掘进巷道内全部非本质安全型电气设备。

(2) 掘进工作面与掘进工作面串联通风时，被串掘进工作面增加瓦斯传感器S_3，按图1-55所示设置。

报警浓度和断电浓度：S_3 大于等于0.5%；

复电浓度：S_3 小于0.5%；

断电范围：被串掘进巷道内全部非本质安全型电气设备。

掘进工作面的掘进机应设置机载式瓦斯断电仪或便携式瓦斯检测报警器。其报警浓度大于等于1.0%，断电浓度大于等于1.5%，复电浓度小于1.0%，断电范围为掘进机电源。

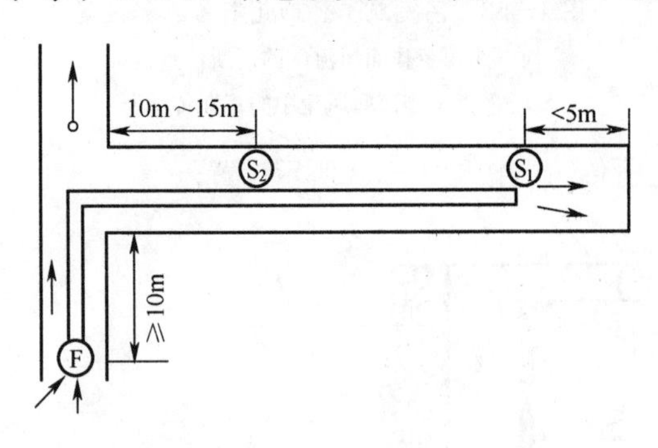

图1-54　掘进工作面瓦斯传感器设置图

S_1—掘进工作面风流中的瓦斯传感器；

S_2—掘进工作面回风流中的瓦斯传感器。

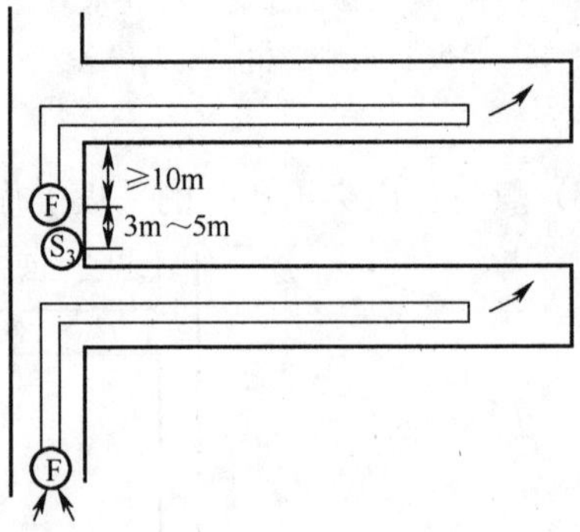

图1-55　串联风掘进工作面瓦斯传感器设置

S_3—被串联工作面风流中的瓦斯传感器；F—局部通风机。

3. 煤矿安全监控系统简介

随着科学技术的进步，生产自动化和管理现代化的矿井日益增多，传统的人工检测和一般的检测装备及其监测技术，已无法适应现代化矿井生产发展的需要。于是，系统监控技术和各种类型的安全监控系统装备相继问世，并逐步取代各种简单的监测手段。

煤矿安全监控系统是煤矿安全生产的重要保障，在瓦斯防治、遏制超能力生产、加强井下作业人员管理等多方面发挥着重要作用。

煤矿安全监控系统是集传感器技术、计算机技术、监控技术和网络技术于一体的现代化综合系统，主要有监测瓦斯浓度、一氧化碳浓度、二氧化碳浓度、氧气浓度、硫化氢浓度、矿尘浓度、风速、风压、湿度、温度、馈电状态、风门状态、局部通风机开停、主要通风机开停等，并实现瓦斯超限声光报警、断电和瓦斯风电闭锁控制等功能。

当瓦斯超限或局部通风机停止运行或掘进工作面停风时，煤矿安全监控系统会自动切断相关区域的电源并闭锁，避免或减少由于电气设备失爆、违章作业、电气设备故障电火花或危险温度引起瓦斯爆炸；避免或减少采掘运设备运行产生的摩擦碰撞火花及危险温度等引起瓦斯爆炸；及时通知提醒矿井各级领导、生产调度等，将相关区域人员撤至安全地点。

同时，还可以通过煤矿安全监控系统监控瓦斯抽放系统、矿井通风系统、煤炭自然发火、煤与瓦斯突出、煤矿井下人员等。

三、矿井瓦斯管理

瓦斯矿井必须根据《规程》有关规定，结合本矿井的实际情况，建立和健全矿井瓦斯管理的有关规定和制度。这主要包括：健全专业机构，配足检查人员，定期培训和不断提高专业人员技术素质的规定；建立各级领导和检查人员（包括瓦斯检查工）区域分工巡回检查、汇报制度，建立矿长、总工程师每天阅签瓦斯日报的制度；建立盲巷、旧区和密闭启封等瓦斯管理规定；健全放炮过程中的瓦斯管理制度；健全排放瓦斯的有关规定及瓦斯监测装备的使用、管理的有关规定；健全矿井瓦斯抽放、防止煤与瓦斯突出的规定等。

（一）掘进工作面的通风管理

统计资料表明，60%以上矿井瓦斯爆炸事故发生在掘进工作面。因此，加强掘进工作面的通风管理是防止瓦斯爆炸的重点工作之一。

1. 严格管理局部通风机管理

（1）局部通风机要挂牌指定专人管理或派专人看管，局部通风机和启动装置必须安设在新鲜风流中，距回风口不得小于10m。

（2）一台局部通风机只准给一个掘进工作面供风，严禁单台局部通风机供多头的通风方式。

（3）安设局部通风机的进风巷道所通过的风量，必须大于局部通风机的吸风量，保证局部通风机不发生循环风。

（4）局部通风机不准任意开停。有计划停电、停风要编制安全措施，履行审批手续，并严格执行。停风、停电前，必须先撤出人员和切断电源；恢复通风前，必须检查瓦斯，符合规定后，方可人工开启局部通风机。

2. 风筒“三个末端”管理

严格风筒“三个末端”管理是指风筒末端距掘进工作面距离必须符合作业规程要求，风筒末端出口风量要大于40m^3/min，风筒末端处回风瓦斯浓度必须符合《规程》规定。

3. 高、突矿井掘进工作面局部通风机供电的要求

在瓦斯喷出区域、高瓦斯矿井、煤与瓦斯突出矿井的所有掘进工作面的局部通风机，都应安装“三专两闭锁”设施。所谓“三专”，即是专用变压器、专用开关、专用线路；所谓“两闭锁”，是指局部通风机安设的“风电闭锁”和“瓦斯电闭锁”装置。具体功能要求：

（1）当局部通风机停止运转时，能自动切断局部通风机供风巷道中的一切动力电源。

（2）只有当局部通风机启动，工作面风量符合要求后，才可向供风区域送电。

（3）当掘进巷道内瓦斯超限时，能自动切断局部通风机供风巷道中的一切动力电源，而局部通风机照常运转。

（4）若供风区域内瓦斯超限，该区域的电器设备无法送电，只有排除瓦斯，浓度低于1%时，方可解除闭锁，人工送电。

（二）盲巷和采空区瓦斯日常管理

（1）井下应尽量避免出现任何形式的盲巷。与生产无关的报废巷道或旧巷，必须及时充填或用不燃性材料进行封闭。

（2）对于掘进施工的独头巷道，局部通风机必须保持正常运转，临时停工也不得停风。如因临时停电或其他原因，局部通风机停止运转，要立即切断巷道内一切电气设备的电源（安设风电闭锁装置可自动断电）和撤出所有人员，在巷道口设置栅栏，并挂有明显警标，严禁人员入内，瓦斯检查工每班在栅栏处至少检查一次。发现栅栏内侧1m处瓦斯浓度超过3%或其他有害气体超过允许浓度的，必须在24h内用木板予以密闭。

（3）长期停工、瓦斯涌出量较大的岩石巷道也必须封闭，没有瓦斯涌出或涌出量不大（积存瓦斯浓度不超过3%）的岩巷可不封闭，但必须在巷口设置栅栏、揭示警标，禁止人员入内并定期检查。

（4）凡封闭的巷道，要对密闭坚持定期检查，至少每周一次，并对密闭质量、内外压差、密闭内气体成分、温度等进行检测和分析，发现问题采取相应措施及时处理。

（5）恢复有瓦斯积存的盲巷，或打开密闭时，瓦斯处理工作应特别慎重，事先必须编制专门的安全措施，报矿总工程师批准。处理前应由救护队佩带呼吸器进入瓦斯积聚区域检查瓦斯浓度，并估算积聚的瓦斯数量，然后按“分级管理”的规定排放瓦斯。

（三）排放瓦斯的分级管理

1. 排放瓦斯分级管理的规定

（1）一级管理。停风区中瓦斯浓度超过1.0%或二氧化碳浓度超过1.5%，最高瓦斯或二氧化碳浓度不超过3.0%时，必须采取安全措施，控制风流排放瓦斯。

（2）二级管理。停风区中瓦斯浓度或二氧化碳浓度超过3.0%时，必须制订安全排瓦斯措施，报矿技术负责人批准。

2. 排放瓦斯的安全措施

凡因停电或停风造成瓦斯积聚的采掘工作面、恢复瓦斯超限的停工区或已封闭的停工区以及采掘工作面接近这些地点时，通风部门必须编制排放瓦斯安全措施。不编制排放瓦斯的安全措施，不准进行排放瓦斯工作。具体排放瓦斯的安全措施应包括下列内容：

（1）计算排放的瓦斯量、供风量和排放时间，制定控制排放瓦斯的方法，严禁“一风吹”，确保排出的风流与全风压风流混合处的瓦斯浓度不超过1.5%，并在排出的瓦斯与全风压风流混合处安设瓦斯断电仪。

（2）确定排放瓦斯的流经路线和方向、控制风流设施的位置、各种电气设备的位置、通信电话位置、甲烷传感器的监测位置等，必须做到文图齐全，并在图上注明。

（3）明确停电撤人范围，凡受排放瓦斯影响的硐室、巷道和被排放瓦斯风流切断安全出口的采掘工作面，必须停电、撤人、停止作业，并指定警戒人员的位置，禁止其他人员进入。

（4）排放瓦斯风流经过的巷道内的电气设备，必须指定专人在采区变电所和配电点两处同时切断电源，并设警示牌和专人看管。

（5）瓦斯排完后，指定专人检查瓦斯，只有在供电系统和电气设备完好，排放瓦斯巷道的瓦斯浓度不超过1%时，方准指定专人恢复供电。

（6）加强排放瓦斯的组织领导，明确排放瓦斯人员名单，要落实责任。

（四）爆破过程中的瓦斯管理

《规程》规定：爆破地点附近20m以内风流中的瓦斯浓度达到1%时，严禁爆破。严格执行爆破过程中的瓦斯管理，必须严格检查制度，严格执行“一炮三检”和“三人连锁放炮”制度。

1.“一炮三检”制度

“一炮三检”是要求爆破工在井下爆破工艺过程中的装药前、爆破前和爆破后必须分别检查爆破地点附近20m内风流中的瓦斯浓度，只有在瓦斯浓度符合《规程》有关规定时，方准许进行装药、爆破。需要强调的是：每放一次炮之前、之后都要分别进行检查，不准检查一次而多次爆破。爆破工还必须随身携带“一炮三检记录手册”，应把检查的结果填写在上面，做到检查一次填写一次。

2.“三人连锁放炮”制度

“三人连锁放炮”制度，是为安全爆破而采取的有效措施，既可防止瓦斯燃爆事故的发生，又可防止爆破伤人。三人连锁中的“三人”，是指生产小组长（队长）、爆破工和瓦斯检查工；连锁的方法是，瓦斯检查工携带爆破起爆器的“钥匙”，生产组长携带“工作牌”，爆破工携带“爆破牌”。爆破前由爆破工、瓦斯检查工和生产组长三人检查风流瓦斯浓度和其他爆破安全事项，当符合《规程》要求、允许爆破时，开始交换牌子和钥匙；生产组长把自己携带的工作牌与瓦斯检查工携带的起爆器钥匙交换，生产组长持起爆器钥匙连接炮药引火导线后，用手中的钥匙换爆破工手中的爆破牌，之后，生产组长与瓦斯检查工一起躲避在安全处，由爆破工起爆放炮；炮声响过、瓦斯检查工检查瓦斯合格后，生产组长再用手中的爆破牌换回爆破工手中的钥匙去连接爆破导线，直到爆破结束。最后，生产组长用手中的爆破牌与爆破工手中的爆破钥匙交换，再用钥匙与瓦斯检查工手中的工作牌交换，标志着爆破工作结束。

四、安全排放瓦斯技术

矿井排放瓦斯有局部通风机排放瓦斯和全风压排瓦斯两大类，其中局部通风机排放瓦斯又分掘进工作面临时停风排瓦斯和已封闭巷道或长期不通风巷道的瓦斯排放。全风压排瓦斯包括尾排处理采面隅角瓦斯。除掘进面排瓦斯外都有一个启封密闭排瓦斯问题。

（一）局部通风机排放瓦斯

1．掘进工作面临时停风的瓦斯排放

1）扎风筒法

在启动局部通风机前先把局部通风机前的风筒扎起来，只留小孔，开动局部通风机，向工作面供风。瓦斯在巷道整体向外推移。进入全风压处被稀释，扎风筒的大小按瓦斯量大小确定。排完瓦斯再把扎风筒处全打开。

2）挡局部通风机法

在启动局部通风机前用木板或皮带把局部通风机挡上一部分，再启动局部通风机，根据瓦斯情况确定遮挡的大小，等到排完瓦斯把挡板或皮带移开。

3）设三叉风筒排瓦斯

在局部通风机前设一个三叉风筒，一个叉向工作面供风，另一个叉平时正常通风时扎严不许漏风，遇到需要排瓦斯时把三叉打开，再启动局部通风机，一部分新风供向工作面，一部分新风在三叉处出来直接进入回风巷道。工作面风流也是把巷道的瓦斯向外推移到全风压处再稀释，根据瓦斯情况，控制三叉处风量，直到排完瓦斯把三叉风筒漏风扎严。

4）断开风筒法

在启动局部通风机前，排瓦斯人员向工作面方向检查瓦斯，在瓦斯浓度达到1%处，将风筒断开，直接启动局部通风机，根据瓦斯浓度将风筒半对接，一人在断开风筒后方5m～10m处检查瓦斯，浓度不准超过1.5%，超过了就把风筒移开一些，多些新风，浓度降下来就把风筒多对上点儿，如此反复直到瓦斯不超就全部接上风筒。

局部通风机排放瓦斯方法进行比较：前三种方法的优点是简单易行、省事。它的原理都是减少向工作面供风，瓦斯整体向外推移，瓦斯到全风处得到稀释。缺点：一是供风少，瓦斯向外移动慢，一条巷道几百米或上千米则排瓦斯时间过长；二是高浓度瓦斯什么时间到全风压处不易掌握，要经常检查瓦斯，人就容易接触高浓度瓦斯；三是开始排放瓦斯时，供风过大又是风吹；四是调节风量都是在局部通风机附近，噪声大，联系不便。

第四种方法的优点是用全部局部通风机的风量稀释瓦斯，排放时间短，瓦斯浓度易控制，人不接触高浓度瓦斯，高浓度瓦斯仅存于高瓦斯区域。缺点是需要断开风筒，然后到外边启动局部通风机，遇有突然停电，人员应立即撤出掘进巷道。撤人是比较安全的，因外边瓦斯全在1.5%以下。

前三种方法缺点较多，如果全风压回风道是陡立的上山或立眼，检查瓦斯就非常困难。第四种方法适应性强，一般掘进巷道，如无特殊瓦斯涌出点，外边巷道瓦斯释放时间长，瓦斯涌出量下降，瓦斯都先从工作面逐渐向外不断延长超限区域。用断风筒法能迅速排出瓦斯，减少瓦斯积聚的时间，迅速恢复正常通风。

如果巷道瓦斯涌出量特别大，整个掘进巷道全部瓦斯超限，必须在全风压处控制瓦斯浓度，要在启动风机时采取特殊措施。可以用皮带或木板把风机集风器口挡上，启动风机后再把挡的皮带或木板根据瓦斯情况逐渐移开。这种方法适用于全风压供风较大的掘进工作排瓦斯。

2. 预贯通前巷道的瓦斯排放

1）巷道有风筒的瓦斯排放

如果是独头巷道，且巷道里留有设好的风筒，比如上巷到位，下巷上山没到位，上巷封闭时考虑需要排瓦斯。停工时间不长，上巷封闭区里风筒可以不撤，排瓦斯时就不需重设风筒。破密闭后先把风筒接到密闭外，要根据瓦斯浓度确定向独头里的供风量，在全风压10m处测定瓦斯浓度不超过1.5%，就多对接风筒，超了就少接，如前述断风筒法一样将瓦斯排完。

2）巷道没有风筒的瓦斯排放

巷道没有风筒时，就要一节一节由外向里接设，每一次接风筒前风筒口要多吹一会儿，保证风筒口10m内瓦斯不超过1.5%，再把下一整节风筒铺开，也要慢对接，后方一人检查瓦斯（方法同前）。如果巷道瓦斯浓度特别高，可准备半节5m长风筒，同整节10m长风筒向前倒着接（要特别注意沿空留巷巷道排瓦斯时，因采空区瓦斯不断涌出，每接一节风筒，瓦斯浓度几十分钟都不能降到规定浓度以下，千万不要急于接风筒，造成回风瓦斯超限），直到排完整个巷道瓦斯。

3）破密闭排瓦斯

破密闭工具必须是铜锤铜钎，一般由救护队施工，在破密闭前先检查密闭前瓦斯，如有观测孔可先打开观测孔，检查瓦斯，如果不超限可直接破密闭。在没有观测孔不掌握密闭内瓦斯的情况下，破密闭前必须设局部通风机和风筒，启动局部通风机，对着密闭吹，用铜钎破开不超直径10cm的小孔，观测瓦斯情况（在破孔时如果瓦斯压力较大，不准扩孔，必须等到压力消失不再喷瓦斯再扩孔），同时检查回风瓦斯浓度，超过1.5%停止扩孔，只有瓦斯浓度降到1%以下后继续破密闭，之后用上述巷道没有风筒排瓦斯方法排放。

为安全起见，破密闭人员，条件允许时可把矿灯摘下，别人在全风压处给照明（一般情况密闭距全风压处不超过5m），防止瓦斯浓度达到爆炸界限时矿灯失爆引爆瓦斯。

（二）全风压排放瓦斯

全风压排瓦斯是指利用主扇全风压排瓦斯，对已经形成风路的封闭巷道，如备用采面或为通风系统合理闲置的巷道，在恢复正常通风前需要排出巷道中的瓦斯。

全风压排瓦斯要坚持先破回风侧密闭，后破入风侧密闭的原则，破密闭方法同上。为了准确控制瓦斯流量，在破回风侧密闭时，可以破开面积大些，再用木板、皮带或砖等先堵上，等到入风侧密闭破开后，根据瓦斯情况，在回风侧逐渐打开砖或木板，以进入回风道瓦斯浓度不超限为准，直到全部排完瓦斯。

有时还采用缓慢排放法。时间允许时，不需要立即恢复通风的巷道，提前打开入排风密闭观测孔，使瓦斯长时间缓慢释放，只要在回风侧通全风压处设好栅栏，设好专人警戒，防止人员接触高浓度瓦斯就可以了。有的密闭内瓦斯较大，经几天的释放，再破密闭时瓦斯已经降到安全浓度以下。在实际生产过程中这种方法经常使用。

（三）有关排放瓦斯参数计算

掘进巷道停风后，其内部积存的瓦斯量、瓦斯浓度、排放时最大供风量、最大排放量和最短的排放时间都很有必要在排放前制定的安全措施报告中计算出来，这样一是有利于排放瓦斯人员在实际操作时做到心中有数；二是有利于妥善安排停电撤人区域内各部门的工作。严格讲，井下条件复杂，有关计算属于估算，与实际情况未必完全相符，执行时应根据实际情况灵活调整。

1. 独头巷道内积存的瓦斯量

$$V_{CH_4}=KQ_{CH_4}t \tag{1-73}$$

式中 V_{CH_4}——独头巷道内积存的瓦斯量，m^3；

Q_{CH_4}——正常时独头巷道的绝对瓦斯涌出量，m^3/min；

t——停风时间，min；

K——停风后独头巷道内绝对瓦斯涌出量与正常掘进时绝对瓦斯涌出量的比值，K 值因矿井及独头巷道的具体情况，即瓦斯涌出源的构成不同而不同，但停风后由于巷道不掘进，CH_4 涌出量减小，故 $K<1$，一般为 0.3～0.7。

2. 独头巷道内积存的瓦斯浓度

$$C=V_{CH_4}\times 100/LS=KQ_{CH_4}t\times 100/LS \tag{1-74}$$

式中 C——独头巷道内 CH_4 平均浓度，%；

L——独头巷道长度，m；

S——独头巷道平均断面积，m^2。

当停风时间很长，即 t 值很大时，有可能使计算出的 $C\geqslant 100\%$，这与实际情况不符，此时取 $C=100\%$，从另一方面讲，独头巷道内 CH_4 分布是不均匀的。

3. 最大排放量

$$M=Q_0(1.5-C_0)/100 \tag{1-75}$$

式中 M——从独头巷道中每分钟最多允许排出的瓦斯量，m^3/min；

Q_0——全风压通风巷道中风量，m^3/min；

C_0——全风压通风巷道入风流中携带的 CH_4 浓度，%。

4. 最大供风量

$$Q_{max}=M\times 100/C=Q_0(1.5-C_0)/C \tag{1-76}$$

式中 Q_{max}——允许往独头巷道内供风量的最大值，m^3/min；

C——独头巷道内平均 CH_4 浓度，%。

5. 排放时间 T

由 $V_{CH_4}+KQ_{CH_4}T=MT$ 知

$$T=V_{CH_4}/(M-KQ_{CH_4}) \tag{1-77}$$

式中 T——排放独头巷道中瓦斯所需要的时间，min。

严格讲，排放瓦斯时间 T 应根据实际操作时再定，以上计算是按最大排放量来推算的，实际操作时，排放瓦斯风流同全风压混合处的 CH_4 浓度不可能恒为 1.5%，另外还应考虑，瓦斯排放完后，必须等 30min，确证无异常变化后，方可恢复正常供风与生产，故实际排放时间可参考本矿过去的经验值。

（四）瓦斯排放安全管理规定

1. 瓦斯排放分级管理规定

（1）临时停风时间短、瓦斯浓度低于 2%的采掘工作面，由当班瓦斯检查员和施工队当班负责人负责按措施就地排放，并由矿通风调度人员做好记录备查。现场执行本条瓦斯排放规定时，必须符合以下要求，否则严禁执行就地排放。

①在采掘工作面开工前编制作业规程的同时，编制该工作面瓦斯排放专项安全措施，必须由矿总工程师组织矿安检、通风、开掘等部门集体审批，并认真进行贯彻学习，签字备查。为保证参与瓦斯排放人员能够掌握排放瓦斯措施的基本内容和瓦斯排放安全措施的针对性，一要做到每月至少重新贯彻学习一次；二要做到通风系统调整或改变局部通风机安设位置时，及时修订工作面瓦斯排放安全措施，并认真贯彻学习。就地排放瓦斯措施必须在矿调度室备案，以保证调度室的正确调度指挥。

②现场发生瓦斯超限时，瓦斯检查员必须及时给矿调度室和通风调度室汇报，矿调度室及时汇报当天值班矿领导。值班矿领导必须召集调度、安检、通风等部门，把瓦斯超限情况及时向集团公司有关部门汇报，并做好记录。

③现场瓦斯情况符合就地瓦斯排放条件时，由矿（处）当天值班矿领导或总工程师在矿调度室坐阵指挥，按工作面瓦斯排放安全措施实施瓦斯排放。

④实施现场就地排放瓦斯由当班瓦斯检查员和现场跟班干部负责，现场指挥由地面调度室坐阵指挥的矿（处）当天值班矿领导或总工程师指定一人全面负责。地面调度室坐阵指挥的第一责任者是矿（处）当天值班矿领导或总工程师。

⑤进行瓦斯排放时，必须先核准现场的瓦斯浓度是否在 2%以下（以监测探头和人工检查的最高值为准），当瓦斯浓度达到或超过 2%时，严禁就地排放瓦斯。

（2）当巷道瓦斯浓度达到或超过 2%，排放瓦斯风流途径路线短，直接进入回风系统，不影响其他采掘工作面的排放瓦斯时，在排放瓦斯前，必须制定针对性的瓦斯排放安全措施，由矿（处）总工程师组织有关部门共同审查，矿（处）总工程师签字批准，矿（队）总工程师或通风副总工程师在矿调度室指挥，由通风科（队）长现场指挥集体排放。这种情况下排放瓦斯的现场第一责任人是矿通风科（队）长，地面调度室指挥的第一责任者是矿（处）总工程师或通风副总工程师。

（3）在掘进巷道瓦斯积聚浓度达到或超过 2%，排放瓦斯路线长，影响范围大，排放瓦斯风流切断采掘工作面的安全出口或贯通、启封已封闭的停风区等特殊情况下，在排放瓦斯前，必须制定针对性的瓦斯排放安全措施，由矿（处）总工程师组织有关部门共同审查、批准，由矿（处）总工程师指挥，通风或安全副总工程师现场指挥集体排放。这种情况下排放瓦斯的现场第一责任者是矿（处）通风或安全副总工程师，地面调度室指挥的第一责任者是矿（处）总工程师。

（4）加强掘进工作面生产过程中的瓦斯管理，采取行之有效的防治瓦斯超限措施。若在生产过程中因放炮、割煤或发生瓦斯动力现象等情况而发生瓦斯超限时，必须做到有措施、有控制地排放瓦斯，确保排出瓦斯在全风压风流混合后瓦斯浓度不超过 1.5%。为此，对生产过程中瓦斯超限的处理规定如下：

①由矿总工程师组织对掘进工作面进行排查，对排查出的有瓦斯超限可能的掘进工作面，统一在矿安检、通风部门备案，由矿通风科安排监测机房进行重点监测。这些工作面在放炮或割煤前，由瓦检员负责通知监测机房值班人员注意观察，一旦发现瓦斯超限，监测机房迅速通知矿调度室。对高瓦斯和低瓦斯掘进工作面，也可以在工作面放炮后由瓦检员负责进行检查，发现瓦斯超限，立即会同施工队当班负责人在瓦斯超限点以外断开风筒，然后及时汇报矿调度室和通风调度。

②矿调度室负责及时通知超限工作面当班负责人和瓦检员，执行在瓦斯浓度达到1%的超限点以外或回风口处断开风筒，并及时汇报矿当天值班领导或总工程师，然后按规定进行瓦斯排放。为确保超限断开风筒人员的安全，根据工作面瓦斯的大小，由矿总工程师决在必要时派设救护队员现场值班，负责在超限时风筒的断开。对突出掘进工作面，预测为有突出危险时，应安排两名救护队员跟班，突出后超限由救护队员断开风筒。

③现场情况符合就地排放瓦斯条件时，严格按有关要求进行排放工作。

④现场瓦斯超限浓度高，不符合就地排放瓦斯条件时，要严格按照有关要求编制针对性的排放瓦斯措施，组织进行集体排放。

2. 排放瓦斯的其他规定

(1) 严格掘进通风管理，必须保证局部通风机正常运转，严禁随意停电停风造成瓦斯超限。

(2) 计划内机电检修或更换局部通风机、风筒等情况，涉及掘进工作面停电停风时，必须先编制针对性的停电停风措施和排放瓦斯专项措施，经矿安全、通风等有关部门和矿总工程师审查批准后，按规定组织好排放瓦斯人员，做到发生瓦斯超限时及时按措施排放瓦斯。不论机电检修或更换风机、风筒，必须做到事先充分准备，尽可能缩短停电停风时间，达到不发生瓦斯超限或减少瓦斯超限浓度。

(3) 在排放瓦斯之前，必须首先检查瓦斯，局部通风机及其开关地点附近10m以内风流中的瓦斯浓度都不超过0.5%时，方可人工开动局部通风机。凡是排放瓦斯流经的区域和被排放瓦斯风流切断安全出口的工作面，必须撤出全部人员，切断所有电源（除本安型监测设施外），并设好警戒。

(4) 掘进工作面停电停风造成瓦斯超限时，瓦斯检查员负责在瓦斯浓度达到1%的地方以外断开风筒，然后才能恢复局部通风机通风，并按规定进行排放瓦斯工作。

(5) 贯通、启封已经封闭的停风区时，在排放瓦斯前必须先派救护队员侦察清楚瓦斯聚集超限等情况，以制定针对性的排放瓦斯安全措施。

(6) 排放瓦斯严禁“一风吹”，必须严格控制风量和排出风流的瓦斯浓度，确保进入全风压风流混合后瓦斯浓度不超过1.5%。掘进巷道刚开口，未形成风压通风的地点排放瓦斯时，全风压风流中的瓦斯浓度严格按不超过0.5%控制。

(7) 高瓦斯工作面原则上不得串联通风。经过批准的串联通风工作面，因停风造成瓦斯超限需进行瓦斯排放时，必须制定排放瓦斯专项措施，并经集团公司批准后，方可进瓦斯排放。排放串联通风地区瓦斯时，必须严格遵守排放次序，首先应从进风方向第一台局部通风机开始排放，只有第一台局部通风机排放巷道瓦斯结束后，后一台局部通风机方准送电，依次类推地进行排放瓦斯。

(8) 临时停风的巷道内已有风筒的，可采用在局部通风机后与盲巷口之间加装控制三通或风筒错口控制进风量，也可采用由外向里逐节错口排放；排放巷道内无风筒或排放老巷及老空等长期停风的积聚瓦斯时，要由外向里，逐节延续风筒和错口控制风量。

(9) 实施集体排放瓦斯时，必须有矿安检、通风、机电和生产等部门及施工队人员参加，并派救护队员带齐装备参与全部排放瓦斯过程，确保人员安全。

(10) 必须加强瓦斯超限基础资料、报表的完善管理工作，每一次瓦斯超限都要做到通风调度有完整的记录，通风部门有完整瓦斯排放措施、瓦斯超限追查记录、瓦斯超限追查处理报告、瓦斯超限管理台帐和瓦斯超限月报，做到内容齐全、数据准确。

(11) 任何地点发生瓦斯超限进行排放前后，都必须向集团公司安监局调度和通风调度详细汇报。计划内停电停风工作面，应至少提前两个小时向集团公司安监局调度和通风调度汇报。

(12) 安全监察部门负责监督排放瓦斯的安全措施的实施，安全措施不落实，绝对禁止排放瓦斯；若发现违章排放瓦斯，必须责成立即停止，并追查责任，严肃处理。

(五) 瓦斯排放措施的编制

无论什么原因（停电停风、掘进巷道贯通老巷或停风区、启封盲巷和采空区等）造成瓦斯积聚需排放瓦斯时，都必须由矿（处）总工程师组织，按有关规定要求，编制针对性的瓦斯排放安全措施。就地排放瓦斯措施由施工队负责编写，集体排放瓦斯措施由通风部门负责组织编写。排放瓦斯安全措施主要包括下列内容：

(1) 采取控制排放瓦斯的措施，要计算排放瓦斯量、供风量和排放时间，制定控制排放瓦斯的方法。要在排放瓦斯与全风压风流混合处设声光瓦斯报警仪。

(2) 确定排放瓦斯的流经路线和方向，风流控制实施的位置，各种电气设备的位置，通信电话位置，瓦斯探头的监测位置和设岗警戒位置等，必须做到文图齐全，并在图上注明。

(3) 绘制简明供电系统示意图，明确停电撤人范围。凡是受排放瓦斯影响的硐室、巷道和被排放瓦斯风流切断安全出口的采掘工作面，必须切断电源，撤人、停止作业，指定警戒人员的位置，禁止其他人员进入。

(4) 排放瓦斯流经的巷道内的电气设备，必须指定专人在采区变电所和配电点两处同时切断电源，并设警示牌和专人看管。

(5) 在启封、贯通老巷和长期停风区进行瓦斯排放时，要在措施中编制巷道的顶板管理内容，防止排放瓦斯过程中顶板冒落伤人，并注意高冒处积聚瓦斯的处理。

(6) 编制排放瓦斯过程中人员的自主保安措施。

(7) 加强排放瓦斯的组织领导和明确排放瓦斯人员名单，落实责任。

(8) 瓦斯排完后，指定专人检查瓦斯，只有排放瓦斯巷道的瓦斯浓度不超过1%，并检查有关电气设备无问题后，由地面调度室瓦斯排放指挥人员下达恢复送电命令，调度室做好记录，井下方准指定专人按要求恢复供电。

排放瓦斯的安全措施经审批后，由矿（处）总工程师或通风安全副总工程师负责组织贯彻，责任落实到人。排放瓦斯前，参加排放瓦斯人员必须集中贯彻措施，进一步明确每个人的任务和职责，并签字备查。

(六) 突出矿井瓦斯分级管理

1. 突出矿井分级管理的基本方法

(1) 突出矿井分级管理即在确定矿井突出危险程度后，对矿井动力现象按其动力来源和危害程度进行分析，在组织设置、技术措施、安全装备等方面区别对待，在保证安全的前提下尽量发挥生产装备的能力，提高矿井经济效益。

(2) 各级领导要加强对瓦斯突出防治工作的领导，定期检查、布置、总结这项工作，局、矿负责防突的机构和人员负责掌握瓦斯突出动态、瓦斯突出规律，总结经验，制定防突方案。开展安全教育，组织技术培训，每个职工都要知道瓦斯突出预兆、防治瓦斯突出基础知识，特别要熟悉瓦斯突出时的避灾方法和避灾路线。

(3) 开拓新水平时要创造条件测定瓦斯参数，为确定瓦斯突出危险等级提供资料，加强瓦斯地质工作。

(4) 防治瓦斯突出措施要纳入生产计划，并作为生产过程中的重要环节严格执行。

(5) 对于严重突出危险矿井和中等危险矿井，必须按有关规定设置专门的防突机构，专职从事瓦斯突出防治工作。对机电设备都必须选用防爆型产品，特别是要设置避难所，佩带自救器等人身防护装备。在防突技术措施方面，必须采取降低应力、减少瓦斯等区域防突技术措施和局部防突技术措施，并加强措施效果检验和人身安全防护措施。

(6) 对于较弱突出矿井，各项管理技术措施、安全装备适当放宽要求。

2. 突出矿井的管理规定

(1) 突出矿井的年度、季度、月份防突计划由局、矿总工程师组织编制，由局、矿审定，由局、矿副职组织实施。

(2) 新水平、新采区的设计中都必须包括防突设计内容，报局总工程师批准。有突出危险的新建矿井初步设计中必须包括防突设计。

(3) 开拓新水平的井巷第一次接近未揭露煤层时，按照地测部门提供的资料，必须在距煤层 10m 处以外打钻，钻孔超前工作面不得小于 5m，并经常检查工作面的瓦斯情况。出现异常必须停止工作，撤出人员，进行处理。

(4) 工作面严禁只有一个安全出口。不能采用正规采煤方法的，必须采取安全技术措施并报局总工程师批准。

(5) 煤巷掘进工作面严禁使用风镐和耙装机。

(6) 突出煤层严禁任何两个工作面之间串联通风。

(7) 井下严禁安设辅助通风机。

(8) 掘进工作面应安设风—瓦斯—电闭锁装置或瓦斯断电仪。

(9) 掘进通风不得采用混合式。

(10) 掘进通风机应采用专用变压器、专用开关和专用线路。

(11) 确切掌握突出规律后，由矿总工程师确定，报局总工程师批准，在无突出危险区域可不采取防突措施。

(12) 突出危险的采掘工作面以及石门揭开突出煤层时，每班安排专人检查瓦斯状况，掌握突出预兆，发现异常时停止工作、撤出人员。无人作业的采掘工作面，每班至少检查 1 次。

(13) 地测部门必须绘制突出煤层瓦斯地质图，作为突出危险性区域预测和制定防突措施的依据。

(14) 采掘工作面的进风巷中必须设有通达矿调度室的电话以及供给压缩空气的避难硐室或急救袋。回风巷如有人工作时，也应安设相应设施。

(15) 突出煤层放炮时，应有防止空孔内积聚瓦斯的措施。

(16) 井口房和通风机房附近 20m 内不得有烟火或用火炉取暖。

(17) 井下主要硐室、主要进风巷道和井口房内进行电焊、气焊和喷灯焊时，除遵守其他规定外，还必须停止可能引起突出的所有工作。

(18) 专职放炮员必须固定在1个工作面，放炮员、班组长、瓦斯检查员必须在现场执行“一炮三检”制和“三人连锁放炮”制。

(19) 新水平、新采区的开拓巷道必须设在无突出危险或危险性小的煤（岩）层中。构成通风系统的开拓巷道的回风可以引入生产水平进风流中，但必须安设瓦斯断电仪，保证回风中瓦斯和二氧化碳浓度都不超过0.5%。构成通风系统前不得开掘其他巷道。

(20) 突出煤层回采，采用下行风时必须报局总工程师批准。

(21) 防治突出时应优先采取区域性措施。

(22) 掘进和回采时采取的防治措施及其参数由矿总工程师批准。

任务七　矿井瓦斯抽放与管理

导学思考题

(1) 简述瓦斯抽放的概念。

(2) 列举主要瓦斯抽放技术。

(3) 简述瓦斯抽放设计的主要步骤及管理规定。

(4) 简述瓦斯在工业和民用上的利用。

矿井的瓦斯涌出量一般随开采深度的增加而增加，近年来，随着矿井开采深度加深、生产规模的扩大，以及生产集中化、综合机械化程度的提高，采掘工作面的瓦斯涌出量急剧加大，单靠加大通风量来冲淡矿井瓦斯的做法，因受到巷道断面积和风速的限制，已远远不能满足现代化生产的要求，因此，必须采取专门的控制瓦斯涌出措施，将采掘工作面回风流中瓦斯浓度控制在安全限度内。国内外广泛采用的控制瓦斯涌出的措施是瓦斯抽放。即将煤层或采空区的瓦斯经由钻孔（或巷道）、管道、真空泵直接抽至地面，有效地解决回采区瓦斯浓度超限问题。

一、瓦斯抽放概况

(一) 瓦斯抽放的目的、条件及意义

矿井瓦斯抽放，是指为了减少和解除矿井瓦斯对煤矿安全生产的威胁，利用机械设备和专用管道造成的负压，将煤层中存在或释放出来的瓦斯抽出来，输送到地面或其他安全地点的方法，它对煤矿的安全生产具有重要的意义。

1. 抽放瓦斯的目的

(1) 预防瓦斯超限，确保矿井安全生产。矿井、采区或工作面用通风方法将瓦斯冲淡到《煤矿安全规程》规定的浓度在技术上不可能，或虽然可能但经济上不合理时，应考虑抽放瓦斯。

(2) 开采保护层并具有抽放瓦斯系统的矿井，应抽放被保护层的卸压瓦斯。抽放近距离保护层的瓦斯，可减少卸压瓦斯涌入保护层工作面和采空区，保证保护层安全顺利地回采。抽放远距离被保护层的瓦斯，可以扩大保护范围与程度，并于事后在被保护层内进行掘进和回采时，瓦斯涌出量会显著减少。

(3) 无保护层可采的矿井，预抽瓦斯可作为区域性或局部防突措施来使用。

(4) 开发利用瓦斯资源，变害为利。

2. 抽放瓦斯的条件

（1）一个采煤工作面的瓦斯涌出量大于 5m^3/min 或一个掘进工作面的瓦斯涌出量大于 3m^3/min，用通风方法解决瓦斯问题不合理的。

（2）矿井的绝对瓦斯涌出量达到以下条件的：

①大于或等于 40m^3/min；

②年产量 1.0Mt～1.5Mt 的矿井，大于 30m^3/min；

③年产量 0.6Mt～1.0Mt 的矿井，大于 25m^3/min；

④年产量 0.4Mt～0.6Mt 的矿井，大于 20m^3/min；

⑤年产量小于等于 0.4Mt 的矿井，大于 15m^3/min。

（3）开采保护层时应考虑抽放被保护层瓦斯。

（4）开采有煤与瓦斯突出危险煤层的。

3. 抽放瓦斯的意义

（1）瓦斯抽放是消除煤矿重大瓦斯事故的治本措施。

（2）瓦斯抽放能够解决矿井仅靠通风难以解决的问题，降低矿井通风成本。

（3）瓦斯抽放能够利用宝贵的瓦斯资源。

（二）瓦斯抽放的方法

瓦斯抽放工作经过几十年的不断发展和提高，根据不同地点、不同煤层条件及巷道布置方式，人们提出了各种的瓦斯抽放方法。但是，到目前为止，还没有统一的分类方法。尽管如此，为了便于抽采瓦斯技术的发展和管理，各国均相应提出了各种各样的瓦斯抽放（采）方法，其名称大体相似，一般按不同的条件进行不同的分类，主要有：

（1）按抽放瓦斯来源分类，有：本煤层瓦斯抽放、邻近层瓦斯抽放、采空区瓦斯抽放和围岩瓦斯抽放。

（2）按抽放瓦斯的煤层是否卸压分类，主要有：未卸压煤层抽放瓦斯和卸压煤层抽放瓦斯。

（3）按抽放瓦斯与采掘时间关系分类，主要有：煤层预抽瓦斯、边采（掘）边抽和采后抽放瓦斯。

（4）按抽放（采）工艺分类，主要有：钻孔抽放（采）、巷道抽放（采）和钻孔巷道混合抽放（采）。

（三）瓦斯抽放基本参数

1. 施工参数

1）矿井瓦斯储量

矿井瓦斯储量是指矿井开采过程中能够向矿井排放的煤（岩）所储存的瓦斯量。

矿井瓦斯储量可按下式计算：

$$W=W_1+W_2+W_3+W_4 \tag{1-78}$$

式中 W——矿井瓦斯储量，m^3；

W_1——可采层的瓦斯储量，m^3；

W_2——局部可采层的瓦斯储量，m^3；

W_3——采动影响范围内邻近层的瓦斯储量，m^3；

W_4——采动影响范围内围岩的瓦斯储量，m^3。

各煤（岩）层的瓦斯储量按下式计算：

$$W_i = A_i \times X_i \tag{1-79}$$

式中 W_i——含瓦斯煤层（围岩）i 的瓦斯储量，m^3；

A_i——含瓦斯煤层（围岩）i 的地质储量，t；

X_i——煤层（围岩）i 的瓦斯含量，m^3/t。

2）可抽瓦斯量

可抽瓦斯量是指瓦斯储量中可能被抽放出来的瓦斯量，可按下式计算：

$$W_k = W \times d_k / 100 \tag{1-80}$$

式中 W_k——矿井可抽瓦斯量，m^3；

W——矿井瓦斯储量，m^3；

d_k——矿井瓦斯抽放率，%。

3）瓦斯抽放率

（1）矿井瓦斯抽放率。它是指矿井的抽出瓦斯量占其风排瓦斯量与抽放瓦斯量之和的百分比，即

$$d_k = 100Q_{kc} / (Q_{ky} + Q_{kc}) \tag{1-81}$$

式中 d_k——矿井瓦斯抽放率，%；

Q_{ky}——矿井风排瓦斯量，m^3/min；

Q_{kc}——矿井抽放瓦斯量，m^3/min。

（2）工作面本开采层的抽放率。它是指从开采层抽出的瓦斯量占开采层涌出及其抽出瓦斯量的百分比，即

$$d_b = 100Q_{bc} / (Q_{bc} + Q_{by}) \tag{1-82}$$

式中 d_b——开采层的抽放率，%；

Q_{bc}——从开采层抽出的瓦斯量，m^3/min；

Q_{by}——开采层涌出瓦斯量，m^3/min。

（3）工作面邻近层的抽放率。它是指从邻近层抽出的瓦斯量占邻近层涌出及其抽出量之百分比，即

$$d_1 = 100Q_{1c} / (Q_{1c} + Q_{1y}) \tag{1-83}$$

式中 d_1——邻近层的抽放率，%；

Q_{1c}——从邻近层抽出的瓦斯量，m^3/min；

Q_{1y}——从邻近层涌出的瓦斯量，m^3/min。

（4）工作面总抽放率。它是指从工作面开采层与邻近层抽出的瓦斯量占其涌出及其抽出量的百分比，即

$$dg = 100(Q_{bc} + Q_{1c}) / (Q_{1c} + Q_{1y} + Q_{bc} + Q_{by}) \tag{1-84}$$

式中 dg——工作面总抽放率，%。

其他符号意义同前。

《矿井瓦斯抽放管理规范》规定：开采层预抽的矿井，矿井抽放率不小于10%；采区抽放率不小于20%。抽放邻近层瓦斯的矿井，矿井抽放率不小于20%；采区抽放率不小于35%。

4）钻孔瓦斯流量衰减系数 α

钻孔瓦斯流量衰减系数 α 是表示钻孔瓦斯流量随着时间延长呈衰减变化的系数。其测算方法是选择具有代表性的地区，打直径75mm钻孔，先测定其初始瓦斯流量 Q_0，经过时间 t

(10d）以后，再测其瓦斯流量Q_t，因钻孔瓦斯流量按负指数规律衰减，则有

$$Q_t = Q_0 e^{-\alpha t}$$

$$\alpha = (\ln Q_0 - \ln Q_t)/t \tag{1-85}$$

式中 α——钻孔瓦斯流量衰减系数，d^{-1}；

Q_0——钻孔初始瓦斯流量，m^3/min；

Q_t——经过t时间后的钻孔瓦斯流量，m^3/min；

t——时间，d。

5）煤层透气性系数λ

煤层透气性系数是衡量煤层瓦斯流动与抽放瓦斯难易程度的标志之一。它是指在1m^3煤体的两侧，瓦斯压力平方差为1MPa^2时，通过1m长度的煤体，在此1m^2煤面上，每日流过的瓦斯量。测定方法是在岩石巷道中向煤层打钻孔，钻孔应尽量垂直贯穿整个煤层，然后堵孔测出煤层的真实瓦斯压力，再打开钻孔排放瓦斯，记录流量和时间。故煤层透气性系数的单位为$m^2/(MPa^2 \cdot d)$。可用下式表示：

$$\lambda = K/2\mu p_n \tag{1-86}$$

式中 λ——煤层透气性系数，$m^2/(MPa^2 \cdot d)$；

K——煤的渗透率，cm^2；

μ——瓦斯（CH_4）的绝对黏度，$1.08 \times 10^{-8} Ns/cm^2$。

p_n——0.1013MPa（一个标准大气压）。

原煤炭工业部《矿井瓦斯抽放管理规范》将未卸压的原始煤层瓦斯抽放的难易程度划分为容易抽放、可以抽放、较难抽放三类，如表1-31所列。

表1-31　瓦斯抽放的难易程度分类

类别＼指标	钻孔流量衰减系数 α/d^{-1}	煤层透气性系数 $\lambda/m^2 \cdot (MPa^2 \cdot d)^{-1}$
容易抽放	0.015～0.03	＞10
可以抽放	0.03～0.05	0.1～10
较难抽放	＞0.05	＜0.1

2. 监测参数

瓦斯抽放量、瓦斯浓度、压力和温度等参数的测定，可随时调阅泵站各种指标变化曲线、数值、工作状态，以及显示、打印和编制抽放瓦斯报表。当任一参数超限时自动报警，并按设定的程序停止或启动抽放泵。

3. 管理参数

地面瓦斯抽放泵进、出口侧设置放空管，当抽放泵因故停抽或抽放的瓦斯浓度低于规定值时，抽放管路中的瓦斯可经放空管排到大气中；当用户端应瓦斯过剩或输送发生故障时，也可由放空管排放。放空管出口至少高出地面10m，且至少高出20m范围建筑物3m以上。放空管距泵房墙壁一般为0.5m～1.0m，最远不得超过10m，其出口应加防护罩，放空管必须接地。放空管周围有高压线或其他易点燃瓦斯因素时，应制定专门的安全措施。

二、本煤层瓦斯抽放

本煤层瓦斯抽放，又称为开采层抽放，目的是为了减少煤层中的瓦斯含量和降低回风流

中的瓦斯浓度，以确保矿井安全生产。

（一）本煤层瓦斯抽放的原理

本煤层瓦斯抽放就是在煤层开采之前或采掘的同时，用钻孔或巷道进行该煤层的抽放工作。煤层回采前的抽放属于未卸压抽放，在受到采掘工作面影响范围内的抽放，属于卸压抽放。

（二）本煤层瓦斯抽放的分类

本煤层瓦斯抽放（采）按抽放（采）的机理分为未卸压抽放（采）和卸压抽放（采）；按汇集瓦斯的方法分为钻孔抽放（采）、巷道抽放（采）和巷道与钻孔综合法3类。

1. 本煤层未卸压抽放（采）

决定未卸压煤层抽放（采）效果的关键性因素，是煤层的自然透气性系数。

(1) 岩巷揭煤时由岩巷向煤层施工穿层钻孔进行抽放（采）。

(2) 煤巷掘进预抽时在煤巷掘进工作面施工超前钻孔进行抽放（采）。

(3) 采区大面积预抽时由开采层机巷、风巷或煤门等施工上向、下向顺层钻孔；由石门、岩巷、邻近层煤巷等向开采层施工穿层钻孔；由地面施工穿层钻孔等进行抽放（采）。

2. 本煤层卸压抽放（采）

在受回采或掘进的采动影响下，引起煤层和围岩的应力重新分布，形成卸压区和应力集中区。在卸压区内煤层膨胀变形，透气性系数增加，在这个区域内打钻抽放（采）瓦斯，可以提高抽放（采）量，并阻截瓦斯流向工作空间。本煤层卸压抽放（采）分为：

(1) 由煤巷两侧或岩巷向煤层周围施工钻孔进行边掘边抽。

(2) 由开采层机巷、风巷等向工作面前方卸压区施工钻孔进行边采边抽。

(3) 由岩巷、煤门等向开采分层的上部或下部未采分层施工穿层或顺层钻孔进行边采边抽。

（三）本煤层瓦斯抽放（采）的布置形式及特点

1. 本煤层未卸压钻孔预抽

本煤层未卸压钻孔预抽瓦斯是钻孔打入未卸压的原始煤体进行抽放瓦斯。其抽放（采）效果与原始煤体透气性和瓦斯压力有关。煤层透气性越小，瓦斯压力越低，越难抽出瓦斯。对于透气性系数大或没有邻近卸压条件的煤层，可以预抽原始煤体瓦斯。该法按钻孔与煤层的关系分为穿层钻孔和顺层钻孔。按钻孔角度分为上向孔、下向孔和水平孔。

1）穿层钻孔抽放

穿层钻孔抽放是在开采煤层的顶底板岩石巷道（或煤巷）或邻近煤层巷道中，每隔一段距离开一长约10m的钻场，从钻场向煤层施工3个～5个穿透煤层全厚的钻孔，封孔或将整个钻场封闭起来，装上抽瓦斯管并与抽放系统连接进行抽放。图1-56为抚顺龙凤矿穿层钻孔抽放瓦斯的示意图。

此种抽放方法的特点是施工方便，可以预抽的时间长。如果是厚煤层分层开采，则第一分层回采后，还可以在卸压的条件下，抽放（采）未采分层的瓦斯。它主要适用于煤层的透气性系数较大、有较长预抽时间的近距离煤层群或厚煤层。

2）顺层钻孔抽放

顺层钻孔是在巷道进入煤层后再沿煤层所打的钻孔，可以用于石门见煤处、煤巷及回采

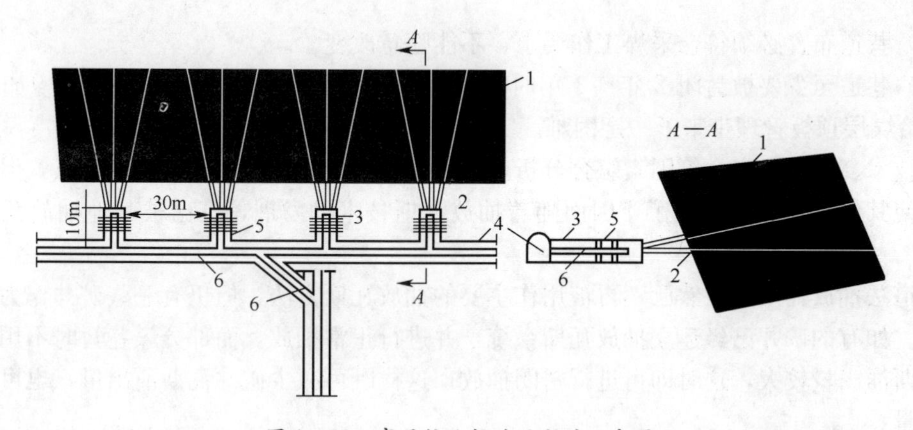

图 1-56　穿层钻孔抽放瓦斯的示意图

1—煤层；2—钻孔；3—钻场；4—运输大巷；5—封闭墙；6—瓦斯管路。

工作面，在我国采用较多的是回采工作面，主要是在采面准备好后，于开采煤层的机巷和回风巷沿煤层的倾斜方向施工顺层倾向钻孔，或由采区上、下山沿煤层走向施工水平钻孔，封孔安装上抽放管路并于抽放系统连接进行抽放，钻孔布置形式如图 1-57 所示。

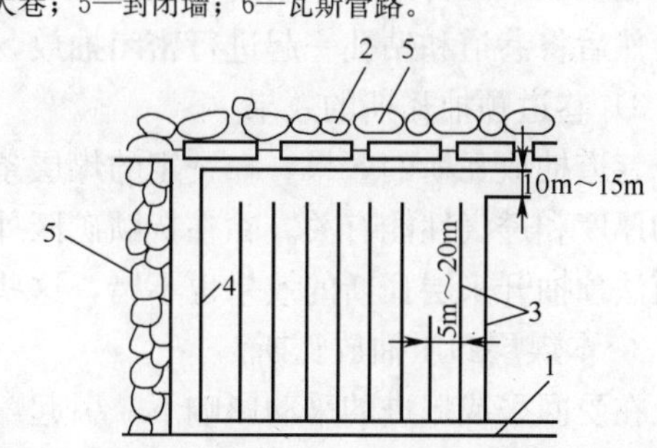

图 1-57　未卸压顺层钻孔抽放开采煤层示意图

1—运输巷；2—回风巷；3—钻孔；

4—采煤工作面；5—采空区。

此种抽放（采）方法的特点是常受采掘接替的限制，抽放（采）时间不长，影响了抽放（采）效果。它主要适用于煤层赋存条件稳定、地质变化小的单一厚煤层。

2. 巷道预抽本煤层瓦斯（未卸压）

巷道预抽是 20 世纪 50 年代初，我国抚顺矿区成功试验本煤层预抽瓦斯时最初采用的一种抽放瓦斯方式：就是在采区回采之前，按照采区设计的巷道布置，提前把巷道掘出来，构成系统，然后将所有入、排风口都加以密闭，同时，在各排风口密闭处插管并铺设抽放瓦斯管路，将煤层中的瓦斯预先抽放出来。经过一段时期的抽放，待瓦斯浓度降低至规定的范围后，即可回采。抽放瓦斯巷道的设计与布置，除必须完全适应将来开采需要外，还要充分利用瓦斯流动的特性，既能抽放本采段的煤层瓦斯，又能截抽下段煤层瓦斯。

1）巷道预抽瓦斯的优点

（1）可以提前将采区的准备巷道掘出来，不影响生产正常接替。

（2）煤壁暴露面积大，有利于瓦斯涌出和抽放。

（3）在掘进瓦斯巷道时，对该区的瓦斯涌出形式、地质构造等能进行进一步了解，有利于采取对策，实现安全生产。

（4）对下段（或下一个水平）采区和邻区的煤层瓦斯，可起到一定的释放和截抽作用。

2）巷道预抽瓦斯的缺点

（1）掘进时瓦斯涌出量大，施工困难。

（2）在掘进瓦斯巷道时，约有占煤层总瓦斯量 20%的瓦斯释放出来随风流排掉，减少了可供抽放的瓦斯量。

（3）瓦斯巷道中的密闭，由于矿压的作用，很难保持其气密性，空气容易进入密闭内，使抽出瓦斯浓度降低。

(4) 巷道布置必须符合采煤工作要求，不能随意改变。

(5) 巷道至少要被封闭 2 年～3 年时间，年久失修，给后期采煤维修巷道增加了工作量，也给煤层顶板管理带来了一定困难。

从技术、经济和安全等因素综合分析，虽然巷道法抽放瓦斯也具有一些优点，但存在的缺点已使其优越性显得不足了，因而随着抽放瓦斯技术的发展，其已被其他抽放瓦斯方法替代。

巷道法抽放瓦斯，虽然已不再被用作主要的抽放瓦斯方法，但仍有一些矿井作为辅助方法应用。如有的矿井已经建立抽放瓦斯系统，并进行正常抽放，而部分煤巷暂时不用或有的巷道瓦斯涌出量较大，这时即可进行密闭抽放，这样既可减少矿井瓦斯涌出量，也可增加抽放瓦斯量。

在抚顺矿区曾采用过巷道—钻孔混合法，即利用采区已掘出的主要巷道，布置钻场和钻孔。然后将巷道和钻孔一起进行密闭抽放，也取得了很好的效果。

3) 巷道预抽瓦斯的效果

巷道抽放瓦斯的效果，在一定的煤层条件下与煤巷暴露的煤壁面积大小有关，同时与煤层的厚度和透气性能有关。除在抚顺矿区外，在淮南潘一矿以及淮北芦岭矿等矿井进行过的巷道法预抽开采层瓦斯的效果也不错，这些矿区的煤层是中厚及厚煤层，透气性都较好。

3. 本煤层卸压抽放瓦斯

在受回采或掘进的采动影响下，引起煤层和围岩的应力重新分布，形成卸压区和应力集中区。在卸压区内煤层膨胀变形，透气性系数增加，在这个区域内打钻抽放瓦斯，可以提高抽放（采）量，并阻截瓦斯流向工作空间。这类抽放方法现场称为边掘边抽和边采边抽。

1) 边掘边抽

在掘进巷道的两帮，随掘进巷道的推进，每隔 40m～50m 施工一个钻机窝，每个钻机窝内沿巷道掘进方向施工 4 个 50m～60m 深的抽放（采）钻孔；在掘进迎头每次施工 12 个～16 个、孔深 16m～20m 的抽放（采）钻孔，钻孔布置形式如图 1-58 所示，掘进迎头及两帮钻场的钻孔在终孔时上排施工至煤层顶板，下排施工至煤层底板，钻孔控制范围为巷道周界外 4m～5m，孔底间距为 2m～3m，钻孔直径为 75mm，封孔深度为 3m～5m，封孔后连接于抽放（采）系统进行抽放（采）。掘进迎头钻孔做到打一个孔、封一个孔、合一个孔、抽一个孔，待最后一个钻孔抽放（采）16h 后方可进行措施效果检验。巷道周围的卸压区一般为 5m～15m，个别煤层可达 15m～30m，经封孔抽放（采）后，降低了煤帮及掘进迎头的瓦斯涌出量，保证了煤巷的安全掘进。

此种抽放（采）方法经在淮南潘一矿高突掘进工作面使用情况分析，抽放（采）浓度为 6%～30%，抽放（采）流量为 $0.5m^3/min$～$1.5m^3/min$，抽放（采）率能达到 20%～30%。它的特点是能控制掘进巷道迎头的煤层赋存状况，既保证了掘进巷道迎头的瓦斯抽放（采），又能降低巷道两帮的瓦斯涌出量，在巷道掘进期间能继续抽放（采）巷道两帮的卸压瓦斯，保证了高突煤巷的安全掘进。

2) 边采边抽

在采煤工作面前方一定距离有一个应力集中带，并随工作面的向前推进而同时前移，如图 1-59 所示。在应力集中带与采煤工作面之间有一个约 10m 的卸压带，在此区域内可以抽放瓦斯。布置钻孔时，抽放孔需提前布置在煤层内，当卸压带接近前开始抽放瓦斯；当卸压带移至钻孔时瓦斯抽出量增大；之后，当工作面推进到距钻孔 1m～3m 时，钻孔处于煤面的挤压带内，大量空气开始进入孔隙，使抽出的瓦斯浓度降低。这种抽放方式，因钻孔截断了工作面前方瓦斯向采场涌出，因此能有效地降低工作面瓦斯涌出量。同时，由于工作面不断推进，使每一个钻孔抽放卸压瓦斯的时间较短，所以抽放率不高。

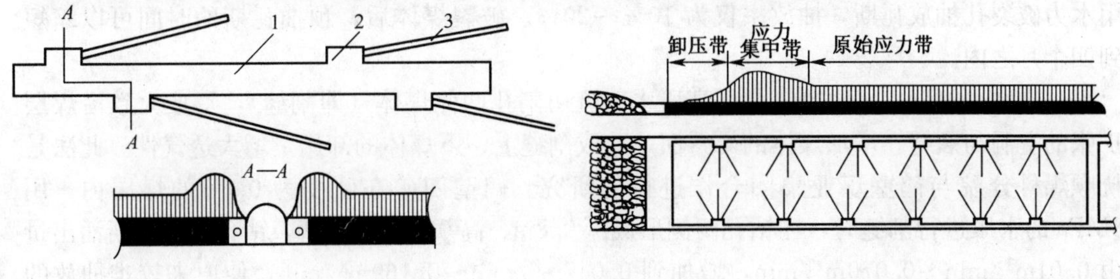

图 1-58 随掘随抽的钻孔布置

1—掘进巷道；2—钻窝；3—钻孔。

图 1-59 随采随抽的钻孔布置

此种抽放（采）方法的特点是利用回采工作面前方卸压带透气性增大的有利条件，提高抽放（采）率。在下行分层工作面，钻孔应靠近底板，上行分层工作面靠近顶板。它主要适用于局部地区瓦斯含量高、时间紧、采用该方式解决本层瓦斯涌出量大的情况。

本煤层瓦斯抽放（采）存在的问题是单孔抽放（采）流量较小，当煤层透气性差时，钻孔工程量大；在巷道掘进期间由于瓦斯涌出量大，掘进困难。

（四）提高本煤层瓦斯抽放量的途径

我国多数煤层属低透气性煤层，对低透气性煤层进行预抽瓦斯困难较多。虽然多打钻孔，长时间进行抽放可以达到一定的目的，但是，由于打钻工作量大，长时间提前抽放与采掘工作有矛盾，因此必须采用专门措施增加瓦斯的抽放率。这些措施主要有以下几种。

1. 增大钻孔直径

目前各国的抽放钻孔直径都有增大的趋势。我国阳泉矿试验表明，预抽瓦斯钻孔直径由73mm 增至 300mm，抽出瓦斯量约增加 3 倍。日本亦平煤矿钻孔直径由 65mm 增至 120mm，抽出瓦斯量约增加 3.5 倍。德国鲁尔区煤田也得到类似效果。

2. 提高抽放负压

一些矿井提高抽放负压后抽放量明显增加，如日本内和赤平煤矿抽放负压由 20kPa 提高到 47kPa～67kPa，抽出量增加 2 倍～3 倍。我国鹤壁抽放负压由 3.3kPa 提高到 10.6kPa，抽出瓦斯量增加 25%。其他一些矿井也测得类似的结果。但是，提高抽放负压是否能显著增加抽放量还存在着不同的看法，采用提高负压的办法增加抽出量时，应首先进行充分论证。

3. 增大煤层透气性

对低透气性煤层，提高透气性以增大瓦斯抽出量，目前主要采取的措施有：

(1) 地面钻孔水力压裂。水力压裂是从地面向煤层打孔，以大于地层静水压力的液体压裂煤层，以增大煤层的透气性，提高抽放率。压裂液是清水加表面活性剂的水溶液、酸溶液，掺入增添剂。压裂钻孔间距一般为 250m～300m。

实践证明，当煤层瓦斯压力大于 470kPa～7000kPa（在有高空隙围岩时，瓦斯压力大于 980kPa)，瓦斯含量高于 $10m^3/t$ 时，进行水力压裂是适宜的。

(2) 水力破裂。水力破裂是在井下巷道向煤层打钻，下套管固孔，注入高压水，破裂煤体，提高瓦斯抽放率。它与水力压裂的区别在于影响范围小，工作液内不加其他增添剂。一般破裂半径可达 40m～50m，因此应根据破裂半径在煤层内均匀布孔使煤层全面受到破裂影响。当煤层破裂后（有时可见附近巷道或钻孔涌出压裂水），排出破裂液，在破裂区另打抽放钻孔与破裂孔联合抽放瓦斯，抽放率可达 50%～60%，抽放孔间距不应大于 40m。若只用水力破裂孔抽放瓦斯，抽放率仅为 10%～20%。破裂煤体后，预抽瓦斯的时间可以缩短到四个月之内。

(3) 水力割缝。水力割缝是用高压水射流切割孔两侧煤体（即割缝），形成大致沿煤层扩张的空洞与裂缝。增加煤体的暴露面，造成割缝上、下煤体的卸压，增大透气性。此法是抚顺煤科分院与鹤壁煤业集团合作进行的研究。鹤壁四矿在硬度为 0.67 的煤层内，用 8MPa 的水压进行割缝时，在钻孔两侧形成深 0.8m、高 0.2m 的缝槽，钻孔百米瓦斯涌出量由 $0.01m^3/min$～$0.079m^3/min$，增加到 $0.047m^3/min$～$0.169m^3/min$，使原来较难抽放的煤层变成可抽放的煤层。

(4) 交叉钻孔。交叉钻孔是除沿煤层打垂直于走向的平行孔外，还打与平行钻孔呈 15°～20°夹角的斜向钻孔，形成互相连通的钻孔网。其实质相当于扩大了钻孔直径，同时斜向钻孔延长了钻孔在卸压带的抽放时间，也避免了钻孔坍塌而对抽放效果的影响。在焦作九里山煤矿的试验表明，这种布孔方式较常规的布孔方式相比，相同条件下提高抽放量 0.46 倍～1.02 倍。

三、邻近层瓦斯抽放（采）

邻近层瓦斯抽放技术，在我国瓦斯矿井中已经得到广泛的应用，从 20 世纪 50 年代起，先后在阳泉、天府、中梁山等矿务局取得了较好的效果，但近距离的上、下邻近层抽放仍沿用一般的邻近层抽放技术，不仅效果欠理想，还会给生产带来一些麻烦。“八五”以来，对近距离邻近层瓦斯抽放难题进行了研究，提出了不同开采技术条件下的近距离邻近层瓦斯抽放方法，取得了较好的效果。

开采煤层群时，回采煤层的顶、底板围岩将发生冒落、移动、龟裂和卸压，透气系数增加。回采煤层附近的煤层或夹层中的瓦斯，就能向回采煤层的采空区转移。这类能向开采煤层采空区涌出瓦斯的煤层或夹层，称为邻近层。位于开采煤层顶板内的邻近层称上邻近层，底板内的称下邻近层。

（一）邻近层瓦斯抽放原理和分类

在煤层群开采时，邻近层的瓦斯向开采层采掘空间涌出。为了防止和减少邻近层的瓦斯通过层间的裂隙大量涌向开采层，可采用抽放的方法处理这一部分瓦斯，这种抽放方法称邻近层瓦斯抽放。目前认为，这种抽放是最有效和被广泛采用的抽放方法。

邻近层瓦斯抽放按邻近层的位置分为上邻近层（或顶板邻近层）抽放和下邻近层（或底板邻近层）抽放；按汇集瓦斯的方法分为钻孔抽放、巷道抽放和巷道与钻孔综合抽放三类。

1. 上邻近层瓦斯抽放

上邻近层瓦斯抽放（采）即是邻近层位于开采层的顶板，通过巷道或钻孔来抽放（采）上邻近层的瓦斯。根据岩层的破坏程度与位移状态可把顶板划分为冒落带、裂隙带和弯曲下沉带，底板划分为裂隙带和变形带。冒落带高度一般为采厚的 5 倍，在距开采层近、处于冒落带内的煤层，随冒落带的冒落而冒落，瓦斯完全释放到采空区内，很难进行上邻近层抽放（采）。裂隙带的高度为采厚的 8 倍～30 倍，此带因充分卸压，瓦斯大量解吸，是抽放（采）

瓦斯的最好区带，抽放（采）量大，浓度高。因此上邻近层取冒落带高度为下限距离，裂隙带的高度为上限距离。上邻近层瓦斯抽放（采）分为：

（1）由开采层运输巷、回风巷或层间岩巷等向上邻近层施工钻孔进行瓦斯抽放。

（2）由开采层运输巷、回风巷等向采空区方向施工斜交钻孔进行瓦斯抽放。

（3）在上邻近层掘汇集瓦斯巷道进行抽放。

（4）从地面施工钻孔进行抽放。

2. 下邻近层瓦斯抽放（采）

下邻近层瓦斯抽放（采）即是邻近层位于开采层的底板，通过巷道或钻孔来抽放（采）下邻近层的瓦斯。根据上述三带原理，由于下邻近层不存在冒落带，所以不考虑上部边界，至于下部边界，一般不超过 60m～80m。下邻近层瓦斯抽放（采）可分为：

（1）由开采层运输巷、回风巷或层间岩巷等向下邻近层施工钻孔进行瓦斯抽放。

（2）由开采层运输巷、回风巷等向采空区方向施工斜交钻孔进行瓦斯抽放。

（3）在下邻近层掘汇集瓦斯巷道进行抽放。

（4）从地面施工钻孔进行抽放。

（二）钻孔抽放

1. 钻孔布置的方式

目前国内外广泛采用钻孔法，即由开采煤层进、回风巷道向邻近层打穿层钻孔抽放瓦斯，或由围岩大巷向邻近层打穿层钻孔抽放瓦斯。当采煤工作面接近或超过钻孔时，岩体卸压膨胀变形，透气系数增大，钻孔瓦斯的流量有所增加，就可开始抽放。钻孔的抽出量随工作面的推进而逐渐增大，达最大后能以稳定的抽出量维持一段时间（几十天到几个月）。由于采空区逐渐压实，透气系数逐渐恢复，抽出量也将随之减少，直到抽出量减少到失去抽放意义，便可停止抽放。采用井下钻孔抽放邻近煤层瓦斯，要考虑煤层的赋存状况和开拓方式。钻孔布置方式主要以下有两种。

1）由开采层层内巷道打钻

其适应条件为缓倾斜或倾斜煤层的走向长壁工作面，具体又可分为以下几种：

（1）钻场设在工作面副巷内，由钻场向邻近煤层打穿层钻孔。阳泉四矿、包头五当沟矿、六枝大用矿均采用这种，如图 1－60～图 1－62 所示。

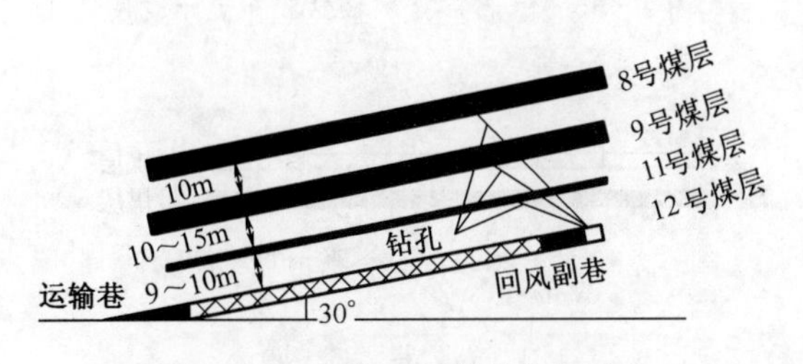

图 1－60　阳泉四矿抽放上邻近层瓦斯层内副巷布孔方式

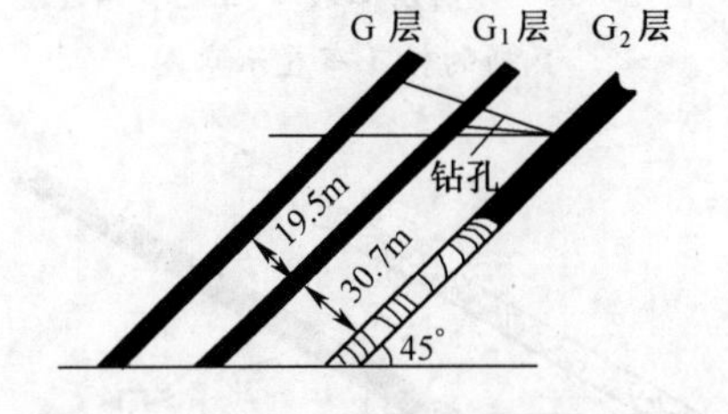

图 1－61　包头五当沟矿抽放上邻近层瓦斯层内副巷布孔方式

这种方式多用于抽放上邻近层瓦斯，它的优点是：

①抽放负压与通风负压一致，有利于提高抽放效果，尤其是低层位的钻孔更为明显。

②瓦斯管道设在回风巷，容易管理，有利于安全。

缺点是增加了抽放专用巷道的维护时间和工程量。

（2）钻场设在工作面进风正巷内，由钻场向邻近层打穿层钻孔。此方式多用于抽放下邻近层瓦斯。南桐矿务局鱼田堡矿开采 3 号煤层抽放 4 号煤层瓦斯时就是这种布置，如图 1-63 所示。与钻孔布置在回风水平相比，其优点是：

①运输水平一般均有供电及供水系统，打钻施工方便。

②由于开采阶段的运输巷即是下一阶段的回风巷，因此不存在由于抽放瓦斯而增加巷道的维护时间和工程量的问题。

上述布孔方式，每个钻场内一般打 1 个～2 个钻孔，也有多于 2 个的，钻孔方向与工作面平行或斜向采空区。

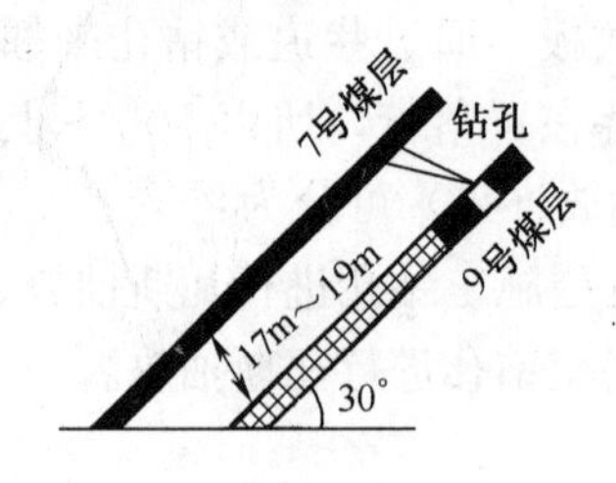

图 1-62　六枝大用矿抽放上邻近层瓦斯层内副巷布孔方式

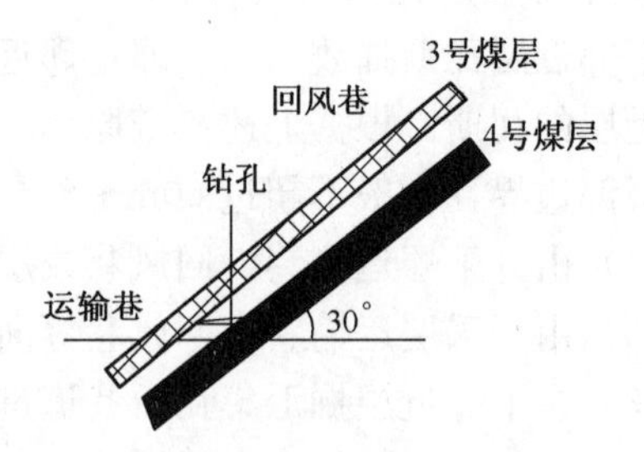

图 1-63　南桐鱼田堡矿抽放上邻近层瓦斯层内运输巷布孔方式

2）在开采层层外巷道打钻

其适应条件为不同倾角的煤层和不同采煤方法的回采工作面。钻孔布置方式又分为：

(1) 钻场设在开采层底板岩巷内，由钻场向邻近层打穿层钻孔，多用在抽放下邻近层瓦斯。天府磨心坡矿、淮北芦岭矿、淮南谢二矿和松藻打通一矿均是这种布置，如图 1-64～图 1-67 所示。

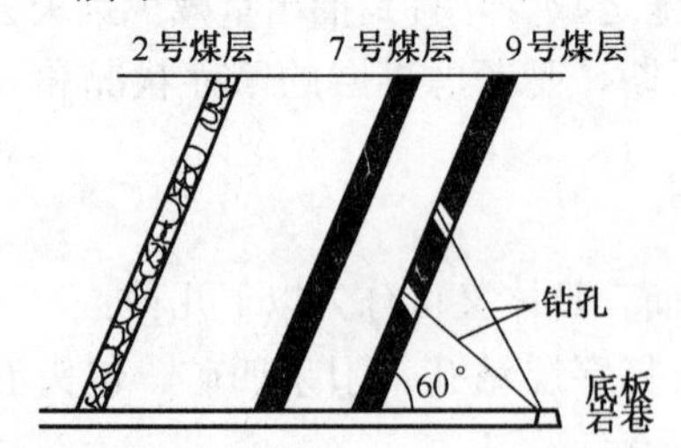

图 1-64　天府磨心坡矿抽放下邻近层瓦斯的钻孔布置示意图

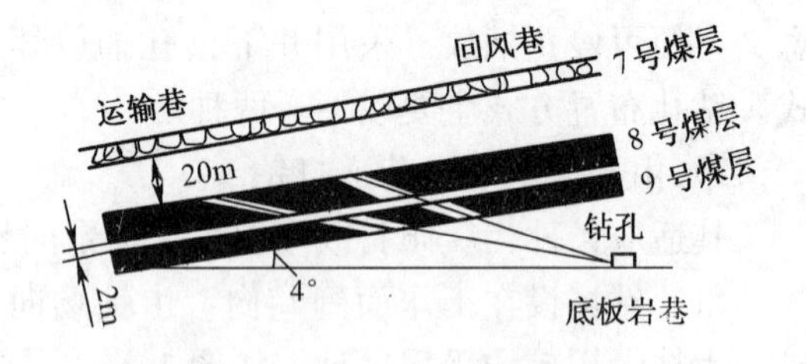

图 1-65　淮北芦岭矿抽钻孔布置示意图

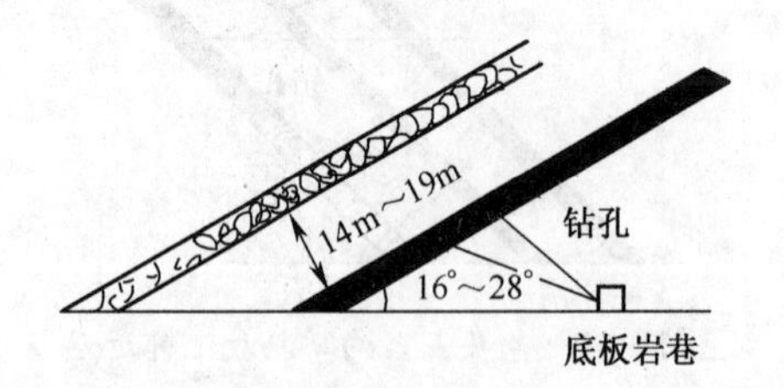

图 1-66　淮南谢二矿抽放下邻近层瓦斯的钻孔布置示意图

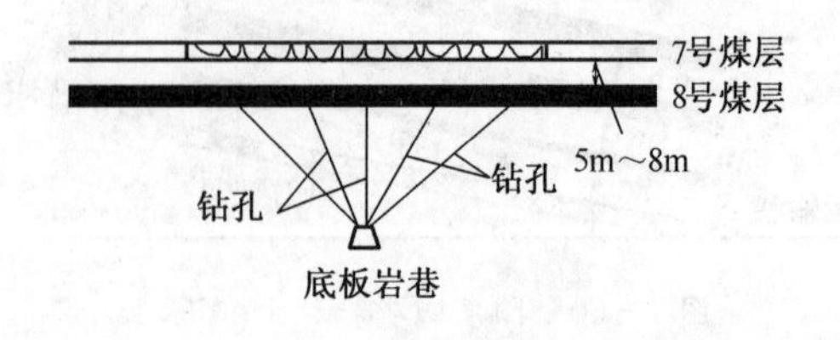

图 1-67　松藻打通一矿抽放下邻近层钻孔布置示意图

这种方式的优点是：

① 抽放钻孔一般服务时间较长，除抽放卸压瓦斯外，还可用作预抽和采空区抽放瓦斯，不受回采工作面开采的时间限制。

② 钻场一般处于主要岩石巷道中，相对减少了巷道维修工程量，同时对于抽放设施的施工和维护也较方便。

(2) 钻场设在开采层顶板岩巷。多用于抽放上邻近层瓦斯。根据中梁山煤矿的应用，如图 1-68 所示，同样是开采 2 号煤层时抽放 1 号煤层瓦斯，与在开采层内布孔的方式相比，抽放效果大大提高，巷道工程量并不增加多少，只是石门稍向煤层顶板延伸即可，由于石门之间有相当间距，因而要使钻孔有效抽放 2 个石门间的瓦斯，每一钻场的钻孔应采用多排扇形布置。

上述各种布孔方式，都是只针对一个采面考虑，并且基本均是打仰角孔，这是受原有的试验和应用条件所限，认为：一是抽放钻孔的有效抽放范围不是太大；二是俯角孔易积水而影响抽放瓦斯效果。

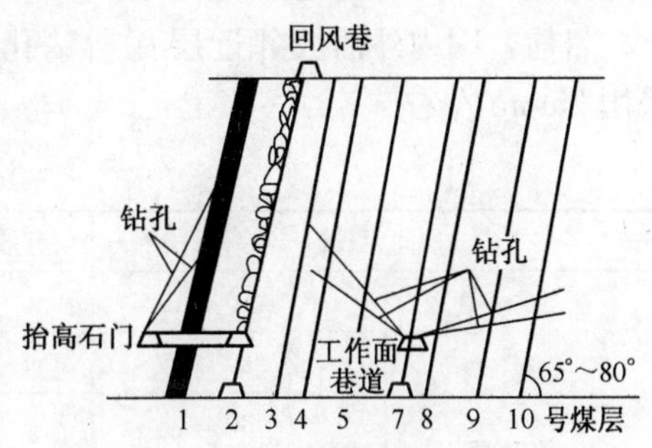

图 1-68　中梁山煤矿南矿井抽放上下邻近层瓦斯的钻孔布置

近些年来，国内部分矿井在钻孔抽放邻近层瓦斯方面取得了一些新的成效，对钻孔布置有所改进。例如鸡西矿务局城子河矿西斜井进行了用钻孔集中抽放多区段邻近层瓦斯的试验，较好地解决了工作面回采过程中的瓦斯问题。松藻矿务局打通一矿为提高下邻近层瓦斯的抽放效果，除继续采用层外巷道上向孔抽放下邻近层瓦斯外，又进行煤层层内巷道下向孔抽放下邻近层瓦斯的试验，使采面的下邻近层瓦斯抽放率由72%提高到 92.5%，达到近距离下邻近层瓦斯抽放率的高水平。通过鸡西城子河矿、松藻矿务局打通一矿的试验和实践，为我国提供了一种抽放邻近层瓦斯的新方法。

2. 钻孔布置的主要参数

1) 钻孔间距

确定钻孔间距的原则是工程量少，抽出瓦斯多，不干扰生产。阳泉一矿以采煤工作面的瓦斯不超限，钻孔瓦斯流量在 0.005m^3/min 左右、抽出瓦斯中甲烷浓度为 35%以上作为确定钻孔距离的原则。煤层的具体条件不同，钻孔的距离也不同，有的在 30m～40m 之间，有的可达 100m 以上。应该通过试抽，然后确定合理的距离。一般说来，上邻近层抽放钻孔距离大些，下邻近层抽放的钻孔距离应小些；近距离邻近层钻孔距离小些，，远距离的大些。通常采用钻孔距离为 1 倍～2 倍的层间距。根据国内外抽放情况，钻场间距多为 30m～60m，如表 1-32 所列。一个钻场可布置一个或多个钻孔。

此外，如果一排钻孔不能达到抽放要求，则应在运输水平和回风水平同时打钻抽放，在较长的工作面内，还可由中间平巷打钻。

2) 钻孔角度

钻孔角度是指它的倾角（钻孔与水平线的夹角）和偏角（钻孔水平投影线和煤层走向或倾向的夹角）。钻孔角度对抽放效果关系很大。抽放上邻近层时的仰角，应使钻孔通过顶板岩石的裂隙带进入邻近层充分卸压区，仰角太大，进不到充分卸压区，抽出的瓦斯浓度虽然高，但流量小；仰角太小，钻孔中段将通过冒落带，钻孔与采空区沟通，必将抽进大量空气，也会大大降低抽放效果。如图 1-69 所示，下邻近层抽放时的钻孔角度没有严格要求，因为钻孔中段受开采影响而破坏的可能性较小。

3）钻孔直径

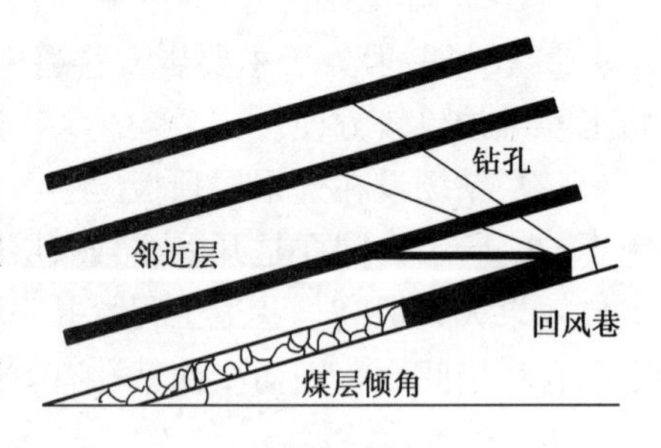

图1-69 抽放上邻近层瓦斯回风巷钻孔布置图

抽放邻近煤层瓦斯的钻孔的作用主要是作引导卸压瓦斯的通道。由于抽放的层位不同，钻孔长度不等，短的只有十多米，长的数十米，而一般钻孔瓦斯抽放量只是$1m^3/min \sim 2m^3/min$左右，少数达$4m^3/min \sim 5m^3/min$，因此，孔径对瓦斯抽出量影响不大，无需很大的孔径，即可满足抽放的要求（表1-32）。

目前，国内外抽放邻近层瓦斯钻孔直径，一般都采用75mm左右。

表1-32 钻孔间距经验值

层间距/m		有效抽放距离/m	可抽距离/m	合理孔距/m
上邻近层	10	30～50	10～20	16～24
	20	40～60	15～25	20～28
	30	50～70	20～30	27～36
	40	60～80	25～35	32～41
	60	80～100	35～45	42～50
	80	100～120	45～55	50～60
下邻近层	10	25～45	10～15	12～24
	20	35～55	15～20	18～32
	30	45～60	20～25	23～41
	40	70～90	30～35	36～50
	80	110～130	50～60	54～63

4）钻孔抽放负压

开采层的采动使上下邻近层得到卸压，卸压瓦斯将沿层间裂隙向开采层采空区涌出。在布置有抽放钻孔时，抽放钻孔与层间裂隙形成网形并联的通道，在自然涌出的状态下，卸压瓦斯将分别向钻孔及裂隙网涌出，若对钻孔施以一定负压进行抽放，则有助于改变瓦斯流动的方向，使瓦斯更多地流入钻孔。如阳泉二矿东四尺井抽放负压由4.2kPa提高到9.4kPa时，瓦斯抽放量由$20.61m^3/min$提高到$27.9m^3/min$，当负压提高到15.4kPa时，抽放量达$31.1m^3/min$；由于该井基本上都是邻近层瓦斯抽放，因此可以看出，提高抽放负压对提高邻近层瓦斯抽放的作用效果还是明显的。实际抽放中，应针对各矿的具体条件，在保证一定的抽出瓦斯浓度条件下，适当地提高抽放负压。一般孔口负压应保持在6.7kPa～13.3kPa以上。国外多为13.3kPa～26.6kPa。

（三）巷道抽放

巷道抽放主要是指在开采层的顶部处于采动形成的裂隙带内，挖掘专用的抽瓦斯巷道（高抽巷），用以抽放上邻近层的卸压瓦斯。巷道可以布置在邻近煤层或岩层内。抽瓦斯巷道分走向抽放巷和倾斜抽放巷2种，如图1-70～图1-72所示。图1-71中沿走向间隔230m～240m布置了多条高抽巷，一与二高抽巷中间布置2个直径200mm的大直径钻孔。

这种抽放方式是在我国采煤机械化的发展、采煤工作面长度的加长、推进速度的加快、开采强度的加大，以及回采过程中瓦斯涌出量骤增、原有的钻孔抽放邻近层瓦斯方式已不能完全解决问题的情况下，开始试验和应用的，并取得了较好效果，它具有抽放量大、抽放率高等特点，目前已在不少矿区扩大试验和推广应用。

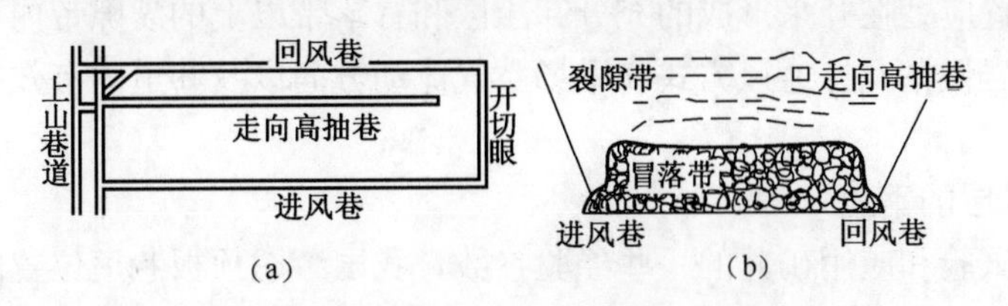

图 1-70 走向高抽巷布置图

(a) 平面；(b) 剖面。

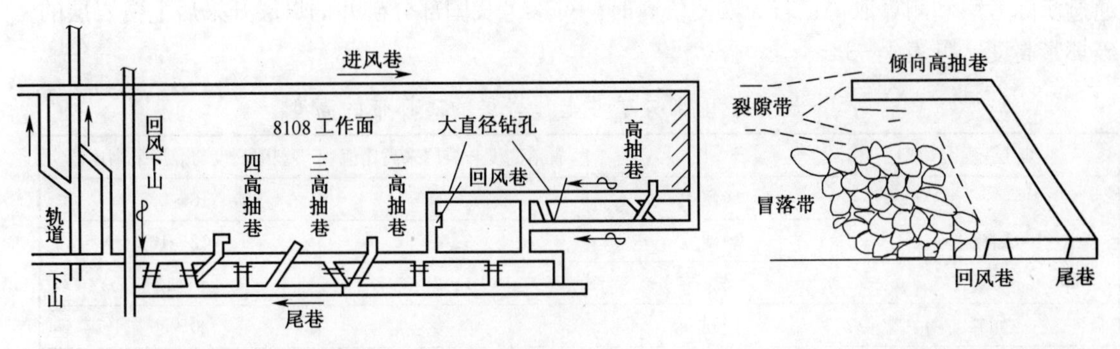

图 1-71 阳泉五矿 8018 综放面平面布置图

图 1-72 倾向高抽巷剖面布置图

1. 走向高抽巷抽放上邻近层瓦斯

抽放邻近层瓦斯效果的好坏，高抽巷的层位选择非常重要，首先应考虑的因素是应处于邻近层密集区（或邻近层瓦斯涌出密集区），且该区位煤岩体裂隙发育，在抽放起作用时间内不易被岩层垮落所破坏。一般来讲，走向顶板岩石高抽巷布置太低，处于冒落带（或称垮落带）范围内，在综放工作面推进后很快即能抽出瓦斯，但也很快被岩石冒落所破坏与采空区沟通，抽放瓦斯为低浓度采空区瓦斯。如果布置层位太高，则工作面采过后，顶板卸压瓦斯大量涌向采场空间，高抽巷截流效果差，抽放不及时，即使能够抽出大量较高浓度的瓦斯，也对解决工作面瓦斯涌出超限问题效果较差，不能保证工作面生产安全。因此走向高抽巷既保证能大量抽出瓦斯，又能在工作面推进过后保持相当一段距离不被破坏，从而保证尽最大能力抽出邻近层瓦斯。

2. 倾斜高抽巷抽放上邻近层瓦斯

倾斜式顶板岩石抽放巷道是与工作面推进方向平行，在尾巷沿工作面倾斜方向向工面上方爬坡至抽放层后，再打一段平巷抽放上邻近层瓦斯。倾斜高抽巷抽放上邻近层瓦斯，工作面一般应采用 U+L 形通风方式。倾斜高抽巷抽放瓦斯的巷道数量可根据抽放巷道有效抽放距离和工作面开采走向长度确定，以适应工作面上邻近抽放层地质条件的变化。

倾斜高抽巷抽放上邻近层瓦斯方法与钻孔法相比，在抽放效果上有如下特点：

(1) 巷道开凿时可以避免因顶冒落而出现的岩层破坏带，可以以曲线方式进入抽放层，能减少空气的漏入，防止被错动岩层切断而堵实，达到连续抽放瓦斯的目的。

(2) 巷道是开在邻近层内的，比钻孔穿过煤层揭露面积大，有利于引导煤层卸压瓦斯进入抽放系统。

(3) 巷道比钻孔的通道面积大，可以减少阻力、便于瓦斯流动。

3. 顶板抽放巷道的主要参数

影响顶板巷道抽放瓦斯效果的因素是多方面的，关键是巷道在空间上的位置。原则上讲，合理的巷道位置应处在开采形成的充分卸压区和冒落带以上的裂隙带内，同时要结合邻近层的赋存和层间岩性情况、通风方式和采场空气流动方向以及巷道的有效抽放距离、布置方式等综合考虑。

1）巷道离开采层的垂距

根据国内部分试验和应用矿井的一些经验参数，我国考虑顶板巷道位置的原则是，要布置在冒落带之上的裂隙带内，并尽可能设在上邻近层内，这样既有利于抽放邻近层卸压瓦斯，也可降低掘进费用。为此，各矿都应确切掌握不同开采煤层的冒落带和裂隙带的范围，通过实际考察和测算取得；若无实测资料时，可参考我国部分矿井的煤层开采后上覆岩层的破坏带高度，见表1-33。

表1-33　我国部分矿井上覆岩层的破坏带的高度

煤层倾角	岩　性	冒落高度与煤层采高比值	裂隙高度与煤层采高比值
缓倾斜	坚硬	5～6	18～28
	中硬	3～4	12～16
	软	1～2	9～12
倾斜	坚硬	6～8	20～30
注：冒落高度和裂隙带高度均从煤层顶板算起			

2）巷道在工作面倾斜方向的投影距离

国外都是对走向顶板抽放巷而言的，国内采用的方式除走向顶板巷外，还有倾向顶板巷，后者就要考虑巷道伸入工作面的距离，两种方式的顶板巷道都是靠近工作面回风侧的，这主要是考虑了采场通风的空气流动。任何一种采场通风方式，都会有一部分空气流经采空区而再经回风巷排出，而沿着空气流动的方向，在采空区内瓦斯浓度将逐渐增高。我国目前采面的通风方式，多数是U形通风方式的一进一回或再加上一条尾巷的一进二回方式，这样靠近回风巷的采空区内容易积聚高浓度的瓦斯。顶板巷道处在开采层上部的裂隙带内，随着采动的作用，巷道周围的裂隙不断扩展，会与邻近煤层和采空区连通，所以顶板巷道抽放时，除主要截抽上邻近层卸压瓦斯外，也还可能抽出一部分采空区瓦斯，尤其是低层位的巷道。若巷道靠近进风侧，则抽进的基本上是漏入空气，势必降低抽放效果，相反，巷道靠近回风侧，则对抽放瓦斯有利。

目前国内走向顶板巷基本都是处于工作面回风侧的1/3或更近。倾向顶板巷主要在阳泉采用，巷道伸入工作面的距离一般为40m～50m，还不到工作面长度的1/3。

因此，顶板巷道沿倾向的位置，可取靠近回风侧为工作面长度的1/3为上限，其下限应按卸压角划定的界线再适当地向工作面以里延伸一点。

3）巷道离工作面开切眼的距离

采面回采后顶板不会沿切眼垂直往上冒落，而是有一个塌陷角。在塌陷角以外的区域属未卸压区，因此，顶板巷道应位于塌陷角以里，这样才能有效地抽放卸压瓦斯。走向顶板巷的终端和第一倾向顶板巷的位置应按此确定。

阳泉矿务局按下式计算：

$$s=h/\tan\gamma \tag{1-87}$$

式中　s——顶板巷距工作面开切眼的距离，m；

h——顶板巷离开采层的垂距，m；

γ——塌陷卸压角，(°)。

阳泉一矿 s 值取 35m～40m。

4）顶板巷道的有效抽放距离

在我国采用走向顶板巷抽放瓦斯的矿井，都是只布置一条，对巷道的有效抽放距离虽未作专门考察，但从对邻近层瓦斯抽放率看，都是较高的。阳泉五矿在采面长 150m～180m 的条件下，抽放率可达 90%以上，说明巷道抽放的有效距离至少在 100m 以上。再从倾向顶板巷看，在阳泉开采 15 号层时可达 280m 以上。阳泉矿务局不同煤层开采时的倾向顶板巷的间距见表 1-34。

5）巷道规格

我国多数矿井的顶板抽瓦斯巷道断面取 $4m^2$，基本满足了掘进时的通风、行人、运料和打钻的要求，有的矿井对巷道也进行了简易的支护，对巷道口的密闭都采取了强化措施，包括密闭墙四周深掏槽、两道墙间黄土填实和墙喷浆封闭等。

表 1-34　倾向顶板巷的间距

矿井和煤层	倾向顶板巷间距/m
一矿 3 号煤层	200～250
一矿 12 号煤层	150～170
五矿 15 号煤层	230～240

四、采空区瓦斯抽放

采空区瓦斯的涌出，在矿井瓦斯来源中占有相当的比例，这是由于在瓦斯矿井采煤时，尤其是开采煤层群和厚煤层条件下，邻近煤层、未采分层、围岩、煤柱和工作面丢煤中都会向采空区涌出瓦斯，不仅在工作面开采过程中涌出，并且工作面采完密闭后也仍有瓦斯继续涌出。一般新建矿井投产初期采空区瓦斯在矿井瓦斯涌出总量中所占比例不大，随着开采范围的不断扩大，相应地采空区瓦斯的比例也逐渐增大，特别是一些开采年限久的老矿井，采空区瓦斯多数可达 25%~30%，少数矿井达 40%~50%，甚至更大。对这一部分瓦斯如果只靠通风的办法解决，显然是增加了通风的负担，而且又不经济。通过国内外的实践，对采空区瓦斯进行抽放，不仅可行，而且也是有效的。

目前采空区瓦斯抽放已成为几种主要方法之一，特别是国外，都非常重视这类瓦斯的抽放，抽出的瓦斯量在总抽放量中占有较大的比重，如德国及日本均达 30%左右。目前，我国开始注意采空区瓦斯的抽放，逐步将其纳入矿井综合抽放瓦斯的一个方面加以考虑。

（一）抽放方法

采空区瓦斯抽放方式（法）是多种多样的，其划分方法为：

按开采过程来，可分为回采过程中的采空区抽放和采后密闭采空区抽放。

按采空区状态，可分为半封闭采空区抽放和全封闭采空区抽放。

按采空区瓦斯抽放方式，分为钻孔抽放法和巷道抽放法。

1. 钻孔抽放法

（1）利用在开采层顶板中掘的巷道向采空区顶部施工钻孔进行抽放，终孔高度不小于 4 倍～5 倍采高。

（2）回风巷或上阶段运输巷一段距离（20m～30m）向采空区冒落拱顶部施工钻孔进行瓦斯抽放。

（3）回风巷向工作面顶板开凿专门钻场，迎着工作面的方向向冒落带上方施工顶板走向钻孔进行抽放（采），钻孔平行煤层走向或与走向间有一个不大的夹角。

（4）采空区距地表不深时，也可以从地表向采空区打钻孔进行抽放。

2. 巷道抽放法

（1）利用上阶段回风水平密闭接瓦斯管路进行抽放。

（2）专门掘瓦斯尾巷或高抽巷，通过瓦斯尾巷或高抽巷接瓦斯管路进行抽放。

（二）采空区瓦斯抽放的布置形式及特点

1. 开采煤层顶板走向钻孔瓦斯抽放（采）

通过施工顶板走向钻孔进行瓦斯抽放，切断了上邻近层瓦斯涌向工作面的通道，同时对采空区下部赋存的瓦斯起到拉动作用，改变了采煤工作面上隅角瓦斯积聚区的流场分布，在采空区流场上部增加汇点，使瓦斯通过汇点流出。

1）钻场的施工

在开采煤层工作面上风巷每隔 100m 左右施工一个钻场，为了使钻孔开孔能够布置在岩层相对稳定的层位中，钻场在上风巷下帮拨门按 30°向上施工，距开采煤层顶板 5m 后变平，再施工 4m 平台。钻场巷道的底板为开采煤层的顶板，为钻孔提供相对稳定的开孔位置。

2）钻孔的施工

为了使钻孔能够布置在相对稳定的层位中，并能在切顶线前方不出现钻孔严重变形和垮孔现象，根据冒落带、裂隙带的发育高度，决定钻孔的终孔布置在裂隙带的下部、冒落带的上部。钻孔深度为 130m～150m，钻孔终孔高度位于煤层顶板向上 15m～20m 左右，倾斜方向在工作面上出口向下 3m～30m 左右。钻孔布置如图 1－73 所示。

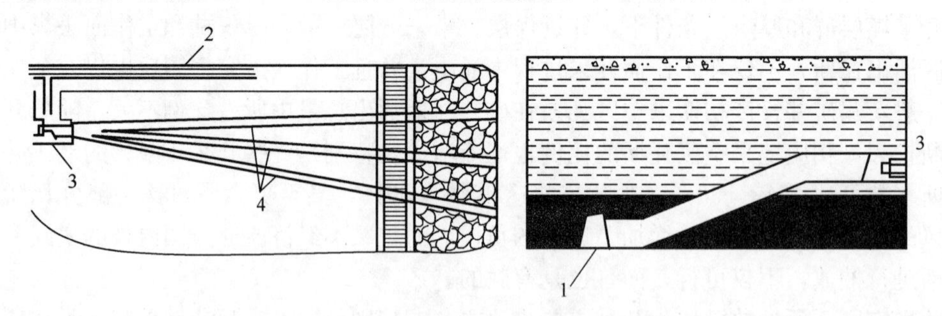

图 1－73　开采煤层顶板走向钻孔布置

1—回风巷；2—抽放管；3—钻场；4—钻孔。

此种抽放（采）方法尚需解决以下问题：一是顶板走向钻孔过地质破碎带时的施工问题；二是采煤工作面在钻场接替期间由于瓦斯抽放量降低，从而造成回风流瓦斯超限问题。

2. 高抽巷瓦斯抽放

在开采煤层采煤工作面阶段上山沿走向方向先施工一段高抽巷平巷，与工作面回风水平距离内错 15m～20m，然后起坡施工至距开采煤层顶板 15m～20m 左右变平，再施工至工作面走向边界。通过在高抽巷外口打密闭墙穿管抽放采空区积存的瓦斯。高抽巷的布置如图 1－74 所示。

高抽巷施工时应注意以下问题：一是高抽巷的层位要处于采空区裂隙带内，此处透气性好，又处于瓦斯富集区，能抽到高浓度瓦斯；二是高抽巷的水平投影距回风巷的水平投影距离要控制在 15m～20m，封闭墙范围内，距离过近，巷道漏气严重，距离过远，抽放巷道端头不处在瓦斯富集区，抽放效果不好；三是高抽巷要封闭严实，保证不漏气，施工时要做到

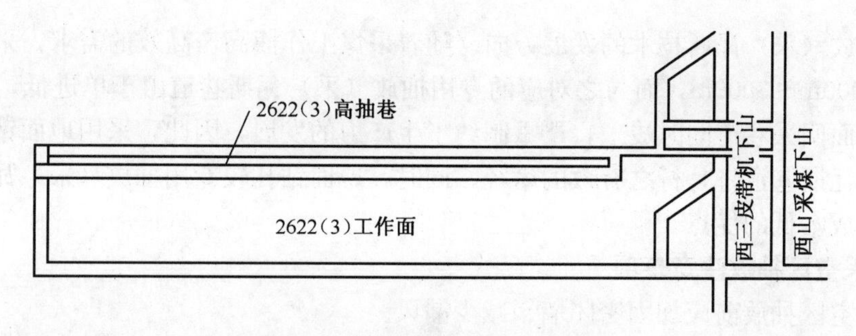

图 1-74　高抽巷瓦斯抽放示意图

封闭墙周边掏槽，见硬帮、硬底，并要施工双层封闭，双层封闭之间距离大于 0.5m，并注浆充填；四是抽放（采）口位置距离封闭墙里墙面要大于 2m，高度应大于巷道高度的 2/3，抽放（采）口应设有不能进入杂物的保护设施。高抽巷抽放解决了顶板走向钻孔抽放（采）方法中钻场接替期间抽放效果较差的难题，是解决采空区瓦斯涌出的有效途径。它主要适用于无煤层自燃发火或发火期较长的回采工作面。

3. 后退式老塘埋管瓦斯抽放

将抽放瓦斯管路通过上风巷预先埋在紧靠上风侧的采空区里，当抽放管埋入工作面老塘 20m 时，将新埋的管路与抽放系统合茬，即管路每 40m 切换一次。通过抽放（采）使积聚在采空区上隅角的瓦斯在没有进入回风流前被抽出。

采煤工作面采用后退式老塘埋管方法进行抽放瓦斯，瓦斯抽放浓度为 8%～30%，瓦斯抽放混合流量为 $20m^3/min \sim 40m^3/min$，取得了较好的效果。

4. 尾抽巷瓦斯抽放（采）

根据回采工作面巷道布置状况，在工作面回采初期利用尾抽巷来抽放瓦斯。在尾抽巷预设瓦斯抽放（采）管路，当工作面开始回采前，在尾抽巷构筑封闭墙，墙上要留管子孔。封闭墙要严密不漏风。当工作面开始回采时，即可利用预设的抽放管路合茬进行抽放。

5. 利用贯通上阶段切眼与下阶段上风巷进行瓦斯抽放

当工作面推进至上阶段工作面开采切眼 30m 时，在工作面上风巷施工一条煤巷与上阶段工作面开采切眼进行贯通。当工作面推进至该巷道位置时，利用上阶段上风巷封闭墙处预埋的瓦斯管路进行抽放（采）。通过采用该方法，能有效地解决工作面上隅角的瓦斯问题。

6. 向冒落拱上方打钻抽放

钻孔孔底应处在初始冒落拱的上方，以捕集处于冒落破坏带中的上部卸压层和未开的煤分层或下部卸压层涌向采空区的瓦斯，如图 1-75 所示。

这种抽放方式，有的可以抽出较高浓度的瓦斯，钻孔的单孔瓦斯流量可达 $2m^3/min \sim 4m^3/min$ 左右，可使采区瓦斯涌出量降低 20%～35%。

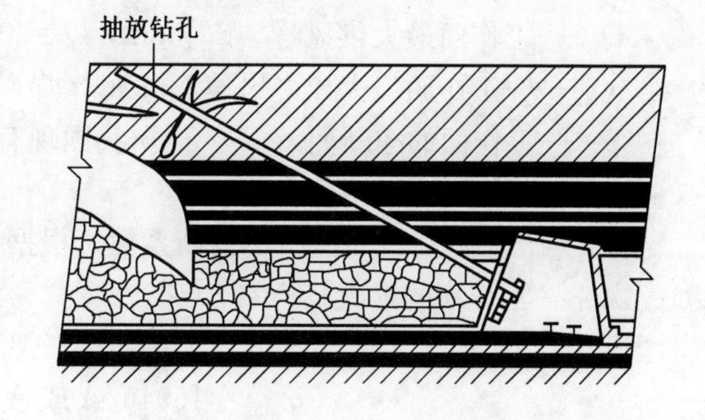

图 1-75　向冒落拱上方打钻孔抽放采空区的瓦斯示意图

7. 地面钻孔抽放法

地面钻孔抽放采空区瓦斯，在国外应用的多些，这种抽放瓦斯的钻孔布置方式，在国内部分矿井试验和应用过，抽放的效果还是好的。就发展趋势而言，地面钻孔抽放（采）瓦斯必将成为抽放（采）瓦斯技术的发展方向。随着采煤工作面高产高效的需求，采煤工作面走向增大至2000m～3000m，而与之对应的专用抽放（采）瓦斯巷道由于单进低，不可能做到与采煤工作面回采巷道同时竣工，严重制约了生产力的发展，因此，采用地面钻孔替代专用抽放（采）瓦斯巷道将是行之有效的途径。同时，地面钻孔较专用抽放（采）瓦斯巷道有施工速度快、成本低的优点。

（三）采空区抽放注意事项

（1）采空区抽放前应加固密闭墙、减少漏风。

（2）抽放时要及时检查抽放负压、流量、抽放瓦斯成分与浓度，发现问题及时调整。

（3）发现一氧化碳浓度有异常变化时，说明有自然发火倾向，应立即停止抽放，采取防范措施。

五、综合抽放瓦斯

随着煤矿机械化水平的提高，以及综采放顶煤开采方法的应用，由于开采强度的大幅度提高，开采层（包括围岩）、邻近层、采空区等的瓦斯涌出量也急剧增加，有的工作面瓦斯涌出总量超过$100m^3/min$，这样大的瓦斯涌出量，使原有的抽放方式、方法已不能消除工作面的瓦斯威胁。为了实现高产高效矿井（工作面）的安全生产，要求抽瓦斯技术有一个新的突破，而解决高产高效矿井（工作面）的高瓦斯涌出问题的方法只能是实行综合抽放瓦斯。

1. 瓦斯涌出量与工作面产量的关系

由于在《煤矿安全规程》中规定了工作面允许的最高风速和工作面回风允许的最大瓦斯浓度，因而工作面所能担负的瓦斯涌出量是有限的。在当前工作面普遍采用U形通风方式的条件下，工作面通风所能担负的最大瓦斯涌出量可由下式确定：

$$q_{max}=CQ/(100K_H)=0.6CS\upsilon_{max}/K_H \quad (1-88)$$

或

$$q'_{max}=864CS\upsilon_{max}/K_H \cdot A \quad (1-89)$$

式中 q_{max}——通风所能担负的工作面最大绝对瓦斯涌出量，m^3/min；

q'_{max}——通风所能担负的工作面最大相对瓦斯涌出量，m^3/t；

C——工作面回风流中允许的最大瓦斯浓度，%，我国《煤矿安全规程》对此作了具体规定；

Q——工作面最大供风量，m^3/min，$Q=60S\upsilon_{max}$；

υ_{max}——工作面最大允许风速，m/s，《煤矿安全规程》规定为4m/s；

S——工作面的净断面，m^2，根据我国现有综放面的支架类型，工作面的最大净断面不超过$6.5m^2$；

K_H——工作面瓦斯涌出不均衡系数，根据一些矿务局的测定，取$K_H=1.4$；

A——工作面的最大日产量，t/d。

当取$C=1\%$时，将上述各参数代入式（1-89），得

$$q'_{max}=16046/A \text{ 或 } A=16046/q'_{max} \quad (1-90)$$

当取$C=1.5\%$时，有

$$q'_{max}=24069/A \text{ 或 } A=24069/q'_{max} \quad (1-91)$$

根据式（1-90）及式（1-91），可计算出通风担负工作面最大相对瓦斯涌出量时间最大日产量计算结果，见表1-35。当瓦斯涌出量超过表1-35中值时，必须用抽放瓦斯等专

门措施来解决综放工作面回风流瓦斯超限问题。

表 1-35　工作面最大日产量与允许的最大相对瓦斯涌出量对照表

工作面产煤量/(t/d)		1000	1500	2000	2500	3000	6000	10000
工作面最大相对瓦斯涌出量/(m/t)	C=1.0%	16.0	10.7	8.0	6.4	5.3	2.7	1.6
	C=1.5%	24.1	16.0	12.0	9.6	8.0	4.0	2.4

表 1-35 所列数据是按工作面极限供风量计算的，但对我国许多矿井而言，由于矿井通风能力、通风系统以及防治煤炭自燃的限制，工作面供风量往往达不到极限供风量，因而对高产高效工作面来说，为了确保其高产量，不但在高瓦斯矿井，而且在某些低瓦斯矿井也需要进行抽放瓦斯。

2. 抽放瓦斯对提高工作面产量的作用

抽放瓦斯是降低通风排放的瓦斯量的根本措施，也是减小瓦斯因素对工作面产量的制约作用的基本手段。

当工作面的实际相对瓦斯涌出量 q 大于 q'_{max} 时，必须采取抽瓦斯措施才能保证其最大日产量 A，且要求瓦斯抽放率应为

$$\eta=100\ (q-q'_{max})\ /q \tag{1-92}$$

将式（1-90）及式（1-91）代入，经整理后得

$$A=1604600/(100-\eta)q \tag{1-93}$$

及

$$A=2406900/(100-\eta)q \tag{1-94}$$

从式（1-93）和式（1-91）可知，在相同的相对瓦斯涌出量条件下，瓦斯抽放率越高，瓦斯因素允许的工作面日产量越大。在相同的瓦斯抽放率时，随着相对瓦斯涌出量的增大，允许的日产量将急剧减小。

表 1-36 给出了 C=1.0%，不同相对瓦斯涌出量和不同瓦斯抽放率条件下瓦斯因素允许的工作面最大日产量值。表中粗黑线以上的区域为高产高效工作面能达到年产 100t 的区域。

表 1-36　不同 q 与 η 时的工作面最大日产量 A

工作面最大相对瓦斯涌出量/(m/t)	瓦斯抽放率 η/%								
	0	10	20	30	40	50	60	80	90
2	8023	8914	10029	11461	13372	16046	20057	40115	80230
4	4012	4457	5014	5731	6686	8023	10029	20057	40115
6	2674	2971	3343	3820	4457	5349	6686	13372	26743
8	2006	2229	2507	2865	3343	4012	5014	10029	20057
10	1605	1783	2006	2292	2674	3029	4011	8023	16046
15	1070	1189	1337	1528	1783	2139	2674	5349	10697
20	802	891	1003	1146	1337	1605	2006	4011	8023
30	535	594	669	746	891	1070	1337	2674	5349
40	401	446	501	573	669	802	1003	2006	4011
50	321	357	401	458	535	642	802	1605	3029

瓦斯抽放率的大小除与抽放工艺参数有关外，主要取决于工作面的瓦斯来源。根据目前抽瓦斯技术水平，当工作面瓦斯主要来自开采煤层时，其瓦斯抽放率一般为 20%～30%，

个别情况可达50%，在这种条件下，实现年产100万t时的工作面相对瓦斯涌出量应小于$6m^3/t \sim 10m^3/t$；当工作面瓦斯主要来源于邻近层时，抽放率一般可达50%～80%，实现年产100万t时的工作面相对瓦斯涌出量应小于$10m^3/t \sim 20m^3/t$。

六、瓦斯抽放设计及施工

（一）矿井瓦斯抽放设计

1. 设计基础参数和资料

加强瓦斯抽放参数（抽放量、抽放浓度、负压、正压、大气压、温度）测定，有条件的矿井可安装自动检测系统；人工测定时，泵房内每小时测定1次，井下干管、支管每周测定1次。抽放量要统一用大气压101.325kPa，温度为20℃标准状态下的数值。

抽放瓦斯矿井必须有下列图纸和技术资料：

（1）抽放瓦斯矿井必须有完备的设计和生产管理图纸，包括抽放瓦斯系统图、泵站平面与管网（包括闸门、安全装备、检测仪表等）布置图和抽放钻场及钻孔布置图等。

（2）必须做好各种运行记录、报表、台账和报告等的填报与整理工作，其中，记录类主要包括抽放工程和钻孔施工记录，抽放参数测定记录和泵房值班记录等；报表类主要包括抽放工程年、季、月报表，抽放量年、季、月报表等；台账类主要包括抽放设备台账、抽放（采）工程台账、抽放（采）量台账等；报告类主要包括矿井和采区抽放工程设计文件及竣工报告、瓦斯抽放总结与分析报告等。

2. 矿井瓦斯抽放设计的原则及内容

1）瓦斯抽放管路布置的原则

当一个矿井需要抽放瓦斯时，就需要在井上、下敷设完整的管路系统，以便将瓦斯抽出并输送至地面或特定地区。在选择抽放管路系统时，应根据抽放钻场的分布，巷道布置形式，利用瓦斯的要求，以及发展规划等状况，综合加以考虑，尽量避免和减少以后在主干系统上的频繁改动。因此，瓦斯抽放管路系统的选择是矿井瓦斯抽放工作的一项重要工作，同时直接影响整个矿井的安全生产和职工的生命安全。为此，在瓦斯抽放管路系统选择中必须满足下列原则：

（1）瓦斯抽放管路要敷设在弯曲最少、距离最短的巷道中。

（2）瓦斯抽放管路应安装在不易被矿车或其他物体撞坏的巷道或位置上。

（3）当抽放设备或管路一旦发生故障时，抽放管路内的瓦斯应不至于流进采掘工作面。

（4）应考虑运输、安装和维修工作上的便利性。

此外，井下敷设瓦斯抽放管路时还需注意以下问题：

（1）瓦斯管路须涂防腐剂，以防锈蚀。

（2）管路底部应垫木垫，垫起高度不低于30cm，以防底膨胀损坏管路。

（3）倾斜巷道的瓦斯管路，用卡子将管子固定在巷道支架上，以免下滑。在倾角28°以下的巷道中，一般应每隔15m～20m设一个卡子固定。

（4）管路敷设要求平直，避免急弯。

（5）主要运输巷道中的瓦斯管路架设高度不得小于1.8m。

（6）管路敷设时，要求坡度尽量一致，避免高低起伏，低洼处需安装放水器。

（7）新敷设管路要进行气密性检查。

地面敷设管路时，除符合井下管路有关要求外，尚需符合如下要求：

(1) 冬季寒冷地区应采取防冻措施。

(2) 瓦斯主管路距建筑物的距离大于5m，距动力电缆大于1m，距水管和排水沟大于1.5m，距铁管路大于4m，距木电线杆大于2m。

2) 矿井瓦斯抽放设计的内容

(1) 选择瓦斯抽放方法。

(2) 确定瓦斯抽放管路路线及瓦斯抽放管路的附属装置。

(3) 合理选择钻机并进行钻孔设计。

(4) 选择瓦斯管道的直径、管材、强度。

(5) 计算抽放管路的总阻力。

(6) 选择瓦斯泵及安全装置。

(二) 瓦斯抽放钻孔及施工

1. 钻探工具

1) 钻机的类别

目前煤矿井下常用的钻机类别主要有杭州钻探机械厂的SGZ系列、煤炭科学研究总院西安分院生产的MK系列及煤炭科学研究总院重庆分院生产的ZYG系列等。

2) 钻机的性能

各种钻机的性能见表1-37。

表1-37 钻机性能参数

名称	型号	生产厂家	主要参数及性能
钻机	SGZ—IA/B	杭州钻探机械制造厂	钻孔深度150m；钻杆直径42mm；立轴行程400mm；电动机功率11kW
	SGZ—100	杭州钻探机械制造厂	钻孔深度100m；钻杆直径42mm；立轴行程400mm；电动机功率11kW
	SGZ—IIIA	杭州钻探机械制造厂	钻孔深度300m；钻杆直径42mm；立轴行程400mm；电动机功率15kW
	MK—3	煤炭科学研究总院西安分院	直径42mm钻杆150m，直径50mm钻杆100m；钻杆直径42和50mm；给进行程650mm；油箱容积85L；电动机功率150kW
	MK—5A	煤炭科学研究总院西安分院	钻孔深度400m；钻杆直径50mm；给进行程1200mm；油箱容积94L；电动机功率30kW
	MKD—5	煤炭科学研究总院西安分院	钻孔深度100m；钻杆直径73mm；给进行程600mm；油箱容积94L；电动机功率30kW
	ZYG—150	煤炭科学研究总院重庆分院	钻孔深度100m～150m；钻杆直径50mm；给进行程720mm；油箱容积150L；电动机功率37kW

3) 钻机的构造及优缺点

(1) MK、ZYG系列钻机。

主要用途：主要用于煤矿井下钻进地质勘探孔、抽放瓦斯孔、注水孔及其他工程用孔，既适用硬质合金钻进，又可使用冲击器进行冲击—回转钻进。

钻机由主机、泵站和操作台三部分组成，其中主机由回转器、夹持器、给进装置、机架组成，泵站由电动机、油泵、油箱组成。

该系列钻井具有结构合理、技术先进、转速范围宽、工艺适应性强、操作省力、安全可靠、解体性好、搬运方便等优点。

(2) SGZ系列钻机。

主要用途：适用于工程钻孔和地质勘探取芯钻孔，该机机身小，尤其适应于水电钻廊道内和煤矿井下作业。

结构由动力机和主机两部分组成。其主机有离合器、变速箱、卷扬机、回转器、机架和液压系统等。回转器采用合箱式。立轴给进操作阀设有停止、上升、下降3个位置。节流阀全部打开时，立轴全速下降；全部关闭时，立轴停止不动。

优点：通过液压控制，可调节给进速度和给进力，还可控制液压卡盘的松紧，操作方便、安全、省力，钻进速度较高，此外，液压给进装置还可作起重机用。煤巷施工边抽边掘钻孔，挪移安装方便。

缺点：给进行程短，操作费力。

2. 钻孔设计

1) 钻孔直径的确定

钻孔直径大，钻孔暴露煤的面积亦大，则钻孔瓦斯涌出量也较大。根据测定结果表明，钻孔直径由73mm提高到300mm，钻孔的暴露面积增大至4倍，而钻孔的抽放（采）量增加到2.7倍。钻孔直径应根据钻机性能，施工速度与技术水平、抽放瓦斯量、抽放半径等因素确定，目前一般采用抽放瓦斯钻孔直径为60mm～110mm。

2) 钻孔深度的确定

根据实测结果表明，单一钻孔的瓦斯抽放量与其孔长基本成正比关系，因此在钻机性能与施工技术水平允许的条件下，尽可能采用长钻孔以增加抽放量和效益。目前高突掘进工作面一般使用SGZ－I型钻机，掘进迎头的钻孔深度可施工16m～20m，巷道两帮钻场内的钻孔深度可施工50m；高瓦斯回采工作面一般使用MK系列钻机，钻孔深度可施工150m。

3) 钻孔有效排放半径的确定

通过钻孔抽放瓦斯时，经过规定的时间后，以钻孔为中心的近似圆柱形区域内的煤层瓦斯压力和含量会降到安全允许值，此圆柱区域的横切面半径称为钻孔有效排放半径。钻孔有效排放半径主要根据钻孔排放瓦斯的目的来确定。如果为了防突，应使钻孔有效范围内的煤体丧失瓦斯突出能力；如果为了防瓦斯浓度超限，应使钻孔有效范围内的煤体瓦斯含量或瓦斯涌出量降到通风可以安全排放的程度。因此钻孔排放瓦斯半径可根据瓦斯压力或瓦斯流量的变化来确定，根据测定，钻孔有效排放半径一般为0.5m～1.0m，钻孔的有效抽放半径一般为1.0m～2.0m。

4) 钻孔间距的确定

钻孔孔底间距应小于或等于钻孔有效排放半径的2倍，抽放时间短而煤层透气性系数低时取小值，否则取大值，参考值如表1-38所列。

表1-38　钻孔间距选用参考值表

煤层透气性系数/($m^2/MPa^2 \cdot d$)	钻孔间距/m
$<10^{-3}$	—
10^{-3}～10^{-2}	2～5
10^{-2}～10^{-1}	5～8
10^{-1}～10	8～12
>10	>10

3. 钻孔施工

1) 瓦斯抽放钻孔施工注意事项

(1) 钻孔要严格按照标准的孔位及施工措施中

规定的方位、角度、孔深进行施工，严禁擅自改动。

（2）安装钻杆时应注意以下问题：

①先检查钻杆，应不堵塞、不弯曲、丝扣未磨损，不合格的严禁使用。

②连接钻杆时要对准丝扣，避免歪斜和漏水。

③装卸钻头时，应严防管钳夹伤硬质合金片、夹扁钻头和岩芯管。

④安装钻杆时，必须在安好第一根后，再安第二根。

（3）钻头送入孔内开始钻进时，压力不宜太大，要轻压慢转，待钻头下到孔底工作平稳后，再逐渐增大压力。

（4）采用清水钻进时，开钻前必须供水，水返回后才能给压钻进，不准钻干孔，孔内岩粉多时，应加大水量，切实冲好孔后方可停钻。

（5）钻进过程中要准确测量距离，一般每钻进 10m 或换钻具时必须量一次钻杆，以核实孔深。

（6）钻进过程中的注意事项如下：

①发现煤壁松动、片帮、来压、见水或孔内水量、水压突然加大或减小以及顶钻时，必须立即停止钻进，但不得拔出钻杆。

②钻孔透采空区发现有害气体喷出时，要停钻加强通风并及时封孔。

③钻孔钻进时出现瓦斯急剧增大、顶钻等现象时，要及时采取措施进行处理。

（7）临时停钻时，要将钻头退离孔底一定距离，防止煤岩粉卡住钻杆；停钻 8h 以上时应将钻杆拉出来。

（8）出钻具时的注意事项如下：

①提钻前，要丈量机上余尺。

②提钻前，必须用清水冲孔，排净煤、岩粉。

2）钻孔施工中常见安全事故

钻孔施工中常见安全事故有：在钻孔施工过程中发生夹钻、埋钻事故；在钻孔施工过程中发生煤与瓦斯突出事故；在钻孔施工过程中由于电气设备失爆失保而造成电气伤人事故；钻孔施工作业场所由于片帮冒顶而造成伤人事故；钻孔施工作业人员由于操作钻机不熟练而造成钻杆搅人及牙钳伤人事故；在钻孔施工过程中由于排屑不及时，孔内出现冒烟、着火等。

3）钻孔施工安全措施

为了防止钻孔施工过程中发生瓦斯超限事故，钻孔施工作业场所必须要有良好的通风，并安设瓦斯自动报警断电仪。对于瓦斯涌出量大的作业场所，钻孔必须装有防止瓦斯大量泄出的防喷装置，实行“边钻边抽”。

在钻孔施工过程中，必须安置专职瓦斯检查员，加强对钻孔施工处的瓦斯等气体的检查，严禁瓦斯超限作业，施工作业人员在钻孔施工过程中还必须佩带便携式瓦斯自动报警仪。为了防止在钻孔内发生瓦斯燃烧、爆炸和熏人事故，采用风力排屑时，必须保证钻孔排屑畅通，施工地点必须配备足够数量的灭火器材。采用水力排屑时，钻孔直径应比钻杆直径大 50％以上，并在钻孔施工过程中，严禁用铁器敲砸钻具。

为了防止在钻孔施工过程中发生煤和瓦斯突出事故，在突出煤层中打钻时，钻孔施工时必须用厚度不小于 50mm 的木板一次性背严背实迎头，并在背板外侧用直径不小于 180mm 的圆木（不少于 2 根）紧贴背板打牢，圆木向上插入顶板不得少于 200mm，向下插入底板不得少于 300mm，在钻孔施工过程中，若发现有突出预兆及异常现象时，测气员和施工负责人要迅速地将所有人员撤至安全地带，同时切断该巷道内所有电气设备的电源，并及时向矿总工程师、矿调度所及有关单位汇报，待经过处理和瓦斯等有害气体的浓度恢复正常后，方可继续施工。

为了防止钻孔施工作业场所发生片帮冒顶事故，必须加强钻孔施工作业场所及周围巷道的支护，严禁空帮空顶。

为了防止在钻孔施工过程中发生电气伤人事故，施工钻孔的所有电气设备的防爆质量必须符合《煤矿安全规程》中的有关规定，加强电气设备的检查与维护，严禁电气设备失爆失保，确保设备完好，另外施工钻孔的电气设备的电源必须和作业场所的局部通风机和瓦斯探头实行风、电和瓦斯、电闭锁。

为了防止在钻孔施工过程中发生机械伤人事故，施工钻孔前，必须将钻机摆放平稳，打牢压车柱，吊挂好风水管路及电缆。钻孔施工过程中，钻杆前后不准站人，不准用手托扶钻杆，所有施工人员要将工作服穿戴整齐，佩戴好护袖或将袖口扎牢。

钻孔施工过程中，操作人员要按照钻机操作规程和钻孔施工参数要求精心施工，严格控制钻进速度，钻机不得在无人看管的情况下运转，人工取下钻杆及加钻杆过程中，钻机的控制开关必须处在停止位置，严禁违章作业。为了防止在钻孔施工过程中发生煤尘事故，在钻孔施工过程中，采用风力排屑时，必须要采取内喷雾或外喷雾等有效的灭尘措施。

4. 钻孔的封孔

1）瓦斯抽放钻孔的封孔方法

瓦斯抽放钻孔的封孔应满足密封性能好、操作方便、速度快、材料便宜等要求。对成孔效果好、服务期不长的钻孔可用机械式封孔器（施工方便，封孔器可重复使用）；对于煤岩强度不高、封孔深度较长的钻孔可用充填材料封孔。封孔长度，岩石孔一般不少于 2m～5m，煤孔一般不少于 4m～10m。

（1）机械式封孔器封孔。机械式封孔器形式较多，但是基本结构相似，目前较常用的是 CPW－II 型矿用封孔器。使用时将封孔器送入钻孔内，然后用高压水管向封孔器里注水，使之产生径向膨胀将钻孔封闭。此种封孔适用于成孔效果较好的钻孔，若用于成孔效果不好的钻孔时，由于钻孔形状难以保持规则的圆形及孔壁破碎，封孔效果往往不好。

（2）充填材料封孔。充填材料封孔用于钻孔形状规则或不规则的岩孔和煤孔中，充填材料封孔方法主要有水泥、沙浆封孔和聚氨酯封孔等。

聚氨酯封孔具有密封性好、硬化快、质量轻、膨胀性强的优点。它由甲、乙两组药液混合而成，甲组药液占总质量的 37.52%，乙组药液占总质量的 62.48%。封孔时，按比例将甲、乙两组药液倒入容器内混合搅拌 1min，当药液有原来的黄色变为乳白色时，将混合液倒在塑料编织带上并缠在抽放管上送入钻孔，经 5min 开始发泡膨胀，逐渐硬化成聚氨酯泡沫塑料，它在自由空间内约膨胀 20 倍，在钻孔内可借此膨胀性能将钻孔密封。此种封孔方法的缺点是不适宜于封孔要求较深的钻孔。

水泥、沙浆封孔目前主要借助于 KFB 型矿用封孔泵进行封孔，封孔材料为水泥、水和沙子。封孔时首先在钻孔内插入套管，同时在孔壁与套管之间插入一根注浆管，为了提高封孔质量，防止注浆时有气泡产生，还要插入一根排气管，然后用高压软管将注浆管与注浆泵连接。此种封孔方法的主要优点是封孔深度不受限制，适宜于封孔要求较深的钻孔。

2）钻孔封孔注意事项

（1）封孔前必须清除孔内煤、岩粉。

(2) 封孔时需下套管，套管可采用钢管或抗静电硬质塑料管。

(3) 封孔时先把套管固定在钻孔内，固定方法可采用木塞或锚固剂等，套管要露出孔口100mm～150mm。

(4) 用封孔器封仰角时，操作人员不得正对封孔器，以防封孔器下滑伤人。

(三) 瓦斯抽放管路及计算

1. 瓦斯抽放系统布置

瓦斯抽放管路系统主要由主管、分管、支管和附属装置组成，其中主管是用于抽排或输送整个矿井或采区的瓦斯；分管是用于抽排或输送一个采区或一个阶段的瓦斯；支管是用于抽排或输送一个回采工作面或掘进区的瓦斯；附属装置主要包括用于调节、控制、测量管路中瓦斯浓度、流量、压力等的装置和用于防爆炸、防回火、防空管及防水等安全装置。

井下瓦斯抽放管网的布置形式，具有较大的灵活性，可根据矿井的开拓部署和生产巷道的变化不同而不同。因此，在满足管路系统选择原则的前提下，应视各抽放矿井的具体条件而定。

2. 瓦斯抽放管径、管材、强度的选择及计算

1) 瓦斯管直径

瓦斯管直径选择得恰当与否对抽放瓦斯系统的建设投资及抽放效果均有影响。直径太大，投资就多；直径过细，阻力损失大。故一般采用下式计算，并参照抽放（采）泵的实际能力使之留有备用量，同时尚需考虑运输和安装的方便。

$$D=0.1457\sqrt{Q/V} \tag{1-95}$$

式中 D——瓦斯管内径；

Q——管内气体混合流量，m^3/min；

V——管内气体经济合理平均流速，取 $V=$（5～15）m/s。

矿井瓦斯管路直径，在采区工作面内一般选用100m～150mm，大巷的干管选用150m～250mm，井筒和地面选用250m～400mm。

2) 瓦斯管道管材

瓦斯管管材一般选用国家定型产品，如热轧无缝钢管、冷拔无缝钢管和焊接钢管等。另外，也可采用钢板卷制，壁厚为3mm～6mm，并需进行0.2MPa～0.5MPa的水压试验，合格后方可使用。抗静电塑料管、玻璃钢管和纳米管，由于其较钢管轻、耐腐蚀、成本低，近年使用逐渐增多。

瓦斯管接头，多半采用法兰盘连接，现在也有部分使用煤科总院抚顺分院研制的快速接头连接。

3) 瓦斯管道强度

抽放（采）瓦斯管内的压力，一般较管材的强度低得多，但考虑到在运输、安装和使用过程中，可能出现碰撞、挤压、被砸等现象，故对其强度也要有一定的要求。鉴于目前尚无统一的标准，因此，多取排水管强度的数据。

4) 瓦斯管路阻力计算

管路阻力计算方法和通风设计时计算矿井总阻力一样，即选择阻力最大的一路管路，分别计算各段的摩擦阻力和局部阻力，累加起来计算整个管道系统的总阻力。

各段的摩擦阻力可用下式计算：

$$H_m=Q^2\gamma L/KD^5 \tag{1-96}$$

式中　H_m——瓦斯管道的摩擦阻力，Pa；

L——管道的长度，m；

D——瓦斯管内径，cm；

γ——混合气体对空气的相对密度，$d_c=1-0.00446C$；

Q——管内混合气体的流量，m^3/h；

K——系数，见表1-39；

C——管内混合气体中瓦斯浓度的百分值。

表1-39　管路系数 K 值

管径/cm	3.2	4.0	5.0	7.0	8.0	10.0	12.5	15.0	>15.0
K	0.050	0.051	0.053	0.056	0.058	0.063	0.068	0.071	0.072

局部阻力一般不进行个别计算，而是以管道总摩擦阻力的10%～20%作为局部阻力。管道的总阻力为

$$H_j=(1.1\sim1.2)\sum H_f \tag{1-97}$$

式中　H_f———各段管道的摩擦阻力，Pa。

3. 瓦斯抽放管路的附属装置

1）阀门

在瓦斯管路（主管、分管、支管）上和钻场、钻孔的连接处，均需安设阀门。主要用来调节与控制各个抽放点的抽放负压、瓦斯浓度、抽放量等；同时，修理和更换瓦斯管时可关闭阀门，切断通路。常用的阀门为截止阀和闸阀。

2）测压嘴

在瓦斯主管、分管、支管以及钻孔连接装置上均应设置测压嘴，以便经常观测管内压力。多数矿井都是在安装管路之前预先焊上测压嘴。测压嘴的高度一般小于100mm，其内径4mm～10mm，平常用密封罩罩住或用细胶管套紧捆死，以防漏气。

测压嘴还可作为取气样孔，取出气样进行气体成分分析或测其瓦斯浓度。

3）钻孔连接装置

钻孔（钻场）与管路相连的部分称连接装置，连接装置所用的胶管多选用输气胶管和吸水胶管。

4）放水器

抽放瓦斯管路工作时，不断有水积存在管路的低洼处，为减少阻力保证管路安全有效地工作，应及时排放积水。因此在瓦斯抽放管路中每200m～300m最长不超过500m的低洼处应安设一只放水器。

常用的放水器如图1-76所示。管道正常抽瓦斯时，打开阀门1，关闭阀门2、3，管道里的水流入水箱。放水时，关闭阀门1，打开阀门2、3，将水排出箱外。

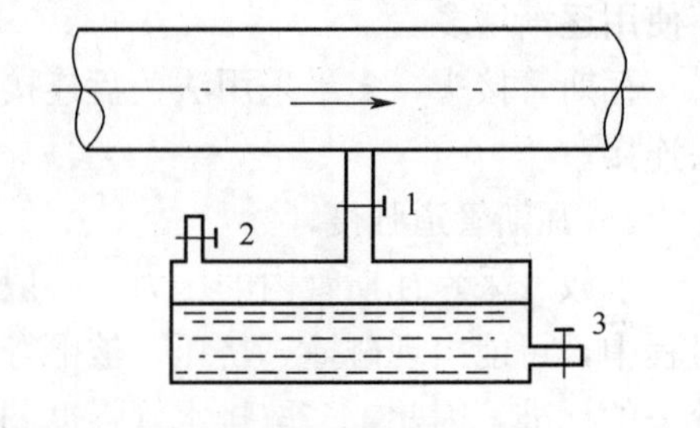

图1-76　人工放水器

1、3—放水阀门；2—空气阀门。

（四）瓦斯抽放设备及安全装置

瓦斯抽放系统主要由瓦斯泵、管路、闸阀、流量计、安全装置等组成。

根据抽放系统的位置及使用时间，可分为井下移动抽放系统和地面永久抽放系统。

1. 瓦斯抽放泵站

1）地面固定式瓦斯抽放泵房

地面固定式瓦斯抽放泵房设施应符合下列要求：

（1）地面泵房必须用规定的不燃性材料建筑，并必须有防雷电装置。其距进风井口和主要建筑物不得小于 50m，并用栅栏或围墙保护。

（2）地面泵房和泵房周围 20m 范围内，禁止堆积易燃物和有明火。

（3）抽放瓦斯泵及其附属装置，至少应有 1 套备用。

（4）地面泵房内电气设备、照明和其他电气仪表都应采用矿用防爆型，否则必须采取安全措施。

（5）泵房必须有直通矿调度室的电话和检测管道瓦斯浓度、流量、压力等参数的仪表或自动监测系统。

（6）干式抽放瓦斯泵吸气侧管路系统中，必须装设有防回火、防回气和防爆炸作用的安全装置，并定期检查，保持性能良好。抽放瓦斯泵站放空管的高度应超过泵房房顶 3m。

泵房必须有专人值班，经常检测各参数，做好记录。当抽放瓦斯泵停止运转时，必须立即向调度室报告。如果利用瓦斯，则在瓦斯泵停止运转后和恢复运转前，必须通知使用瓦斯的单位，取得同意后，方可供应瓦斯。

2）井下临时抽放瓦斯泵站

设置井下临时抽放瓦斯泵站时，应遵守下列规定：

（1）临时抽放瓦斯泵站应安设在抽放瓦斯地点附近的新鲜风流中。

（2）泵站安装地点巷道的高度、长度、宽度等应符合安装瓦斯泵的参数要求，巷道支护情况应良好，以免瓦斯泵长期运转过程中遇到巷道出现异常变形后而搬迁设备，影响抽放工作。泵站安装时，应考虑其使用期限，若使用时间较长，应同时安装有同等型号的备用瓦斯泵，便于工作泵出现故障时及时切换。瓦斯泵的安装要符合运转平稳、供排水系统齐全、噪声小的原则。

（3）抽出的瓦斯可引排到地面、总回风巷或分区回风巷，但必须保证稀释后风流中的瓦斯浓度不超限。在建有地面抽放系统的矿井，临时泵站抽出的瓦斯可送至永久抽放系统的管路内，但必须使矿井抽放系统的瓦斯浓度符合有关规定。

（4）抽出的瓦斯排入回风巷时，在抽放管路出口处必须设置栅栏、悬挂警戒牌等。栅栏设置的位置是上风侧距管路出口 5m、下风侧距管路出口 30m，两栅栏间禁止任何作业。

（5）在下风侧栅栏外必须设甲烷检测报警仪，巷道风流中瓦斯浓度超限报警时，应断电、停止抽放瓦斯，进行处理。

2. 瓦斯泵及安全装置

1）瓦斯泵

常用的瓦斯泵有水环真空泵、离心式鼓风机和回转式鼓风机。水环真空泵的特点是真空度高、负压大、安全性好（工作室内充满介质，不会发生瓦斯爆炸），适用于抽出量较小、管路较长和需要抽放负压较高的矿井；离心式鼓风机负压低，适用于抽出量大（$20m^3/min$～$1200m^3/min$）、管路阻力不高（4kPa～5kPa）的矿井；回转式鼓风机的特点是管道阻力变化时，瓦斯泵的流量几乎不变，所以供气均匀、效率高，缺点是噪声大、检修复杂。

由于水环真空泵安全性好，抽放负压大，所以使用较为广泛。

瓦斯泵的选择原则与选择通风机相似，一是瓦斯泵的容量必须满足矿井瓦斯抽放期间所预计的最大瓦斯抽放量；二是瓦斯泵所产生的负压能克服抽放瓦斯管道系统的最大阻力，并在钻孔口造成适当的抽放负压；三是抽放瓦斯浓度低于25%的矿井，不得选用干式瓦斯抽放设备。

瓦斯泵的选型计算包括泵的流量和压力两个主要方面。

瓦斯泵的流量计算：

$$Q_{泵}=100Q_{抽}\ K/C \tag{1-98}$$

式中 $Q_{泵}$——瓦斯泵的流量，m^3/min；

$Q_{抽}$——预计的最大瓦斯抽出量，m^3/min；

C——瓦斯泵入口的瓦斯浓度，%；

K——备用系数，取1.2。

瓦斯泵的压力计算：瓦斯泵的压力就是要克服瓦斯从井下钻孔口起，经瓦斯管路到抽放（采）泵，再送到用户或放空所产生的全部阻力损失，即

$$h_{泵}=h_{阻}+h_{孔} \tag{1-99}$$

式中 $h_{泵}$——瓦斯泵的压力；

$h_{阻}$——管道总阻力；

$h_{孔}$——要求孔口抽放负压。

上述泵压是指泵站距用户小于5km、混合瓦斯流量不超过$50m^3/min$时，输气压力一般不超过10kPa的条件下，由瓦斯泵直接送至用户而进行计算的。

根据计算的瓦斯泵所需要流量和压力，即可按泵的特性曲线选择瓦斯泵。

常用瓦斯泵的优缺点及适用条件：

(1) 水环式真空泵的优缺点及适用条件。水环式真空泵的优点是真空度高；结构简单，运转可靠；工作叶轮内有水环，没有爆炸危险。它的缺点是流量较小；正压侧压力低；轴等部件磨损较大。主要适用于瓦斯抽出量较小、管路较长和需要抽放负压较高的矿井或区域；适用于瓦斯浓度变化较大，特别是浓度较低的矿井，因为安全性高。

由于水环真空泵安全性好，抽放负压大，所以使用较为广泛。目前较常用的水环式真空泵主要为武汉特种水泵厂和佛山水泵厂生产的2BE1系列水环式真空泵，它的性能规格见表1-40。

表1-40 2BE1系列水环式真空泵性能规格表

型号	转速/(r/min)	轴功率/kW	最低吸入绝压/mbar	气量/(m^3/h)				泵重/kg
				吸入绝压60mbar	吸入绝压100mbar	吸入绝压200mbar	吸入绝压400mbar	
				饱和空气	饱和空气	饱和空气	饱和空气	
2BE1－203	1170	39	33	1230	1270	1320	1290	410
2BE1－253	880	75	33	2600	2700	2850	2800	890
2BE1－303	790	115	33	3920	4100	4200	4130	1400
2BE1－353	660	154	33	5380	5700	5880	5700	2000
2BE1－355	660	160	160	6200	6260	6600	6680	2200
2BE1－405	565	236	160	8600	9000	9500	9650	3400
2BE1－505	472	310	160	11800	12250	12750	13150	5100
2BE1－605	398	428	160	16500	17100	17900	18250	7900
2BE1－705	330	590	160	23500	24400	25600	26000	11500

(2) 回转式瓦斯泵的优缺点及适用条件。回转式瓦斯泵的优点是抽放流量不受阻力变化的影响；运行稳定，效率较高，便于维护保养；在同功率、流量与压力条件，瓦斯泵价格为离心式瓦斯泵的50%左右。它的缺点是检修工艺要求高，叶轮之间以及与机壳之间间隙必须适当，间隙过小，易摩擦发热，间隙过大，漏气大，效率降低；运转中噪声大；压力高时，气体漏损较大，磨损较严重。它适用于流量要求稳定而阻力变化大和负压较高的抽放瓦斯矿井；可以同时兼作负压抽放与正压送气矿井。

(3) 离心式瓦斯泵的优缺点及适用条件。离心式瓦斯泵的优点是运转可靠，不易出故障；运行稳定，供气较均匀；磨损小，寿命长；流量高，噪声低。它的缺点是价格高、效率低；两台瓦斯泵并联运转性能较差。它适用于瓦斯抽出量大（$20m^3/min \sim 1200m^3/min$）、管道压力不高（4kPa～5kPa）的瓦斯抽放矿井。

(4) 2BE1系列瓦斯泵常见故障分析与处理，见表1-41。

表1-41　2BE1系列瓦斯泵常见故障分析与处理

故 障	原 因	处理方法
启动困难	1. 较长时间停机，泵内生锈 2. 填料太干、太硬 3. 启动水位过高 4. 皮带过紧	1. 用手扳动泵转子数次，除锈 2. 松开填料，注入石墨润滑脂或更换填料 3. 检查自动排水阀 4. 适度松弛皮带
轴功率增大	1. 填料压得过紧 2. 吸入侧吸入固体颗粒 3. 叶轮被脏物卡住 4. 泵内生锈 5. 结垢或淤积 6. 工作液超过规定量 7. 排气压力增高	1. 放松填料压盖，使填料函有水如线流出 2. 定期清洗泵，在吸入管路中增设滤网 3. 拆泵清除污物，返修摩擦面 4. 检查泵体材料与工作介质是否相适应，必要时更换泵体 5. 用盐酸冲洗，必要时拆泵清理，或用软水作工作液 6. 控制水量，按规定量贡供水 7. 检查排气管路，阀门直径是否过小
气量减少	1. 间隙不适应，泄漏量太大 2. 内部泄漏 3. 分配板、阀板有缺陷 4. 自动排水阀泄漏 5. 填料密封泄漏 6. 吸入侧泄漏 7. 工作水过少或工作水温过高	1. 检查泵间隙是否太大，必要时车短泵体 2. 拆开泵检查密封面密封材料的稳定性，如已失效，应重新密封 3. 更换分配板、阀板 4. 更换阀球 5. 稍拧紧填料压盖 6. 检查观察孔盖、吸入法兰、进气、进水管路密封 7. 增大供水量，降低工作水温
轴承部位发热	1. 电机、减速机、泵安装不对中 2. 轴承安装不当 3. 润滑不良，油脂干涸或太多 4. 轴承被锈蚀，滚道划伤 5. V形轴封圈与轴承内压盖压得过紧	1. 重新对中 2. 重新调整轴承位置 3. 改善润滑条件 4. 更换轴承 5. 适当调整V形圈的位置，减轻压力

2) 安全装置

(1) 流量计。为了全面掌握与管理井下瓦斯抽放情况，应经常测定钻场、支管和总管的瓦斯流出量。

测量管道中气体流量的方法很多，常用的有孔板流量计、浮子流量计和煤气表等，孔板流量计比较简单、方便，目前矿井一般采用孔板流量计，如图1-77所示。

孔板流量计要安装在管道的直线段内，孔板前后最好有5m以上的直线段，孔板圆孔与管道要同一圆心，端面与管道轴线垂直安装。

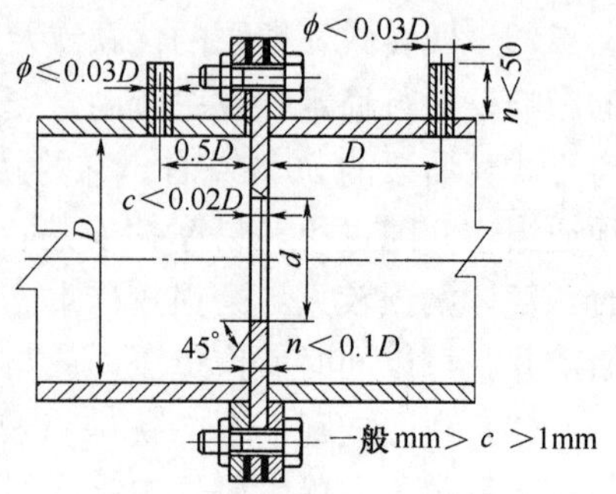

图1-77　孔板流量计

(2) 防回火网。防回火网如图1-78所示，它是由五层不生锈的铜丝网（网孔约0.5mm）构成，装在地面泵站附近管道内。它的作用是一旦泵站附近发生瓦斯燃烧或爆炸事故时，火焰与铜丝网接触时，由于网的散热作用，使火焰不能透过铜网，从而切断火焰的蔓延。

(3) 水封防爆箱。水封防爆箱如图1-79所示，装在瓦斯泵进口附近。正常工作时井下瓦斯由进气管1进入，从水内流出，再由排气管3通往瓦斯泵。一旦泵站、泵体内或排气管发生瓦斯爆炸，爆炸波冲进箱体，将安全盖6冲开，爆炸波消失。同时箱内的水可以阻隔爆炸火焰向进气管方向的传播。

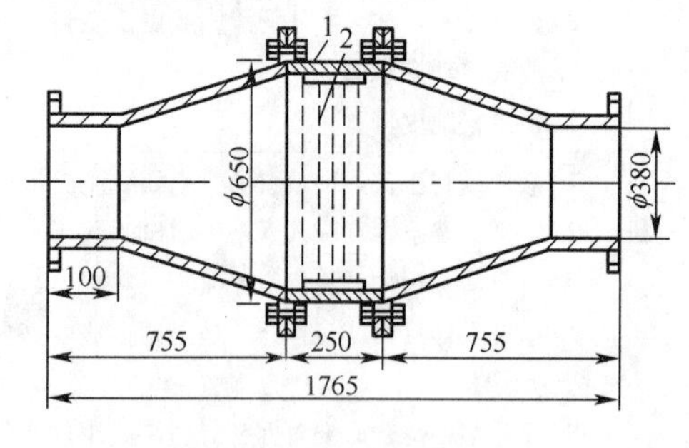

图1-78　防回火网

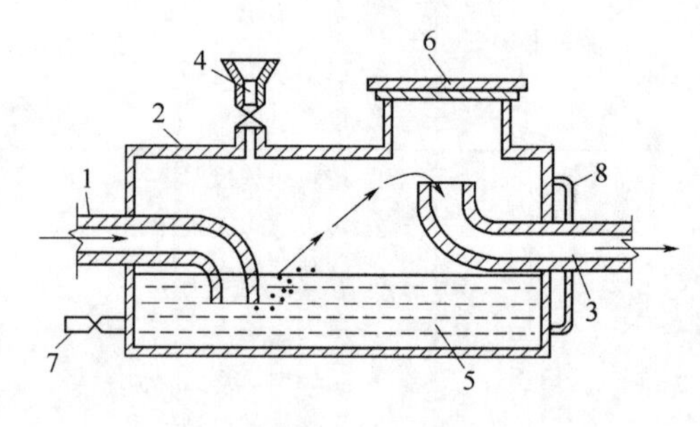

图1-79　水封防爆箱

1—进气管；2—箱体；3—排气管；4—注水管；5—水；6—安全盖；7—放水口；8—玻璃管水位表。

(4) 放水器。

(5) 放空管、避雷管。放空管设在瓦斯泵的进气端和排气端，其作用是当瓦斯泵发生故障或检修时，将进气端放空管打开，以使井下瓦斯继续排放。当瓦斯利用系统管路发生故障时，将泵的排气端放空管打开，以使泵正常抽放。为了安全，放空管高度应高出瓦斯泵房3m以上，并远离其他建筑物。为了避免雷击引燃放空瓦斯，放空管顶部应设避雷针。

七、矿井瓦斯抽放管理

（一）瓦斯抽放工安全责任制

1. 瓦斯抽排管路检查工（测量工）安全责任制

(1) 管路检查工每天要检查一次抽放系统，保证所到之处抽放系统完好、管路畅通。当发现管路故障时，要立即处理并汇报。

(2) 管路检查工要及时回收各处所有材料，做到不乱丢乱放。

(3) 管路检查工如需进入栅栏内工作，必须携带便携式甲烷报警仪，两人前后同行，并随时检查巷道内瓦斯等气体，气体超过规定时，应停止进入。

(4) 防止瓦斯机受潮和在井下打开瓦斯机进行检查修理。

(5) 经常清理和润滑抽放瓦斯管路的阀门，以确保阀门使用灵活。

(6) 未经批准，不得任意调整主干管路的抽放负压。

(7) 抽放系统的检查与维护的主要工作有：

①检查抽放泵的运转情况，及时处理存在问题。

②检查抽放管路有无漏气。

③检测各抽放地点的抽放参数。

④对抽放管路上的放水装置及时放水。

(8) 做到抽放管路无破损、无泄漏、无积水，抽放管路要吊高或垫高，离地高度不小于0.3m。

2. 瓦斯抽放泵站司机安全责任制

(1) 瓦斯抽放泵站司机必须熟悉、掌握抽放设计要求及抽放设备、管路情况。

(2) 严格按照泵站操作规程上岗操作。

(3) 上岗前要带齐瓦斯机、记录本等工器具，并每小班记录一次抽放浓度、抽放负压、孔板压差等参数，确保数据可靠。

(4) 认真做好运转设备的循环检查工作，及时排放放水器内的积水，保证管路畅通，发现问题及时汇报处理。

(5) 负责保管泵站内的所有仪器仪表，做到现场交接班。

(6) 瓦斯泵启动前，必须认真检查电机与泵体之间的对轮是否有阻力现象，只有无明显阻力时，方可做启动准备。

(7) 启动前，必须先打开进气端管路的控制阀门。

(8) 打开供水闸阀，观察泵体两端有无滴水现象，以成滴为度。

(9) 当泵体内的水量达到轴线高度时，方可送电启动。

(10) 调节供水阀门，使供水量接近或满足要求。

(11) 瓦斯泵电机发热时，严禁用水对其进行冷却。

(12) 瓦斯泵运转时，不得用手、脚触摸泵体旋转部位，或坐、靠在旋转部位。

(13) 测量时，不得用嘴吸出测气胶管内的积水，当胶管内的积水较大时，采取措施进行处理后，方可测量。

(14) 当瓦斯浓度测量完毕后，要将测气胶管放置正确、不漏气。

(15) 防止瓦斯机受潮和在井下打开瓦斯机进行检查修理。

(16) 泵站放水器内的积水经疏放后，要关紧放水器的控制闸阀。

(17) 气水分离器端的放水管要放在水池（水沟）处，不得随便挪移。

(18) 停泵时，必须先停泵，后停水，再关闭进出气端的闸阀。

(19) 长期停泵时，必须将泵体内的积水放尽。

3. 钻机工安全责任制

(1) 施工前，要将钻机摆放平稳，打牢压车柱。

(2) 施工过程中，钻杆前后不准站人，不准用手托扶钻杆。

(3) 施工过程中，人员工作服要穿戴整齐，戴好安全帽，系好矿灯，严禁卧躺，不准赤脚或穿拖鞋工作。

(4) 施工过程中，能够正确使用便携式甲烷报警仪，严禁瓦斯超限作业。

(5) 钻机操作应由熟练钻工或带班班长操作，不准坐在电机上或钻机任一部位操作钻机，操作时，袖口要束紧或卷起，不准用脚制动运转皮带。

（6）操作人员要熟知各种钻机的结构、性能及使用方法，不得任意调节钻机的液压控制系统，钻机在出现故障时，不许带病运转。

（7）松紧立轴卡瓦时，应待立轴停止运转后进行。

（8）钻机不得在无人看管的情况下运转。

（9）在钻机正常运行时，不得任意拨动各种联动手柄，如要变速、变向时，必须停车后进行。

（10）人工取下钻杆和装卸水龙头时，钻机的控制开关必须处在停止位置。

（11）钻机未停稳时，人员不得靠近钻杆或跨越钻杆。

（12）禁止在运转的皮带附近更换工作服或做其他工作。

（13）禁止立轴回转时丈量机上残尺或进尺长度。

（14）钻机回次进尺不得超过岩芯管的有效长度。

（15）无岩芯钻进时，发现钻头糊钻、憋泵、转速显著下降时应立即提钻，不得随意加大压力强行钻进。

（16）钻进岩石孔时，发现孔口不返水，应立即提出钻具检查，见煤时要采取压风排渣措施。

（17）钻进煤孔时，要采取压风排渣和除尘措施。

（18）当发生埋钻事故时，在钻机无法安全固定运行的情下，不准用钻机强行起拔钻具。

（19）孔内下套管遇阻时，严禁用钻机硬性冲击。

（20）严禁用钻头扫出孔内丢失钻具。

（21）所有人员不准用眼在孔口附近观看孔内情况，当钻孔仰角超过25°时，不准正对钻机操作。

（22）钻进过程中，工作人员要精力集中，注意观察钻进情况，严格控制钻进速度，随时注意电动机的负荷情况，不得超载，当发生火花、冒烟或转数急剧降低和发热等情况时，立即断开电路进行检查调整。

（二）瓦斯抽放日常管理制度

（1）抽放矿井必须建立、完善瓦斯抽放管理制度和各部门责任制。矿长对矿井瓦斯抽放管理工作负全面责任。矿总工程师对矿井瓦斯抽放工作负全面技术责任，应定期检查、平衡瓦斯抽放工作，解决所需设备、器材和资金，负责组织编制、审批、实施、检查抽放瓦斯工作规划、计划和安全技术措施，保证抽放地点正常衔接和实现“抽、掘、采”平衡。矿各职能部门负责人对本职范围内的瓦斯抽放工作负责。

（2）抽放矿井必须设有专门的抽放队伍，负责打钻、检测、安装等瓦斯抽放工作。

（3）抽放矿井必须把年度瓦斯计划指标列入矿年度生产、经营指标中进行考核。

（4）矿井采区、采掘工作面设计中必须有瓦斯抽放专门设计，投产验收时同时验收瓦斯抽放工程，瓦斯抽放工程不合格的不得投产。

（5）瓦斯抽放系统必须完善、可靠，并逐步形成以地面抽放系统为主、井下移动抽放系统为辅的格局。

（6）抽放系统能力应满足矿井最大抽放量需要，抽放管径应按最大抽放流量分段选配。地面抽放泵应有备用，其备用量可按正常工作数量的60%考虑。

（7）抽放管路应具有良好的气密性、足够的机械强度，并应满足防冻、防腐蚀、阻燃、抗静电的要求；抽放管路不得与电缆同侧敷设，并要吊高或垫高，离地高度不小于300mm。

(8) 抽放管路分岔处应设置控制阀门，在管路的适当部位设置除渣装置，在管路的低洼、钻场等处要设置放水装置，在干管和支管上要安装计量装置（孔板计量应设旁通装置）。

(9) 井下移动抽放泵站应安装在抽放瓦斯地点附近的新鲜风流中，当抽出的瓦斯排至回风道时，在抽放管路排出口必须采取设置栅栏、悬挂警戒牌、安设瓦斯传感器等安全措施。

(10) 抽放泵站必须有直通矿井调度室的电话，必须安设瓦斯传感器。

(11) 抽放泵站内必须配置计量装置。

(12) 坚持预抽、边掘边抽、随采随抽并重原则。

(13) 煤巷掘进工作面，对预测突出指标超限或炮后瓦斯经常超限或瓦斯绝对涌出量大于 $3m^3/min$ 的，必须采用迎头浅孔抽放、巷帮钻场深孔连续抽放等方法。

(14) 采煤工作面瓦斯绝对涌出量大于 $30m^3/min$ 的，必须采用以高抽巷抽放、顶板走向钻孔抽放等为主的综合抽放方法。

(15) 采煤工作面瓦斯绝对涌出量大于 $30m^3/min$ 的，瓦斯抽放率应达到60%以上；瓦斯绝对涌出量达到 $20m^3/min$～$30m^3/min$ 的，瓦斯抽放率应达到50%以上，其他应抽放（采）煤工作面，瓦斯抽放率应达到40%以上。

(16) 尽量提高抽放负压，孔口负压不小于13kPa。

(17) 必须定期检查抽放管路质量状况，做到抽放管路无破损、无泄漏，并按时放水和除渣，各放水点实行挂牌管理，放水时间和放水人员姓名必须填写在牌板上。

(18) 抽放泵站司机要持证上岗，按时检测、记录抽放参数和抽放泵运行状况。

(19) 加强瓦斯抽放基础资料管理。抽放基础资料包括：抽放台账、班报、日报、旬报、月报、季度分解计划、钻孔施工设计与计划、钻孔施工记录与台账等。

(20) 抽放矿井必须按月编制分解瓦斯抽放实施计划（包括瓦斯抽放系统图）。

(21) 抽放矿井每月由矿总工程师牵头组织安监和相关部门参加，检查验收瓦斯抽放量（抽放率）和抽放钻孔量。

（三）钻孔施工参数与瓦斯抽放参数的管理

1. 钻孔施工参数的管理

(1) 钻孔施工人员必须严格按钻机操作规程及钻孔施工参数精心施工，保证施工的钻孔符合设计要求，确保钻孔施工质量。

(2) 钻孔施工人员当班必须携带皮尺、坡度规、线绳等量具。

(3) 钻孔施工前，钻孔施工人员必须按设计参数要求，在现场标定钻孔施工位置，并悬挂好钻孔施工图板。

(4) 钻孔必须在标定位置施工，钻孔倾角、方位、孔深符合设计参数要求，做到定位置、定方向、定深度。钻孔施工时，孔位允许误差±50mm，倾角、方位允许误差±1°；煤层钻孔施工时，中排钻孔孔深允许误差100mm，上排、下排钻孔分别施工至本煤层顶、底板方可终孔，并不得比设计孔深少2m。

(5) 钻孔施工人员必须认真填写好当班的施工记录，记录内容包括孔号、孔深、倾角、钻杆数量及钻孔施工情况等。

(6) 加强钻孔施工验收制度，顶板走向钻孔或底板穿层钻孔终孔时，必须要有验收人员现场跟班验收。

(7) 抽放钻孔必须要有施工和验收原始记录可查。

(8) 钻孔布置应均匀、合理。从岩石面开孔，开孔间距应大于300mm；从煤层面开孔，开孔间距应大于400mm；岩石孔封孔长度不小于4m，煤层孔封孔长度不小于6m；当采用穿层孔抽放时，钻孔的见煤点间距不应超过8m；当采用顺层孔抽放时，钻孔的终孔间距不超过10m。

2. 瓦斯抽放参数的管理

(1) 每个抽放系统必须每天测定一次抽放参数，数据要准确，做到填、报、送及时，测定时仪器携带齐全，并熟知仪器性能及使用方法。

(2) 当采煤工作面距抽放钻场30m时，要每天观测一次钻场距工作面的距离，并保证系统完好。

(3) 使用U形压力计观测数据时，必须保持U形压力计内的液体清洁、无杂物。

(4) 观看压力计时，要将压力计垂直放置，使两柱液面持平。

(5) 安装压力计时，应按规定将压力计的胶管与管道上的压力接孔连接，并使其稳定1min～2min，然后读取压力值。

(6) 在测定流量或负压时，如U形压力计内的液面跳动不止，应检查积水情况，并采取放水措施。

(7) 每次观测后，应将有关参数填写在记录牌上，并保证牌板、记录和报表三对照。

(8) 抽放钻场（钻孔）必须实行挂牌管理。牌板内容为：钻场编号，设计钻孔孔号及其参数（角度、深度），实际施工钻孔参数（角度、深度），各钻孔抽放浓度，钻场总抽放浓度、负压、流量等。

(9) 泵站必须逐步推广自动检测计量系统，井下移动泵站暂不安设自动检测计量系统的，必须安设管道高浓度瓦斯传感器和抽放泵开停传感器。人工检测时，泵站每小时检测1次，井下干管、支管、钻场每天检测1次。

(10) 抽放量的计算要统一用大气压为101.325kPa、温度为20℃标准状态下的数值。自动计量的，通过监控系统打印抽放日报；孔板计量的，每班应计算抽放总量，再根据三班抽放量等情况编报抽放日报。

(11) 抽放台账、班报必须由队长审签；抽放日报由区长、通风副总审签；抽放旬报、月报由总工程师、矿长审签。

八、瓦斯的综合利用

瓦斯是一种优质和清洁能源，其主要成分是甲烷，不同浓度甲烷的发热量如表1-42所列。从表中可以看到，$1m^3$ 的甲烷的发热量相当于1kg～2kg煤的发热量。我国国有煤矿每天涌出的瓦斯高达 $10Mm^3$，如能完全得到利用，相当于年产煤3.7Mt～7.3Mt；同时，瓦斯还是一种强烈的温室效应气体，在过去20年中其强度比 CO_2 高6.3倍。瓦斯综合利用能减少排向大气的瓦斯量，起到减少环境污染、减缓地球变暖的重要作用。因此，抽放瓦斯并加以综合利用将可以得到保证矿井安全生产、开发清洁能源和减少环境污染的三种效果。

表1-42　不同浓度甲烷的发热量

甲烷浓度/%	30	40	50	60	70	80	90	100
发热量/(MJ/m^3)	10.47	14.23	17.79	21.35	24.91	28.47	31.82	35.19

1. 主要产煤国家瓦斯抽放（采）情况

在当今世界各国需要大量能源的情况下，把煤矿瓦斯（煤层气）作为一种能源与煤炭同时开发，已越来越引起各主要产煤国家的高度重视。世界主要产煤国家1986年煤矿瓦斯抽放（采）和利用情况如表1-43所列。

其中，1986年世界上瓦斯抽采量最高的是苏联，达到7500Mm^3；1986年世界上每采1t煤瓦斯抽采量最高的是法国，达到15.38m^3/t；1986年世界上瓦斯利用量最高的是苏联，达到64.5Mm^3；1986年世界上瓦斯抽采利用率最高的是捷克，达到90.6%。1986年中国瓦斯抽采量达到310Mm^3；瓦斯利用量达到150Mm^3；每采1t煤瓦斯抽采量达到0.40m^3/t；瓦斯抽采利用率为48.4%。

表1-43　世界主要产煤国家1986年煤矿瓦斯抽采和利用情况

国家名称	井工煤矿数量	井工矿产量/(Mt/a)	年瓦斯涌出量/Mm^3	年瓦斯抽采量		每采1t煤抽放量		年瓦斯利用量		瓦斯利用率	
				Mm^3	排名	m^3/t	排名	Mm^3	排名	%	排名
苏联	631	430	7500	2120	1	4.93	6	64.5	1	30.4	9
美国	1630	275	4200	260	7	0.44	11	0		0	
中国	550	772	3500	310	4	0.40	15	150	8	48.4	8
波兰	67	192	540	280	8	1.30	9	220	5	88.0	4
英国	209	127.5	2770	510	3	4.00	7	306	3	60.0	7
南非	87	106.7	439	80	11	0.75	12	8	11	105.0	11
澳大利亚	94	8	500	105	10	1.81	8	20	10	19.0	10
捷克	28	41.9	890	265	6	6.32	4	240	4	90.6	1
加拿大	29	22.5	145	26	13	1.16	10	0	0	0	
保加利亚	26	30	168	9	15	0.30	17	0		0	
匈牙利	44	25.7	195	8	16	0.31	16	0		0	
法国	25	19.7	918	303	5	15.38	1	220	6	72.6	6
罗马尼亚	7	18.9	109	14	14	0.74	13	0		0	
日本	11	18	300	225	9	12.50	2	200	7	88.9	2
比利时	7	5.8	390	34	12	5.86	5	29	9	85.30	5
土耳其	11	5	170	3	17	0.6	14	0		0	

2. 瓦斯的利用

抽采的瓦斯除了可以作为民用燃料之外，在工业上还有广泛的应用。

1）工业燃料

工业用瓦斯作燃料主要是烧锅炉。锅炉的热水和蒸汽可供建筑物取暖、冬季井口进风预热、洗浴等用途，也可以用蒸汽驱动设备。燃气锅炉的瓦斯消耗量应按其耗气定额确定。

2）生产炭黑

碳黑是瓦斯在高温下燃烧和热分解反应的产物，它是橡胶、涂料等的添加剂。瓦斯浓度为40%～90%均可生产炭黑，瓦斯浓度越高，炭黑的产率越高，质量越好。实践证明，1m^{3}纯瓦斯可以生产碳黑0.12kg～0.15kg。我国曾经使用过炉法、槽法和混合气法适用矿井瓦斯生产炭黑，其中炉法适用较为普遍。

3）生产甲醛

甲醛广泛用于合成树脂、纤维以及医药等部门。用瓦斯制取甲醛可用一步法和二步法两种。一步法是将瓦斯直接氧化成甲醛；二步法是先将瓦斯制成甲醇，在氧化生成甲醛。

4）煤层气发电

煤层气发电是一项多效益型瓦斯利用项目。它能有效地将矿区采抽的煤层气变成电能，可以方便地输送到各地。不同型号的煤层气发电设备可以利用不同浓度的煤层气。井下抽放煤层气不需要提纯或浓缩可直接作为发电厂燃料，对于降低发电成本，就地解决矿井煤层气是非常重要的。

煤层气发电可以使用直接燃用煤层气的往复式发动机、燃气轮机，也可以使用煤层气锅炉，利用蒸汽透平发电。新的发展趋势是建立联合循环系统，有效利用发电余热。

煤层气发电与其他火电相比，具有明显优点：

（1）对环境的污染小。煤层气由于经过了净化处理，含硫量极低，每亿千瓦时电能排放的二氧化硫为2t，是普通燃煤电厂的千分之一。耗水量小，只有燃煤发电厂的1/3，因而废水排放量减少到最低程度。同时无灰渣排放。

（2）热效率高。普通燃煤蒸汽电厂热效率高限为40%，而燃气－蒸汽联合循环电厂的热效率目前已经达到56%，还有继续提高的可能。

（3）占地少、定员少。燃气－蒸汽联合循环电厂占地只有燃煤蒸汽电厂的1/4，同时由于电厂布置紧凑，自动化程度高，因而用人少。

（4）投资省。单机容量大型化，辅助设备少，燃气－蒸汽联合循环电厂投资不断下降。据美国壳牌公司称，国外联合循环电厂每千瓦投资在400美元左右，而燃煤带脱硫装置的电厂每千瓦投资为800美元～850美元。

5）汽车燃料

以压缩天然气作汽车燃料的车辆，称为CNG汽车，将汽油车改装，在保留原车供油系统的前提下，增加一套专用压缩天然气装置，形成CNG汽车。CNG汽车开发于20世纪30年代的意大利，至今已有近70年的历史。天然气汽车在环境保护、高效节能、使用安全等方面有显著优点，同时它使用灵活，可以切换使用汽油，发展迅速。由于煤层气成分与天然气基本相同，杂质含量甚至更低，因此完全可以作为汽车燃料。

根据政府权威部门提供的数据，以天然气代替汽油作为汽车燃料有明显优点：

（1）清洁环保。与燃油汽车相比，天燃气汽车排放的尾气中一氧化碳减少97%，碳氢化合物减少72%，氮氧化物减少39%。

（2）技术成熟。天燃气汽车技术包括气体净化处理、汽车改装、加气站、天然气储存、汽车检测，国内外完善配套。

（3）安全可靠。天然气储气瓶技术是保障天然气汽车安全可靠的关键，在生产过程经过水压爆破、枪击、爆炸、撞击等多项特殊试验，其他管阀安全系数都在4左右。

（4）经济效益显著。与让燃油汽车相比，天然气汽车可以节约燃料费用30%～50%，还可以降低30%～50%的维修费用。

复习思考题

（1）分别用直接法和间接法测定煤层瓦斯含量时各有什么优点和缺点？

（2）什么是瓦斯风化带？如何确定瓦斯风化带的下部边界深度？确定瓦斯风化带深度有

什么实际意义？

(3) 测定煤层瓦斯压力的封孔方法有哪些？各有何优缺点？封孔测压技术的效果受哪些因素的影响？

(4) 影响采落煤炭放散瓦斯的因素有哪些？

(5) 什么是瓦斯涌出不均系数？

(6) 矿山统计法预测矿井瓦斯涌出量的实质是什么？

(7) 某矿井的月产量为8500t，月工作日为30d，测得该矿井的总回风量为450m^3/min，总回风道瓦斯浓度为0.32%。试求该矿井的绝对瓦斯涌出量和相对瓦斯涌出量。

(8) 甲烷的引火延迟性对煤矿的安全生产的意义是什么？

(9) 采掘工作面防止瓦斯积聚的措施有哪些？

(10) 简述排放停风盲巷积聚瓦斯的方法。

(11) 防止采煤作面上隅角瓦斯积聚的方法都有哪些？

(12) 简述光学甲烷检测仪和热导式甲烷检测仪的工作原理及使用方法。

(13) 简述防治瓦斯喷出的主要技术措施与内容。

(14) 试述开采保护层的作用机理与原理。

(15) 掘进工作面边掘边抽钻孔如何布置？它的特点是什么？

(16) 简述邻近层瓦斯抽放的含义及其分类。

(17) 瓦斯抽放钻孔的施工参数有哪几种？

(18) 什么是钻孔的有效排放半径？钻孔的有效排放半径如何确定？

(19) 瓦斯抽放管路系统的铺设有哪些要求？

学习情境二　矿井火灾防治

思维导图

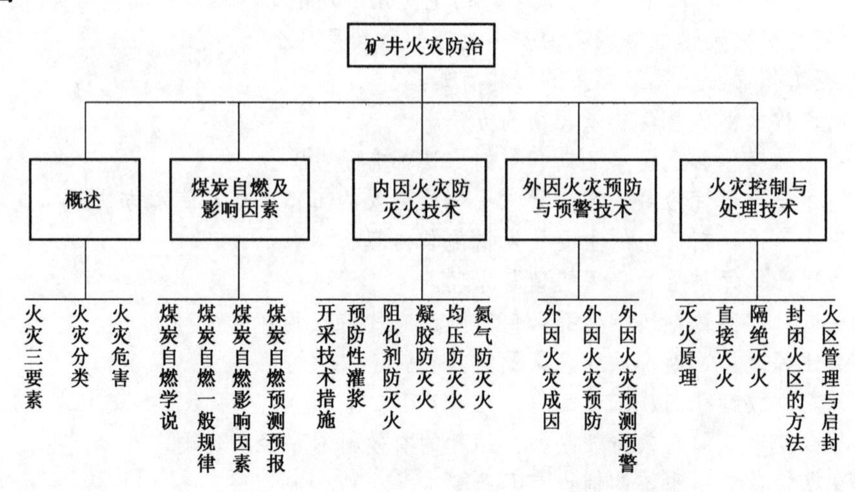

矿井火灾是煤矿主要灾害之一。矿井火灾一旦发生，轻则影响安全生产，重则烧毁煤炭资源和物资设备，造成人员伤亡，甚至引发瓦斯煤尘爆炸，扩大灾害的程度与范围。为了防治矿井火灾，保证煤矿安全生产，对矿井火灾有一个基本的认识和了解是十分必要的。

任务一　矿井火灾概述

导学思考题

(1) 矿井火灾的发生必须具备的3个要素是什么?

(2) 煤炭行业根据火灾发生的地点及影响范围不同，将其分为哪两类?

(3) 按引起矿井火灾的原因不同，可将其分为哪两类?

(4) 按发火性质不同，矿井火灾分为哪两类?

(5) 消防上，为了便于选择灭火剂，将火灾分为几类?

(6) 矿井火灾对煤矿生产和职工安全的危害主要有哪些形式?

凡是发生在矿井井下或地面，威胁到井下安全生产，造成损失的非控制性燃烧均称为矿井火灾。如地面井口房、通风机房失火或井下皮带着火、煤炭自燃等非控制性燃烧，均属矿井火灾。

一、矿井火灾的构成要素

矿井火灾发生的原因虽是多种多样，但构成火灾的基本要素归纳起来有热源、可燃物、氧气3个方面，俗称“火灾三要素”（图2-1）。

1. 热源

具有一定温度和足够热量的热源才能引起火灾。在矿井里煤的自燃、瓦斯煤尘爆炸、放炮作业、机械摩擦、电流短路、吸烟、烧焊以及其他明火等都可能成为引火的热源。

2. 可燃物

在煤矿矿井里，煤本身就是一个大量而且普遍存在的可燃物。另外，坑木、各类机电设备、各种油料、炸药等都具有可燃性。可燃物的存在是火灾发生的基础。

3. 氧气

燃烧就是剧烈的氧化现象。任何可燃物即使有点火热源，没有助燃物的持续供给，也不会发生燃烧。试验证明，在氧浓度为3%时不能维持燃烧；空气中的氧浓度在12%以下，瓦斯失去爆炸性，而在14%以下，蜡烛就要熄灭。因此，这里所说的空气是指含有足量氧气的矿井空气，而不是贫氧的空气。

以上介绍的火灾三要素必须是同时存在，相互配合，而且达到一定的数量，才能引起矿井火灾。这是矿井火灾发生的根本条件，缺少任何一个要素，矿井火灾就不可能发生。矿井火灾的防治与扑灭都是从这3个方面来考虑的。

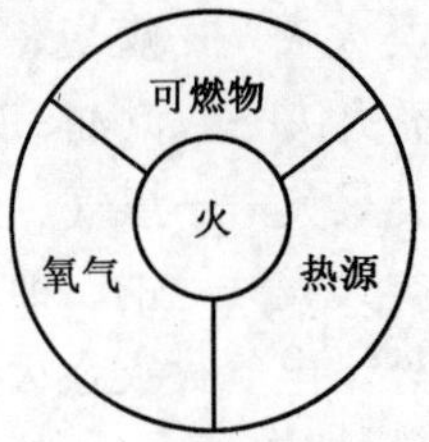

图2-1 火灾环形构成示意图

二、矿井火灾的分类

为了正确分析矿井火灾发生的原因、规律并有针对性地制定防灭火措施，有必要对其进行分类。

(1) 煤炭行业根据火灾发生的地点及影响范围不同，将其分为地面火灾和井下火灾。

地面火灾是指发生在矿井工业场地内的厂房、仓库、储煤场、矸石场、坑木场等开发空间处的火灾。地面火灾具有征兆明显、易于及早发现，空气供给充分、燃烧完全、有毒气体产生量较少，空间开阔、烟雾易于扩散，灭火工作回旋余地大、易于展开扑救工作等特点。

井下火灾也称矿内火灾，是指发生井下或虽发生在地面但能波及井下的火灾。井下火灾一般发生在空间和供氧条件受限的隐蔽位置，发生发展过程相对比较缓慢，初期阶段发火特征不明显，再加上井下人员视野受到限制，造成了井下火灾早期不易被发现。井下火灾初期，人们一般只能通过空气成分、温度、湿度等的变化来判断。当燃烧过程发展到明火阶段，产生大量热，烟气和异味时，才容易被人们直接察觉到。但是，火灾发展到此阶段，已经很难被迅速扑灭，并且可能引起通风系统紊乱，瓦斯、煤尘爆炸等恶果，给灭火救灾工作带来无法预计的困难。

(2) 按引发火灾的原因不同，可分为外因火灾和内因火灾。

外因火灾是外部高温热源（如放炮、烧焊、电流短路、明火等）引起可燃物质燃烧造成的火灾。这种火灾多发生在井口房、井筒、井底车场、石门及机电硐室和有机电设备的巷道等地点。外因火灾具有火源明显、发生突然、来势凶猛等特点，若发现不及时，则可能酿成恶性事故。由于外因火灾往往是由表及里进行的，若发现及时，还是容易扑灭的。

矿井外因火灾所占比重较小，占火灾总数的10%～15%，我国煤矿大多数是煤炭自燃火灾，即内因火灾，占火灾总数的85%～90%。内因火灾是煤炭在一定的条件和环境下（如煤柱破裂、浮煤集中堆积又有一定的风流供给）本身发生物理化学变化（吸氧、氧化、发热），聚集热量导致着火而形成的火灾。自燃火灾大多发生在采空区、遗留的煤柱、破裂的煤壁、煤巷的高冒处以及浮煤堆积的地点。自燃火灾具有发生和发展缓慢、须经历一段时间、有预兆和火源比较隐蔽等特点。由于火源比较隐蔽，致使人们不能及时扑灭火灾，以致有的自燃火灾可以持续数日、数年、数十年不灭，燃烧的范围逐渐蔓延扩大，烧毁大量煤炭资源，冻结大量开拓煤量。

(3) 根据发火性质不同，可将火灾分为原生火灾和次生火灾。

原生火灾是指高温热源直接点燃可燃物而引发的火灾，又称为初生火灾。次生火灾是指由原生火灾而引起的火灾，又称为再生火灾。在原生火灾的发展过程中，含有可燃物的高温烟流由于缺氧而未能完全燃烧，在排烟道路上一旦与新鲜风流汇合，很可能再次燃烧。特别是干燥的木支架支护区，由于高温烟流的烧烤，木材已达到燃点，只是因缺氧而不能燃烧，一旦有新风供给，极易形成次生火灾（也称为火灾的“蛙跳”现象）而扩大受灾范围。

(4) 消防上，从选用灭火剂的角度出发，根据物质及其燃烧特性不同，将火灾分为A、B、C、D四类火灾。

A类火灾——煤炭、木材、橡胶、棉、毛、麻等含碳的固体可燃物质燃烧形成的火灾。

B类火灾——汽油、煤油、柴油、甲醇、乙醇、丙酮等可燃物质燃烧形成的火灾。

C类火灾——煤气、天然气、甲烷、乙炔、氢气等可燃气体燃烧形成的火灾。

D类火灾——钠、钾、镁等可燃金属燃烧形成的火灾。

另外，电气火灾在灭火程序和灭火器材选择上都存在一些特殊性，有时候也将电气火灾称为E类火灾。

除了上述火灾分类方法以外，有时还按燃烧物不同分为机电设备火灾、煤炭自燃火灾、油料火灾、坑木火灾；按火灾发生位置地点不同分为井筒火灾、巷道火灾、煤柱火灾、采煤工作面火灾、掘进工作面火灾、采空区火灾、硐室火灾等。这里不再赘述。

三、矿井火灾的危害

矿井火灾对煤矿生产及职工安全的危害形式主要有以下方面：

(1) 产生大量的高温烟流，造成人员伤亡。

矿井火灾发生后，随着火灾的发展，火、烟将越来越浓，同时温度也越来越高。火源附近温度往往超过1000℃，高温烟流，在离火源很远的地点，也达100℃以上，同时在这些高温烟流中含有大量的有毒有害气体（如CO、CO_2等）以及其他可燃气体，在它流经的沿途不仅毒化矿内空气，而且可引起再生火灾，严重威胁井下人员安全；另一方面，它也会使矿井空气严重缺氧，甚至使人员窒息而亡。

(2) 引起瓦斯、煤尘爆炸，使灾情扩大。

在有瓦斯、煤尘爆炸危险的矿井内发生火灾，其危害性更大。火灾可能引起瓦斯、煤尘爆炸，甚至出现连续爆炸，从而扩大受灾范围。

另外，火灾发生后，由于火区温度升高，使接近火区的煤层干馏，产生一些可燃易爆气体，如甲烷、乙烯、乙炔和氢气等。因此，在无瓦斯矿井，发生火灾时也有发生瓦斯爆炸的危险。

(3) 引起矿井风流状态紊乱。

高温烟流经过不同标高巷道而产生火风压，造成井下风流紊乱。主要表现形式有风流逆转、烟流逆退和烟流滚退。

风流逆转指的是烟流沿着原风流相反方向流动，一般表现为沿巷道全断面逆转。它主要发生在旁侧支路中。如图 2-2（a）图所示，2-3 支路原风流方向为 2→3，风流出现逆转后为 3→2，此时本不该出现烟流的 2-4 巷道也会出现烟流了。

烟流逆退指的是，火源进风侧同一巷道断面出现不同流体异向流动。它主要发生在发火巷道、上行、平巷通风和下行通风的风路中。如图 2-2（b）所示，1-3 支路原风流方向为 1→3，风流出现逆转后为 3→1，此时本不该出现烟流的 1-2、2-3、2-4 巷道也会出现烟流。

烟流滚退指的是，火源进风侧巷道断面既出现流体异向流动，又出现烟流反卷异向流动，如图 2-2（c）所示。它主要发生在发火巷迎风侧的风路中，往往是逆退和逆转发生的先兆。

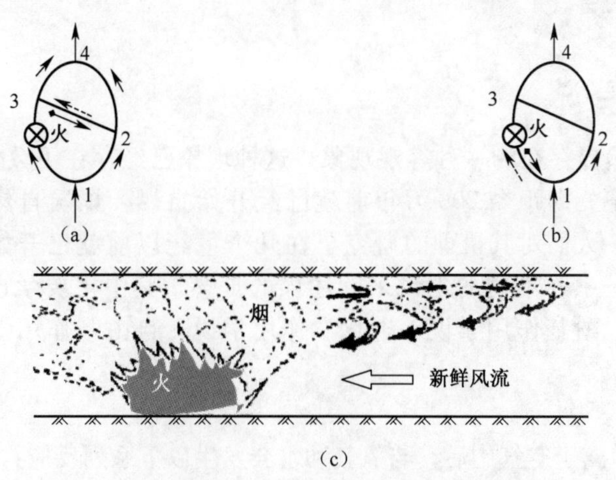

图 2-2 风流紊乱的形式

(a) 风流逆转；(b) 烟流逆退；(c) 风流滚退。

(4) 破坏矿井正常生产秩序。

矿内火灾可造成大量煤炭资源被烧毁，缩短矿井服务年限。同时大量的可采煤量封闭在隔绝区中不能开采，有的火灾可能延续几个月、几年，甚至几十年之久，从而使矿井正常生产秩序遭到破坏，造成采掘衔接紧张。

(5) 造成巨大的经济损失。

矿井火灾发生时，不但损失大量的煤炭资源，还会烧毁大量的采掘运输设备和器材，暂时没被烧毁的设备和器材，由于火区长时间封闭和灭火材料的腐蚀，也可能使部分或全部设备报废，造成巨大的经济损失。

(6) 严重污染环境。

矿井火灾，尤其是煤层露头火灾，由于火源面积大、燃烧深度深、火区温度高以及缺乏足够资金和先进的灭火技术，使得火灾长时间不能熄灭，在烧毁大量煤炭资源的同时，会释放出大量有毒有害气体，造成大气中有害气体严重超标，形成大范围的酸雨和温室效应，煤田火区的高温也会使绿洲变为寸草不生的塌陷区，使土地荒漠化。此外，火区燃烧生成酸碱化合物对火区附近的地表水和浅层地下水都会造成严重的污染。

任务二　煤炭自燃及影响因素

导学思考题

(1) 简述主要的煤炭自燃学说，并论述你对煤炭自燃原因的认识。

(2) 煤炭自燃的一般过程是什么？
(3) 煤炭自燃的充要条件是什么？
(4) 影响煤炭自燃的因素有哪些？
(5) 煤炭自燃预测的主要内容是什么？
(6) 煤炭自燃预报的依据是什么？如何设置采样点？
(7) 防止煤炭自燃发生的开采技术措施有哪些？
(8) 防治煤炭自燃的一般性技术手段有哪些？它们的原理是怎样的？
(9) 防治煤炭自燃的理论依据是什么？

一、煤炭自燃学说

煤炭自燃是自然界存在的一种客观现象，这种现象已经存在了数百万年。如我国大同侏罗纪煤层在第四纪，即距今 200 万年前就已经开始自燃。煤炭自然发火是一个极其复杂的物理化学过程，人们对其机理的研究早在几个世纪以前就已开始。在沸沸扬扬的争论中，人们提出了一系列不同的学说来阐述煤的自燃，其中主要学说有：黄铁矿作用学说、细菌作用学说、酚基作用学说、电化学作用学说、自由基作用学说以及煤氧复合作用学说等。

1. 黄铁矿作用学说

煤层中黄铁矿暴露于空气中后，与氧气和水会发生以下系列反应：

$$2FeS_2+2H_2O+7O_2 = 2FeSO_4+2H_2SO_4+Q_1$$

$$12FeSO_4+6H_2O+3O_2 = 4Fe_2(SO_4)_3+4Fe(OH)_3+Q_2$$

$$FeS_2+Fe_2(SO_4)_2+3O_2+2H_2O = 3FeSO_4+2H_2SO_4+O_3$$

容易看出，上述都是放热反应，试验证明上述过程放出的总热量远比煤低温氧化时放出的热量要多。

黄铁矿作用学说正是建立在上述原理的基础上，认为：煤的自燃过程，是由于煤层中的黄铁矿（FeS_2）暴露于空气中后与水分和氧相互作用，发生放热反应而引起的。另外，煤中的黄铁矿自身氧化时，体积增大，对煤体产生胀裂作用，使得煤体裂隙扩大、增多，与空气的接触面积增加，导致氧气更多地渗入，有利于煤的进一步氧化。

黄铁矿学说在 19 世纪下半叶曾广为流传，但随着大量煤炭自燃的实践证明，多数煤层自燃是在完全不含或极少含有黄铁矿的情况下发生的，该学说无法对此现象作出合理解释，因此，它具有一定的局限性。

2. 细菌作用学说

该学说是英国人帕特尔（M. L. Potter）在 1927 年提出的。该学说认为：煤在细菌作用下的发酵过程中能放出一定的热量，对煤在 70℃以前自热起了决定性的作用。1951 年，波兰学者杜博依斯（R. Dubois）等人在考查泥煤的自热与自燃时指出：当微生物极度增长时，通常伴有放热的生化反应过程；在 30℃以下是亲氧的真菌和放线菌起主导作用，在 60℃～65℃时，亲氧真菌死亡，嗜热细菌开始发展；在 72℃～75℃时，所有的生化过程均遭到破坏。为检验细菌作用学说的可靠性，英国学者温米尔与格瑞哈姆（J. J. Graham）曾将具有强自燃性的煤置于 100℃真空容器里长达 20 h，在此条件下，所有细菌都已死亡，然而煤的自燃性并未减弱。因此，细菌作用学说无法解释煤的自燃机理，未能得到广泛承认。

3. 酚基作用学说

该学说是苏联学者特龙诺夫（B. B. TPOHOB）于1940年提出的。该学说认为：煤自燃是因为空气中氧与煤体中含有的不饱和酚基化合物作用时，放出热量所致。该学说的依据是：在对各种煤体中的有机化合物进行试验后，发现煤体中的酚基类最易被氧化，其不仅在纯氧中可被氧化，而且亦可与其他氧化剂发生作用。故特龙诺夫认为：正是煤体中的酚基类化合物与空气中的氧作用而导致了煤的自燃。但是，酚基导因作用是引起煤自燃的主要原因的观点尚有待进一步探讨。此学说的实质是煤与氧的作用问题，因此，可作为煤氧复合作用学说的补充。

4. 电化学作用学说

俄罗斯学者研究认为，煤中含有铁的变价离子组成氧化还原系 Fe^{2+}/Fe^{3+}，氧化还原系 Fe^{2+}/Fe^{3+} 在煤的氧化反应中起催化作用，在煤中引起电化学反应，产生许多具有化学活性的链根，从而极大地加快煤的自动氧化过程。

5. 自由基作用学说

1996年中国矿业大学李增华研究提出：煤是一种有机大分子物质，在外力（如地应力、采煤机的切割等）作用下煤体破碎，产生大量裂隙，必然造成煤分子的断裂。分子链断裂的本质就是链中共价键的断裂，从而产生大量自由基。自由基可存在于煤颗粒表面，也可存在于煤内部新生裂纹表面，为煤自然氧化创造了条件，引发煤的自燃。

煤中自由基与 O_2 反应，生成过氧化物自由基。此反应为放热反应，产生的热量导致煤温缓慢上升，并使过氧化物自由基进一步反应。过氧化物（R—O—O—H）根据其结构不同可进一步分解，通过一系列反应，生成 CO、CO_2、甲醇、甲醛等气体，同时又可生成新的自由基。新的自由基又可再与氧气发生反应，产生更多的热量，使温度进一步升高。如此反复，在合适的蓄热下，使煤温大幅度升高，直至燃烧。同时，当温度升高到一定程度，煤开始裂解，生成烷烃和烯烃气体。

6. 煤氧复合作用学说

1870年瑞克特（H. Rachtan）经过试验得出：一昼夜里每克煤的吸氧量为 0.1mL～0.5mL，其中褐煤为 0.12mL。1945年姜内斯（E. R. Jones）提出：在空气中，常温下烟煤的吸氧量可达 0.4mL/g。这和1941年美国学者约荷（G. H. Yohe）对美国伊利诺斯煤田的煤样试验结果相似。

1951年苏联学者维索沃夫斯基（B. C. BUCOnO cu）研究认为：煤的自燃是氧化过程自身加速的最后阶段，并非任何一种煤的氧化都能导致自燃，只有在稳定的低温绝热条件下，氧化过程自身加速才能导致自燃。这种反应的特点是分子的基链反应，也就是参加反应的团粒或者说在链上的原子团首先产生一个或多个新的活化团粒（活化链），然后又引起相邻团粒活化并参加反应。这个过程在低温条件下，要持续地进行一段时间，人们称之为“煤的自燃潜伏期”。煤的低温氧化是在其表面进行的，化学组分无任何变化。通过试验还发现，烟煤低温氧化的结果使其着火点降低，以致活化而易于点燃。低温氧化过程的持续发展使得反应过程的自身加速作用增大，最后如果生成的热量不能及时散发，就会进入自热阶段。

煤自燃机理研究发展到今天，煤氧复合作用学说得到了大多数学者的认同。一方面是因为煤自燃的主要参与对象就是煤和氧，这是事实；研究煤的自燃必然涉及煤与氧的相互作用，这是基础。另一方面，煤氧复合作用学说基本上涵盖了其他学说观点的总体思想，如黄铁矿作用学说、细菌作用学说、酚基作用学说等。从煤氧相互作用的观点出发，它们是煤氧复合作用学说在某一个侧重面的补充或更深一步的阐述。

二、煤炭自燃一般规律

1. 煤自燃的过程

以煤氧复合作用学说为基础，许多学者研究了煤炭自燃的规律。煤炭自燃的发生，一般要经过潜伏期、自热期和燃烧期三个阶段，如图 2-3 所示。

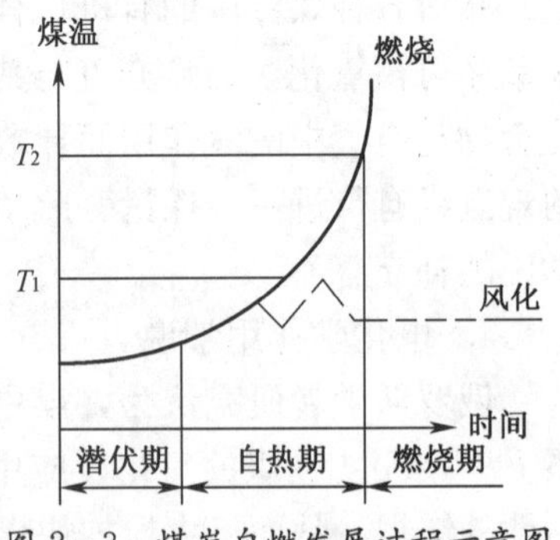

图 2-3 煤炭自燃发展过程示意图

1）潜伏期

有自燃倾向性的煤与空气接触后，吸附氧而形成不稳定的氧化物或称含氧的游离基，初期察觉不到煤体及周围环境温度上升的现象，此过程煤的氧化过程比较缓慢，煤的总质量略有增加，着火温度降低，化学活性增强。

2）自热期

经过潜伏期，被活化了的煤能更快地吸收氧气，氧化速度增加，氧化产生的热量增大，如果热量不能及时放散，则煤的温度逐渐升高。当煤的温度超过自热的临界温度 T_1（60℃～80℃）时，煤的吸氧能力会自动加速，导致煤氧化过程急剧加速，煤温上升急剧加快，开始出现煤的干馏，生成一氧化碳（CO）、二氧化碳（CO_2）、氢气（H_2）和芳香族碳氢化合物等可燃气体，同时煤炭中的水分被蒸发，生成一定数量的水蒸气，使空气的湿度增加。在这个阶段内，煤的热反应比较明显，使用常规的检测仪表能够测量出来，也可被人的感官所察觉。

3）燃烧期

当自热期的发展使煤温上升到着火点温度 T_2 时，煤炭自燃即进入燃烧期。煤的燃点温度见表 2-1。此时会出现一般的着火现象：明火，烟雾，产生一氧化碳（CO）、二氧化碳（CO_2）及各种可燃气体，并会出现煤油味、松节油味或煤焦油味等特殊的火灾气味。着火后，火源中心的温度可达 1000℃～1200℃。

表 2-1 煤的燃点温度表

种类	褐煤	长焰煤	气煤	肥煤	焦煤	贫瘦煤	无烟煤
燃点/℃	260～290	290～300	330～340	340～350	360～370	370～380	－400 左右

如果煤温不能上升到临界温度 T_1，或上升到这一温度后由于外界条件的变化煤温又降了下来，则煤的增温过程就自行放慢而进入冷却阶段，如图 2-3 虚线所示，煤逐渐冷却并继续缓慢氧化，直至惰性的风化状态。已经风化了的煤炭，一般不再发生自燃。

煤的氧化过程可以人为地加速或减弱。例如，向煤内掺入碱类化学物质可以使之加速，掺入氯化物，可以使之减弱，甚至阻止煤的氧化过程继续进行。

2. 煤自燃的条件

煤炭自燃是指处于特定环境条件下的煤吸附氧、氧化自热、热量积聚而形成自燃的一种频发性灾害，是一个极其复杂的物理化学反应过程。一般认为，煤炭自燃发生的充要条件如下：

(1) 具有自燃倾向性的煤以碎煤堆积状态存在。

(2) 有氧含量大于 12%的空气通过这些碎煤。

（3）空气流动速度适中，使破裂煤体有积聚氧化热的环境。

（4）上述三个条件在同一地点必须同时存在足够长的时间。此条件称为煤自然发火的时空条件。时空条件可以解释为浮煤分布区、高氧浓度区、易自燃风速区等三区必须重叠足够长的时间。

上述四个条件缺一不可，前三个条件是煤炭自燃的必要条件，最后一个条件是充分条件。其中，第一条是最根本的，是内因，是煤的内部特性，它取决于成煤物质和成煤条件，表示煤与氧相互作用的能力，它是影响自燃倾向性和自然发火期长短的重要因素。第二个条件，氧是使煤自燃的重要因素。当空气中氧含量低于10%时，则具有窒息性；当空气中氧含量低于15%时，可以预防自然发火。第三个条件，空气流速是氧化热量能否积聚的重要条件。如果空气渗流速度较大，热量则不能积聚，不易形成煤炭自燃；相反，如果渗流速度过低，则会供氧不足，氧化非常缓慢，也不能形成自燃。煤炭自燃都是在风速比较适中的情况下发生的。第四个条件实际上是对煤炭自然发火期的要求，只有前3个条件同时存在，并且存在的时间大于煤炭自然发火期，煤炭才会发生自燃。

大量事实说明，只要同时具备上述四个条件，煤炭自然发火即可发生。但实际中很难找出某两次煤炭自然发火的发生条件是完全相同的。这样，对煤炭自然发火的条件就很难作出定量分析。

三、影响煤炭自燃因素

不同的煤层有不同的自燃性，同一种煤层由于自身所处的环境的差别造成供氧条件和蓄散热条件不同，其自燃性也不同。因此，煤体自燃不仅与煤体自身的氧化放热性有关，还与供氧与蓄散热等众多外界因素有关。另外，工作面的推进速度也是采空区浮煤自燃的一个重要因素。因此，在实际条件下，煤体的自燃是上述诸多因素相互作用的结果。

1. 影响煤炭自燃的内因

1）煤的变质程度

实践证明，各种牌号的煤都有发生自燃的可能。就整体而言，煤的自燃倾向性随煤化程度增高而降低，即自燃倾向性从褐煤、长焰煤、烟煤、焦煤至无烟煤逐渐减小。研究证明，这主要是因为煤的氧化能力主要取决于含氧官能团多少和分子结构的疏密程度。而随着煤化程度增高，煤中含氧官能团减少，孔隙度减小，分子结构变得紧密，这些变化都不利于煤的自燃。但是，就局部而言，煤层的自燃倾向性与煤化程度之间表现出复杂的关系，即同一煤化程度的煤在不同的地区和不同矿井，其自燃倾向性可能有较大的差异。因此，不能仅以煤的变质程度来衡量煤的自燃特性。

2）煤岩成分

煤的岩石化学成分由丝煤、暗煤、亮煤和镜煤组成，它们有着不同的氧化性。具有纤维构造而表面吸附能力很高的丝煤在常温下吸氧能力极强，着火点低（仅为190℃～270℃），可以起到“引火物”的作用。所以，含丝煤越多，自燃倾向性就越强；相反，含暗煤越多，越不易自燃。

3）煤中的水分

煤中水分是影响其氧化进程的重要因素，对其影响也是很复杂的。在煤的自热阶段，煤中的水分有蒸发吸热，降低煤温的作用，这时它是抑制自燃的因素；充填于煤体微小空隙中的水分，能将氯气、二氧化碳、甲烷等气体排除。这些水分挥发以后，煤的吸附作用和活性会大幅度提升，这时它又是促进煤炭自燃的因素。地面煤堆在雨雪之后容易发生自燃，井下灌浆灭火，疏干之后自燃现象更加强烈都是由于上述原因。根据现场统计数据，当煤的含水率在1%～4%之间时最有利于煤炭自然发火。因此，在开采过程中经常保持煤层中的含水率大于4%，对减少煤的自燃、降低产尘量和减轻冲击地压的发生频率及强度都是有益的。

4）煤的含硫量

同牌号的煤中，含硫矿物（如黄铁矿）越多，越易自燃。这是由于煤中所含的黄铁矿在低温氧化时生成硫酸铁和硫酸亚铁，体积增大，使煤体膨胀而变得松散，增大了氧化表面积，同时黄铁矿氧化时放出的热量也促进了煤炭自燃。

5）煤层瓦斯含量

瓦斯通常是以游离状态和吸附状态存在于煤体的孔隙、裂隙、裂缝中的表面，这两种瓦斯是以压力状态存在的，吸附瓦斯在煤体卸压、温度上升等客观条件影响下，可产生解吸现象，吸附瓦斯转变成游离瓦斯，亦具有流动性。因此，处于原始状态的瓦斯或以压力状态存在的瓦斯对侵入煤体中的空气起到抑制作用。因为吸附瓦斯吸附在煤分子的表面上并形成一层气膜，可阻止氧与煤接触，所以，煤层中瓦斯具有较好的阻化作用，是防止煤自然发火的有利因素。

其他如煤层的含油量、导热性、煤中的固定碳和灰分含量等因素也影响煤炭自燃倾向性。

上述各种因素在煤炭自燃过程中起着重要的作用。但是煤炭自然发火，并不是从它一暴露于空气中就自燃，而是需要经过一定的时间，需要一定的蓄热环境，使它的温度不断上升，这在很大程度上还取决于外在条件，单纯的内在条件不能决定矿井是否自然发火以及它的严重程度。

2. 影响煤炭自燃的外因

煤炭自燃的外在条件决定于煤炭接触到的空气量和外界的热交换作用，这两个因素与煤层的埋藏条件（地质条件）及其开采方法（采掘技术因素）有着错综复杂的联系，其中外在因素有以下两个方面。

1）地质因素

煤层埋藏较浅或较深都会增加自然发火危险性。这是因为煤层埋藏较浅时，容易与地表裂隙沟通，采空区因漏风而形成浮煤自燃；但当煤层埋藏较深时，煤体的原始温度就越高，煤中水分也越少，煤同样也易于自燃。

煤层厚度或倾角越大，自燃危险性就越大。这是因为，开采厚煤层或急倾斜煤层时，煤炭回收率低、采区煤柱易遭破坏、采空区不易封闭；煤是不良导体，煤层越厚，越易积聚热量；松散岩石的热导率很低，冒落的岩石包围浮煤，浮煤产生的热量也不易散发，所以，煤层越厚，倾角越大，发火概率就越大。

在地质构造较为复杂的矿井，如褶曲、断层以及火成岩侵入的地方，煤炭自燃危险性增大，这是因为煤层受张拉、挤压后，煤体易破碎，产生大量裂隙。

煤层顶板的性质，在一定程度上影响煤炭的自燃过程，如果顶板坚硬不易冒落，则冒落后块度较大，因而采空区漏风大，供氧条件充足，最终导致自然发火；如果顶板易于垮落，并能够严密地充填采空区并很快被压实，火灾即不易形成，即使发生了其规模也不会很大。

2）开采技术因素

（1）开拓方式：实践经验表明，开拓巷道布置对有自然发火危险的矿井影响很大。总体要求是巷道布置简单，尽量采用岩巷开拓、少留煤柱，减少对煤体的切割，这对消除自然发火是积极、有利的。

(2) 采煤方法：采煤方法对自然发火的影响主要表现在回采率、推进速度、推进方式以及顶板管理方法等。实践表明，采用综采工艺、长壁式巷道布置、后退式回采以及全部垮落法管理顶板对防止自然发火均能起到有效作用。

3) 漏风强度

供氧量很小，氧化生热少，煤炭不易自热和自燃；当漏风风速过大时，供氧充足，氧化生成的漏风强度对煤炭自然发火影响极大。采空区、煤柱、煤壁裂隙等处的漏风容易导致这些地点煤氧化生热，生成热量多少以及能否积聚取决于漏风强度的大小。当风速过小时，漏风供氧量很小，氧化生热少，煤炭不易自热和自燃；当漏风风速过大时，供氧充足，氧化生成的热量易被带走，同样也不能形成热量积聚，煤不能自燃。只有当漏风既有较充分的供氧条件，同时氧化生成的热不易带走，热量积聚起来，自燃才能成为可能。基于这种认识，一般把 0.02m/s～0.05m/s 作为煤炭自燃的极限风速。

四、煤炭自燃预测和预报

(一) 煤炭自燃预测

煤炭自燃预测主要是指依据煤炭自燃的充要条件，及影响煤炭自燃的主要因素，预测煤炭发生自燃的空间和时间。

1. 煤炭自燃的时间预测

对煤炭自燃的时间预测主要指煤层自然发火期的估算。

(1) 煤层自然发火期估算方法。

目前，我国规定采用统计比较和类比的方法确定煤层的自然发火期。其方法如下：

① 统计比较法，矿井开工建设揭煤后，对已发生自然发火的自然发火期进行推算，并分煤层统计和比较，以最短者作为煤层的自然发火期。计算自然发火期的关键是首先确定火源的位置。此法适用于生产矿井。

② 类比法，对于新建的开采有自燃倾向性的煤层的矿井，可根据地质勘探时采集的煤样所做的自燃倾向性鉴定资料，并参考与之条件相似区或矿井，进行类比而确定，以供设计参考。此法适用于新建矿井。

(2) 延长煤层自然发火期的途径。

煤炭自燃的发展过程受自燃倾向性（即低温时的氧化性）、堆积状态、通（漏）风强度（风量和风速）以及与周围环境的热交换条件等多种因素影响，其发展速度是可以通过人为措施而改变的，因此，煤层的自然发火期是可以延长的。其途径有：

① 减小煤的氧化速度和氧化生热，减小漏风，降低自热区内的氧浓度；选择分子直径较小、效果好的阻化剂或固体浆材，喷洒在碎煤或压注至煤体内使其充填煤体的裂隙，阻止氧分子向孔内扩散。

② 增加散热强度，降低温升速度。增加遗煤的分散度以增加表面散热量；对于处于低温时期的自热煤体可用增加通风强度的方法来增加散热；增加煤体湿度。

2. 煤炭自燃的空间预测

煤炭自燃的空间预测主要集中在 3 个问题上，一是煤层自燃倾向性的鉴定；二是煤矿井下煤炭自燃的点位分布；三是采空区遗煤自燃的“三带”划分。

1）煤层自燃倾向性的鉴定方法

2011年版的《煤矿安全规程》执行说明规定采用吸氧量法，即“双气路气相色谱仪吸氧鉴定法”，鉴定结果按表2-2分类（方案）确定自燃倾向性等级。

表2-2　煤的自燃倾向性分类（方案）

自燃等级	自燃倾向性	30℃常压条件下煤吸氧量/（cm^3/g·干煤）	备注	
		褐煤、烟煤类	高硫煤、无烟煤类	全硫（sf,%）
Ⅰ	容易自燃	≥0.8	≥1.00	>2.00
Ⅱ	自燃	0.41～0.79	≤1.00	>2.00
Ⅲ	不易自燃	≤0.40	≥0.80	<2.00

2）井下煤炭自燃的点位分布

确定井下煤炭自燃的点位分布就是根据煤炭自燃的条件，通过现场调研，确定井下哪些地点有可能同时满足煤炭自燃的充要条件。煤矿防灭火工作中，应做好煤炭自燃点位分布的统计、分析与监控工作。

根据统计资料，煤自燃经常发生在以下地点：第一，有大量遗煤而未及时封闭或封闭不严的采空区（特别是采空区内的联络眼附近和停采线处）；第二，巷道两侧和遗留在采空区内受压的煤柱；第三，巷道内堆积的浮煤或煤巷的冒顶、垮帮处。

3）采空区遗煤自燃的“三带”分布

对于最为普遍的U形通风系统的采空区，根据煤炭自燃的条件在不同位置的变化情况，可将采空区分为散热带、自燃带和窒息带，如图2-4所示。

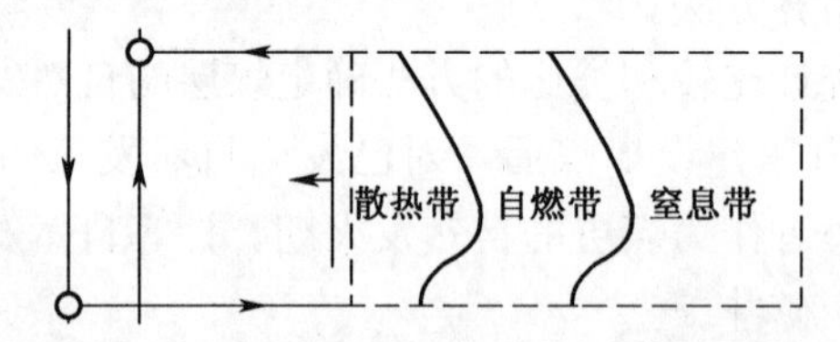

图2-4　采空区散热、自燃、窒息三带分布示意图

靠近工作面的采空区内冒落岩石处于自由堆积状态，孔隙度大，漏风大，氧化产生的热量大部分都散失掉了，因此不能发生自燃，此带型区域称为散热带。根据统计，散热带的宽度一般在5m～20m范围内。采空区深部距离工作面远，漏风甚小，氧浓度低，不具备自燃条件，称为窒息带。在散热带和窒息带之间的带型区域往往具备煤炭自燃的最适宜条件，称为自燃带。自燃带的宽度因条件各异，一般宽度在20m～70m范围内。

目前，对于采空区三带划分指标的研究还不够成熟，这主要体现在指标量化困难上。理论上，主要有三个指标：第一，采空区漏风速度；第二，采空区氧浓度；第三，采空区遗煤温度升高速度。实际应用中，为了提高可靠性，应综合考虑这3个指标，不应仅用单个指标判断是否发生自燃，以及自燃是否熄灭。

（二）煤炭自燃预报

所谓煤炭自燃预报，就是根据火灾发生和发展的规律，应用成熟的经验和先进的科学技术手段，采集处于萌芽状态的火灾信息，进行逻辑推断后给出火情报告。及时而准确地进行火灾早期预报，可以弥补预防的不足。矿井火灾预报的方法，按其原理可分为以下几种。

1. 利用人体生理感觉预报自然发火

依靠人体生理感觉预报矿井火灾的主要方法有：

（1）嗅觉，可燃物受高温或火源作用，会分解生成一些正常时大气中所没有的、异常气味的火灾气体。

（2）视觉，人体视觉发现可燃物起火时产生的烟雾，煤在氧化过程中产生的水蒸气，及其在附近煤岩体表面凝结成水珠（俗称“挂汗”），进行报警。

（3）感（触）觉，煤炭自燃或自热、可燃物燃烧会使环境温度升高，并可能使附近空气中的氧浓度降低，CO_2 等有害气体增加，所以当人们接近火源时，会有头痛、闷热、精神疲乏等不适之感。

2. 气体成分分析法

用仪器分析和检测煤在自燃和可燃物在燃烧过程中释放出的烟气或其他气体产物，预报火灾。

（1）指标气体及其临界指标。能反映煤炭自热或可燃物燃烧初期阶段特征的，并可用来作为火灾早期预报的气体称为指标气体。指标气体必须具备如下条件：①灵敏性，即正常大气中不含有，或虽含有但数量很少且比较稳定，一旦发生煤炭自热或可燃物燃烧，则该种气体浓度就会发生较明显的变化。②规律性，即生成量或变化趋势与自热温度之间呈现一定的规律和对应关系。③可测性，可利用现有的仪器进行检测。

（2）常用的指标气体。

① 一氧化碳（CO）。一氧化碳生成温度低，生成量大，其生成量随温度升高按指数规律增加，是预报煤炭自燃火灾的较灵敏的指标之一。在正常时若大气中含有 CO，则采用 CO 作为指标气体时，要确定预报的临界值。确定临界值时一般要考虑下列因素：a. 各采样地点在正常时风流中 CO 的本底浓度；b. 临界值时所对应的煤温适当，即留有充分的时间寻找和处理自热源。

应该指出的是，应用 CO 作为指标气体预报自然发火时，要同时满足以下两点：

a. CO 的浓度或绝对值要大于临界值；

b. CO 的浓度或绝对值要有稳定增加的趋势。

② Graham 系数 I_{CO}。J. J. Graham 提出了用流经火源或自热源风流中的 CO 浓度增加量与氧浓度减少量之比作为自然发火的早期预报指标。其计算式如下：

$$I_{CO}=\frac{100CO}{\Delta O_2}=\frac{100CO}{0.265N_2-O_2}$$

式中　CO、O_2，N_2——回风侧采样点气样中的一氧化碳、氧气和氮气的体积浓度，%。

如果进风侧气样中氧氮之比不是 0.265，则应计算出进风侧氧氮浓度的比值代替 0.265。

③ 乙烯。试验发现，煤温升高到 80℃～120℃后，会解析出乙烯、丙烯等烯烃类气体产物，而这些气体的生成量与煤温呈指数关系。一般矿井的大气中是不含有乙烯的，因此，只要井下空气中检测出乙烯，则说明已有煤炭在自燃了。同时根据乙烯和丙烯出现的时间还可推测出煤的自热温度。

④ 其他指标气体。国外有的煤矿采用烯炔比（乙烯和乙炔（C_2H_2）之比）和链烷比（C_2H_6/CH_4）来预测煤的自热与自燃（表 2-3）。

3. 采样点设置

测点设置的总要求是，既要保证一切火灾隐患都要在控制范围之内，并有利于准确地判断火源的位置，同时要求安装传感器少。

表2-3　主要产煤国家预报煤炭自然发火的指标气体

国别	指标气体	国别	指标气体
中国	CO、C_2H_4、I_{CO}（$=\Delta CO/\Delta O_2$）	日本	CO，C_2H_4/CH_4，I_{CO}，C_2H_4，烟等
苏联	CO，C_2H_4/C_2H_2，烟等	英国	CO，I_{CO}，C_2H_4，烟等
联邦德国	CO，I_{CO}，烟等	美国	CO，I_{CO}，C_2H_4，烟等

测点布置一般原则是：

（1）在已封闭火区的出风侧密闭墙内设置测点，取样管伸入墙内1m以上；

（2）有发火危险的工作面的回风巷内设测点；

（3）潜在火源的下风侧，距火源的距离应适当；

（4）温度测点设置要保证在传感器的有效控制范围之内；

（5）测点应随采场变化和火情的变化而调整。

4. 连续自动检测系统

目前实现连续巡回自动检测系统基本上有两种形式：

1）束管系统

采样系统由抽气泵和管路组成。管路一般采用管径为6mm～8mm聚乙稀塑料管，在采样管的入口装有干燥、粉尘和水捕集器等净化和保护单元。滤尘材料一般用玻璃纤维和粉末冶金材料。在管路的适当位置装有储放水器，以排除管中的冷凝水。整个管路要绝对严密，管路上装有真空计指示管路的工作状态。在仪器入口装有分子筛或硅胶，以进一步净化气样。控制装置，主要有三通，实现井下多取样点进行巡回取样。气样分析可使用气相色谱仪、红外气体分析仪等仪器。数据储存、显示和报警，分析仪器输出的模拟信号可用图形显示、记录仪记录，起过临界指标时发出霰声光报警。必要时进行打印，也可计算机储存。束管检测系统的缺点是管路长，维护工作量大。

2）矿井火灾监测与监控

煤矿建立现代化的环境监测系统进行火灾早期预报，是改变煤矿安全面貌，防止重大火灾事故的根本出路。近年来，国内外的煤矿安全监测技术发展很快。法国、波兰、日本、德国、美国等国家先后研制了不同型号的环境监测系统。我国从20世纪80年代开始，通过对国外技术的引进、消化和吸收，环境监测技术有了很大的进步。除分别引进波兰的CMC-1系统、英国的MINOS系统、美国MSA公司DNA 6400系统以及德国TF 200系统外，国内一些军工和煤矿研究单位也研制了一些监测和监控系统，对我国部分煤矿进行了装备，为改变我国煤矿的安全状况起到了一定的作用。

任务三　矿井内因火灾防灭火技术

导学思考题

（1）矿井内因火灾的主要影响因素有哪些？

（2）矿井内因火灾有哪些主要防治措施？

（3）简述均压防火的原理。

如前所述，煤炭自燃必须同时具备4个条件：①有自燃倾向性的碎煤堆积；②连续不断的供氧；③有蓄积热量的环境；④上述3个条件共同存在一定的时间。所以，只要消除其中一个或几个条件，就可以防止或控制煤炭自燃。在煤矿生产过程中，预防矿井内因火灾的主要措施有：开采技术措施、预防性灌浆、阻化剂防灭火、凝胶防灭火、氮气防灭火和均压防灭火等。

一、开采技术措施

《煤矿安全规程》规定，开采容易自燃和自燃煤层的矿井，必须采取综合预防煤层自然发火的措施，其中综合预防措施是指在煤层开采之前，结合煤层赋存条件，选择有利于防止煤层自然发火的开拓方式、巷道布置、采煤方法、开采工艺、顶板管理方式、开采顺序以及通风系统和通风方式。其总体要求是：①最小的煤层暴露面和切割量；②最快的回采速度；③最大的工作面回采率；④最严密的隔绝封闭效果。

1. 采用岩石集中巷和岩石上山

一般地说，一个矿井的集中运输巷，集中回风巷，采区上、下山等服务年限都比较长，可达数年甚至几十年。如果将这些巷道布置在煤层里，势必使煤层遭受严重切割，增加了煤与氧气的接触面积，同时这些巷道要留下大量保护煤柱，而保护煤柱中的压力一般都较大，保护煤柱易被压碎而漏风，最终使煤炭自燃的概率大大增加。因此，在矿井设计时，应尽量将服务年限较长的巷道布置在岩层中。《煤矿安全规程》规定，对开采容易自燃和自燃的单一厚煤层或煤层群的矿井，集中运输大巷和总回风巷应布置在岩层内或不易自燃的煤层内；如果布置在容易自燃和自燃的煤层内，则必须采用料石砌碹或锚喷支护，砌碹后的空隙和冒落处必须用不燃性材料充填密实。

2. 坚持合理开采顺序

在开采容易自燃和自燃煤层的煤层群时，应坚持合理的开采顺序，这是防止煤炭自燃的一项重要措施。实践证明，在中央并列式通风方式的易燃厚煤层矿井最好采用由边界向里的开采顺序，即大巷掘到井田边界，采（盘）区后退的开采方式；煤层群开采时，应先采上层后采下层；倾斜或急倾斜煤层开采时，应先采上阶段后采下阶段；采区内各区段采用先开采上区段后开采下区段顺序；采煤工作面一般从采区边界开始，作后退式回采；若分层回采，要先采靠近顶板的分层，后采靠近底板的分层。

3. 采用合理的通风系统

矿井采用对角式或分区式通风系统比中央式通风系统有利于防火。中央式通风系统的线路长、阻力大，容易造成井下大量漏风而导致煤炭自燃，而对角式通风线路短，阻力小，有利于减少漏风防止自燃，且矿井安全出口多，安全性好。此外，通风系统在一定范围内应具备可调性，当一个采区发生火灾时，能够根据救灾的需要，做到随时停风、减风或反风，防止火灾气体侵入其他地区，避免事故范围的扩大。

4. 采用合理的采煤方法

长壁式采煤法巷道布置简单，回采率高，有较大的防火安全性，特别是综合机械化长壁工作面，工作面回采速度快，生产集中，单产高，在相同的条件下，煤壁暴露时间短，面积小，对防止自然发火有利。因此，只要条件合适，应尽量采用长壁式采煤法，逐步淘汰回采率极低的非正规采煤法，如落垛式、房柱式采煤方法。近年来，越来越多的煤矿使用放顶煤开采新技术。实践证明，使用放顶煤开采比以前采用分层开采自然发火次数大为减少。但是使用放顶煤开采方法，因其空区内要形成较大的冒落空间，煤炭自燃的条件具备，有时也引起采空区浮煤自燃。因此，使用放顶煤开采时，必须针对本矿实际采取相应的预防措施。《煤矿安全规程》规定，采用放顶煤开采容易自燃和自燃的厚及特厚煤层时，必须编制防止采空区自然发火的设计。

此外，选择合理的采煤方法也包含选择合理的顶板控制方法。顶板岩性松软、易冒落，应积极采用全部垮落法控制顶板，这对开采容易自燃煤层防火效果好，即使在采空区发生了自燃，由于充填严密，其发展及影响范围也是较小的。如果顶板岩性坚硬，冒落块度大，采空区难以充填密实，则容易引起采空区煤炭自燃。

5. 区段平巷重叠布置

近水平或缓倾斜厚煤层分层开采时，分层区段平巷的布置有内错、外错和垂直三种形式，前两种布置方式对防治采空区浮煤自燃都有一些不利的因素。如果分层区段平巷铅垂线重叠布置，如图 2-5 所示，则可以减小煤柱尺寸或不留煤柱，能消除采空区浮煤自燃的基本条件且巷道避开了支承压力的影响，容易维护，有利于防火。

图 2-5 分层区段平巷铅垂线重叠布置

6. 区段平巷分采分掘布置

在倾斜煤层单一长壁工作面，一般情况下都是上区段运输巷和下区段回风巷同时掘进，两巷之间往往要开掘一些联络眼，如图 2-6 所示。随着工作面的推进，这些联络眼被封闭遗留在采空区内。煤柱经开掘联络眼的切割，再加上采动的影响，受压破碎后，很容易自然发火。同时，联络眼也不容易封闭严密，因此，很容易由于漏风引起上区段老空区自然发火。当上区段的运输巷与下区段的回风巷分开掘进——采用分采分掘布置区段巷道，则两巷之间不再掘进联络眼，可以克服两巷之间设有联络眼易自然发火的缺点，如图 2-7 所示。

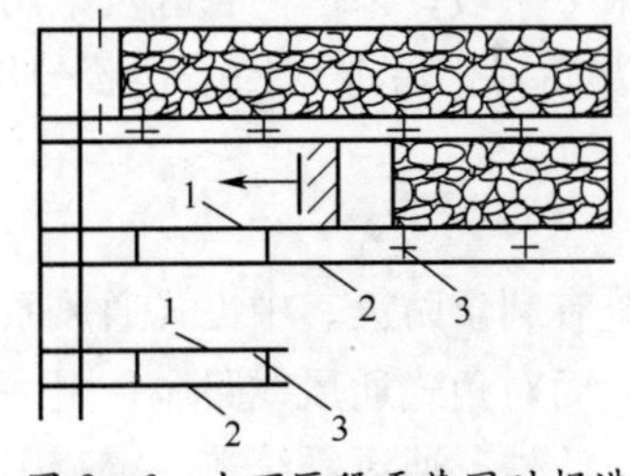

图 2-6 上下区段平巷同时掘进

1—工作面运输平巷；2—下区段工作面回风巷；3—联络巷。

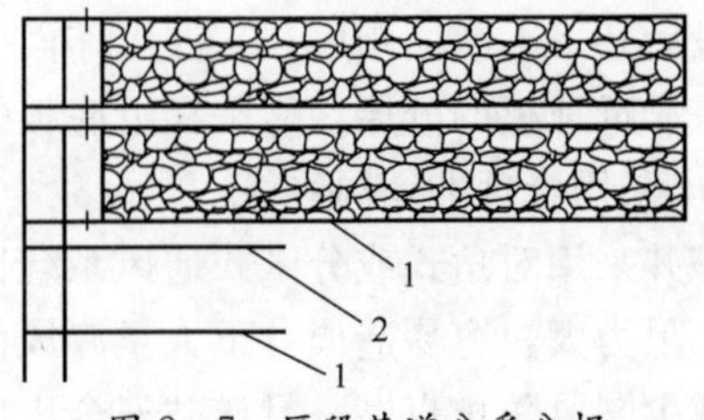

图 2-7 区段巷道分采分掘

1—工作面运输巷；2—下区段工作面回风巷。

7. 厚煤层瓦斯尾巷采用内错布置

瓦斯尾巷是布置在工作面回风巷侧且平行于回风巷、沿煤层顶板掘进的煤巷，有外错和内错尾巷两种形式。如图 2-8 所示，外错尾巷布置在工作面回风巷的煤柱外侧，并隔一定间距掘一横贯跨过回风巷与工作面连通，尾巷与回风巷之间煤柱间距 10m～15m。如图 2-9 所示，内错尾巷布置在工作面回风巷靠工作面内侧，尾巷与工作面回风巷之间的煤柱一般为 10m。尾巷高度不大于 1.8m，断面积为 $4m^2$～$5m^2$，尾巷直接与采区回风连通，严禁并入工作面的回风。两种方法都解决了工作面上隅角瓦斯积存问题，增加了排风能力。但外错尾巷维护困难，增加煤柱尺寸，影响回采率，容易引起采空区自燃；内错尾巷基本不存在维护问题，又不增加煤柱尺寸而影响回采率，还可避免外错尾巷存在的采空区漏风引发的煤层自燃问题，解决上隅角瓦斯积聚问题效果更好。

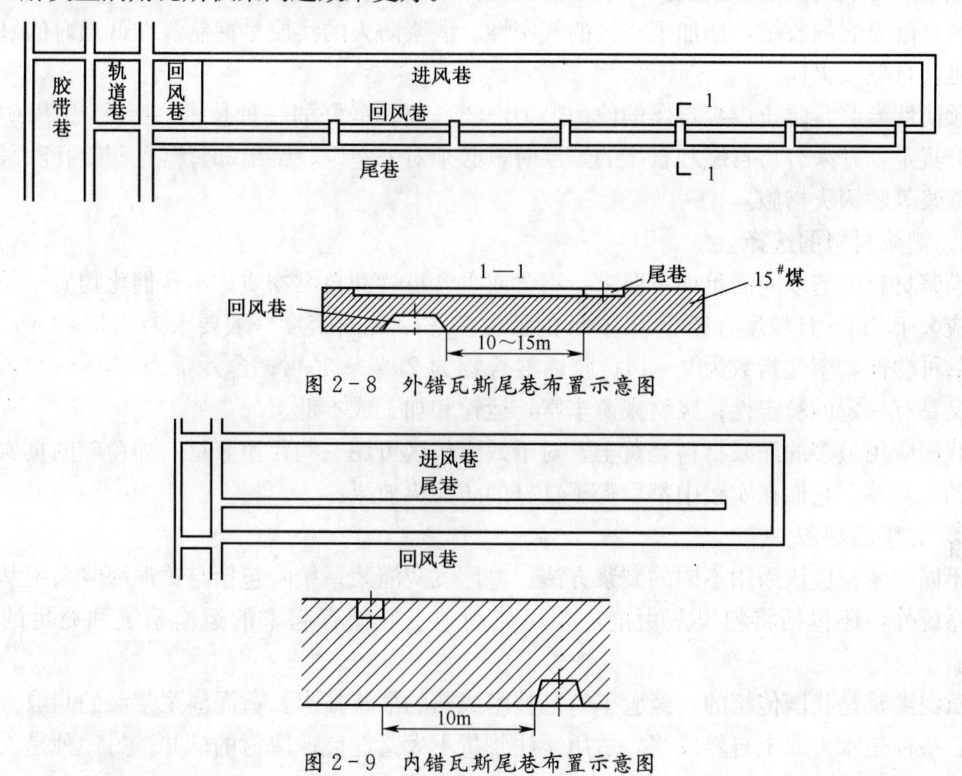

图 2-8　外错瓦斯尾巷布置示意图

图 2-9　内错瓦斯尾巷布置示意图

8. 推广无煤柱技术

无煤柱开采技术就是在开采中取消各种维护巷道和隔离采区的煤柱。这种技术不仅能取得良好的经济技术效果，而且能有效地预防煤柱的自然发火。尤其是在近水平缓倾斜厚煤层开采中，水平大巷、采区上（下）山、区段集中运输巷和回风巷布置在煤层底板岩石里。当采用跨越回采，取消水平大巷煤柱和采区上（下）山煤柱；采用沿空掘巷或留巷，取消煤柱区段煤柱；采用倾斜长壁仰斜推进、间隔跳采等措施，对抑制煤柱自然发火有重要作用。但是无煤柱开采使相邻采区无隔离带，造成采区难以封闭严密，漏风极为严重，容易导致采空区浮煤自燃。因此，在无煤柱开采时，必须有相应的防漏风措施。

9. 及时封闭采空区

开采容易自燃和自燃煤层时，回采结束后，对采空区要及时封闭，减少采空区漏风，减少煤炭与氧接触时间。封闭后，再用黄泥或聚氨酯泡沫喷涂或纳米改性弹性体材料涂抹。其中聚氨酯泡沫是聚氨基甲酸的简称，主要由黑料和白料混合发泡而成。聚氨酯泡沫喷涂技术具有喷涂速度快、材料用料少、堵漏风性能好等优点，是喷涂堵漏的新技术，适用于充填高冒区、煤巷、工作面、密闭墙及其他漏风地点。《煤矿安全规程》规定，采区开采结束后45d内，必须在所有与已采区相连通的巷道中设置防火墙，全部封闭采区。

二、预防性灌浆

预防性灌浆是把浆材（黏土、粉碎的页岩、电厂飞灰等固体材料）和水按适当的比例混合、搅拌，配制成一定浓度的浆液，借助输浆管路送往可能发生自燃的地区，以达到防火和灭火的目的。其防火和灭火作用为：浆液充填煤岩裂隙及其孔隙的表面，增大氧气扩散的阻力，减小煤与氧的接触和反应面；浆水浸润煤体，增加煤的外在水分，吸热冷却煤岩；加速采空区冒落煤岩的胶结，增加采空区的气密性。灌浆防火的实质是抑制煤在低温时的氧化速度，延长自然发火期。

预防性灌浆是防止煤炭自燃的使用最为广泛、效果最好的一种技术。因此，《煤矿安全规程》规定，开采容易自燃和自燃的煤层时，必须对采空区、突出和冒落孔洞等孔隙采取预防性灌浆等防灭火措施。

1. 灌浆材料的选择

灌浆材料的选取应满足如下要求：不含或少含可燃和自燃物质；不含催化物质；粒度直径不应大于2mm且粒度直径小于1mm的要占75%；相对密度一般要求为2.5～2.6；具有一定的可塑性，塑性指数为9～14；胶体混合物为25%～30%；含沙量为25%～30%；易脱水又具有一定的稳定性；浆材来源丰富，运输和加工成本低。

我国应用最多的灌浆材料是黄土，对于缺土矿区可用一些代用浆材，如粉碎的页岩、热电厂的飞灰等，它们在实践中都取得了良好的防灭火效果。

2. 泥浆的制备

不同的浆材应该采用不同的制浆方法。电厂飞灰灌浆系统除包括与黄泥灌浆系统基本相同的系统外，还包括将粉煤灰由电厂运至使用地点并储存起来的运输系统和充足的供水系统。

黄泥灌浆是我国传统的、经验丰富且技术成熟的灌浆技术。黄泥灌浆浆液的制取方法有两种：一种是水力取土自然成浆，适用于注浆量不大又能就地取材的矿井；另一种是人工或机械取土制浆，适用于注浆量较大、难以就地取材的矿井。

1）水力取土自然成浆

先用爆破使表土层变松，或直接利用高压水枪直接冲刷表土，黄土随水而流，在流动的过程中混合均匀，自然形成泥浆，如图2-10所示。制成浆液后，经泥浆沟流入灌浆钻孔至井下干管，然后通过采区支管输送到采空区灌浆。这种制浆方式的优点是设备简单、投资少、劳动强度低、效率高。缺点是水土比难以控制，浆液的质量不能得到保证，防火效果差。

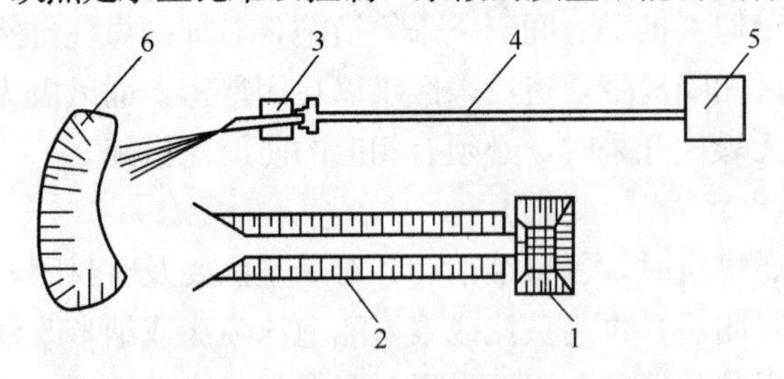

图2-10 水力取土自然成浆灌浆站

1—灌浆站及箅子；2—灌浆沟；3—水枪；4—输水管；5—水源泵站；6—取土场。

2）人工或机械取土制浆

当矿井的灌浆量较大，土源较远或限于地形条件时，可以采用人工或机械取土装入V形翻斗车或胶带输送机，直接运往泥浆浸泡池集中制浆，建立集中灌浆站、泥浆搅拌池制备泥浆，如图2-11所示。机械取土制浆效率较高，泥浆产量大，特别是水土比容易控制，泥浆质量也有保证。

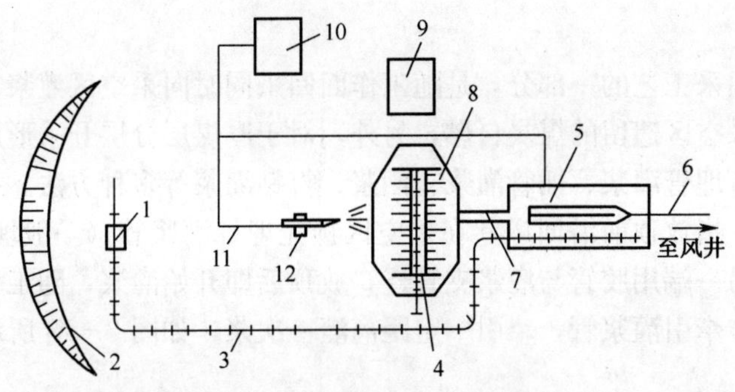

图 2-11　人工或机械取土集中灌浆站

1—矿车；2—轨道；3—储土场及栈桥；4—水枪；5—输水管；6—自动输浆沟；
7—泥浆搅拌池；8—自动输浆管；9—风井；10—水泵房；11—绞车房；12—取土场。

3. 浆液输送

浆液从地面输送到井下各灌浆地点主要靠一系列输送管路。输送方式多数采用地面灌浆站。浆液流经路线：灌浆站—副井—总回风巷—采区集中回风巷—工作面回风巷—采空区。井筒和大巷内的输浆干管一般用直径为102mm或127mm的无缝钢管，进入采区后的支管一般采用直径为102mm或76mm的无缝钢管。干管与支管之间设有闸阀控制，而各支管与灌浆钻孔或工作面注浆管之间多用高压胶管直接相连。

泥浆输送浆液压力有两种：一是利用浆液自重及浆液在地面入口与井下出口之间高差形成的静压力进行输送，叫做静压输送；二是当静压不能满足要求时，采用加压输送。加压输送多采用PN型或PS型泥浆泵。

预防性灌浆一般是靠静压作动力。在现场常用输送倍线这一指标表示阻力与动力间的关系。倍线值就是从地面灌浆站至井下灌浆点的管线长度与垂高之比，用 N 表示。

静压输送时：

$$N=L/H$$

加压输送时：

$$N=L/(H+h)$$

式中　N——输浆倍线值；

L——输浆管路的总长度，m；

H——泥浆在输送管路内流动时，其入口与出口处的高差，m；

h——泥浆泵的扬程，m。

输浆倍线的实质是表示泥浆在输送过程中能量损失的关系，与水土比、土质、井下灌浆管路布置等因素有关。在给定的系统中，将有相应的倍线与一定的水土比相适应，过大或过小都不利。倍线值过大，管路阻力大，容易堵管；倍线值过小，泥浆出口压力过大，泥浆分布不均匀，灌浆效果差。根据经验，一般情况下倍线值以3～8为宜。

4. 灌浆方法

预防性灌浆方法按与回采的关系可分为采前灌浆、随采随灌和采后灌浆三种。

1）采前灌浆

采前灌浆是在工作面尚未回采前对其上部的采空区进行灌浆，适用于井田内老窑较多且自然发火严重易自燃的特厚煤层。如图2-12所示是某矿一采区布置工作面采前灌浆示意图。

2）随采随灌

随采随灌作为回采工艺的一部分，是随工作面回采同时向采空区灌浆。随采随灌的作用是防止工作面后方采空区遗留的煤炭自燃，另外，对于厚煤层分层开采形成再生顶板起到胶结作用。随采随灌有埋管灌浆、插管灌浆、洒浆、打钻灌浆等多种方法。

（1）埋管灌浆：指放顶前沿回风巷在采空区预先埋好灌浆管（一般埋 5m～8m），管的一端通向采空区，另一端用胶管与灌浆支管连，放顶后即开始灌浆，随工作面推进，按放顶步距用回柱绞车逐步牵引灌浆管，牵引一定距离灌一次浆，如图 2-13 所示。

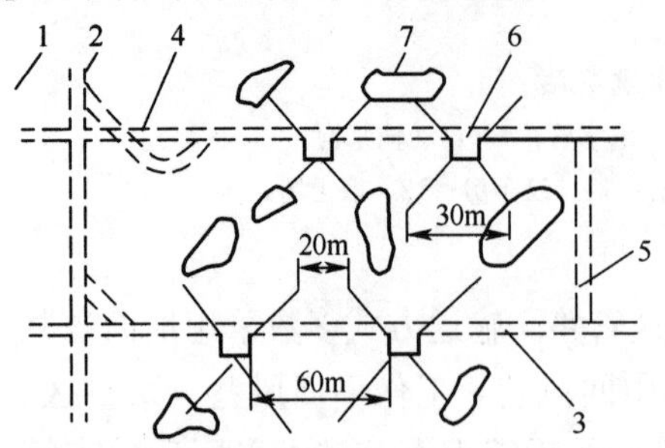

图 2-12　工作面采前灌浆示意图

1—运输机上山；2—轨道上山；3—岩石运输巷；4—岩石回风巷；5—边界上山；6—钻场；7—小窑采空区。

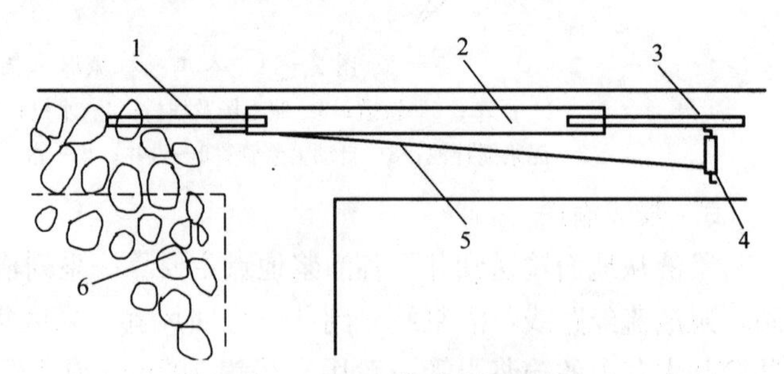

图 2-13　埋管灌浆示意图

1—预埋钢管；2—高压软管；3—灌浆管路；4—回柱绞车；5—钢丝绳；6—采空区。

（2）打钻灌浆：指在开采煤层已有的巷道或专门开凿的底板灌浆道内，每隔 10m～20m 向采空区打钻灌浆。钻孔直径一般为 75mm。图 2-14 是由底板巷道打钻灌浆示意图。

（3）工作面洒浆：指从灌浆管接出一段胶管，在工作面放顶时，沿工作面自下而上向采空区冒落岩块上洒浆。为安全和工作方便，洒浆一般落后于放顶 15m～20m，如图 2-15 所示。

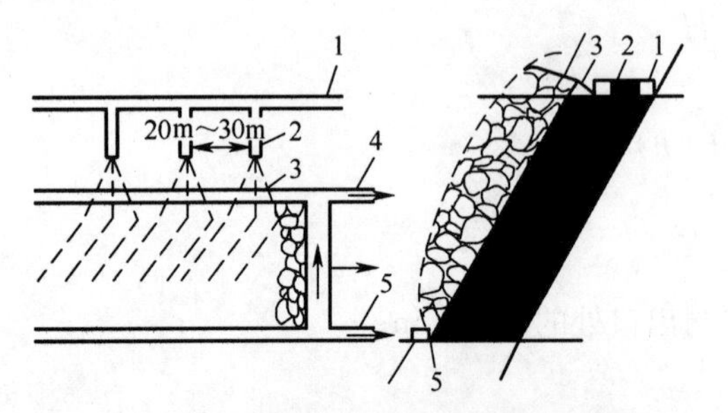

图 2-14　由底板巷道打钻灌浆示意图

1—底板巷道；2—钻窝；3-钻孔；4—回风巷；5—进风巷。

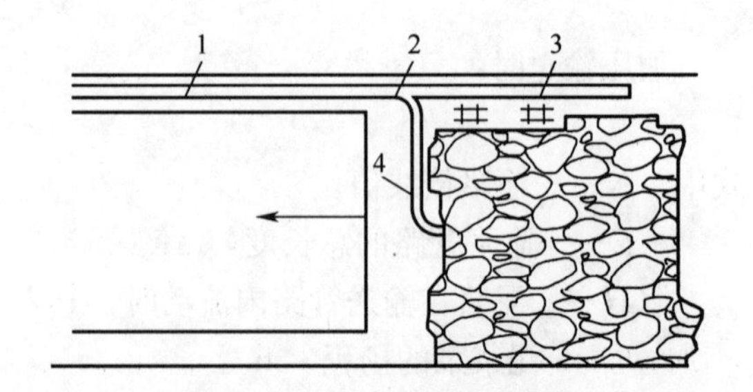

图 2-15　工作面洒浆示意图

1—灌浆管；2—三通；3—预埋灌浆管；4—胶管。

（4）综采工作面插管灌浆：指注浆主管路沿工作面倾斜铺设在支架的前连杆上，每隔 20m 左右预留一个三通接头，并安装分支软管和插管，将插管插入支架掩护梁后面的垮落岩石内灌浆，插入深度应不小于 0.5m。图 2-16 是综采工作面插管灌浆示意图。

3）采后灌浆

当煤层的自然发火期较长时，为避免采煤、灌浆工作互相干扰，可在工作面或采区的一翼全部采完后，进行封闭灌浆，即采后灌浆。

厚煤层分层开采时，可以在上分层工作面采完后，封闭停采线的上下出口，然后在上出口的密闭内插管灌浆，充填最容易自然发火的停采线附近空间。图 2-17 是工作面停采线灌

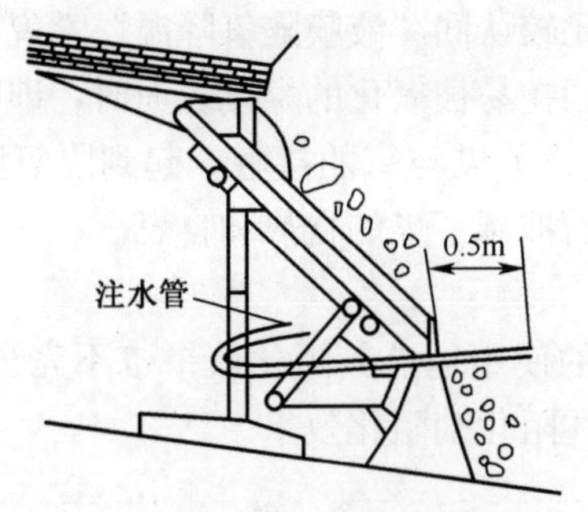

图 2-16　综采工作面插管灌浆示意图

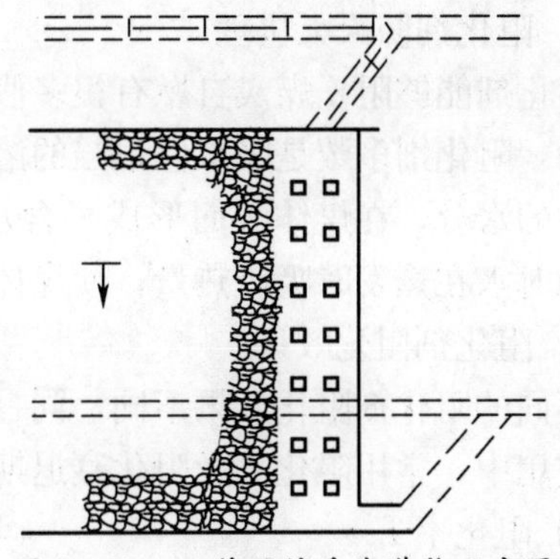

图 2-17　工作面停采线灌浆示意图

浆示意图。

5. 灌浆量确定

预防性灌浆时的灌浆量大小主要根据灌浆区容积、采煤方法以及地质情况等因素来确定。通常所说的灌浆量就是灌浆所需的土量。

采空区灌浆所需土量可用下式计算：

$$Q_{土}=K\cdot m\cdot L\cdot H\cdot C$$

式中 $Q_{土}$——灌浆所需土量，m^3；

m——煤层采高，m；

L——灌浆区走向长度，m；

H——灌浆区倾斜长度，m；

C——工作面回采率，%；

K——灌浆系数。我国煤矿的灌浆系数采用 5%～15%（采煤体积），实际应用时应根据各矿井具体条件而定。

灌浆用水量 $Q_{水}$ 可用下式计算：

$$Q_{水}=K_{水}\cdot Q_{土}\cdot\delta$$

式中 $Q_{水}$——灌浆用水量，m^3/d；

$K_{水}$——用水冲洗管路防止堵塞的水量备用系数，一般取 1.1～1.25；

δ——水土比，一般取 3～6，可根据泥浆的浓度选取。

6. 灌浆管理

欲使灌浆防灭火工作取得预期效果，除应做好灌浆技术工作外，加强管理也是不可缺少的一个重要环节。其主要内容包括：编制灌浆设计、合理确定灌浆量、加强对灌浆水土比控制和对特殊地点（开采线、停采线等）的灌浆、灌浆区脱水、工作面采空区泥浆分布观测及建立原始记录台账等。

三、阻化剂防灭火

阻化剂又称阻氧剂，阻化剂防灭火技术就是把阻化剂溶液喷洒在煤体上以达到防止煤炭自燃的目的。其防火实质是抑制煤在低温时的氧化速度，延长自然发火期。阻化剂防灭火是一种新技术，从 20 世纪 60 年代就受到煤炭工业发达国家煤矿工作者和学者的重视，我国许多煤矿已成功地试用这项防灭火技术。目前国内外使用的阻化剂品种有氯化钙、氯化镁、氯化钠、氯化锌、三氯化铝、石灰水、水玻璃、造纸厂废液、铝厂的炼镁槽渣等。

1. 阻化剂防灭火机理

阻化剂能够阻止煤炭自燃有很多假说，我国学者比较认同“液膜隔氧降温”学说。该学说认为：阻化剂多数是吸水性很强的溶液，当它们喷洒在易被氧化的煤体表面时，即吸收了空气中的水分，在煤体表面形成了含水液膜，从而阻止了煤与氧的接触，起到隔氧阻化作用，同时水在蒸发时吸收热量，使煤体温度降低，从而抑制了煤的自热和自燃。

2. 阻化剂阻化效果

不同的阻化剂阻化效果不同，同一阻化剂在不同的使用地点其阻化效果也不完全一样。实际应用中，常用阻化率及阻化衰退期两个指标来描述阻化剂阻化效果。

1）阻化率 E

阻化率表示阻化剂对煤炭氧化自燃阻止的程度，是煤样经阻化剂处理前后放出一氧化碳的差值与处理前煤样放出一氧化碳量的百分比，其大小用下列公式计算：

$$E=(A-B)/A\times 100\%$$

式中 E——阻化率，%；

A——煤样阻化处理前在 100℃时放出的一氧化碳量（$\times 10^{-6}$）；

B——煤样阻化处理后在 100℃时放出的一氧化碳量（$\times 10^{-6}$）。

阻化剂的阻化率值愈大，则说明阻止煤炭氧化的能力愈强，否则相反。高硫煤的阻化率是以煤样经阻化处理后放出二氧化硫的减少量与原煤样放出二氧化硫之比的百分率来表示的，其计算方法如上。

2）阻化衰退期

煤炭经阻化处理后，阻止氧化的有效日期称为阻化衰退期，也称阻化剂的阻化寿命。一般来说，阻化率高，阻化寿命长，是较理想的阻化剂。但有些阻化剂虽阻化率较高，但阻化衰退期短，即抑制煤氧化时间短，这样的阻化剂不能成为好阻化剂。

3. 阻化剂选择

选择阻化剂总的原则是阻化率高、防火效果好、来源广泛、使用方便、安全无害、不腐蚀电气设备和防火成本低。目前比较理想的阻化剂有工业氯化钙、卤片（六水氯化镁）。这些阻化剂货源充足，储运方便，价格便宜。此外，一些工厂的废渣废液，如铝厂炼镁槽渣、化工厂的氯化镁或硼酸废液、造纸厂和酿酒厂的废液等也有一定的阻化效果。

实践证明，氯化物水溶液对褐煤、长焰煤和气煤阻化效果较好，水玻璃、石灰水对高硫煤有较高的阻化率。

4. 阻化剂防火参数确定

阻化剂浓度的合理性是提高阻化效果、降低成本的重要方面。实践证明，20%的氯化钙和氯化镁溶液阻化率较高，阻化效果好；10%的阻化液也能防火，但阻化率有所下降，而成本可降低一半，所以阻化剂浓度最好控制在 15%～20%之间，一般不小于 10%。

工作面合理药液喷洒量取决于工作面遗煤的吸液量和丢煤量。最容易发生煤炭自燃的地点，如工作面的上下出口、巷道煤柱破碎堆积带处。需要充分喷洒的地方，在计算药液喷洒量时应考虑一定的加量系数。

工作面一次喷洒量可按下式计算：

$$V=K_1\cdot K_2\cdot L\cdot S\cdot h\cdot A\cdot \gamma^{-1}$$

式中 K_1——易自燃部位喷洒药加量系数，一般取 1.2；

K_2——采空区遗煤体积质量，采取遗煤样实测确定，t/m^3；

L——工作面长度，m；

S——一次喷洒宽度，m；

h——采空区底板浮煤厚度，m；

A——吨煤吸液量，t/t煤；

γ——阻化液体积质量，t/m^3。

5. 阻化剂防火工艺

阻化剂防火工艺有3种：在采煤工作面向采空区浮煤喷洒阻化剂、向可能或已经开始氧化发热的煤体打钻压注阻化剂以及利用专用设备向采空区送雾化阻化剂。如果选用阻化液喷洒工艺，则可在采区内建立一个永久性的储液池，储液池用水泥料石砌筑，用供水管向储液池内供水，再往储液池内加阻化剂，搅拌均匀，通过水泵上药液管经电动泵加压后经输液胶管、喷洒管、喷枪喷洒在采空区内。选用打钻压注阻化液时，以煤壁见阻化液为准，如果一次达不到防火效果时，还可重复二三次，一直达到满意效果为止。如果选用向采空区送雾化阻化剂，则在应用之前，应确定采空区漏风量。雾化器的喷射量不得大于漏风量，否则将对采空区的空气流动状态产生影响。

阻化剂可以单独使用，也可加入灌浆液中混合使用，以提高预防性灌浆的防火效果。阻化剂防火具有施工工艺简单、投资少、安全等优点；其缺点是火区达到一定温度和范围后，阻化作用时间较短、对金属管道有一定的腐蚀作用，并且对采空区再生顶板的胶结作用不如泥浆好。

四、凝胶防灭火

凝胶防灭火技术是指用基料和促凝剂按一定比例混合配成水溶液后，发生化学反应形成凝胶，灌注到自然发火地点后，破坏煤炭自然发火的一个或几个条件，以达到防灭火的目的。凝胶防灭火技术是20世纪90年代发展起来的新型防灭火技术，该技术集堵漏、降温、阻化、固结水等性能为一体，较好地解决了灌浆、注水的泄漏流失问题，其技术工艺及设备与井下有限作业空间的实际条件相适应，使该技术在灭火过程中能快速有效地控制和扑灭火势，适用于各种类型的矿井自燃火灾。

1. 凝胶防灭火机理

1）固水作用

固水性是指胶体使一定量的水固定在网状结构的骨架中而失去流动性。例如，硅酸凝胶的网状结构中可固定90%的水。凝胶能有效地阻止水分流失。在煤矿井下，由于空气潮湿，凝胶一个月内的体积收缩率一般小于20%，在一定时期内能有效地阻止煤炭自燃。

2）吸热降温作用

形成凝胶的化学反应过程是一个吸热反应，成胶后本身水分的蒸发也会吸收热量，这样可使煤体氧化产生的热量带走，煤体温度下降，阻止或延缓了煤炭自燃。例如，1m^{3}的基料浓度为6%的胶体汽化吸热量为4×10^4kJ以上。

3）堵漏风作用

基料与促凝剂刚接触时，主料具有良好的流动性，能够充分地渗透到煤体缝隙内的微小孔隙中，成胶后，凝胶失去流动性而具有一定的强度，能堵住漏风通道，防止漏风，使煤体因缺氧而窒息。

4）阻止煤对氧的物理、化学吸附及化学反应

胶体材料本身是阻化剂，喷洒在煤体上形成的凝胶也是阻化剂，可阻止煤对氧的物理、

化学吸附及化学反应。

2. 凝胶材料的选择

1）凝胶主料

凝胶主料由基料和促凝剂组成，在井下起到防灭火的作用。在煤矿井下开采容易自燃和自燃的煤层时最适宜的主料是硅凝胶。硅是无机材料，硅凝胶是 $SiO_2 \cdot H_2O$ 的胶体，在高温下失水成为 SiO_2 和水蒸气，吸收大量热，无毒无害，不污染环境，热稳定性好，对井下设备无腐蚀性。又由于能形成 Si（OH)$_4$，且材料众多，成本低廉，成胶工艺简单，因此，硅胶是煤矿普遍采用的主料。

2）基料的选择

基料是成胶过程的主要物质，煤矿一般用水玻璃作为基料。水玻璃俗称泡花碱，化学名称为偏硅酸钠，化学分子式为 Na_2SiO_3 或 $Na_2O \cdot nSiO_2$，它是氧化钠和二氧化硅按一定比例在高温下结合而成的非单一化合物。水玻璃有固态和液态两种。液态水玻璃主要是由石英砂和芒硝（Na_2SO_4）在高温炉内熔融形成的，其生产工艺简单，各地均有销售，固态水玻璃必须在高温高压下才能熔化成液态，所以煤矿一般用液态水玻璃。液态水玻璃通常是灰蓝色的且纯度高，几乎透明。

3）促凝剂的选择

促凝剂的作用是使水玻璃水溶液能快速生成胶体［($Si(OH)_4$)］。可选的促凝剂大约有以下几类：一是酸性物质；二是强酸弱碱性物质；三是既能中和强碱又能生成胶体的材料。

一般选用的促凝剂都属酸性物质，常用的有 NH_4HCO_3、NH_4Cl、$(NH_4)_2SO_4$。其中 NH_4HCO_3 效果最好。

3. 凝胶防灭火技术特点

（1）灭火速度快。由于胶体独特的灭火性能，其灭火速度很快，通常巷道小范围的火灾仅需几小时即可扑灭，工作面后方大范围的火灾也只需几天即可扑灭。

（2）安全性好。胶体在松散煤体内胶凝固化、堵塞漏风通道，所以有害气体消失快。在高温下，胶体不会产生大量水蒸气，不存在水煤气爆炸和水蒸气伤人危险。

（3）火区启封时间短。注胶灭火工程完成后，不需等待（《煤矿安全规程》规定各项指标达到启封条件后还需稳定一个月才能启封），即可启封。

（4）火区复燃性低。高温区内只要有胶体渗透到的地方都不会复燃。

4. 影响凝胶效果的因素

反映凝胶防灭火效果的主要指标有胶体强度、凝胶稳定性和成胶时间。

（1）胶体强度。即胶体应有一定的耐压性，胶体强度与基料浓度有关，胶体水溶液中 SiO_2 浓度越大，凝胶越好，强度也越大。胶体强度与促凝剂用量无关。一般基料浓度（总量比）应小于9%。

（2）成胶稳定性。即凝胶保持胶体状态的时间。试验证明，水玻璃与 NH_4HCO_3 反应形成的胶体在烘箱中进行加热，当加热到110℃仍保持胶体状态，只有水分蒸发和凝胶变干现象，一般温度越高，失水速度越快。但总体上看，凝胶的失水速度要比单纯注水或注泥浆的失水速度小得多。

（3）成胶时间。即是基料与促凝剂相互混合后形成的混合液体自喷出枪头到成胶的时间。不同的使用地点成胶时间应有所不同，用于快速防灭火时，如用于封闭堵漏和扑灭高温火源时，成胶时间应尽量短，一般在30s内。而用于浮煤阻化时，成胶时间可延长些，一般以 5min～10min 为宜。

5. 凝胶防灭火工艺

1）井下移动式注胶工艺

井下移动式注胶的主要设备是轻型移动式胶体压注机，其结构如图 2－18 所示。该设备主要特点为：能耗小，噪声低，体积小，易于运输，运行稳定可靠，使用、维护方便，物料全自动配比，不需人工配料。设备主要技术参数为：功率 5.5kW，流量 5.0m^3/h，压力 1.8MPa，最大通过固料颗粒粒径小于 5mm。

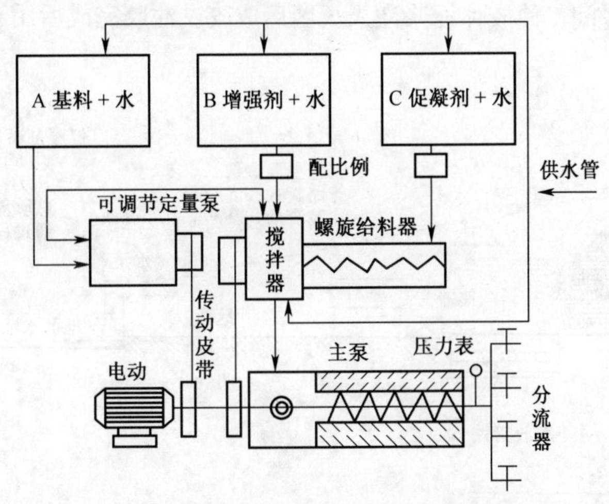

图 2－18　轻型移动式胶体压注机结构原理图

图 2－19 为利用轻型移动式胶体压注机向井下局部高温煤体压注胶体的工艺过程，以下为其操作方法。首先将基料、促凝剂、增强剂加入各自的料箱，将设备的电源、管路及注胶钻孔连接好。设定好基料和促凝剂的定量配比器的配比，打开电源开关和水管阀门。通过固料推送器把促凝剂定量送入混合器，利用配比泵通过自吸管路把基料吸入混合器。水、促凝剂和基料在混合器混合后，通过主泵输出，经过主泵加压后通过管路及钻孔注入火区或自燃区。压注胶体的过程中只需及时加料，不必再调配比，设备会按预先调好的比例自动配料，从而降低劳动强度，提高工作效率。当注胶结束时，停止添加基料、促凝剂，用清水冲洗设备及管路，以防堵塞。完成这些工作后停水、断电。

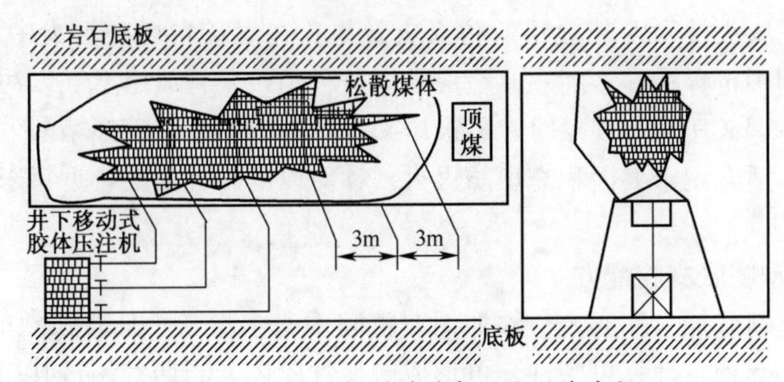

图 2－19　井下轻型移动式注胶工艺流程

井下移动式注胶工艺仅适用于井下小范围煤体自燃火灾的防治。

2）管网式大流量注胶工艺

当火区范围较大时，需要大量的灭火材料，运输问题难以解决，若用移动式注胶设备，因其流量小，处理火区的时间长，灭火成本也大，这时采用管网式大流量注胶工艺可解决上述问题。管网式大流量注胶工艺是利用矿井现有的地面灌浆系统、注砂防灭火系统及防尘洒水管路系统，大流量地压注胶体灭火材料。图 2-20 所示的管网式注胶工艺系统，既可压注纯凝胶，也可压注胶体泥浆（复合胶体）。其工艺过程如下：先制取泥浆于泥浆池中，然后启动基料定量配比设备，在泥浆池中加入一定量的基料，搅拌均匀。当井下一切准备工作完成后，打开泥浆池闸门，混合液从灌浆管路流入井下，混合液到达灌浆管路和促凝剂管路连接口之后，启动促凝剂添加设备，加入促凝剂，根据混合液的流量和基料浓度调整促凝剂的流量，以便控制凝胶时间，使胶体泥浆注入火区后成胶。注胶完成后用清水冲洗压注设备和管路。

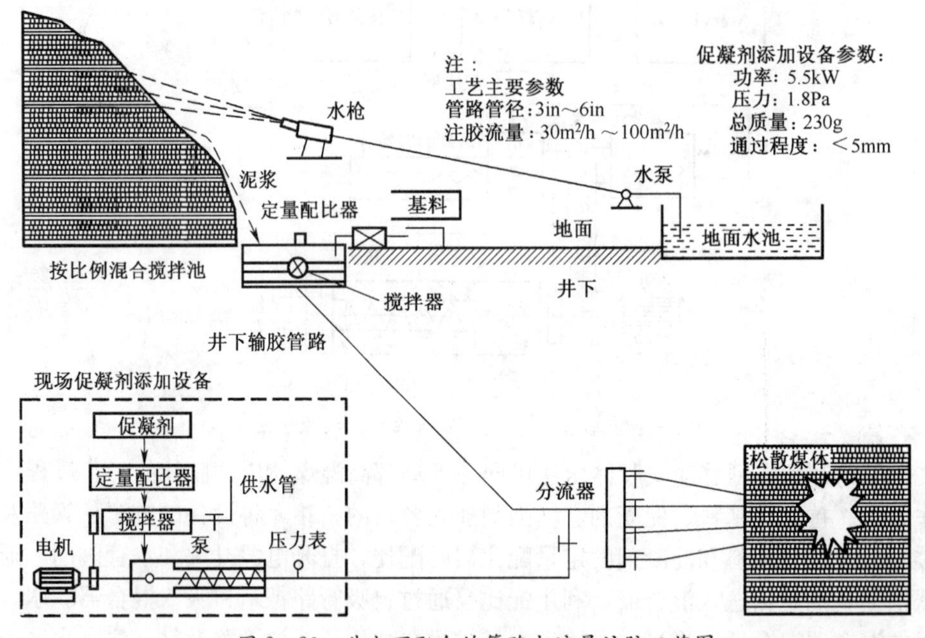

图 2-20　井上下配合的管路大流量注胶工艺图

压注纯凝胶利用地面泥浆池来配制基料液，不制取泥浆，压注工艺与胶体泥浆压注工艺相同。

6. 凝胶防灭火技术存在问题及改进

当前，凝胶防灭火技术因其独特的防灭火效果，在煤矿自燃防灭火中已得到广泛的应用，但在实际应用中也存在许多问题。在成胶体过程中，要释放出氨气，污染井下空气，危害工人健康；胶体遇矿压动力现象时，易被压裂，且不能恢复，破坏堵漏效果；胶体成本高于黄泥灌浆等，不适合用于大面积充填防灭火。针对以上几种情况，近年来采取了以下几种措施。

1）分子结构型膨胀凝胶配方

以水玻璃为基料，加入膨润土等添加剂。膨润土遇水膨胀，具有强烈的吸湿保水性质。这样能增加胶体的热稳定性、可塑性，可形成触变性胶体。当遇到超过其屈服强度的外力压迫时恢复流动性，外力消失后又变成稳定的胶体，可对矿压等造成的新裂隙进行二次封堵。该凝胶脱水率降低，寿命更长。

2）无氨味凝胶配方

选用铝盐作为促凝剂，添加成胶速度调节剂，研制出成胶速度可调、强度较高的新型凝胶配方。

3）粉煤灰胶体

作为一种粒度分布均匀的细小颗粒物，粉煤灰能均匀地分散在水中形成泥浆，在普通胶体中加入粉煤灰可增强胶体强度，延缓脱水，寿命增长。

五、均压防灭火

均压防灭火技术即在矿井主要通风机合理运行情况下，通过对井下风流调整，改变有关巷道压力分布，均衡火区或采空区进回风风压差，减少漏风或杜绝漏风，使火区内空气不产生流动和交换，断绝供氧源，达到窒息、惰化或抑制煤炭自然发火。其防灭火实质是通过风量合理分配和调节，堵风防漏，管风防火，以风治火。该技术是20世纪50年代从波兰发展起来的，因其投资少、见效快，不仅可以抑制生产工作面浮煤自热和自燃的发展，还可以加速密闭火区火灾的熄灭，所以20世纪60年代各主要产煤国家竞相采用。我国从20世纪60年代开始试验该技术，20世纪七八十年代开始大范围推广使用，目前已日趋成熟。实际应用中，人们还成功地将其用于控制瓦斯涌出。该技术主要缺点是：技术含量较高，应用时必须详细测定压能分布，掌握各风路的风阻，正确进行调压，否则会适得其反。

1. 均压防灭火技术原理

通风压力是使风流流动的动力，若漏风通道有漏风风流，则漏风通道两端必有漏风风压。为了使经过易燃碎煤堆的漏风降低，必须对漏风风压给以调节，从而减少漏风，达到抑制碎煤自燃的目的。这种方法降低采空区漏风通道两端压差，减少漏风，以达到抑制甚至扑灭煤炭自燃的方法称为均压防灭火技术。

2. 均压防灭火技术类型

均压调节的方法很多，按所使用的设备设施不同，可分为风窗调节法、风机调节法、风机与风窗调节法、风机与风筒调节法、风机气室调节法、连通管气室调节法。按所调风压大小不同，分为增压法和降压法。按使用条件不同可分开区均压调节法和闭区均压调节法。

六、氮气防灭火

氮气是一种无色、无味、无臭、无毒、不助燃，也不能供人呼吸的气体，在地表大气中，体积浓度为79%。由于氮气分子结构稳定，其化学性质相对稳定，在常温、常压条件下很难与其他物质发生化学反应，所以，它是一种良好的惰性气体。据有关资料介绍，当空气中氧气含量降低到5%～10%时，可抑制煤炭自燃。国外很早就把氮气应用于矿井自燃火灾的防治。从20世纪90年代起，随着放顶煤开采技术在我国大力推广和应用，为抑制采煤工作面采空区自然发火以及加速火区熄灭，我国开展了氮气惰化防灭火技术的研究、试验与应用。实践证明，氮气对防止采空区内遗煤的自燃十分有效。

1. 氮气防灭火机理

氮气在矿井防灭火技术中起如下作用：

（1）降低了采空区氧气浓度。

当采空区内注入高浓氮气后，氮气挤占了煤体裂隙和孔隙空间，使采空区氧气浓度相对减少，抑制了氧气与煤的接触，减缓了遗煤的氧化放热速度。

（2）提高了采空区内气体静压。

将氮气注入采空区后，提高了采空区内气体静压值，抑制了流入采空区的漏风量，降低了空气中的氧气与采空区浮煤直接接触的机会，同样延缓了煤炭氧化自燃的速度。

(3) 氮气吸热降温。

氮气在采空区内流动时，会吸收采空区浮煤氧化产生的热量，减缓了煤炭氧化升温的速度。持续的氮气流动会把煤炭氧化产生的热量不断地吸收，对抑制煤炭自燃十分有利。

(4) 缩小瓦斯爆炸界限。

采空区注入氮气后，氮气很快与瓦斯等可燃性气体混合，此时，瓦斯爆炸的上限值会减少，瓦斯爆炸的下限值会升高，即瓦斯爆炸界限将缩小，这样就不易引起瓦斯爆炸事故。

2. 制氮方法

制取氮气的原料主要是空气，其主要工艺是将空气中的氮气和氧气进行分离。目前制取氮气的主要方法有三种：深冷空分、变压吸附和膜分离。

1) 深冷空分

该技术是使过滤净化后的空气进入空气压缩机，经过数级压缩和冷却后，再净化脱水、纯净器纯化、膨胀机膨胀降压，经过热变换反复换热，再经节流降压进入分馏塔液化、精馏，最后将空气分离成氮气和氧气。

深冷空分是一种传统空分技术，已有90余年历史，主要优点是生产氮气的纯度高，最高可达99.99%，但设备装机功率大，工艺流程复杂，基建费用高，需专门维修力量，操作人员多，产气周期长（18h～24h），显然不适合煤矿使用。

2) 变压吸附

该技术是20世纪70年代后新开发的，是利用氮氧分子对碳分子筛的气体扩散速度不同的原理来分离氮气。在使用碳分子筛时，由于氮分子动力直径大于氧分子的动力直径，而碳分子筛的孔径几乎等于氧分子的动力直径，于是在压力作用下，氧分子进入碳分子筛粒内，而氮被富集于碳分子筛粒外，这样氧被吸附而氮被排出，在降压过程中，将氧从分子筛中解析排空。

与深冷空分制氮比较，变压吸附制氮工艺在常温下进行，工艺简单，设备紧凑，占地面积小，开停方便，启动迅速，产气快（30min左右），能耗小，运行成本低，自动化程度高，安装操作维护方便，产氮纯度可在一定范围内调节，产氮量小于2000m^3/h。主要缺点是碳分子筛在气流冲击下，极易粉化和饱和，运转和维护费用高。

3) 膜分离

此项技术是以空气做原料，在一定压力下，利用氧和氮在中空纤维膜中不同渗透率分离出氮气和氧气。它是20世纪80年代出现的高科技成果。与上述两种制氮方法比较，具有设备更简单、体积更小、无切换阀门、操作和维护更为方便、产气更快（3min以内）、增容更方便等特点，但中空纤维膜对压缩空气清洁度要求更严，膜易老化而失效，难以修复，价格高。

3. 注氮工艺

制取出的氮气只有被按时按量地注入指定地点，才能保证起到防灭火作用。在进行注氮系统的设计时，应保证管线到达注入点的距离最短和平直，以便使沿程阻力和管材消耗量最小。

1) 注氮方式

(1) 按用途划分为采空区预防性注氮和火区注氮两种方式。

(2) 按输氮时间划分为连续式和间歇式两种，可根据采空区预测预报数据合理选取。

(3) 按输氮通道划分为采空区埋管注氮方式和钻孔注氮方式，实践中应结合矿井开拓、开采布置情况择优选定。

(4) 按注氮方法分为开放性注氮气和封闭性注氮气。开放式注氮一般指对正在开采的采空区主要的注氮方式，封闭式注氮是指对已封闭的采空区或火区主要的注氮方式。一般地，在不影响工作面的正常生产和人身安全时，可采用开放式注氮。火灾及其火灾隐患影响工作面的正常生产，或突发性外因火灾，或瓦斯积聚区域达到爆炸界限时，可采用封闭式注氮。

2) 注氮方法

注氮方法应根据煤的自燃倾向性大小、采空区冒落物填塞采空区的状态和充满的程度、采空区漏风状况、工作面通风方式和通风量大小、采空区漏风“三带”分布状况等具体情况而定，一般有如下几种：

(1) 拖管注氮——在工作面的进风侧沿采空区埋设一定长度（其值由考察确定）的厚壁钢管作为注氮管，它的移动主要利用工作面的液压支架，或工作面运输机头、机尾，或工作面进风巷的回柱绞车作牵引。注氮管路随着工作面的推进而移动，使其始终埋入采空区内的一定深度。

(2) 钻孔注氮——在地面向井下火灾或火灾隐患区域打钻孔，通过钻孔套管（全套管）将氮气注入防灭火区。

(3) 插管注氮——在工作面开切眼，或停采线，或巷道高冒顶火灾，采用向火源点直接插管的注氮方式进行注氮。

(4) 密闭注氮——利用密闭墙上预留的注氮管向火灾或火灾隐患的区域实施注氮。

(5) 旁路式注氮——采用双进风巷的工作面，可利用与工作面平行的巷道，在其内向煤柱打钻孔，将氮气注入采空区。

4. 注氮气量

1) 采空区防火注氮流量的理论计算

由于煤矿条件千差万别，目前还没有统一的计算公式，只能按综放面（综采面）的产量、吨煤注氮量、瓦斯量、氧化带内氧含量进行计算。

(1) 按产量计算：此法计算的实质是在单位时间内注氮充满采煤所形成的空间，使氧气浓度降到惰化指标以下，其经验计算公式为

$$Q_N = A/1440\rho t n_1 n_2 \times (C_1/C_2 - 1)$$

式中：Q_N——注氮流量，m^3/min；

A——年产量，t；

t——年工作时间，取300d；

ρ——煤的密度，t/m^3；

n_1——管路输氮效率，%；

n_2——采空区注氮效率，%；

C_1——空气中的氧含量，取20.8%；

C_2——采空区防火惰化指标，取7%。

(2) 按吨煤注氮量计算：此法计算是指综放面（综采工作面）每采出1 t煤所需要的防火注氮量。根据国内外的经验每吨煤需5m^3 氮气量，可按下式计算注氮流量：

$$Q_N = 5AK/300 \times 60 \times 24$$

式中 Q_N——注氮流量，m^3/min；

A——年产量，t；

K——工作面回采率。

（3）按瓦斯量计算：

$$Q_N = Q_0 C/(10-C)$$

式中 Q_N——注氮流量，m^3/min；

Q_0——综放面（综采面）通风量，m^3/min；

C——综放面（综采面）回风流中的瓦斯浓度。

（4）按采空区氧化带氧含量计算：此法计算的实质是将采空区氧化带内的原始氧含量降到防火惰化指标以下，可按下式计算：

$$Q_N = (C_1 - C_2) Q_v / (C_1 + C_2 - 1)$$

式中 Q_N——注氮流量，m^3/min；

Q_v——采空区氧化带的漏风量，m^3/min；

C_1——采空区氧化带内原始氧含量（取平均值）；

C_2——注氮防火惰化指标，取7%；

C_N——注入氮气中的氮气纯度。

2）火区灭火注氮量计算

采空区或巷道火灾灭火所需的耗氧量，主要取决于火区的规模、火源的大小、燃烧时间的长短及火区漏风量等因素。

巷道火灾绝大部分是外因火灾，火势发展快、危险性大，易酿成恶性事故，应迅速扑灭。

据国外文献报道，扑灭巷道明火所需注氮量为巷道空间体积的3倍以上。

扑灭采空区火灾，在灭火工艺上要比处理巷道火灾复杂得多，而且扑灭火灾所需耗氧量也相当多。按漏风量考虑，采空区注氮灭火的注氮强度可按下式计算：

$$Q_N = Q_{漏}(C_1 - C_2 - C_3)/C_3$$

式中 Q_N——采空区灭火用注氮量，m^3/min；

$Q_{漏}$——采空区周围所有密闭的漏风量，m^3/min；

C_1——发生火灾前采空区初始氧含量，%；

C_2——采空区二氧化碳和甲烷等惰性气体浓度，%；

C_3——采空区灭火惰化指标规定的氧气含量值，取3%。

5. 综采工作面注氮方法

1）向工作面后部采空区注氮

当自然发火危险来自工作面后部采空区时，应采取向本工作面后部采空区注氮方法。

图2-21所示为走向长壁U形通风后退式开采的工作面采空区注氮示意图。应将注氮管铺设在进风巷道中，注氮释放口设在后部采空区中的进风顺槽一侧，以利用通风压力使氮气自动流入采空区中。此时，注氮管的埋设及氮气释放口的设置应符合如下要求：

（1）氮气释放口应高于底板，以90°弯拐向采空区，与工作面保持平行，孔口不可向上，并用石块或木垛加以保护。

（2）氮气释放口之间的距离，应根据采空区“三带”宽度、注氮方式和注氮强度、氮气有效扩散半径、工作面通风量、自然发火期、工作面推进速度以及采空区冒落情况综合确定。一般，第一个释放口设在开切眼位置，其他释放口间距以30m为宜。

(3) 注氮管一般采用单管，管道中设置三通，从三通中接出短管进行注氮。

(4) 工作面注氮方式可采用连续式注氮和间歇式注氮两种方式，实际应用时可根据氮气强度和采空区中气体成分变化情况等综合确定。

2) 向工作面相邻采空区注氮

在工作面回采过程中，当煤炭自燃的危险不是来自本采空区，而是来自相邻采煤工作面的采空区时，对其相邻的采空区可采用旁路式注氮防灭火，即在工作面与采空区相邻的巷道中打钻，然后向已封闭的采空区插管注氮，使之在靠近采煤工作面的采空区侧形成一条与工作面推进方向平行的惰化带。注氮工作可以连续进行，也可以间断进行，实际使用时应根据采空区气体成分检测结果而定。

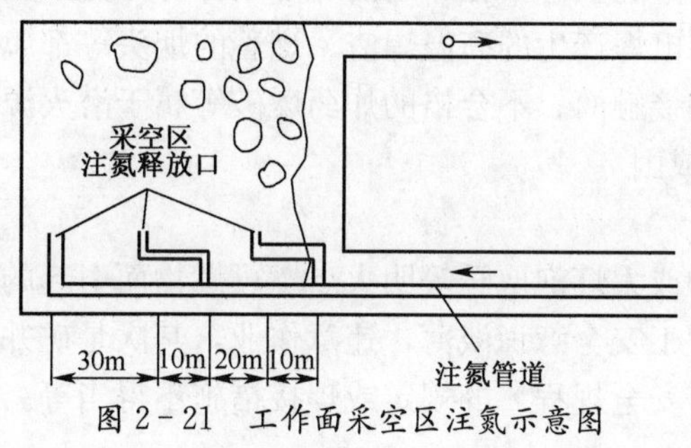

图 2-21 工作面采空区注氮示意图

任务四 矿井外因火灾预防及预警技术

导学思考题

(1) 矿井外因火灾有哪些火源?

(2) 矿井地面防火有哪些措施?

(3) 井下外因火灾的防治措施主要有哪些?

矿井外因火灾是由外部高温热源如明火、爆破、电流短路、机械摩擦和撞击等原因引燃可燃物引起的，发生在井下或者井口附近，能够危害到井下安全的火灾。外因火灾大多发生在机械、电气设备比较集中，风流比较畅通的地点，而且发生突然、来势迅猛，常伴有大量烟雾和有害气体，往往会造成重大恶性事故。

据统计，在矿井火灾总数中，外因火灾仅占 10%，但在重大恶性火灾事故中外因火灾则占 90%以上，而且在外因火灾中死亡的人数也占死亡总数的 65%之多。随着采掘机械化程度的提高，近年来发生外因火灾的比率大幅度上升。因此，外因火灾防治尤为重要，是矿井防灭火工作的重要组成部分，不能因外因火灾发生率低而疏于防范。

一、矿井外因火灾成因

外因火灾的发火原因可以从物质燃烧的本质以及形成外因火灾的火源两个方面来进行分析。

1. 物质燃烧的充要条件

如前所述，可燃物质的燃烧是一种伴有发光、发热的快速氧化反应。可燃物质发生燃烧的必要条件为：①具备足够的可燃物；②助燃物存在；③具备一定温度和能量的热源。

可燃物质发生燃烧的充分条件为：以上3个条件必须同时存在，相互作用且可燃物的温度必须达到燃点，生成的热量要大于散发热量。如果三要素缺少其中之一，或三要素不相互作用，则不能形成火灾。

对于煤矿而言，无论井上还是井下，可燃物质都是大量存在的。如瓦斯、一氧化碳等可燃气体；润滑油、变压器油和液压联轴器内的透平油等可燃液体；电缆、风筒、坑木、输送带等可燃固体；煤和含碳类的岩体等碳质类物质。

具备一定温度和能量的热源或火源，按照其显示形式可分为显火源和潜火源两种。显火源就是以明火、高温的表面或灼热的物体的形式显露于空间，与可燃物一旦接触即可发生燃烧；潜火源即是平时处于常温状态，在一定的外部条件有可能产生火花、放出热量和转化为高温热源。电炉、气焊和电焊产生的高温焊渣、燃着的烟头等都属于显火源；具有短路危险的电缆接头、机械摩擦的接触面、不合格的炸药爆破等属于潜火源。

2. 外因火灾的火源成因

1）明火

吸烟、电氧焊、电炉或大灯泡取暖等明火点燃可燃物而引起的火灾叫做明火火灾。发生明火火灾的主要原因是职工安全意识淡薄，违章作业，其次是矿井安全管理制度不完备，井下焊接过程不执行《煤矿安全规程》的规定或焊接措施不得当等。

2）机械摩擦

机械摩擦火灾是指机械运输设备因摩擦产生高温引燃可燃物而造成的火灾。在井下，带式输送机引起的摩擦火灾是井下机械摩擦火灾的主要方式。

带式输送机主要是凭借机械摩擦传递动力的运输设备。如果输送机出现过载或因巷道冒顶、胶带跑偏等原因卡住胶带，使主动滚筒与胶带不能同步移动或处于停止状态，致使胶带与主滚筒之间产生高速摩擦。一般来说，由于胶带和滚筒之间接触紧密，留有较少空气，主滚筒打滑直接引起胶带有焰燃烧的机会较少，往往由于胶带和滚筒之间的高速摩擦，随着时间的加长而温度逐步升高，在胶带和滚筒的离合处溅出高温火花和高温胶屑，引燃木材、煤或煤尘、机电设备等可燃物，而后再引燃胶带，从而引起火灾。

由于受胶带成分的影响，带式输送机引起的火灾会产生很多有毒有害气体。按原料区分，输送胶带主要有聚氯乙烯、氯丁橡胶和丁苯橡胶3类，目前我国煤矿主要使用聚氯乙烯胶带。聚氯乙烯胶带含有大量高分子氯聚合物，在环境温度接近180℃时，会发生热解反应，分解出氯化氢气体。当温度超过400℃时，会大量产生一氧化碳和氯化氢气体。所以带式输送机引起的火灾比一般木材、煤引起的火灾危险性要大得多。例如1995年12月5日某矿大巷胶带因使用了非阻燃输送带，大块煤矸石挤压输送带，部分托辊不能转动，致使胶带打滑而摩擦起火，事故造成27人死亡，烧毁胶带850m，直接经济损失达130多万元。

3）电气

电气火灾主要是指井下用电时，由于机电设备性能不好，管理不妥，如电钻、电机、变压器、开关、电缆等损坏，过负荷、短路等引起的电火花、电弧以及导电高温，致使可燃物的燃烧而造成的火灾。电气火灾产生的原因主要有以下几种：

（1）短路：电路系统发生短路时，系统电阻将大幅度降低，如果开关不能灭弧或熔断器不能熔断，此时，导线中电流又超过正常工作电流的几十倍甚至上百倍，导致导体、元件的温度在极短时间内迅速升高，超过其温度的允许值，烧毁电器的绝缘，从而引起火灾。

（2）过负荷：电缆芯线截面与额定电流选择不配合、电气设备长时间的运转都可能导致过负荷，在过负荷情况下，通过电缆芯线或电气设备的电流增大，温度会升高，如果设备达到危险温度而失去绝缘性能，就会引起电气设备的线路短路，引发火灾。

(3) 接触不良：如果电气设备中导电部分的元件接触不良，就会引起接触电阻增大，当电流通过时，接触处产生火花、电弧，甚至燃烧的火焰，温度突然升高，从而引起火灾。其中，因电缆接触不良引起的井下火灾是很常见的，尤其是电缆接线盒安装质量不好时，当潮气侵入空隙后，气体受热膨胀，会使绝缘能力降低，很容易发生漏电或短路事故，严重时甚至会发生电缆接线盒爆炸，从而引起火灾事故。

(4) 漏电：电线绝缘材料性能不好、电器介电强度不够等情况都容易发生漏电。而且，绝缘材料性能的下降不能逆转，漏电电流会随使用时间的增长而逐渐加大，造成打火，引燃附近的可燃物而形成电气火灾。漏电是引起电气火灾的主要原因之一，而且很隐蔽，不易被察觉，因此预防难度很大。

(5) 电气照明：井下巷道存在大量的浮游煤尘，因此，照明设备的灯罩上很容易覆盖煤灰，造成灯具散热不良，设备温度升高，当温度达到煤尘的燃点后就会点燃煤尘，引发火灾。

4) 瓦斯煤尘爆炸

瓦斯、煤尘爆炸的温度可高达 1650℃以上，高温火焰峰面可引燃井巷中的可燃物，引发火灾，增加救灾难度。如 1960 年 5 月 9 日，山西某煤矿井下机车通过翻笼时，由于运行不稳，天线接触不良而产生强烈电火花，引起煤尘爆炸，煤尘爆炸后又导致井下多处起火，结果造成 684 名矿工遇难的特大事故。

5) 违章爆破

不按照爆破规定和爆破说明书进行爆破，出现爆破火或引起炸药爆燃，就可能引燃可燃物，发生火灾。常见的违章爆破有裸露爆破、用动力电源爆破、不装水炮泥、炮眼深度不够、最小抵抗线过小、倒掉药卷中的硝烟粉、使用变质的炸药等。如 1979 年 3 月 4 日，某矿一采区 1508 残采面，瓦斯超限，代队长与爆破工用发爆器打火放电的方法检查爆破母线是否导通时，产生火花，引发瓦斯爆炸，继而发生着火，死亡 47 人。

二、矿井外因火灾预防

矿井外因火灾预防的关键是要严格遵守《煤矿安全规程》关于防灭火的规定，及时、有效地发现、避免、减少外因火灾的发生和发展。根据外因火灾的成因，具体预防措施可从以下几方面考虑：一是要防止失控的热源；二是尽量采用耐燃或难燃材料，对可燃物进行有效管理或消除，避免可燃物的大量积存；三是建立外因火灾预警预报系统；四是防灭火设施的配置与管理。

1. 外因火灾预防一般要求

1) 地面火灾防火要求

地面火灾的预防应严格遵守《煤矿安全规程》和国家消防部门有关规定。《规程》规定如下：

(1) 生产和在建矿井必须制定井上、下防火措施。矿井的所有地面建筑物、煤堆、矸石山、木料场等处的防火措施和制度，必须符合国家有关防火的规定。

(2) 新建矿井的永久井架和井口房、以井口为中心的联合建筑，必须用不燃性材料建筑。对现有生产矿井用可燃性材料建筑的井架和井口房，必须制定防火措施。

(3) 木料场、矸石山、炉灰场距离进风井不得小于 80m。木料场距离矸石山不得小于 50m。不得将矸石山或炉灰场设在进风井的主导风向上风侧，也不得设在表土 10m 以内有煤层的地面上和设在有漏风的采空区上方的塌陷范围内。

（4）矿井必须设地面消防水池。地面的消防水池必须经常保持不少于 200m^3 的水量。如果消防用水同生产、生活用水共用同一水池，应有确保消防用水的措施。开采下部水平的矿井，除地面消防水池外，可利用上部水平或生产水平的水仓作为消防水池。

（5）井口房和通风机房附近 20m 内，不得有烟火或用火炉取暖。通风机房位于工业广场以外时，除开采有瓦斯喷出区域的矿井和煤（岩）与瓦斯突出矿井外，可用隔焰式火炉或防爆式电热器取暖。

（6）进风井口应装设防火铁门，防火铁门必须严密并易于关闭，打开时不妨碍提升、运输和人员通行，并应定期维修；如果不设防火铁门，则必须有防止烟火进入矿井的安全措施。暖风道和压入式通风的风硐必须用不燃性材料砌筑，并应至少装设 2 道防火门。

（7）抽放瓦斯的设施必须符合下列要求：①泵房必须用不燃性材料建筑，地面泵房雷电防护装置，距井口和主要建筑物不得小于 50m，并用栅栏或围墙保护；②泵房内电气设备、照明和其他电气仪表用防爆型，否则，必须采取安全措施；③泵和泵房周围 20m 范围内，禁止有明火；④泵的吸气侧管路系统中，必须装设有防回气和防爆炸作用的安全装置，并定期检查，保持性能良好。

（8）井上必须设置消防材料库。井上消防材料库应设在井口附近，并有轨道直达井口，但不得设在井口房内。消防材料库储存的材料、工具的品种和数量应符合有关规定，并定期检查和更换。材料、工具不得挪作他用。

2）井下外因火灾预防要求

井下外因火灾的预防措施，主要包括加强火源管理、加强爆破和机电设备管理等。

（1）井下和井口房内不得从事电焊、气焊和喷灯焊接等工作。如果必须在井下主要硐室、主要进风井巷和井口房内进行电焊、气焊和喷灯焊接等工作，则每次必须制定安全措施，并遵守下列规定：

① 指定专人在场检查和监督。

② 电焊、气焊和喷灯焊接等工作地点的前后两端各 10m 的井巷范围内，应是不燃性材料支护，并应有供水管路，有专人负责喷水。上述工作地点应至少备有 2 个灭火器。

③ 在井口房、井筒和倾斜巷道内进行电焊、气焊和喷灯焊接等工作时，必须在工作地点的下方用不燃性材料设施接收火星。

④ 电焊、气焊和喷灯焊接等工作地点的风流中，瓦斯浓度不得超过 0.5%，只有在检查证明作业地点附近 20m 范围内巷道顶部和支护背板后无瓦斯积存时，方可进行作业。

⑤ 电焊、气焊和喷灯焊接等工作完毕后，工作地点应再次用水喷洒，并应有专人在工作地点检查 1h，发现异状，立即处理。

⑥ 在有煤（岩）与瓦斯突出危险的矿井中进行电焊、气焊和喷灯焊接时，必须停止突出危险区内的一切工作。

⑦ 煤层中未采用砌碹或喷浆封闭的主要硐室和主要进风大巷中，不得进行电焊、气焊和喷灯焊接等工作。

（2）井下必须设消防管路系统。井下消防管路系统应每隔 100m 设置支管和阀门，但是带式输送机巷道中应每隔 50m 设置支管和阀门。

（3）井筒、平硐与各水平的连接处及井底车场，主要绞车道与主要运输巷、回风巷的连接处，井下机电设备硐室，主要巷道内带式输送机机头前后两端各 20m 范围内，都必须用不燃性材料支护。在井下和井口房，严禁采用可燃性材料搭设临时操作间、休息间。

(4) 井下使用的汽油、煤油和变压器油必须装入盖严的铁桶内，由专人押运送至使用地点，剩余的汽油、煤油和变压器油必须运回地面，严禁在井下存放。

井下使用的润滑油、棉纱、布头和纸等，必须存放在盖严的铁桶内。用过的棉纱、布头和纸，也必须放在盖严的铁桶内，并由专人定期送到地面处理，不得乱放乱扔。严禁将剩油、废油泼洒在井巷或硐室内。井下清洗风动工具时，必须在专用硐室进行，并必须使用不燃性和无毒性洗涤剂。

(5) 井下严禁使用灯泡取暖和使用电炉。

(6) 井下必须设置消防材料库，并遵守下列规定：

① 井下消防材料库应设在每一个生产水平的井底车场或主要运输大巷中，并应装备消防列车。

② 消防材料库储存的材料、工具的品种和数量应符合有关规定，并定期检查和更换。材料、工具不得挪作他用。

(7) 井下爆炸材料库、机电设备硐室、检修硐室、材料库、井底车场、使用带式输送机或液力耦合器的巷道以及采掘工作面附近的巷道中，应备有灭火器材，其数量、规格和存放地点，应在灾害预防和处理计划中确定。井下工作人员必须熟悉灭火器材的使用方法，并熟悉本职工作区域内灭火器材的存放地点。

(8) 采用滚筒驱动带式输送机运输时，必须使用阻燃输送带，其拖辊的非金属材料零部件和包胶滚筒的胶料、阻燃性和抗静电性必须符合有关规定，并应装设温度保护、烟雾保护和自动洒水装置。其使用的液力耦合器严禁使用可燃性传动介质。

(9) 井下爆破不得使用过期或严重变质的爆破材料；严禁用粉煤、块状材料或其他可燃性材料作炮眼封泥；无封泥、封泥不足或不实的炮眼严禁爆破，严禁裸露爆破。

三、矿井外因火灾预测与预警技术

1. 外因火灾的预测

矿井外因火灾预测就是通过对井巷中可燃物和潜在火源分布调查，确定可能产生外因火灾的空间位置及危险性等级。外因火灾预测可遵循以下程序：调查井下可能出现的火源（包括潜在火源）的类型及其分布；调查井下可燃物的类型及其分布；划分发火危险区（井下可燃物和火源（包括潜在火源）同时存在的地区看做危险区）。准确的预测，可以使外因火灾的预报更具有针对性，灭火准备更充分。进行火灾预测的书面成果形式就是编制《矿井年度灾害预防及处理计划》。

2. 矿井外因火灾预警技术

矿井外因火灾预警就是根据火灾发生、发展规律，应用成熟的经验和先进的科学技术手段，采集处于萌芽状态的火灾信息，进行逻辑判断后给出火情报告，并自动灭火的技术。它可以弥补预防的不足。

外因火灾预警最常用的设备装置有：温升变色涂料、感温元件、带式输送机火灾监测自动灭火装置。这些方法主要用于电动机、机械设备的易发热部位和带式输送机火灾预警。

1) 温升变色涂料

温升变色涂料有两种，一种是以黄色碘化汞（HgI）为主体的涂料，另一种是以红色碘化汞（HgI_2）为主体的涂料。将这些温升变色涂料涂敷在电动机的外壳或机械设备的易发热部位，一旦温升超出额定值即会变色给人以预警，当温度下降到正常值时，又恢复原色。

黄色碘化汞（HgI）变色涂料，当涂敷物的温度由常温升到 54℃～82℃时即变为橘红色；红色碘化汞（HgI_2）变色涂料，当涂敷物的温度由常温升到 127℃时变为黄色。

2）感温元件

用易熔合金、热敏电阻等制成的感温元件预警电气机械设备温升，并将这些感温元件与灭火装置联动，在发生火灾时自动启动灭火。

3）带式输送机火灾监测自动灭火装置

带式输送机火灾发生的主要原因有驱动滚筒与皮带过度打滑、拖辊不转、皮带跑偏与胶带机架摩擦、转换地点堆积物过多、皮带被堆积物压住造成过载。其处理方法分别是：安装皮带防滑装置、更换拖辊，维修拖辊、调整拖辊及滚筒并校直机架、改善装载条件、加强维护，安装清扫器、改用阻燃皮带。最重要的工作是研制、应用皮带检测灭火装置。皮带检测和自动灭火装置有多种型号，如 DFH 型、DMH 型、KID-1 型、MPZ-1 型等。

任务五　矿井火灾处理与控制

导学思考题

（1）灭火的原理是什么？

（2）根据采用的灭火原理不同，灭火的方法可分为哪三类？

（3）根据消防上对火灾的分类，简述水、泡沫、干粉、二氧化碳、卤代烷、惰性气体、沙子和岩粉灭火的适用性。

（4）隔绝灭火的原理是什么？隔绝灭火中施工的密闭墙分为哪三种？

（5）简述封闭火区的原则、方法和顺序。

（6）火区管理的主要内容有哪些？

（7）火区检查的主要内容是什么？

（8）火区启封的条件是什么？不符合火区启封条件，强行启封火区可能造成什么后果？

（9）火区启封安全措施的主要内容是什么？

（10）如何分析火区状态？

（11）启封火区前要做好哪些准备工作？

（12）简述主要火区启封方法及注意事项。

一、灭火原理

灭火是破坏燃烧 3 个条件同时存在和消除燃烧 3 个条件（之一、之二或全部）的过程。灭火的实质就是把正在燃烧体系内的物质冷却，将其温度降低到燃点之下，使燃烧停止。

灭火原理：

（1）冷却，把燃烧物质的温度降低到燃点以下。

（2）隔离和窒息，使燃烧反应体系与环境隔离，抑制参加反应的物质，切断反应物质的补给。

（3）稀释，降低参加反应物（液、气体）的浓度。

（4）中断链反应。现代燃烧理论认为，燃烧反应是由于可燃物分解成游离状态的自由基与氧原子相结合，发生链反应后才能形成的。因此，阻止链反应发生或不使自由基与氧原子结合，就可以抑制燃烧，达到灭火目的。

在实际灭火中，是以上几种原理的综合应用。

灭火就其方法而言，可分为直接灭火、隔离灭火和联合灭火三大类。

二、直接灭火

采用灭火剂或挖出火源等方法把火直接扑灭，称为直接灭火法。无论是井上还是井下所发生的火灾，凡是能直接扑灭的，均应尽快扑灭。

1. 常用灭火剂及其使用方法

可用于扑灭火源的物质称为灭火剂。常用的灭火剂有水、泡沫、干粉、二氧化碳、四氯化碳、卤代烷、惰气、沙子和岩粉等。

1）水

水是不燃液体，是消防上常用的灭火剂之一。使用方法有水射流和水幕两种形式。应注意，以下火灾不宜用水扑灭：①电气（带电）火灾。②轻于水和不溶于水的液体和油类火灾。③遇水能燃烧的物质（如电石、金属钾钠等）火灾。④精密仪器设备、贵重文物、档案等火灾。⑤硫酸、硝酸和盐酸等火灾，因酸遇强大的水流后会飞溅。

2）泡沫

泡沫是一种体积小，表面被液体围成的气泡群。泡沫的相对密度小（$d=0.1\sim0.2$），且流动性好，可实现远距离立体灭火，具有持久性和抗燃烧性，导热性能低，黏着力大。泡沫覆盖在火源周围，形成严密的覆盖层，并能保持一定时间，使燃烧区与空气隔绝，具有窒息作用；覆盖层具有防辐射和热量向外传导作用；泡沫中的水分蒸发可以吸热降温，起到冷却作用。泡沫灭火剂可分为化学灭火剂和空气泡沫灭火剂两类。

（1）化学泡沫灭火剂。

化学泡沫是由两种化学泡沫粉与水混合后发生化学反应而生成的水溶液，经发泡机后形成。化学泡沫灭火剂对扑灭石油和石油产品以及其他油类火灾十分有效。但不宜用于扑灭醇类、醚类和酮类等水溶液的火灾以及电器火灾。化学泡沫灭火剂的性能好，但成本高。

化学泡沫灭火机结构如图 2-22 所示。

（2）高倍空气泡沫。

空气泡沫可分为普通蛋白泡沫、氟蛋白泡沫、抗溶性泡沫以及中倍泡沫和高倍泡沫多种。高倍泡沫（发泡倍数在 5000～10000 之间）主要用于火源集中、泡沫易堆积场合的火灾，如井下巷道、采掘工作面、室内仓库和机场设施等处火灾。

高倍空气泡沫灭火机在井下巷道中使用情况如图 2-23所示，目前，我国消防和救护队基本上都装备了这种设备。

其使用方法是：灭火时首先要在火源上风侧的巷道内构筑密闭墙，发泡口安装在密闭墙上，然后发泡，在巷道内形成一个泡沫塞向火源移动，扑灭火源。在盲巷或掘进工作面发火时，可以利用风筒输送泡沫。

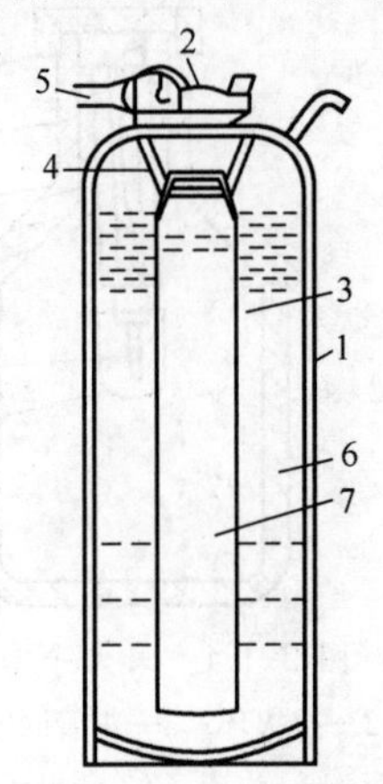

图 2-22 化学泡沫灭火机结构示意图

1—机身；2—机盖；3—玻璃瓶；4—铁架；5—喷嘴；6—碱性药液；7—酸性药液。

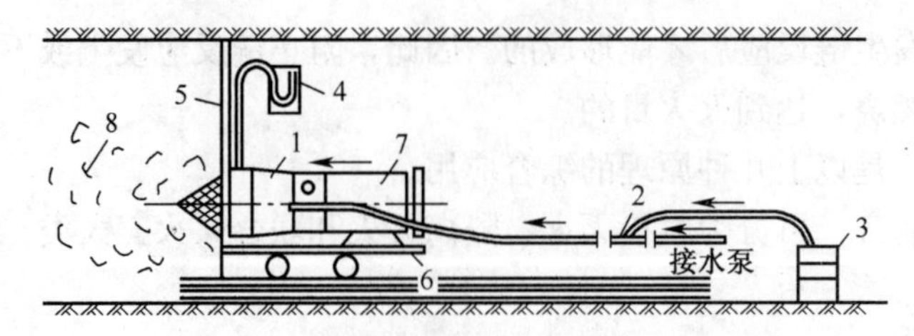

图 2-23 高倍空气泡沫灭火机在井下应用

1—泡沫喷射器；2—喷射泵；3—起泡剂；4—水柱剂；5—密闭墙；6—平板车；7—风机；8—泡沫。

3）干粉

干粉灭火剂应用范围较广。常用的干粉灭火剂有钠盐干粉、氨基干粉以及用磷酸盐为基料的干粉。其中以氨基干粉灭火效果最好，磷酸盐干粉应用最多。

干粉灭火的原理。干粉靠加压气体的压力从喷嘴内喷出，形成一股雾状气流，射向燃烧物，接触火焰和高温后，受热分解，吸热并放出不燃气体（NH_3 和 $H_2O(g)$），可以稀释火区范围内的氧浓度；干粉及其热解产物可抑制碳氢自由基生成，破坏燃烧链反应；细的粉末在高温作用下溶化、胶结，形成覆盖层具有良好的“热帐”作用。

干粉灭火剂可以扑灭 A、B、C、D 类和电气火灾，常见的灭火器有以下几种。

（1）灭火手雷。

将干粉灭火剂装在成型的容器中，其结构如图 2-24 所示。使用时打开护盖，拉开拉火雷管后，立即抛向火源，借助拉火雷管和炸药的爆炸力，将干粉撒在燃烧物上。爆炸安全距离 8m。抛出后人要躲在临时屏障（如风筒布）后面。

（2）喷粉灭火器。

压力存储式干粉灭火器的结构如图 2-25 所示。这种灭火器以 N_2 或液态 CO_2 为动力，将干粉喷射到燃烧物上。使用方法是，将灭火器提到现场，在离火源 7m～8m 的地方将灭火器直立在地上，然后一手握住喷嘴胶管，另一手打开阀门，并向火源移近，将机内喷出粉末气流射向火源。

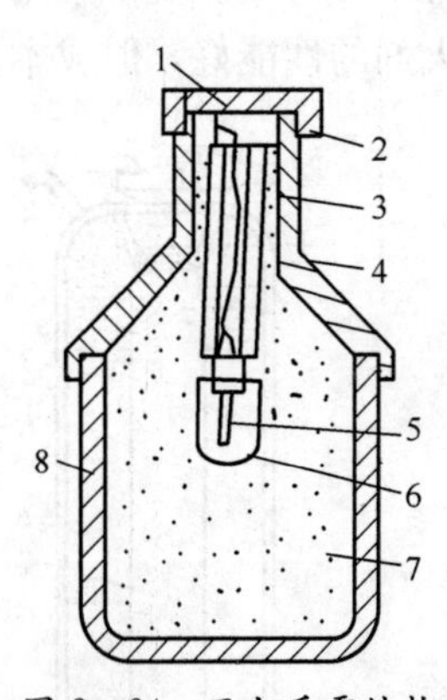

图 2-24 灭火手雷结构

1—护盖；2—拉火环；3—雷管固定管；4—外壳盖；5—雷管；6—炸药；7—药粉；8—胶木外壳。

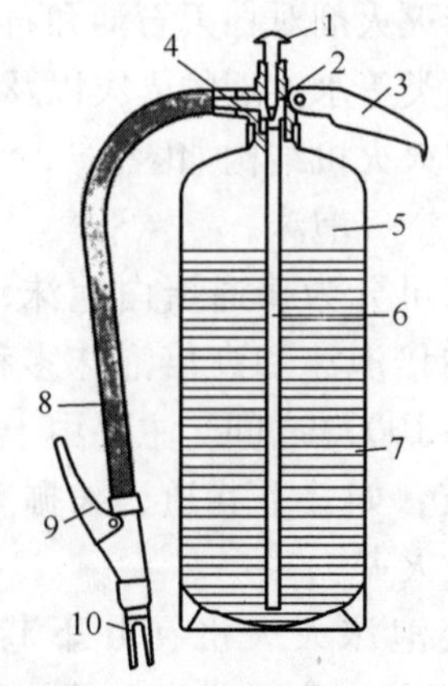

图 2-25 压力存储式干粉灭火器

1—撞击按钮；2—锥子；3—携带手柄；4—密封；5—二氧化碳；6—潜管；7—干粉；8—软管；9—操作手柄；10—喷嘴。

干粉灭火剂被广泛应用于自动灭火系统。例如美国针对截煤机上容易产生摩擦火花引燃瓦斯的特点，在截煤机上安装热传感器和以干粉为灭火剂的自动灭火系统。由于干粉灭火时冷却效果不好，所以扑灭燃烧后要立即采取相应的冷却措施，否则可能发生复燃。

4）卤代烃灭火剂

常用的卤代烃灭火剂是用氟、氯、溴取代甲烷和乙烷中的氢而成，因此也叫卤代烷灭火剂。其种类有二氟一氯一溴甲烷（CF_2ClBr）、三氟一溴甲烷（CF_3Br）等。为了读写方便，根据其原子数用4个阿拉伯数字作它的代号，例如，二氟一氯一溴甲烷可用1211代替，三氟一溴甲烷用1301代替，以此类推。

目前我国常用的卤代烷灭火剂有1211和1301。卤代烷灭火机的构造如图2-26所示。用加压的方法使其液化，灌装在有氮气介质的容器中。使用时只要打开开关，在氮气的压力作用下，灭火剂立即呈雾状喷出，形成比重大、扩散慢的气体，能在较长时间内滞留在火区内。其作用除了能降低火区氧浓度之外，还可以中断链式反应，阻止燃烧，并兼有一定窒息和冷却作用。适用于扑救油类、带电设备、档案、文物和精密仪器等贵重物品的火灾。除此之外，卤代烷还有很好的阻爆作用。

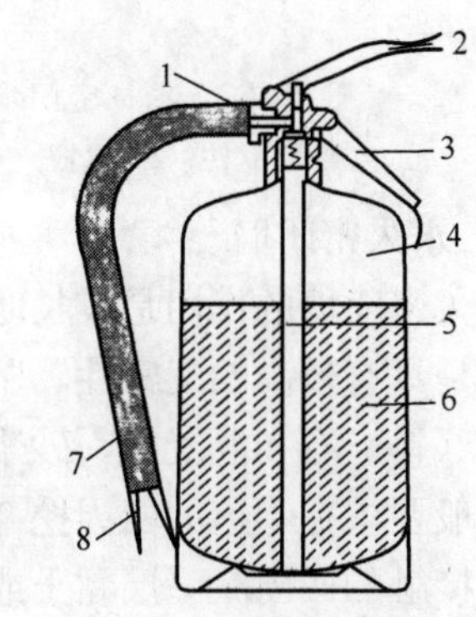

图2-26　卤代烷灭火机的构造

1—封口；2—操作手柄；3—携带手柄；4—氮气；5—潜管；6—卤代烷；7—软管；8—喷嘴。

需要注意的是，灭火剂所产生的气体略有毒性，体积浓度在4%以下时，人在其内滞留数分钟不致产生严重损害。在室内灭火后要通风换气，以保证人员安全。

除此之外，灭火剂还有二氧化碳（固体二氧化碳称为干冰）灭火剂、酸碱灭火剂、四氯化碳灭火剂等。

5）沙子和岩粉

沙子和岩粉在煤矿广泛应用于扑灭电气火灾。在井下机电硐室、井上下变电所等地方设有防火砂或岩粉池。

2. 消除可燃物

直接灭火除了向火源喷射灭火剂以外，在有些条件下还可以清除可燃物，消除燃烧的物质基础。煤矿常用的是挖除火源。

三、隔绝灭火

当火源不能直接将火扑灭时，为了迅速控制火势，使其熄灭，可在通往火源的所有巷道内砌筑密闭墙，使火源与空气隔绝。火区封闭后其内惰性气体（如CO_2和N_2等）的浓度逐渐增加，氧气浓度逐渐下降，燃烧因缺氧而窒息。此种灭火方法称为隔绝灭火。

1. 密闭墙的结构和种类

按照密闭墙存在的时间长短和作用，可分为临时密闭、永久密闭和防爆密闭3种。

1）临时密闭墙

临时密闭墙的作用是暂时切断风流，控制火势发展，为砌筑永久密闭墙或直接灭火创造条件。对临时密闭墙的主要要求是结构简单，建造速度快，具有一定的密实性，位置上尽量靠近火源。传统的临时密闭墙是木板墙上钉不燃的风筒布，或在木板墙上涂黄泥，如图2-27所示；也有采用木立柱夹混凝土块板的，如图2-28所示。

随着科学技术的发展，目前已研制出多种轻质材料结构、能快速建造的密闭墙，如泡沫塑料密闭墙、伞式密闭墙和充气式密闭墙等。

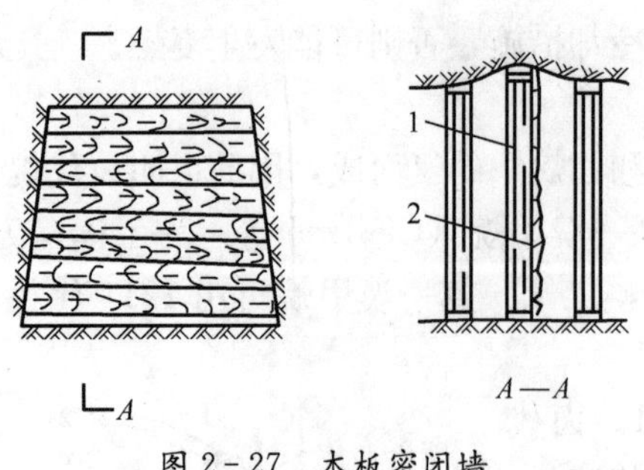

图 2-27 木板密闭墙

1—立柱；2—木板。

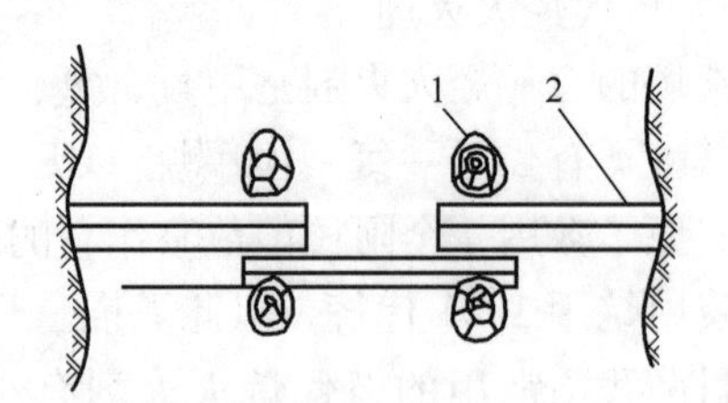

图 2-28 混凝土块板密闭墙

1—混凝土块板；2—木立柱。

2）永久密闭墙

永久密闭墙的作用是较长时间地（至火源熄灭为止）阻断风流，使火区因缺氧而熄灭。其要求是具有较高的气密性、坚固性和不燃性，同时又要求便于砌筑和启开，其材料主要有砖、片（料）石和混凝土，砂浆作为黏结剂，结构如图 2-29 所示。为了增加气密性和耐压性，一般要求在巷道的四周挖 0.5m～1.0m 厚的深槽（使墙与未破坏的岩体接触），并在墙与巷道接触的四周涂一层黏土或砂浆等黏结剂。在矿压大、围岩破坏严重的地区设置密闭墙时，采用两层砖之间充填黄土的结构，以增加密闭墙的气密性。在密闭墙的上中下适当位置应预埋相应的铁管，用于检查火区的温度、采集气样、测量漏风压差、灌浆和排放积水，平时这些管口应用木塞或闸门堵塞，以防止漏风。

3）防爆密闭墙

在有瓦斯爆炸危险时，需要构筑防爆密闭，以防止封闭火区时发生瓦斯爆炸。防爆密闭墙一般是用沙袋堆砌而成，如图 2-30 所示。其厚度一般为巷宽两倍。密闭墙间距 5m～10m。目前比较先进的方法是采用石膏快速充填构成耐压防爆密闭墙。

在构筑砂段或石膏密闭墙时，要安设采样管、放水管和通过筒。通过筒由钢板卷制而成，直径为 800mm，作用一是在封闭火区时保持送风稀释火区内瓦斯；二是在封闭后的燃烧熄灭过程中，可派救护队员由此进入火区侦察火情。

近年来，国内外研制成多种远距离输送石膏构筑密闭墙的设备，快速构筑石膏防爆密闭墙，以避免形成灾害，图 2-31 为湿输灌注密闭工艺系统。

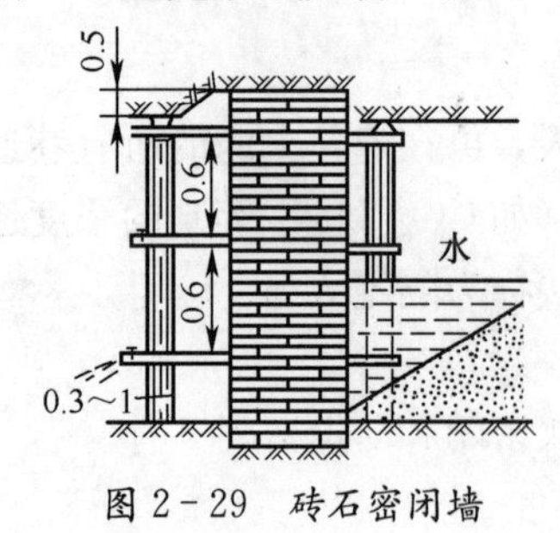

图 2-29 砖石密闭墙

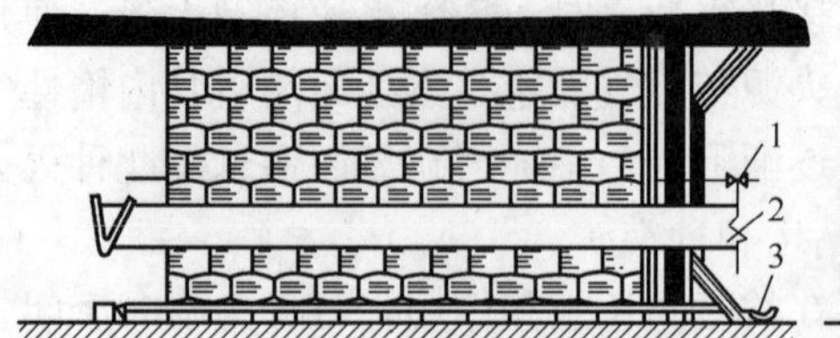

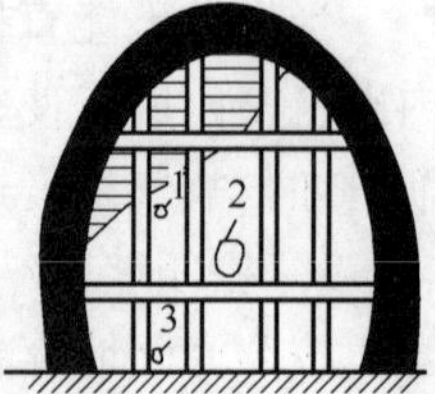

图 2-30 沙袋防爆密闭墙

1—采样管；2—通过筒；3—放水管。

2. 密闭墙的位置选择

密闭墙的位置选择合理与否不仅影响灭火效果，而且决定施工安全性。过去曾有不少火区在封闭时因密闭墙的位置选择得不合适而造成瓦斯爆炸。灭火的效果取决于密闭墙的气密性和密闭空间的大小。封闭范围越小，火源熄灭得越快。

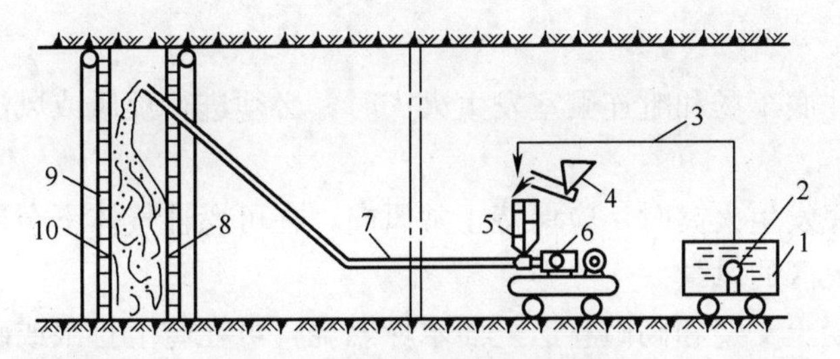

图 2-31 湿输灌注密闭系统

1—水车；2—潜水泵；3—供水管；4—螺旋供料器；5—搅拌桶；
6—注浆泵；7—输浆管；8—外侧模板；9—内侧模板；10—石膏墙体。

封闭火区的原则是“密、小、少、快”四字。“密”是指密闭墙要严密，尽量少漏风；“小”是指封闭范围要尽量小；“少”是指密闭墙的道数要少；“快”是指封闭墙的施工速度要快。在选择密闭墙的位置时，人们首先考虑的是把火源控制起来的迫切性，以及在进行施工时防止发生瓦斯爆炸，保证施工人员的安全。

3. 封闭火区的顺序

火区封闭后必然会引起其内部压力、风量、氧浓度和瓦斯等可燃气体浓度变化；一旦高浓度的可燃气体流过火源，就可能发生瓦斯爆炸。因此，正确选择封闭顺序，加快施工速度，对于防止瓦斯爆炸、保证救护人员的安全至关重要。就封闭进回风侧密闭墙的顺序而言，目前基本上有两种：一是先进后回（又称为先入后排）；二是进回同时。

4. 封闭火区的方法

封闭火区的方法分为 3 种：

(1) 锁风封闭火区，从火区的进回风侧同时密闭，封闭火区时不保持通风。这种方法适用于氧浓度低于瓦斯爆炸界线（O_2 浓度小于 12%）的火区。

(2) 通风封闭火区，在保持火区通风的条件下，同时构筑进回风两侧的密闭。这时火区中的氧浓度高于失爆界线（O_2 浓度大于 12%），封闭时存在着瓦斯爆炸的危险性。

(3) 注惰封闭火区，在封闭火区的同时注入大量的惰性气体，使火区中的氧浓度达到失爆界线所经过的时间比爆炸气体积聚到爆炸下限所经过时间要短。

第 (2)、(3) 种方法，即封闭火区时保持通风的方法在国内外被认为是最安全和最正确的方法，应用较广泛。

四、扑灭和控制不同地点火灾的方法

1. 井口和井筒火灾

(1) 进风井口建筑物发生火灾时，应采取防止火灾气体及火焰侵入井下的措施：①迅速扑灭火源；②立即反转风流或关闭井口防火门，必要时停止主要通风机。

(2) 进风井筒中发生火灾时，为防止火灾气体侵入井下巷道，必须采取反风或停止主要通风机运转的措施。

(3) 回风井筒发生火灾时，风流方向不应改变。为了防止火势增大，应减少风量。其方法是控制入风防火门，打开通风机风道的闸门，停止通风机或执行抢救指挥部决定的其他方法（以不能引起可燃气体浓度达到爆炸危险为原则）。必要时，撤出井下受危及的人员。

(4) 竖井井筒发生火灾时，不管风流方向如何，应用喷水器自上而下地喷洒。只有在能确保救护队员生命安全时，才允许派遣救护队进入井筒从上部灭火。

2. 井底火灾

(1) 当进风井井底车场和毗连硐室发生火灾时，必须进行反风或风流短路，不让火灾气体侵入工作区。

(2) 回风井井底发生火灾时，应保持正常风向，在可燃性气体不会聚集到爆炸限度的前提下，可减少流入火区的风量。

(3) 为防止混凝土支架和砌碹巷道上面木垛燃烧，可在碹上打眼或破碹，设水幕。

3. 井下硐室火灾

(1) 着火硐室位于矿井总进风道时，应反风或风流短路。

(2) 着火硐室位于矿井一翼或采区进回风所在的两巷道的连接处时，则在可能的情况下，采取短路通风，条件具备时也可采用局部反风。

(3) 火药库着火时，应首先将雷管运出，然后将其他爆炸材料运出，如因高温运不出时，则关闭防火门，退往安全地点。

(4) 绞车房着火时，应将火源下方的矿车固定，防止烧断钢丝绳，造成跑车伤人。

(5) 蓄电池机车库着火时，为防止氢气爆炸，应切断电源，停止充电，加强通风并及时把蓄电池运出硐室。

(6) 无防火门的硐室发生火灾时，应采取挂风障控制入风，积极灭火。

4. 通风巷道火灾

(1) 倾斜进风巷道发生火灾时，必须采取措施防止火灾气体侵入有人作业的场所，特别是采煤工作面。为此可采取风流短路或局部反风、区域反风等措施。

(2) 火灾发生在倾斜上行回风风流巷道，则保持正常风流方向。在不引起瓦斯积聚的前提下应减少供风。

(3) 扑灭倾斜巷道下行风流火灾，必须采取措施，增加入风量，减少回风风阻、防止风流逆转，但决不允许停止通风机运转。

(4) 在倾斜巷道中，需要从下方向上灭火时，应采取措施防止冒落岩石和燃烧物掉落伤人，如设置保护吊盘、保护隔板等护身设施。

(5) 在倾斜巷道中灭火时，应利用中间巷道、小顺槽、联络巷和行人巷接近火源。不能接近火源时，则可利用矿车、箕斗，将喷水器下到巷道中灭火，或发射高倍数泡沫、惰气进行远距离灭火。

(6) 位于矿井或一翼总进风道中的平巷、石门和其他水平巷道发生火灾时，要选择最有效的通风方式（反风、风流短路、多风井的区域反风和正常通风等）以便救人和灭火。在防止火灾扩大采取短路通风时，要确保火灾有害气体不致逆转。

(7) 在采区水平巷道中灭火时，一般保持正常通风，根据瓦斯情况增大或减少火区供风量。

5. 采煤工作面火灾

一般要在正常通风的情况下进行灭火。必须做到：

(1) 从进风侧进行灭火，要有效地利用灭火器和防尘水管。

(2) 急倾斜煤层采煤工作面着火时，不准在火源上方灭火，防止水蒸气伤人；也不准在火源下方灭火，防止火区塌落物伤人；而要从侧面（即工作面或采空区方向）利用保护台板和保护盖接近火源灭火。

(3) 采煤工作面瓦斯燃烧时，要增大工作面风量，并利用干粉灭火器、沙子、岩粉等喷射灭火。

（4）在进风侧灭火难以取得效果时，可采取局部反风，从回风侧灭火，但进风侧要设置水幕，并将人员撤出。

（5）采煤工作面回风巷着火时，必须采取有效方法，防止采空区瓦斯涌出和积聚。

（6）用上述方法无效时，应采取隔绝方法和综合方法灭火。

6. 独头巷道火灾

（1）要保持独头巷道的通风原状，即风机停止运转的不要随便开启，风机开启的不要盲目停止。

（2）如发火巷道有爆炸危险，不得入内灭火，而要在远离火区的安全地点建筑密闭墙。

（3）扑灭独头巷道火灾时，必须遵守下列规定：

① 火灾发生在煤巷迎头时，瓦斯浓度不超过2%时，可在通风的情况下采用干粉灭火器、水等直接灭火。灭火后，必须仔细清查阴燃火点，防止复燃。如瓦斯浓度超过2%仍在继续上升，要立即把人员撤到安全地点，远距离进行封闭。

② 火灾发生在煤巷的中段时，灭火过程中必须检测流向火源的瓦斯浓度，防止瓦斯经过火源点，如果情况不清则应远距离封闭。若火灾发生在上山中段时，不得直接灭火，要在安全地点进行封闭。

③ 上山煤巷发生火灾时，不管火源在什么地点，如果局部通风机已经停止运转，在无需救人时，严禁进入灭火或侦察，而要立即撤出附近人员，远距离进行封闭。

④ 火源在下山煤巷迎头时，若火源情况不清，一般不要进入直接灭火，应进行封闭。

五、火区管理与启封

火区被密封后，只是控制并减弱了火区的范围和火势，在一定时间内，火不会彻底熄灭。对矿井安全仍是一个潜在的威胁。因此，加强火区管理，有针对性地对影响火区熄灭的各种因素采取防治措施，加速火区熄灭。

1. 火区管理

火区封闭后，配合灭火工作的进行，日常对火区所进行的观察、检测、资料分析与整理等工作，统称为火区的管理。具体内容有以下几个方面。

1）建立火区档案

矿井通风部门应对火区实行统一编号，建立火区档案，加以保存。

火区档案的内容有：

（1）建立火区卡片，详细记录发火日期、发火原因、火区位置、范围。火区管理卡片由矿井通风部门负责填写，并装订成册，永久保存。

（2）处理火灾时的领导机构人员名单。

（3）灭火过程及采取的措施。

（4）发火地点的煤层厚度、煤质、顶底板岩性、瓦斯涌出量、火区封闭煤量等。

（5）生产情况，如采区范围、回采率、采煤方法、回采时间。

（6）发火前、后气体分析情况和温度变化情况。

（7）发火前、后的通风情况（风量、风速、风向）。

（8）绘制矿井火区示意图。以往所有火区及发火地点都必须在图上注明，并按时间顺序编号。灌浆钻孔布置以及火区外围风流方向、通风设施等内容，并绘制必要的剖面图。

(9) 永久密闭的位置和编号、建造时间、材料及厚度等。

每一次发火还应在全矿井通风系统图上标明火源位置、发火日期，待火区注销后，注上火区注销的日期。

2) 防火墙管理

(1) 每个防火墙附近必须设置栅栏，贴示警标，禁止人员入内，并悬挂说明牌，牌上记明防火墙建造日期、材质、厚度、防火墙内外的气体成分、温度、空气压差、测定日期和测定人员姓名。

(2) 防火墙外的空气温度、瓦斯浓度、防火墙内外空气压差以及防火墙墙体本身，都必须每天检查1次。所有检查结果必须记入防火记录簿。发现急剧变化时，每班至少检查1次。

(3) 防火墙的严密性在很大程度上决定封闭火区的成效，所以防火墙管理除了上述检查、观测、警戒制度外，还应加强严密性检查。防火墙要用石灰水刷白，以便于发现是否有漏风的地方。由防火墙发出的“咝咝”声也可以作为防火墙漏风和渗出火灾瓦斯的征兆。凡是漏风的地方，立即用黏土、灰浆等封堵。

(4) 此外，不管是进风侧防火墙还是回风侧防火墙，在外部都应保持良好的通风，只有携带良好的安全仪器的人员才允许进入该区进行观测和检查。

2. 火区检查

为了掌握火区的变化情况，应定期检查火区内的气体成分和温度。

火区气体的采样地点应选在火区出风侧防火墙处，通过防火墙上的观测管采取气体试样。若防火墙离火源较远，可在靠近火源位置打观测孔，火区距地表深度不大时，也可利用地面钻孔观测。

采样应定期进行，火区尚未稳定的阶段，每天检查采样1次，以后可3天或1周检查采样1次。火区的检查和采样由专职或救护队人员承担。采样时，在采样地点应对容器进行气体清洗，每次采样的位置应保持一致，气样出井后要及时化验分析，以免出现人为误差。

火区温度的测定，通常是测定火区气体温度及出水温度，可在气样采取时进行测温。采用矿用温度测定仪时，可利用地面或井下观测孔进行远距离测温。

火区内气体成分和温度的资料应及时整理，绘制气体成分、温度变化曲线，分析火情趋势，如有恶化现象，应查找原因，采取有效措施。

3. 火区启封

1) 火区启封条件

封闭区的火灾逐渐熄灭时，火区的气体成分会发生明显的变化，温度、压力及封闭区内的自然风压也会发生变化。根据这些变化，可判别封闭的火区是否已经熄灭。《煤矿安全规程》规定，火区同时具备下列条件时，方可认为火已经熄灭：

(1) 火区内空气温度下降到30℃以下，或与火灾发生前该区的日常空气温度相同。

(2) 火区内空气中的氧气浓度降到5%以下。

(3) 火区内空气中不含有乙炔、乙烯，一氧化碳浓度在封闭期间内逐渐下降0.001%以下。

(4) 火区的出水温度低于25℃，或与火灾发生前该区的日常出水温度相同。

(5) 上述4项指标持续稳定的时间在1个月以上。

火区启封要十分慎重，处理不当，可以引起火灾复燃，甚至发生瓦斯爆炸。封闭的火区，只有经过长期取样分析，确认火灾已经熄灭后，方可启封。启封前，必须制定安全措施和实施计划，并报主管领导批准。

启封火区安全措施的主要内容包括：火区位置和范围，发火日期及其原因，火区签定资料，灭火措施与封闭情况，火区位置图，火区内火灾后果的分析与预计，火区启封方案（包括启封方法、火区侦察方案、打开密闭顺序及过程、通风方法与排风线路、通风设备及其安装的位置、启封过程中的调风方法，救护队行动计划与路线等），分析火区启封过程中存在的危害与可能发生的危险，预防启封火区过程中危险与危害的措施（包括启封人员的安全保障措施、火区气体排放影响区域的人员安全保障措施、救护队员的安全保障措施、预防瓦斯煤尘爆炸的措施、火区复燃的处理措施、火区启封后的安全措施）等。

火区启封安全措施实施计划的主要内容：启封的时间，启封前的准备工作（启封用的设备、仪器、材料、灭火器材、水管、通信设备、工具等），启封工作的人员组织（包括救护、检测、安检等在内的各类人员的人数和名单及其组织形式），火区启封日程安排。

2）火区状态分析

封闭火区时，防火墙不可能离火源很近，这就决定了火区观察测得气样并非燃烧点的原始气样，由此气样来判断火区的熄灭状态必然存在一定的误差。例如，有些火区已经符合《煤矿安全规程》规定的熄灭条件，但打开后又复燃。因此，根据每个火区的实际情况正确地分析火区气体的变化特点，有助于火区状态的判断与火区启封。

(1) 封闭区内空气氧含量低于5%时，火焰燃烧将逐渐减弱直至熄灭。氧浓度在1%以下时，火焰燃烧完全熄灭。但即使在空气中氧浓度为零的条件下，着火带可燃物的阴燃仍可长期持续，在这种情况下启封火区势必失败。这是因为煤体的温度还比较高，煤的化学活性强，吸氧量增大，尤其在特厚煤层中的火区由于煤的吸附氧气能力很强，火区封闭之后 O_2 浓度迅速下降；另外，有些煤体中本身含有一定的氧气，足以维持阴燃状态。因此，火区内空气的氧浓度并不能完全代表火源燃烧的供氧条件。

(2) 当火区范围很大，进回风侧的防火墙距离燃烧点很远，漏风通道多而关系复杂时，即使从各防火墙观测孔中测得的火区内空气温度低于25℃或与该区发火前的温度相同，也不能就此判定火源已熄灭。其原因是防火墙离火源燃烧点远，经过燃烧区的漏风在流向回风侧各密闭时，沿途被煤、岩石以及未经过燃烧区的漏风吸收热量使之温度降低，因此，在回风密闭内测得的温度并非燃烧点处的真正温度。

(3) 在盲巷形成的火区、采用了均压措施杜绝了漏风的火区，虽然火源已经熄灭而不再生成CO，但是CO仍然长时间被封存于火区内。因此，CO的存在并不意味着火源尚未熄灭。相反，燃烧产生的CO被火区形成的一些焦炭吸附后，也可以使CO的浓度很低，但并不意味火源的熄灭。

(4) 在漏风较大的火区中，即使CO、CH_4、H_2、C_mH_n 和 CO_2 浓度下降，O_2 浓度也可能增加。当火区位于地层裂缝较大，特别是煤层之间和浅部采空区附近（距离小于30倍采高），火区空气中 O_2 浓度不易下降。

(5) 高瓦斯煤层火区，有时可以遇到 CH_4 浓度迅速增长的现象，但并非来自煤的干馏或自燃，而是火区瓦斯自然涌出。自然涌出的瓦斯能将其他气体从火区挤出，易造成火源已经熄灭的假象。

由上看出，影响火区状态的因素很多。仅凭从火区回风侧采集的气样作为判断火区的熄灭是不够的，应结合火区各方面的实际情况综合分析，做出正确的判断。

3）启封火区的准备工作

（1）启封之前，做好将火区的回风直接引入回风巷的准备；火区回风所通过的巷道内不准有人员工作，并要切断电源。

（2）在有瓦斯和煤尘爆炸危险的矿井中，与火区相连的巷道内应撒布岩粉或设置隔爆水棚、岩粉棚。

（3）准备好足够的启封火区和重新封闭火区所需的一切材料、设备和灭火器具。

4）启封火区方法

（1）通风启封火区法：指一次打开火区的方法。在火区范围不大，并确认火区完全熄灭的情况下可采用此方法。采用通风启封火区时，选择一个出风侧防火墙，首先打开，由佩戴呼吸器的救护队员进入火区侦察和检查瓦斯，经侦察火已确实熄灭，再打开进风侧防火墙。待火区内有害气体排放一段时间，无异常现象，可相继打开其余的防火墙。为了使火区气体压力能够逐渐地平衡，在打开第一个防火墙时，应先开一个小孔，然后逐渐扩大，严禁一次将防火墙全部打开。

进风侧防火墙一般处于火区（上山采区内火区）的下部，要特别注意 CO_2 的积聚，防止启封时逆风流流动带来的危害。

打开进、出风侧防火墙之后，应采用强力通风。为预防发生爆炸事故，在此期间，必须将所有人员撤至安全地点，待 1h～2h 后再进入火区进行清理、喷水降温、挖除发热的煤等。

采用通风启封火区的注意事项如下：

① 开启密闭时，应估计到有火区瓦斯、二氧化碳等有害气体涌出；

② 打开进、回风侧密闭后，短期内要采取强力通风，以迅速降低火区内的瓦斯浓度，预防瓦斯爆炸，应把人员撤到安全地点，至少等 1h 以后，再进入火区工作；

③ 排放火区内的瓦斯，应控制在《煤矿安全规程》允许的浓度以内。

（2）锁风启封火区法：是指分段逐次打开火区的方法。在火区范围较大，难以确认火源是否已完全熄灭，或火区内可能积存大量可燃气体情况下，可采用此方法。

采用锁风启封火区时，在主要进风侧原防火墙 1 外 5m～6m 处，建立一道带风门的临时风墙（锁风墙）2，如图 2-32 所示。由救护队员进入，关闭风门，形成一个封闭空间，并在此储放建造一道临时防火墙所需的材料和工具。然后打开防火墙 1，进入火区侦察，确认在一段范围内无火源，可选择适当地点（一般离原防火墙 150m～200m）构筑临时防火墙（锁封墙）3，并进行质量检查后，拆除风墙 2 和原防火墙 1，用通风机 5 作压入式通风，排除1～3 区段内积存的瓦斯并加固支架。如此分段逐渐向火源逼近，直至火区出风侧防火墙被拆除，恢复全区正常通风为止。必须注意，只有当新的防火墙建成后，才允许打开第一个

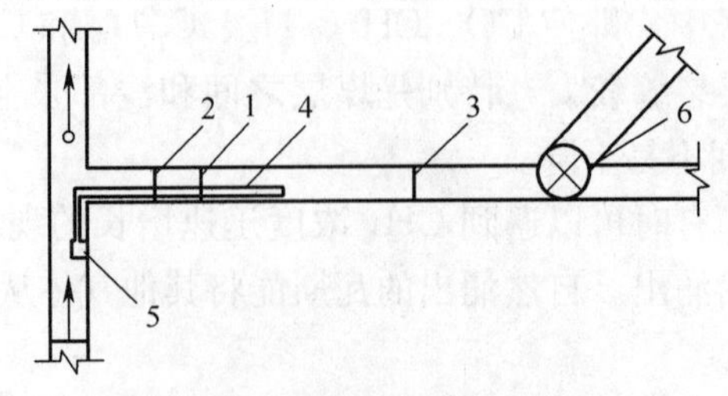

图 2-32　锁风启封封火区法

1—原密闭墙；2、3—临时密闭墙；4—风筒；5—局部通风机；6—火源。

风墙的风门，以保证火区处于封闭隔绝状态。

采用锁风法启封火区的注意事项如下：

① 锁风工作必须在无爆炸危险的条件下进行；

② 锁风作业时，要有专人对封闭区内的情况进行监测，发生异常情况，如密闭处风流方向有变化，烟雾增大等，应立即停止作业，撤出人员，进行观察，无危险后方可重新进入火区。

无论采用哪种启封方法，在启封过程中都必须经常检查火区的气体，如果发现CO或复燃现象，要立即停止启封，并重新封闭火区。

在启封火区工作完毕后的3d内，每班必须由矿山救护队检查通风工作，并测定水温、空气温度和空气成分。只有在确认火区完全熄灭且通风等情况良好后，方可恢复生产作业。

六、典型矿井火灾事故案例分析

【案例一】某矿高冒区自燃火灾事故分析

（一）事故矿井概况及事故发生经过

1．矿井概况

事故矿井于1983年12月移交投产，矿井设计生产能力为3Mt/a，属于瓦斯突出矿井，相对瓦斯涌出量为14.7m^3/t，煤层自然发火期3个月～6个月。中央并列单一对角混合式通风。

2．事故发生经过

年12月23日5时许，该矿东翼胶带机巷－540m～－530m上山段过C_{13}煤层高冒区严重自然发火，经过紧张的抢险，于12月25日早班稳定了火情，中班恢复了生产。

事故发生的东翼胶带机巷－540m～530m上山段过C_{13}槽高冒区，该运输巷设计走向长900m，主体是平巷，平均标高－540m，其中变坡点至煤仓（缓冲仓）斜长约200m，安装4号胶带机。缓冲仓上标高为－480m，东翼胶带机巷主要用于东部出煤运输，于1999年初正式投入使用。在东一该大巷过C_{13}槽煤层，13－1煤层平均厚度4.8m，煤层倾角6°～8°，直接顶为砂质泥岩。过煤层施工大巷过程中发生顶煤高冒，冒顶高度达5m，长度约10余米。采用木垛接顶，金属网、水泥背板腰帮过顶，U形钢支护，并进行喷浆处理。

1）灭火方案提出

23日5时45分救护队闻警后迅速到达现场进行侦察。侦察结果为：通风（行人）联络巷以上胶带机道浓烟弥漫，能见度小于1m，联络巷口向上70m巷顶部观察到木垛已被引燃。巷内CO浓度为2200×10^{-6}、CH_4为0.3%、CO_2为0.1%。第一救护小队首先在第1个高温点处（图2－33）用水管直接灭火，试图减小火势，效果不理想。虽然火区存在范围广、烟雾大、能见度低、CO浓度高等困难，但也具备上山运输，水、风、电完好，CH_4浓度小等有利条件。灭火指挥组经认真研究后，慎重做出以下综合灭火方案：

（1）喷浆堵漏，初步隔绝供氧，控制烟雾。

（2）寻找高温点，采用直接打钻注水法，密集钻孔，吸热降温。

（3）火势得到控制后，利用双液注浆泵向高冒区注入凝胶，进行彻底隔离灭火。

（4）在综合灭火同时，矿方准备封闭材料，以备灭火无效时，实施封闭。

2）灭火方案的实施

（1）喷浆。

由于火区煤壁温度高，喷浆难度大，且救护队无此专业人员。经研究决定，首先由救护队对矿方抽出的喷浆技术较高的专业人员进行短时间氧气呼吸器配用培训，然后指派专职人员配用呼吸器进入灾区，进行喷浆设备安装和材料提绞。23 日 20 时，开始喷浆。喷浆覆盖东翼胶带机巷过 C_{13} 煤层及其前后 10m 的范围。由于环境恶劣，喷浆返弹率较大，工作十分困难，需补喷 2 遍～3 遍。至 24 日 8 时 50 分，CO 由喷浆前 2200×10^{-6} 降至 800×10^{-6}。10 时 40 分又降至 500×10^{-6}，烟雾也逐渐消退。15 时，过 C_{13} 煤层段喷浆完毕。

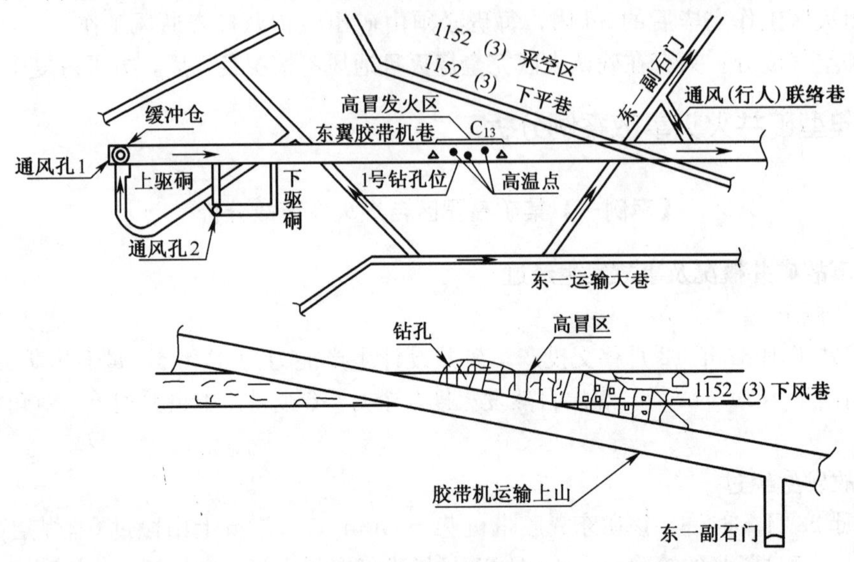

图 2-33　某矿东翼胶带机巷高冒发火区示意图

（2）打钻注水。

24 日上午，在喷浆的同时，附近煤矿来协助火区处理。首先由救护队用红外测温仪探明 3 处高温点（如图 2-33 所示，其中第 2 个高温点温度最高。喷浆表面最高温度达 155℃）。用煤电钻向高冒处高温点打了第一个钻孔（孔深 7m，此钻孔在第 2 个高温点上 3m 处）。17 时，救护队又利用快速防火墙在高冒发火区域内，对冒烟严重处和支架边缝进行堵漏，效果比较理想。

因考虑到注水时可能存在水煤气爆炸，人员撤至联络巷下口东一副石门，18 时，开始注水。18 时 15 分，救护队进行侦察，发现从支架边缝窜出蓝火，顶板未见淋水出来。人员撤下来汇报情况后，分析注水后产生水煤气发生燃烧。10min 后，再进行侦察，未发现蓝火，顶板开始淋水，出水温度 80℃。18 时 50 分，CO 降至 300×10^{-6}，烟雾减少。

夜班时，又在火点区域打了 16 个钻孔（见高冒发火区剖面图。这 16 个钻孔也布置在高冒发火区内，其中 1 个报废）。因水量不够，临时把压气管又改成水管，加强注水。至 25 日 6 时，CO 降至 20×10^{-6}，钻孔出水温度 35℃，巷温 22℃，CH_4 为 0.25%，CO_2 为 0.05%，无烟雾和水蒸气。火情基本得以控制。

（3）注凝胶。

为了对事故区域进行彻底处理，灭火指挥组提出了进一步处理意见。主要是：①继续对高温区打钻注水；②对整个过煤段继续喷浆堵漏；③从 25 日早班开始安装双液注浆泵注凝胶，对火点彻底隔离。至 25 日 11 时 20 分，测得 CO 浓度为 0，CH_4 为 0.1%，CO_2 为

0.05%，钻孔出水温度30℃，巷道气温22℃。18时，胶带机清理工作完毕后，矿方恢复生产。其间，凝胶注入量为755kg。

（二）事故原因分析及防范对策

1. 事故原因分析

（1）因冒高处漏风，造成煤自燃并引燃支护木垛。过煤段高冒区处理时采用木垛接顶，未用不燃性材料充填，为火势扩大提供了物质基础。

（2）受1152（3）回采矿压影响，过煤段附近浆皮脱落，产生裂缝，同时过煤段高冒区与采空区裂隙沟通，形成漏风通道。另外，又是下行风，进而造成有适合自燃的连续供氧条件。

（3）因是冬季，通风眼被人为堵上，造成胶带机道处于微风状态。高冒区氧化热量不能迅速带走，从而形成了良好的蓄热条件。

（4）由于缺乏对C_{13}过煤段高冒区原高温点（1992年曾出现自燃征兆）的早期预测预报工作，造成火灾扩大，转为明火阶段。

2. 防范对策

（1）设计部门在设计巷道过程中，不仅要考虑采掘布置合理性，还要从通风、防火等安全角度统筹考虑，尽量使设计的巷道不穿过煤层。

（2）再遇过煤段，应及时调整掘进工艺和加强支护，尽量保护好巷道顶板的完整性，防止形成高冒区。

（3）加强火灾预测工作，对可能产生火源的空间位置及其发火的危险程度，进行火灾危险性评价，尤其要对高冒、巷道过煤段加强预测。

（4）已造成高冒区后，要认真预防，及时用不燃性材料充填密实或喷浆堵漏，注速凝材料等。

（5）做好火灾的预报工作。在高冒区埋设观测管，这样可在煤的自燃发展过程中，利用先进的仪器（CO便测仪、红外测温仪以及取样化验分析等手段）采集火灾信息，及时预报火情。

（6）加强通风系统管理，建立稳定合理的通风系统。对于所有的通风巷道，特别是煤巷、半煤巷、穿煤巷道的经过风量必须满足《煤矿安全生产规程》规定的风速要求。教育职工不得随意改变通风状态，以免造成自燃的蓄热条件。

（三）事故处理经验和体会

1. 经验

（1）本次事故处理整体方案制订正确，最大限度地减少了经济损失。因该胶带机担负该矿东一、东二采区出煤任务，日出煤量3000余吨。如对该巷实施封闭，将造成巨大的经济损失。通过救护队现场侦察情况，指挥组快速果断采取喷浆注水后再注凝胶的综合灭火方案，仅用2天时间就控制了火情，整体方案正确起了关键作用。

（2）此次灭火期间，因抢险人员始终处于烟流回风侧，烟雾大，影响抢险作业。有人提议开缓冲仓门，调风减小烟雾，但指挥组认为增风后虽能减少烟雾，但同时将造成火情扩大，始终保持原状通风，对火情发展也起到了一定的控制作用。

（3）此次事故在指挥组统一指挥下，采用救护队和矿方联合作战，在救护队实施保护下，非救护人员佩带氧气呼吸器进入灾区施工作业，开创了抢险救灾工作的先例，提高了事故处理的速度和有效性，是一种管理上的创新。但这种做法是有前提的，即非救护人员必须掌握呼吸器的使用技能。同时该处相对较为安全：一是作业人员大都距新鲜风只有70多米；二是CO浓度不算非常高；三是无爆炸危险。

(4) 救护队在事故处理中，使用正压呼吸器与井下救护通风系统组合，解决了绞车信号问题；利用快速防火墙封堵喷浆缝隙效果明显；运用红外测温仪寻找高温点，提供打钻注水方位。这些新材料、新装备的技术运用，提高了队伍的整体作战能力。

(5) 在使用注水法之前，为防止水煤气燃烧或爆炸，人员撤离现场，为以后类似事故处理方法，积累了经验。

2. 体会

(1) 4号胶带机头无行人安全通道，若发生胶带机着火事故，看胶带机头的人员将处于危险境界，无安全通道逃生。另外高冒区着火后，抢险人员始终处于火区回风侧，救灾环境恶劣，建议增设胶带机头的行人安全通道和安设主胶带烟雾保护装置。

(2) 用水管直接灭火，在发火初期对控制火灾扩大，消除火灾危害有极为重要作用。但当火源处于巷道顶部且范围较大、水源不十分充足的情况下，使用水管直接灭火，一般无显著效果，且操作中还具有一定的危险性。

(3) 救护队在抢险中对煤矿专业特殊工种操作技术掌握较少，开绞车、喷浆等无法独立操作，由矿方佩用仪器作业，埋下一定安全隐患。救护队在以后要增加对专业工种技术操作技术学习，努力向一专多能方向转化。

【案例二】某矿“11·1”胶带机暗斜井重大恶性火灾事故分析

(一) 事故矿井概况及事故发生经过

1. 事故概述

××年11月1日凌晨5时10分左右，某矿胶带机暗斜井第二部胶带机头以下200m左右处，因胶带摩擦起火，造成16人死亡，18人受伤的重大恶性事故。直接经济损失200多万元。

该矿于1958年建井，1964年投产，设计生产能力为0.45 Mt/a。矿井开拓方式为斜井多水平开拓，共分4个水平，现生产水平为三、四水平。主提升为箕斗提升。三、四水平之间为带式输送机提升。该矿井1999年被鉴定为煤与瓦斯突出矿井，煤层自然发火期为1个月～3个月。矿井通风方式为混合式通风。该矿暗斜井外因火灾事故如图2-34所示。

2. 事故经过

××年11月1日凌晨5时40分，矿运转区调度员向矿调度员汇报，井下二水平胶带暗斜井第二部胶带机中部着火。该暗斜井全长780m，倾角为16。，共安装SD-250X型胶带机两台，第一部安装长度400m，第二部安装长度370m，SGW-44型刮板运输机一台长10m。该井筒及安装的设备于1983年投入使用至今。矿调度室接到事故汇报后，立即通知矿总值班的副总工程师以及有关矿领导和局调度室。同时矿总值班员及调度员立即布置运转区现场人员进行直接灭火，切断胶带暗斜井的所有电源，并通知井下各采掘作业点所有人员撤离现场进行自救。5时42分，矿总值班员接到矿长命令后，立即带领运转区支部书记、副区长及工人等12人下井到现场进行直接灭火，当时已有50多米胶带被烧，火势很猛，且上山木垛已在燃烧。灭火器和防尘水均无法控制火势，现场救灾指挥又派运转区工人到二水平中央变电所及泵房将所有灭火器运到火区灭火，约6时矿总工程师赶到调度室后再次命令井下除现场灭火人员外全部撤离。

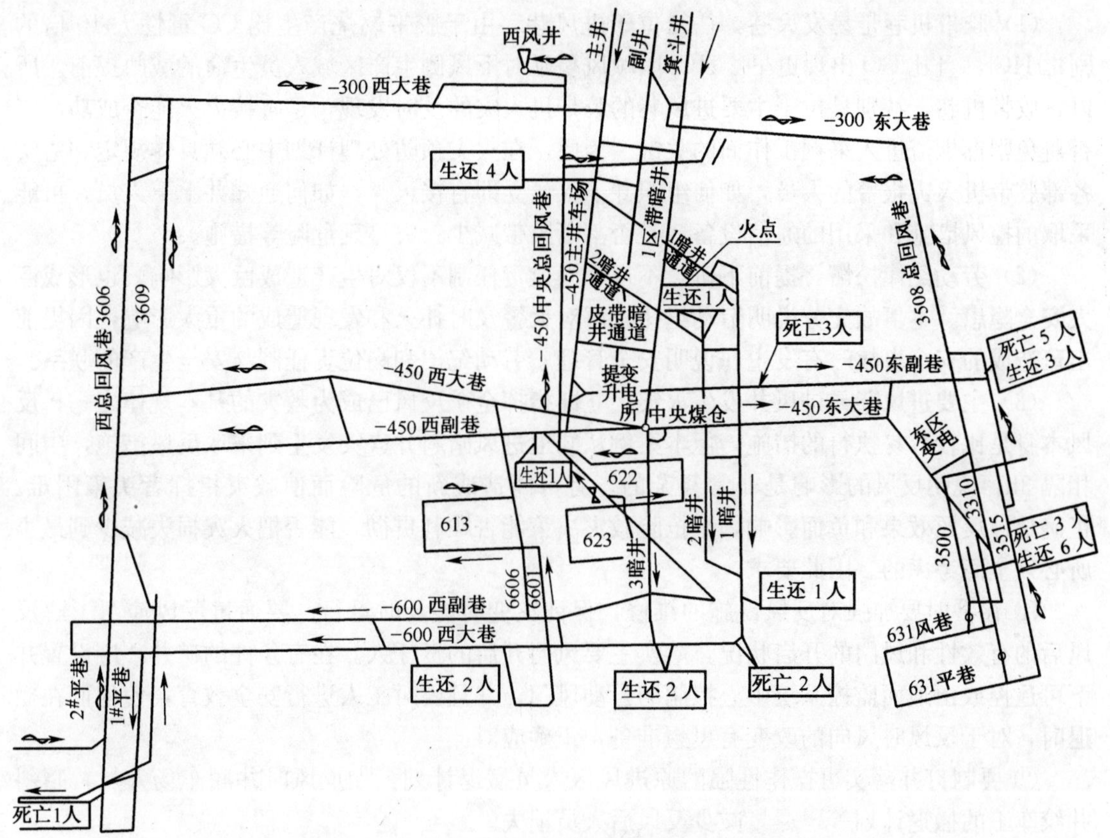

图 2-34 某矿“11·1”胶带机暗斜井火灾事故图

7 时 13 分，现场救灾指挥在井下向矿长汇报，现场灭火效果差，控制不了火势，要立即组织接水管到火区，用防尘水进行灭火。局领导及救护大队队员先后到达矿上进行现场指挥和井下进行直接灭火。因现场火势猛，采取直接灭火无效后，指挥部决定撤出二水平灭火人员，实施反风。

二水平灭火人员全部撤出后，8 时 15 分总指挥命令东西立风井同时进行反风，全矿井下高、低压电源、全部切断。8 时 20 分、8 时 21 分东西立风井先后反风。

由于受灾范围大，抢救情况复杂，先后调动了邻近煤矿共 6 个救护小队参加救灾。至 11 月 2 日 23 时，火区明火被扑灭，11 月 4 日 6 时，最后一名遇难者升井。11 月 4 日 14 时，恢复正常通风。

（二）事故原因分析

（1）这次火灾事故的直接原因是胶带机中部着火，即由于拖辊不转，胶带与拖辊滑动摩擦造成高温而引燃附近可燃物。

（2）管理不严致使胶带暗斜井第二部胶带局部地段存在余煤余碴等可燃物，职工违反劳动纪律，提前下班，是造成这起事故的主要原因。

（3）井下使用非阻燃胶带，胶带巷消防设施不齐全，三水平材料库垮通胶带暗斜井，垮通区用可燃性材料支护且封闭不严，是造成事故扩大的重要原因。

（4）井下压风自救系统不完善，没有自救器，是造成事故人员伤亡扩大的重要原因。

经调查分析认定，这是一起重大责任事故。

（三）事故教训

（1）胶带机巷是易发火巷，往往位于进风巷，由于胶带燃烧产生比 CO 毒性大 10 倍的剧毒 HCl，且比 CO 出现更早，HCl 因顺风蔓延对下风侧生产区域人员生命的威胁提前。所以，胶带机巷，特别是位于主要进风巷的胶带机火灾的及时发现，是直接灭火能否成功、能否避免剧毒烟流进入采掘工作面的关键。为此，在火灾预防处理计划中必须具体规定和落实各部胶带机火灾报警的人员，如何组织井下人员立即直接灭火，如何通知井上下人员，可能采取的控风措施和采用的通信设备，是否割断胶带减少火灾蔓延危险等措施。

（2）劳动纪律松懈，提前下班，不遵守岗位责任制不仅对生产造成巨大影响，也形成巨大安全隐患。本事故充分说明劳动纪律松懈对火警及时扑灭和发现造成的重大影响，因提前出班造成的安全事故时有发生，说明安全管理、劳动纪律和岗位责任制与安全生产的联系。

（3）主要进风巷或进风井发生火灾，立即指挥全矿反风已成为救灾的基本规律之一。反风本身是比较容易执行的措施，但本案例从知道进风暗斜井火灾发生到采取反风措施，中间相隔 3h，说明反风的影响是非常复杂的，有可能造成新的危险而使救灾指挥者决策困难。正确估计反风效果和负面影响，是抢险救灾决策能否顺利贯彻，能否把火灾损失减少到最小所必须全面考虑的。因此要求：

① 在平时要加强对反风设施的维修，保证灾变时能及时运行。要通过反风演习了解反风后的有效性和风门的开启状况，落实主要风门开启的责任人。在有条件的矿井，应设置井下可遥控或由地面监控系统中心控制的自动风门，并且要对工人进行安全教育，使他们在撤退时，对于反风时风向的改变有思想准备，正确应对。

② 要制订并落实可操作性强的原进风区人员撤退计划，如反风时井底车场人员，暗斜井绞车工的撤退计划等，尽量减少反风后人员损失。

③ 各矿制订的灾变时期人员撤退路线往往是根据正常风向考虑的，并通过安全教育让井下人员熟知。但火风压造成风流逆转或反风后必然对人员撤退路线造成重大影响。所以人员撤退路线必须根据反风可能性，作出具体应对规定。在救灾指挥作出反风决定时，应立即通知井下人员按反风撤退路线撤退。因此反风决定应尽早作出，并且必须在通知井下人员撤退之前，否则人员撤退时无法通知反风，只能靠撤退人员自己判断，会耽误时间。

④ 反风决定时必须综合考虑对参与直接灭火和侦察火情人员的影响，分析正在井下直接灭火人员包括下井救灾人员的位置，要注意反风不影响他们的安全。

（4）火灾预防处理计划和救灾决策应预先尽可能考虑复杂环境条件和救灾措施的相互影响，注意救灾措施执行顺序的合理性。本案例火灾发生在进风斜井，救灾指挥可能面临通知人员撤退、反风、组织现场人员直接灭火、命令救护人员下井救灾等救灾措施执行先后的选择。若首先通知人员撤退，后进行反风，反风的措施则不可能被井下人员了解，井下人员也就不可能按反风时避灾路线撤退；组织人员现场直接灭火，命令救护人员下井后才进行反风，又可能因反风造成救护人员的危险；救护人员顺着暗斜井下井，面临鸡西局小恒山矿进风斜井火灾风流逆转的同样危险。若顺回风井下井，则面临未逆转时，烟流流至回风井的直接威胁。救护人员直接灭火宜通过与胶带暗斜井并联的斜井进入侦察和直接灭火，并注意在打开两斜井联络巷防火墙时，了解风流方向，以防烟流迎面而来，造成危险。

（5）抢救措施及其实施顺序难有定规，不少现场人员据此认为应该在火灾发生后，实时酌情处理，而忽视预先根据各易发火区出现各类火灾选择救灾措施的重要性。火灾发生后，救灾决策和实施时间紧张，难以充分估计复杂条件的影响，井上下人员联络困难，往往难以选择和实施较好的救灾方案。尽管火灾灾情变化复杂，但仍存在一定的规律性。灾前预先分析并确定各类火灾救灾方案及保证实施的措施，但预先应考虑措施关联性及负面影响并注意避免是十分必要的。

（6）本案例显示现场人员直接灭火并未能成功扑灭火灾。直接灭火能否奏效的关键，一方面在于能否在火灾现场就地组织人员直接灭火。外因火灾特别是胶带火灾发展迅猛，等待地面组织救护队员下井救灾往往为时已晚，火势已难以扑灭，烟流已窜入采掘工作面，扩大了受灾范围；另一方面在于建立有效的防灭火系统，在易发火区要有充足的供水系统和灭火材料。本案例显示着火区域无充足供水，即使用防尘水也需要加接水管，影响了直接灭火的正常进行。因此，各矿应注意在事故前制定并落实易发火区，特别是胶带机巷火灾组织就地人员直接灭火计划，并注意设置供水充足的消防水管和器材，许多火灾直接灭火失败都是供水不足所致。

（7）从本案例事故示意图可以看出，在同一位置有的人遇难，有的人逃生，说明提高灾变时期个人防护、自救能力具有重要意义。应加强熟悉通风系统，避灾路线，反风、灭火措施，应变能力等安全素质的教育和培训。另外，应按规定给井下人员配备自救器。

（8）加强机电设备检修，保证设备的正常运行。本案例起火点在胶带机中部，意味着是因胶带机拖辊卡死，胶带在拖辊上滑动摩擦因高温引燃可燃物所致。

（9）应在易发火区特别是主要进风胶带机巷设置带烟雾或 CO_2 传感器的监测和自动洒水系统，以便及时发现火警并扑灭火灾。

（10）注意紧急情况下通信的及时性和正确性，井下人员报告火警要清楚说明地点、时间、火情、原因，是否已进行直接灭火等情况。调度室人员要立即做好记录并复述，以防听错，贻误战机。本案例调度人员通知局救护队时，错报事故矿井，拖延了抢救时间。

复习思考题

（1）什么是矿井火灾？矿井火灾发生的条件有哪些？

（2）矿井火灾是如何分类的？各分为哪几类？

（3）矿井火灾的危害主要有哪些？

（4）煤炭自燃的一般规律及煤炭自燃的条件是什么？

（5）简述影响煤炭自燃的因素。

（6）预防煤炭自然发火的措施有哪些？

（7）外因火灾的引火源有哪几类？

（8）电气火灾产生的主要原因有哪几种？

（9）简述灌浆防灭火技术原理、设备、工艺及方法。

（10）阻化剂有哪些？什么叫阻化寿命和阻化率？

学习情境三　矿尘防治

思维导图

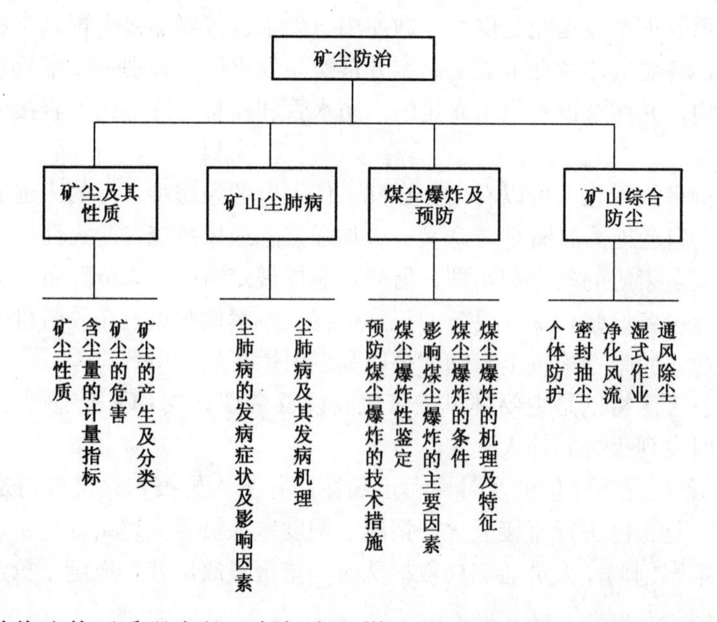

近年来，随着矿井开采强度的不断加大，煤矿井下的采煤、掘进、运输等各项生产过程中粉尘产生量也急剧增加，特别是呼吸性粉尘浓度呈大幅上升趋势。统计结果表明，井下70%～80%的粉尘来自采掘工作面，这是尘肺病发病率较高的作业场所，也是发生煤尘爆炸事故较多的作业场所。因此，最大限度地降低采掘工作面及其他作业场所的粉尘浓度，特别是呼吸性粉尘浓度，是保障全矿井下工人的身心健康和矿井安全生产的重要保证。

任务一　矿尘及其性质

导学思考题

(1) 什么是矿尘？有哪些危害？

(2) 常见的矿尘分类方法有哪些？分别是如何分类的？

(3) 矿尘含量的计量指标有哪些？其定义分别是什么？

(4) 矿尘的危害性主要表现在哪几个方面？

一、矿尘的产生及分类

矿尘是指在矿山生产和建设过程中所产生的各种煤、岩微粒的总称。

在矿井生产的过程中，如采掘机作业、钻眼作业、炸药爆破、顶板管理、煤岩的装载及运输等各个环节都会产生大量的矿尘。不同的矿井由于煤、岩地质条件和物理性质的不同，采掘方法、作业方式、通风状况和机械化程度的不同，矿尘的生成量有很大的差异；即使在同一矿井中，矿尘生产量的多少也因地因时发生着变化。在现有防尘技术措施的条件下，各生产环节产生的浮尘比例大致为：采煤工作面产尘量占45%～80%；掘进工作面产尘量占20%～38%；锚喷作业点产尘量占10%～15%；运输、通风巷道产尘量占5%～10%；其他作业点占2%～5%。各作业点随着机械化程度的提高，矿尘的产生量也将增大，因此防尘工作也就更加重要。

矿尘除按其成分可分为岩尘、煤尘、烟尘、水泥尘等多种有机、无机粉尘外，尚有多种不同的分类方法，下面介绍几种常用的分类方法。

1. 按矿尘粒径划分

(1) 粗尘：粒径大于40μm，相当于一般筛分的最小颗粒，在空气中极易沉降。

(2) 细尘：粒径为10μm～40μm，肉眼可见，在静止空气中作加速沉降。

(3) 微尘：粒径为0.25μm～10μm，用光学显微镜可以观察到，在静止空气中作等速沉降。

(4) 超微尘：粒径小于0.25μm，要用电子显微镜才能观察到，在空气中作扩散运动。

2. 按矿尘的存在状态划分

(1) 浮游矿尘：悬浮于矿内空气中的矿尘，简称浮尘。

(2) 沉积矿尘：从矿内空气中沉降下来的矿尘，简称积尘。

浮尘在空气中飞扬的时间不仅与尘粒的大小、质量、形式等有关，还与空气的湿度、风速有密切关系，对矿井安全生产与井下工作人员的健康有直接的影响。因此，浮尘是矿井防尘的主要对象。积尘是产生矿井连续爆炸的最大隐患。随着外界条件的改变，浮尘和积尘可以相互转化。

3. 按矿尘对人体的危害程度划分

(1) 呼吸性粉尘：主要指粒径在5μm以下的微细尘粒，它能通过人体上呼吸道进入肺区，是导致尘肺病的病因，对人体危害甚大。

(2) 非呼吸性粉尘：呼吸性粉尘和非呼吸性粉尘之和就是全尘（各种粒径的矿尘之和。对于煤尘，常指粒径为1mm以下的尘粒）。

二、矿尘的危害

矿尘具有很大的危害性，表现在以下几个方面。

1. 污染工作场所，危害人体健康，引起职业病

在煤矿井下粉尘污染的作业场所工作，工人长期吸入大量的矿尘后，轻者会患呼吸道炎症、皮肤病，重者会患尘肺病，而由尘肺病引发的矿工致残和死亡人数在国内外都十分惊人。我国煤炭工业的粉尘职业危害十分严重，居各大行业之首。据统计，到2003年底，我国煤矿尘肺病人数已累计达到58.97万人，每年新增尘肺病1.2万人，每年因尘肺病死亡人数2500人左右。

2. 某些矿尘（如煤尘、硫化尘）在一定条件下可以爆炸

煤尘能够在完全没有瓦斯存在的情况下爆炸，对于瓦斯矿井，煤尘则有可能参与瓦斯同时爆炸。煤尘或瓦斯煤尘爆炸，都将给矿山以突然性的袭击，对井下作业人员的人身安全造成严重威胁，并可瞬间摧毁工作面及生产设备，酿成严重灾害。我国本溪煤矿1942年发生

了世界历史上最大的一次煤尘爆炸事故，死亡1549人，伤残246人。仅1976年—1980年间全国共发生纯煤尘爆炸事故11起，造成严重伤亡，其中徐州矿务局韩桥矿仅2年多时间就连续发生了2起重大恶性煤尘爆炸事故。

3. 加速机械磨损，缩短精密仪器使用寿命

随着矿山机械化、电气化、自动化程度的提高，矿尘对设备性能及其使用寿命的影响将会越来越突出，应引起高度的重视。

4. 降低工作场所能见度，增加工伤事故的发生

在某些综采工作面干割煤时，工作面煤尘浓度高达4000mg/m³～8000mg/m³，有的甚至更高，这种情况下，工作面能见度极低，往往会导致误操作，造成人员的意外伤亡。

此外，煤矿向大气排放的粉尘对矿区周围的生态环境也会产生很大的影响，对生活环境、植物生长环境可能造成严重破坏。

三、含尘量的计量指标

1. 矿尘浓度

单位体积矿井空气中所含浮尘的数量称为矿尘浓度，其表示方法有两种：

(1) 质量法：每立方米空气中所含浮尘的毫克数，单位为mg/m³。

(2) 计数法：每立方厘米空气中所含浮尘的颗粒数，单位为粒/cm³。

国内外早期都是用计数法，后因认识到计数法不能很好地反映矿尘的危害性，从20世纪50年代末起，国内外广泛采用质量法来计量矿尘浓度。矿尘浓度的大小直接影响着矿尘危害的严重程度，是衡量作业环境的劳动卫生状况和评价防尘技术效果的重要指标。

我国规定采用质量法来计量矿尘浓度。《规程》对井下有人工作的地点和人行道的空气中的粉尘（总粉尘、呼吸性粉尘）浓度标准作了明确规定，见表3-1，同时还规定作业地点的粉尘浓度井下每月测定2次，井上每月测定1次。

表3-1 煤矿井下作业场所空气中粉尘浓度标准

粉尘中游离SiO_2含量/%	最高允许浓度/(mg/m³)	
	总粉尘	呼吸性粉尘
(1) <5	20.0	6.0
(2) 5～<10	10.0	3.5
(3) 10～<25	6.0	2.5
(4) 25～<50	4.0	1.5
(5) ≥50	2.0	1.0
(6) <10的水泥粉尘	6	

2. 矿尘的分散度

分散度是指矿尘整体组成中各种粒级尘粒所占的百分比。分散度有两种表示方法：

(1) 质量百分比：各粒级尘粒的质量占总质量的百分比称为质量分散度。

(2) 数量百分比：各粒级尘粒的颗粒数占总颗粒数的百分比称为数量分散度。

同一矿尘组成，用不同方法表示的分散度，在数值上相差很大，必须说明。矿山多用数量分散度。粒级的划分是根据粒度大小和测试目的确定的。我国工矿企业将矿尘粒级划分为4级：小于2μm、2μm～5μm、5μm～10μm和大于10μm。矿山实行湿式作业情况下，矿尘

分散度（数量）大致是：小于 2μm 占 46.5%～60%；2μm～5μm 占 25.5%～35%；5μm～10μm 占 4%～11.5%；大于 10μm 占 2.5%～7%。一般情况下，5μm 以下的尘粒占 90%以上，说明矿尘危害性很大也难于沉降和捕获。

矿尘分散度是衡量矿尘颗粒大小构成的一个重要指标，是研究矿尘性质与危害的一个重要参数。矿尘总量中微细颗粒多，所占比例大时，称为高分散度矿尘；反之，如果矿尘中粗大颗粒多，所占比例大，就称为低分散度矿尘。矿尘的分散度越高，危害性越大。

3. 产尘强度

产尘强度是指生产过程中，采落煤中所含的粉尘量，常用的单位为 g/t。煤矿井下工作面的产尘强度如表 3-2 所列。

表 3-2 工作面的产尘强度

下风侧距采煤机的距离/m	工作面的产尘量/（g/min）		
	总 量	靠近煤壁的方向	靠近采空区的方向
0	183	177	6
5	180	145	35
10	178	123	55
15	164	109	55
30	132	84	48
60	85	55	30

4. 相对产尘强度

相对产尘强度是指每采掘 1t 或 1m^3 矿岩，所产生的矿尘量，常用的单位为 mg/t 或 mg/m^3。凿岩或井巷掘进工作面的相对产尘强度可按每钻进 1m 钻孔或掘进 1m 巷道来计算。相对产尘强度使产尘量与生产强度联系起来，便于比较不同生产情况下的产尘量。

5. 矿尘的密度

由于粉尘的产生或实验条件不同，其获得的密度值亦不相同。因此，一般将粉尘的密度分为真密度和堆积密度，如表 3-3 所列。

表 3-3 粉尘密度的定义

真密度	不包括粉尘之间的空隙时，单位体积粉尘的质量称为粉尘的真密度，用 ρ_p 表示	$\rho_p=\frac{粉尘的质量}{粉尘的体积}$，kg/m^3 或 g/cm^3
堆积密度	粉尘呈自然扩散状态时，单位容积粉尘的质量称为粉尘的堆积密度，用 ρ_b 表示	$\rho_b=\frac{粉尘的质量}{粉尘占据的容积}$，kg/m^3 或 g/cm^3

一般情况下，粉尘的真密度与组成此种粉尘的物质的密度是不同的，通常粉尘的物质密度比其真密度大 20%～50%。只有表面光滑而又密实的粉尘的真密度才与其物质密度相同。

6. 矿尘沉积量

矿尘沉积量是单位时间在巷道表面单位面积上所沉积的矿尘量，单位为 g/m^2·d。这一指标用来表示巷道中沉积粉尘的强度，是确定岩粉撒布周期的重要依据。

四、矿尘性质

了解矿尘的性质是做好防尘工作的基础。矿尘的性质取决于构成的成分和存在的状态，矿尘与形成它的矿物在性质上有很大的差异，这些差异隐藏着巨大的危害，同时也决定着矿井防尘技术的选择。

1. 矿尘中游离 SiO_2 的含量

矿岩被粉碎成矿尘后，化学成分基本上无改变。从安全卫生角度考虑，主要了解矿尘中是否含有有毒物质、放射性物质、燃烧与爆炸性物质和游离 SiO_2，以便采取相应的预防措施。游离状态的 SiO_2（主要是石英）是许多矿岩的组成成分，如煤矿上常见的页岩、砂岩、砾岩和石灰岩等中游离 SiO_2 的含量通常多在 20%～50%，煤尘中的含量一般不超过 5%，半煤岩中的含量在 20%左右。

从工业卫生角度来说，各种粉尘对人体都是有害的，粉尘的化学组成及其在空气中的浓度，直接决定对人体的危害程度。粉尘中的游离 SiO_2 是引起尘肺病并促进其病程发展的主要因素，其含量越高，危害越严重。

2. 矿尘的粒度

矿尘粒度是指矿尘颗粒的平均直径，单位为 μm。

表 3-4 给出了一些常规浮尘的典型粒度范围。通常来说，在各自粒度范围内的粒子大小呈对数正态曲线分布。小颗粒呼吸性粉尘的沉降率很低，实际上，它可以随时悬浮在空气中，这对人的健康是极为不利的。然而，矿井中浓度较大的可见粉尘中也肯定伴随着大量的呼吸性粉尘。

3. 矿尘的比表面积

矿尘的比表面积是指单位质量矿尘的总表面积，单位为 m^2/kg 或 cm^2/g。

矿尘的比表面积与粒度成反比，粒度越小，比表面积越大，因而这两个指标都可以用来衡量矿尘颗粒的大小。

煤岩破碎成微细的尘粒后，首先，其比表面积增加，因而化学活性、溶解性和吸附能力明显增加；其次，更容易悬浮于空气中，表 3-5 所列为在静止空气中不同粒度的尘粒从 1m 高处降落到底板所需的时间；再次，粒度减小容易使其进入人体呼吸系统，据研究，只有 5μm 以下粒径的矿尘才能进入人的肺内，是矿井防尘的重点对象。

表 3-4 常规浮尘的粒度范围

悬浮颗粒类型	大小范围/μm		悬浮颗粒类型	大小范围/μm	
	下 限	上 限		下 限	上 限
呼吸性粉尘	—	7	烟草烟气	0.01	1
煤尘及其他岩尘	0.1	100	引起过敏的花粉	18	60
正常空气灰尘	0.001	20	尘雾	5	50
柴油烟气	0.05	1	薄雾	50	100
病毒	0.003	0.05	细雨	100	400
细菌	0.15	30			

表 3-5 尘粒沉降时间

粒度/μm	100	10	1	0.5	0.2
沉降时间/min	0.043	4.0	420	1320	5520

4. 矿尘的湿润性

矿尘的湿润性是指矿尘与液体亲和的能力。湿润性决定采用液体除尘的效果，容易被水湿润的矿尘称为亲水性矿尘，不容易被水湿润的矿尘称为疏水性矿尘，对于亲水性矿尘，当尘粒被湿润后，尘粒间相互凝聚，尘粒逐渐增大、增重，其沉降速度加速，矿尘能从气流中分离出来，可达到除尘目的。

5. 矿尘的荷电性

矿尘是一种微小粒子，因空气的电离以及尘粒之间的碰撞、摩擦等作用，使尘粒带有电荷，可能是正电荷，也可是负电荷，带有相同电荷的尘粒，互相排斥，不易凝聚沉降；带有异电荷时，则相互吸引，加速沉降，因此有效利用矿尘的这种荷电性，也是降低矿尘浓度、减少矿尘危害的方法之一。

6. 矿尘的光学特性

矿尘的光学特性包括矿尘对光的反射、吸收和透光强度等性能。在测尘技术中，常常用到这一特性。

(1) 尘粒对光的反射能力：光通过含尘气流的强弱程度与岩粒的透明度、形状、大小及气流含尘浓度有关，主要取决于气流含尘浓度和尘粒大小。当粒径大于 1μm 时，光线由于被直接反射而损失；当气流含尘浓度相同时，光的反射值随粒径减小而增加。

(2) 光强衰减程度：当光线通过含尘气流时，由于尘粒对光的吸收和散射等作用，会使光强减弱。

(3) 尘粒的透光性：含尘气流对光线的透明程度，取决于气流含尘浓度的高低。随着浓度的增加，其透明度将大为减弱。

7. 矿尘的爆炸性

煤尘和有些矿尘（如硫化矿尘）在空气中达到一定浓度并在外界高温热源作用下，能发生爆炸，称为爆炸性矿尘。矿尘爆炸时产生高温、高压，同时产生大量有毒有害气体，对安全生产有极大的危害，防止煤尘的爆炸是具有煤尘爆炸危险性矿井的主要安全工作之一。

五、影响矿尘产生量的因素

1. 自然因素

(1) 地质构造：地质构造破坏严重的地区，断层、褶曲比较发育，煤岩较为破碎，矿尘的产生量大。

(2) 煤层赋存条件：同样技术条件下，开采厚煤层比开采薄煤层的产尘量大；开采急倾斜煤层比开采缓倾斜煤层的产尘量多。

(3) 煤岩的物理性质：节理发育、结构疏松、水分低、脆性大的煤岩，开采时产尘量较大；反之则小。

2. 生产技术因素

(1) 采煤方法：不同的采煤方法，产生量也不一样。如：急倾斜煤层采用倒台阶采煤法比水平分层采煤法产尘量要大得多；全部冒落法管理顶板比充填法管理顶板产尘量要大。

(2) 机械化程度：机械化程度越高，煤岩破碎程度越严重，产尘量就越大。

(3) 开采强度：随着开采强度的加大，采掘推进速度加快，产量增加，产尘量将显著加大。

(4) 开采深度：随着开采深度的增加，地温增高，煤（岩）体内原始水分降低，煤（岩）干燥，开采时产尘量就大。

(5) 通风状况：风速太小，不能将浮尘带出矿井。风速过大，又将积尘扬起。单从降尘角度考虑，工作面风速以 1.2m/s～1.6m/s 较好，产尘最少。

任务二　矿山尘肺病

导学思考题

(1) 矿山尘肺病分为哪几类?

(2) 影响尘肺病的发病因素有哪些?

(3) 一线工人怎样做好尘肺病的预防?

一、尘肺病及其发病机理

尘肺病是工人在生产中长期吸入大量微细粉尘而引起的以纤维组织增生为主要特征的肺部疾病。它是一种严重的矿工职业病，一旦患病，目前还很难治愈。因其发病缓慢，病程较长，且有一定的潜伏期，不同于瓦斯、煤尘爆炸和冒顶等工伤事故那么触目惊心，因此往往不被人们所重视。而实际上由尘肺病引发的矿工致残和死亡人数，在国内外都远远高于各类工伤事故的总和。

有关尘肺的危害在国内外的很早的史料都有记载，如北宋孙平仲（960—1127）在所著《谈苑》中指出:“后苑银作镀金，为水银所熏，头首俱颤；卖饼家窥炉，目皆早昏；贾谷山采石人，石末伤肺，肺焦多死”；欧洲文艺复兴后期工业迅速发展后西方矿冶书籍中也有矿工“痨病”之词；17 世纪早期解剖学著作中有“切石之死于哮喘，解刀入肺似入沙石”之说。

1. 尘肺类的分类

煤矿尘肺病按吸入矿尘的成分不同，可分为三类：

(1) 硅肺病（矽肺病）：由于吸入含游离 SiO_2 含量较高的岩尘而引的尘肺病称为硅肺病。患者多为长期从事岩巷掘进的矿工。

(2) 煤硅肺病（煤矽肺）：由于同时吸入煤尘和含游离 SiO_2 的岩尘所引起的尘肺病称为煤硅病肺。患者多为岩巷掘进和采煤的混合工种矿工。

(3) 煤肺病：由于大量吸入煤尘而引起的尘肺病多属煤肺病。患者多为长期单一的在煤层中从事采掘工作的矿工。

上述三种尘肺病中最危险的是硅肺病。其发病工龄最短（一般在 10 年左右），病情发展快，危害严重。煤肺病的发病工龄一般为 20 年～30 年，煤硅肺病介于两者之间但接近后者。

由于我国煤矿工人工种变动较大，长期固定从事单一工种的很少，因此煤矿尘肺病中以煤硅肺病比重最大，约占 80%左右，如表 3-6 所列。

表 3-6　各种尘肺比重统计表

单位	病例数	不同尘肺所占的比重/%		
		硅肺	煤肺	煤硅肺
鹤岗	105	11.4	1.0	87.6
石咀山	50	14	8.0	78.0
淮南	325	21		79

2. 尘肺病的发病机理

肺部是人体吸入氧气进行新陈代谢行为的器官。通过反复吸入和呼出空气，使空气靠近血液，两片肺叶被厚约 0.5μm 的极薄的隔膜分开。氧气通过隔膜从空气中扩散到血液里，同时二氧化碳通过相反的方向扩散。两种气体各自的交换由隔膜两侧的浓度差驱动。

呼吸系统自身的防御机制可以抵御那些吸入空气中存在的气态或者悬浮的污染气体。然而，这种体系不能抵抗有毒或者致癌物的入侵。另外，长期暴露在超高浓度的粉尘里，肺部防御体系超负荷工作，不但使气体交换效率降低，而且容易引起支气管感染和其他疾病。

尘肺病的发病机理至今尚未完全研究清楚。关于尘肺病的形成的论点和学说有多种。图 3-1 是人体呼吸系统的说明简图。进入人体呼吸系统的粉尘大体上经历以下四个过程：

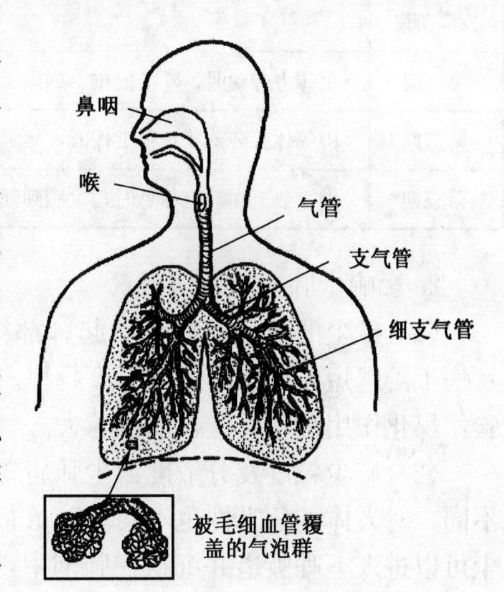

图 3-1　人体呼吸系统

(1) 在上呼吸道的咽喉、气管内，含尘气流由于沿程的惯性碰撞作用使大于 10μm 的尘粒首先沉降在其内。经过鼻腔和气管粘膜分泌物黏结后形成痰排出体外。

(2) 在上呼吸道的较大支气管内，通过惯性碰撞及少量的重力沉降作用，使 5μm～10μm 的尘粒沉积下来，经气管、支气管上皮的纤毛运动，咳嗽随痰排出体外。

因此，真空进入下呼吸道的粉尘，其粒度均小于 5μm，目前比较统一的看法是：空气中 5μm 以下的矿尘是引起尘肺病的有害部分。

(3) 在下呼吸道的细小支气管内，由于支气管分支增多，气流速度减慢，使部分2μm～5μm 的尘粒依靠重力沉降作用沉积下来，通过纤毛运动逐级排出体外。

(4) 粒度为 2μm 左右的粉尘进入呼吸性支气管和肺内后，一部分可随呼气排出体外；另一部分沉积在肺泡壁上或进入肺内，残留在肺内的粉尘仅占总吸入量的 1%～2%以下。残留在肺内的尘粒可杀死肺泡，使肺泡组织形成纤维病变出现网眼，逐步失去弹性而硬化，无法担负呼吸作用，使肺功能受到损害，降低了人体抵抗能力，并容易诱发其他疾病，如肺结核、肺心病等。在发病过程中，由于游离的 SiO_2 表面活性很强，加速了肺泡组织的死亡。

尘粒到达以上各部位的百分比如图 3-2 所示。

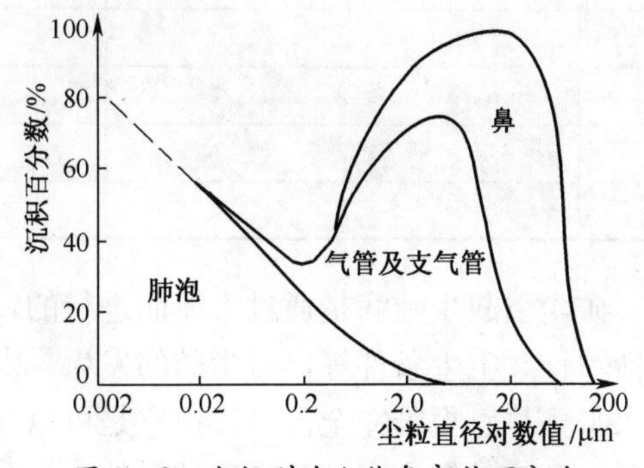

图 3-2　尘粒到达人体各部位百分比

二、尘肺病的发病症状及影响因素

1. 尘肺病的发病症状

尘肺病的发展有一定的过程，轻者影响劳动能力，严重时丧失劳动能力，甚至死亡。这一发展过程是不可逆转的，因此要及早发现，及时治疗，以防病情严重。从自觉症状上，尘肺病分为三期，如表 3-7 所列。

表 3-7 尘肺病的发病阶段和相应的症状

发病阶段	相 应 症 状
第一期	重体力劳动时，呼吸困难、胸痛、轻度干咳
第二期	中等体力劳动或正常工作时，感觉呼吸困难，胸痛、干咳或带痰咳嗽
第三期	做一般工作甚至休息时，也感到呼吸困难、胸痛、连续带痰咳嗽，甚至咯血和行动困难

2. 影响尘肺病的发病因素

(1) 矿尘的成分：能够引起肺部纤维病变的矿尘，多半含有游离 SiO_2，其含量越高，发病工龄越短，病变的发展程度越快。对于煤尘，引起煤肺病的主要是其挥发分含量。据试验，煤化作用程度越低，危害越大。

(2) 矿尘粒度及分散度：尘肺病变主要发生在肺脏的最基本单元即肺泡内。矿尘的粒度不同，对人体的危害性也不同。5μm 以上的矿尘对尘肺病的发生影响不大；5μm 以下的矿尘可以进入下呼吸道并沉积在肺泡中，最危险的粒度是 2μm 左右的矿尘。由此可见，矿尘的粒度越小，分散度越高，对人体的危害就越大。

(3) 矿尘浓度：尘肺病的发生和进入肺部的矿尘量有直接的关系，也就是说，尘肺的发病工龄和作业场所的矿尘浓度成反比。国外的统计资料表明，在高矿尘浓度的场所工作时，平均 5 年～10 年就有可能导致硅肺病，如果矿尘中的游离 SiO_2 含量达 80%～90%，甚至 1.5 年～2 年即可发病。空气中的矿尘浓度降低到《规程》规定的标准以下，工作几十年，肺部吸入的矿尘总量仍不足达到致病的程度。

《规程》第七百三十九条规定作业场所空气中粉尘（总粉尘、呼吸性粉尘）浓度应符合表 3-8 的要求。

表 3-8 作业场所空气中粉尘浓度标准

粉尘中游离 SiO_2 含量 /%	最高允许浓度/（mg/m^3）	
	总 粉 尘	呼吸性粉尘
<10	10	3.5
10～<50	2	1
50～<80	2	0.5
≥80	2	0.3

(4) 个体方面的因素：矿尘引起尘肺病是通过人体而进行的，所以人的机体条件，如年龄、营养、健康状况、生活习性、卫生条件等，对尘肺的发生、发展有一定的影响。

尘肺病在目前的技术水平下尽管很难完全治愈，但它是可以预防的。只要积极推广综合防尘技术，就可以达到降低尘肺病的发病率及死亡率的目的。

任务三　煤尘爆炸及预防

导学思考题

(1) 煤尘爆炸的条件是什么？影响煤尘爆炸的因素有哪些？

(2) 煤尘爆炸的特征有哪些？

(3) 影响煤层注水效果的因素有哪几个方面？

具有煤尘爆炸危险的煤矿都有发生特别重大煤尘爆炸事故的可能。其灾害程度可造成矿毁人亡，国内外煤矿曾多次发生煤尘爆炸事故。

一、煤尘爆炸的机理及特征

1. 煤尘爆炸的机理

煤尘爆炸是在高温或一定点火能的热源作用下，空气中氧气与煤尘急剧氧化的反应过程，是一种非常复杂的链式反应（图 3-3）。一般认为其爆炸机理及过程主要表现在以下方面：

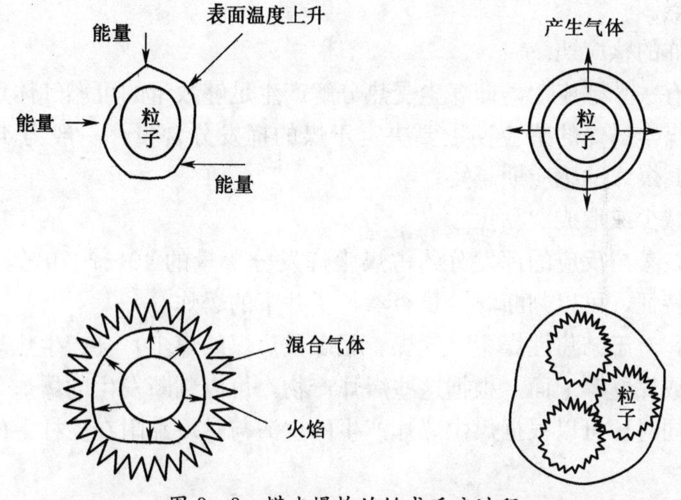

图 3-3　煤尘爆炸的链式反应过程

(1) 煤本身是可燃物质，当它以粉末状态存在时，总表面积显著增加，吸氧和被氧化的能力大大增强，一旦遇见火源，氧化过程迅速展开。

(2) 当温度达到 300℃～400℃时，煤的干馏现象急剧增强，放出大量的可燃性气体，主要成分为甲烷、乙烷、丙烷、丁烷、氢和1%左右的其他碳氢化合物。

(3) 形成的可燃气体与空气混合在高温作用下吸收能量，在尘粒周围形成气体外壳，即活化中心，当活化中心的能量达到一定程度后，链反应过程开始，游离基迅速增加，发生了尘粒的闪燃。

(4) 闪燃所形成的热量传递给周围的尘粒，并使之参与链反应，导致燃烧过程急剧地循环进行，当燃烧不断加剧使火焰速度达到每秒数百米后，煤尘的燃烧便在一定临界条件下跳跃式地转变为爆炸。

2. 煤尘爆炸的特征

煤尘的燃烧和爆炸实际上是煤尘及其释放的可燃性气体的燃烧和爆炸，它的氧化反应主要是在气相内进行的。因此煤尘爆炸与瓦斯爆炸具有相似之处。但因在固体煤粒表面也有氧化燃烧作用发生，所以煤尘爆炸又有其独特之处。

（1）形成高温、高压、冲击波。

煤尘爆炸火焰温度为1600℃～1900℃，爆源的温度达到2000℃以上，这是煤尘爆炸得以自动传播的条件之一。

在矿井条件下煤尘爆炸的平均理论压力为736kPa，但爆炸压力随着离开爆源距离的延长而跳跃式增大。爆炸过程中如遇障碍物，压力将进一步增加，尤其是连续爆炸时，后一次爆炸的理论压力将是前一次的5倍～7倍。煤尘爆炸产生的火焰速度可达1120m/s，冲击波速度为2340m/s。

（2）煤尘爆炸具有连续性。

一般来说，爆炸开始于局部，产生的冲击波较小，但却可扰动周围沉降堆积的煤尘并使之飞扬，由于光和热的传递和辐射，进而发生再次爆炸，这就是所谓的二次爆炸。反复循环，形成连续爆炸。其爆炸的火焰及冲击波的传播速度都将一次比一次加快，爆炸压力也将一次比一次增高，呈跳跃式发展。在煤矿井下，这种爆炸有时沿巷道传播数千米以外，而且距爆源点越远其破坏性越严重。因此，煤尘爆炸具有易产生连续爆炸、受灾范围广、灾害程度严重等重要特点。

（3）煤尘爆炸的感应期。

煤尘爆炸也有一个感应期，即煤尘受热分解产生足够数量的可燃气体形成爆炸所需的时间。根据试验，煤尘爆炸的感应期主要决定于煤的挥发分含量，一般为40ms～280ms。煤的挥发分越高，其爆炸的感应期越短。

（4）挥发分减少或形成“黏焦”。

煤尘爆炸时，参与反应的挥发分约占煤尘挥发分含量的40%～70%，致使煤尘挥发分减少，根据这一特征，可以判断煤尘是否参与了井下的爆炸。

煤尘爆炸时，对于结焦性煤尘（气煤、肥煤及焦煤的煤尘）会产生焦炭皮渣与黏块黏附在支架、巷道壁或煤壁等上面。根据这些爆炸产物，可以判断发生的爆炸事故是属于瓦斯爆炸或煤尘爆炸；同时还可以根据煤尘爆炸产生的皮渣与黏块黏附在支柱上的位置直观判断煤尘爆炸的强度。

（5）产生大量的有毒有害气体。

煤尘爆炸时，要产生比瓦斯爆炸生成量多的有毒有害气体（表3-9），其生成量与煤质和爆炸的强度等有关。煤尘爆炸时产生的CO，在灾区气体中的浓度可达2%～3%，甚至高达8%左右。爆炸事故中受害者的大多数（70%～80%）是由于CO中毒造成的。

表3-9 煤尘爆炸后的气体组成

气体名称	CO	CO_2	CH_4 等	N_2	H_2	O_2
浓度/%	8.15	11.25	2.95	73.75	2.75	1.15

二、煤尘爆炸的条件

煤尘爆炸必须同时具备3个条件：煤尘本身具有爆炸性；煤尘必须悬浮于空气中，并达到一定的浓度；存在能引燃煤尘爆炸的高温热源。

1）煤尘的爆炸性

煤尘具有爆炸性是煤尘爆炸的必要条件。《规程》规定，煤尘有无爆炸危险，必须经过煤尘爆炸性试验鉴定。

变质程度越低，挥发分含量越高，爆炸的危险性越大；高变质程度的煤如贫煤、无烟煤等挥发分含量很低，其煤尘基本上无爆炸危险。

2）悬浮煤尘的浓度

井下空气中只有悬浮的煤尘达到一定浓度时，才可能引起爆炸，单位体积中能够发生煤尘爆炸的最低和最高煤尘量称为下限和上限浓度。低于下限浓度或高于上限浓度的煤尘都不会发生爆炸。煤尘爆炸的浓度范围与煤的成分、粒度、引火源的种类和温度及试验条件等有关。一般说来，煤尘爆炸的下限浓度为 $30g/m^3$～$50g/m^3$，上限浓度为 $1000g/m^3$～$2000g/m^3$。其中爆炸力最强的浓度范围为 $300g/m^3$～$500g/m^3$。各国对下限浓度研究较多，其目的在于把井下空气中的煤尘浓度控制在下限浓度以下时，就能够避免发生煤尘爆炸事故。表3-10所列为各国家测定的煤尘爆炸下限值。

表3-10　部分国家发表的煤尘爆炸下限值

国别	爆炸下限值/（g/m^3）	备注
中国	45	褐煤（试验室测得），挥发分54.7%
法国	112	挥发分30%，灰分6%～12%
德国	70	瓦斯爆炸点火，挥发分28%，灰12%
美国	80	试验巷道中测得，百炮黑火药点火
日本	35.6	试验巷道中测得，电火花点火，挥发分44%
波兰	70	大型试验巷道中测得
澳大利亚	129	挥发分20%，灰13%

3）引燃煤尘爆炸的高温热源

煤尘的引燃温度变化范围较大，它随着煤尘性质、浓度及试验条件的不同而变化。我国煤尘爆炸的引燃温度在610℃～1050℃之间，一般为700℃～800℃。煤尘爆炸的最小点火能为4.5mJ～40mJ。这样的温度条件，几乎一切火源均可达到。如电器火花、摩擦火花、爆破火焰、瓦斯燃烧或爆炸、井下火灾等。

除此之外，煤尘引燃爆炸将释放大量热量，依靠这种反应热量，可使气体产物加热到2300℃～2500℃，这也是促使煤尘爆炸自发传播的一个主要因素。

三、影响煤尘爆炸的主要因素

1）煤尘的挥发分

一般说来，煤尘的可燃挥发分含量越高，其爆炸性越强，即煤化作用程度低的煤，其煤尘的爆炸性强。煤尘的爆炸性随煤化作用程度的增高而减弱。

我国对全国煤矿的煤尘可燃挥发分含量与其爆炸性进行试验的结果见表3-11。

表 3-11　我国煤尘可燃挥发分含量与其爆炸性的关系

可燃挥发分含量/%	<10	10～15	15～28	>38
爆炸性	除个别外，基本无爆炸性	爆炸性弱	爆炸性较强	爆炸性很强

2）煤的灰分和水分

煤内的灰分是不燃性物质，能够吸收能量，阻挡热辐射，破坏链反应，降低煤尘的爆炸性。煤的灰分对爆炸性的影响还与挥发分含量的多少有关，挥发分小于15%的煤尘，灰分的影响比较显著，大于15%时，天然灰分对煤尘的爆炸几乎没有影响。

水分能降低煤尘的爆炸性，因为水的吸热能力大，能促使细微尘粒聚结为较大的颗粒，减少尘粒的总表面积，同时还能降低落尘的飞扬能力。

3）煤尘粒度

煤尘的粒度对爆炸性的影响极大。1mm 以下的煤尘粒子都可能参与爆炸，而且爆炸的危险性随粒度的减小而迅速增加，75μm 以下的煤尘特别是 30μm～75μm 的煤尘爆炸性最强。粒径小于 10μm 后，煤尘爆炸性增强的趋势变得平缓。

煤炭科学总院重庆研究院的试验结果表明：同一煤种在不同粒度条件下，爆炸压力随粒度的减小而增高，爆炸范围也随之扩大，即爆炸性增强。粒度不同的煤尘引燃温度也不相同。煤尘粒度越小，所需引燃温度越低，且火焰传播速度也越快。

4）空气中的瓦斯浓度

瓦斯参与使煤尘爆炸下限降低。瓦斯浓度低于 4%时，煤尘的爆炸下限可用下式计算：

$$\delta_m = k\delta \qquad (3-1)$$

式中　δ_m——空气中有瓦斯时的煤尘爆炸下限，g/m^3；

δ——煤尘的爆炸下限，g/m^3；

k——系数，见表 3-12。

表 3-12　瓦斯浓度对煤尘爆炸下限的影响系数

空气中的瓦斯浓度/%	0	0.50	0.75	1.0	1.50	2.0	3.0	4.0
k	1	0.75	0.60	0.50	0.35	0.25	0.1	0.05

随着瓦斯浓度的增高，煤尘爆炸浓度下限急剧下降，这一点在有瓦斯煤尘爆炸危险的矿井应引起高度重视。一方面，煤尘爆炸往往是由瓦斯爆炸引起的；另一方面，有煤尘参与时，小规模的瓦斯爆炸可能演变为大规模的煤尘瓦斯爆炸事故，造成严重的后果。

5）空气中氧的含量

空气中氧的含量高时，点燃煤尘的温度可以降低；氧的含量低时，点燃煤尘云困难，当氧含量低于 17%时，煤尘就不再爆炸。煤尘的爆炸压力也随空气中含氧的多少而不同。含氧高，爆炸压力高；含氧低，爆炸压力低。

6）引爆热源

点燃煤尘云造成煤尘爆炸，就必须有一个达到或超过最低点燃温度和能量的引爆热源。引爆热源的温度越高，能量越大，越容易点燃煤尘云。而且煤尘初爆的强度也越大；反之温度越低，能量越小，越难以点燃煤尘云，即使能引起爆炸，初始爆炸的强度也小。

四、煤尘爆炸性鉴定

《规程》规定：新矿井的地质精查报告中，必须有所有煤层的煤尘爆炸性鉴定材料。生产矿井每延深一个新水平，由矿务局组织一次煤尘爆炸性试验工作。

煤尘爆炸性的鉴定方法有两种：一种是在大型煤尘爆炸试验巷道中进行，这种方法比较准确可靠，但工作繁重复杂，所以一般作为标准鉴定用；另一种是在试验室内使用大管状煤尘爆炸性鉴定仪进行，方法简便，目前多采用这种方法。

煤尘爆炸性鉴定仪如图 3-4 所示。该试验的程序是：首先，将粉碎后全部通过 75μm 筛孔的煤样在 105℃时烘干 2h，称量 1g 尘样放在试料管中；然后，接通加热器电源，调节可变电阻 R 将加热器的温度升至（100±5)℃；最后，按压电磁气筒开关 K_2，煤尘试样呈雾状喷入燃烧管，同时观察燃烧管内煤尘燃烧状态，最后开动小风机排出烟尘。

煤尘通过燃烧管内的加热器时，可能出现下列现象：

(1) 只出现稀少的火星或根本没有火星；

(2) 火焰向加热器两侧以连续或不连续的形式在尘雾中缓慢地蔓延；

(3) 火焰极快地蔓延，甚至冲出燃烧管外，有时还会听到爆炸声。

同一试样应重复进行 5 次试验，其中只要有一次出现燃烧火焰，就定为爆炸危险煤尘。在 5 次试验中都没有出现火焰或只出现稀少火星，必须重做 5 次试验，如果仍然如此，定为无爆炸危险煤尘，在重做的试验中，只要有一次出现燃烧火焰，仍应定为爆炸危险煤尘。

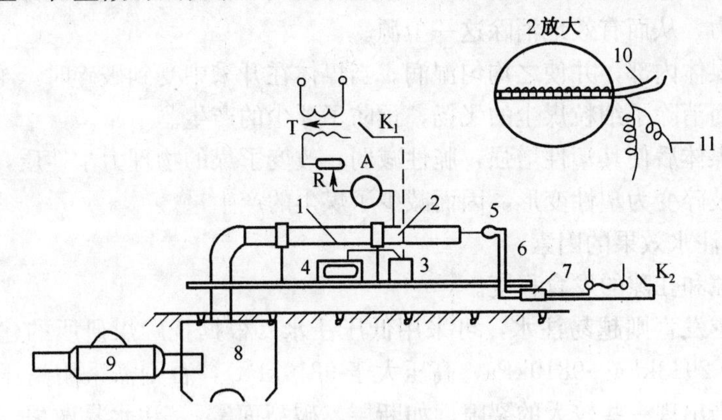

图 3-4 煤尘爆炸性鉴定仪示意图

1—燃烧管；2—铂丝加热器；3—冷瓶；4—高温计；5—试料管；6—导管；
7—电磁气筒；8—排尘箱；9—小风机；10—铂铑热电偶；11—铂丝。

对于有爆炸危险的煤尘，还可利用该试验进行预防煤尘爆炸所需岩粉量的测定。具体做法是：

将岩粉按比例和煤尘混合，用上述方法测定混合粉尘的爆炸性，直到混合粉尘由出现火焰刚转入不再出现火焰，此时的岩粉比例，就是最低岩粉用量的百分比（表 3-13)。

另外，用工业分析法计算可燃挥发分值也可大致判定煤尘的爆炸危险性：

$$V^r=\frac{v^a}{100-A^a-Wa}\times 100\% \tag{3-2}$$

表 3-13 煤尘爆炸指数与煤尘爆炸性

煤尘爆炸指数/%	煤尘爆炸性	煤尘爆炸指数/%	煤尘爆炸性
<10	一般不爆炸	15～28	较强
10～15	较弱	>28	强烈

矿井中只要有一个煤层的煤尘有爆炸危险，该矿井就应定为有爆炸危险的矿井。根据煤

尘爆炸性试验，我国约有80%的煤矿属于有煤尘爆炸危险煤层的矿井。

五、预防煤尘爆炸的技术措施

预防煤尘爆炸的技术措施主要包括减、降尘措施，防止煤尘引燃措施及限制煤尘爆炸范围扩大等三个方面。

1. 减、降尘措施

减、降尘措施是指在煤矿井下生产过程中，通过减少煤尘产生量或降低空气中悬浮煤尘含量以达到从根本上杜绝煤尘爆炸的可能性。我国国有重点煤矿注水工作面占总采煤工作面数的40%以上，降尘率达47%～95%，取得了良好的降尘效果。

1）煤层注水实质

煤层注水是我国煤矿广泛采用的最重要的防尘措施之一。在回采之前预先在煤层中打若干钻孔，通过钻孔注入压力水，使其渗入煤体内部，增加煤的水分，从而减少煤层开采过程煤尘的产尘量。

煤层注水的减尘作用主要有以下3个方面：

(1) 煤体内的裂隙中存在着原生煤尘，水进入后，可将原生煤尘湿润并黏结，使其在破碎时失去飞扬能力，从而有效地消除这一尘源。

(2) 水进入煤体内部，并使之均匀湿润。当煤体在开采中受到破碎时，绝大多数破碎面均有水存在，从而消除了细粒煤尘的飞扬，预防了浮尘的产生。

(3) 水进入煤体后使其塑性增强，脆性减弱，改变了煤的物理力学性质，当煤体因开采而破碎时，脆性破碎变为塑性变形，因而减少了煤尘的产生量。

2）影响煤层注水效果的因素

(1) 煤的裂隙和孔隙的发育程度。

煤体的裂隙越发育则越易注水，可采用低压注水（根据抚顺煤研所的建议：低压小于2943kPa，中压为2943kPa～9810kPa，高压大于9810kPa)，否则需采用高压注水才能取得预期效果，但是当出现一些较大的裂隙（如断层、破裂面等），注水易散失于远处或煤体之外，对预湿煤体不利。

(2) 上履岩层压力及支撑压力。

地压的集中程度与煤层的埋藏深度有关，煤层埋藏越深则地层压力越大，而裂隙和孔隙变得更小，导致透水性能降低，因而随着矿井开采深度的增加，要取得良好的煤体湿润效果，需要提高注水压力。

(3) 液体性质的影响。

煤是极性小的物质，水是极性大的物质，两者之间极性差越小，越易湿润。为了降低水的表面张力，减小水的极性，提高对煤的湿润效果，可以在水中添加表面活性剂。阳泉一矿在注水时加入0.5%浓度的洗衣粉，注水速度比原来提高24%。

(4) 煤层内的瓦斯压力。

煤层内的瓦斯压力是注水的附加阻力。水压克服瓦斯压力后才是注水的有效压力，所以在瓦斯压力大的煤层中注水时，往往要提高注水压力，以保证湿润效果。

(5) 注水参数的影响。

煤层注水参数是指注水压力、注水速度、注水量和注水时间。注水量或煤的水分增量是煤层注水效果的标志，也是决定煤层注水除尘率高低的重要因素。

3）煤层注水方式

注水方式是指钻孔的位置、长度和方向。按国内外注水状况，有以下 4 种方式：

(1) 短孔注水，是在回采工作面垂直煤壁或与煤壁斜交打钻孔注水，注水孔长度一般为 2m～3.5m，如图 3-5 中的 a 所示。

(2) 深孔注水，是在回采工作面垂直煤壁打钻孔注水，孔长一般为 5m～25m，如图 3-5 中的 b 所示。

(3) 长孔注水，是从回采工作面的运输巷或回风巷，沿煤层倾斜方向平行于工作面打上向孔或下向孔注水（图 3-6），孔长 30m～100m；当工作面长度超过 120m 而单向孔达不到设计深度或煤层倾角有变化时，可采用上向、下向钻孔联合布置钻孔注水（图 3-7）。

(4) 巷道钻孔注水，即由上邻近煤层的巷道向下煤层打钻注水或由底板巷道向煤层打钻注水，巷道钻孔注水采用小流量、长时间的注水方法，湿润效果良好；但打岩石钻孔不经济，而且受条件限制，所以极少采用（图 3-8）。

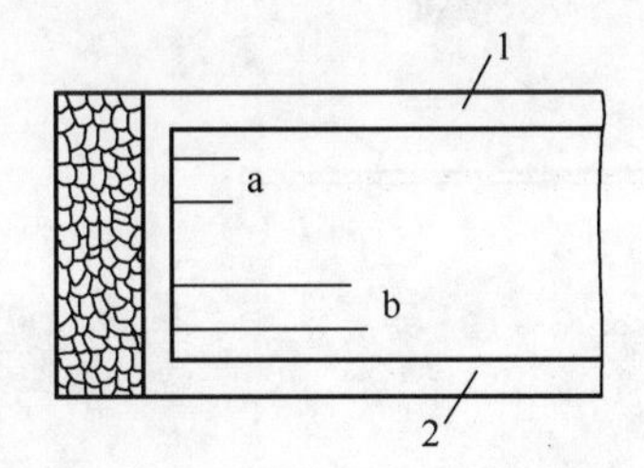

图 3-5 短孔、深孔注水示意图

a—短孔；b—深孔；

1—回风巷；2—运输巷。

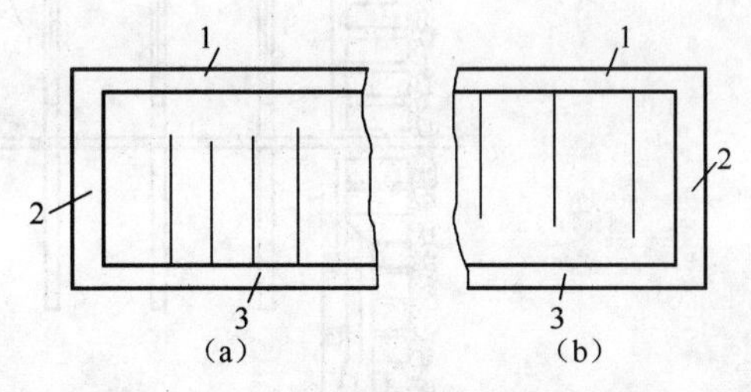

图 3-6 单向长钻孔注水方式示意图

(a) 上向孔；(b) 下向孔。

1—回风巷；2—开切眼；3—运输巷。

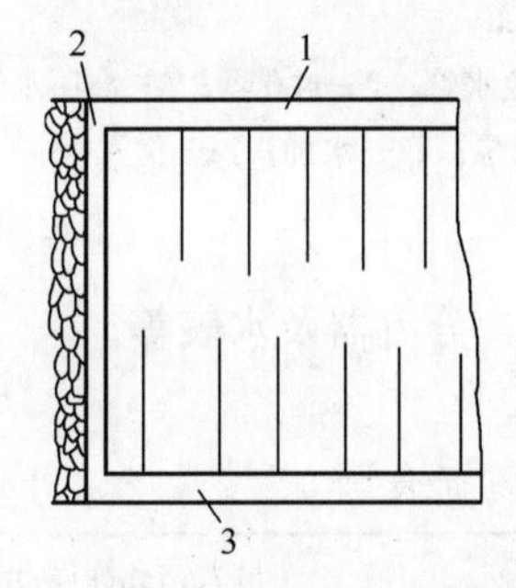

图 3-7 双向长钻孔注水方式示意图

1—回风巷；2—工作面；3—运输巷。

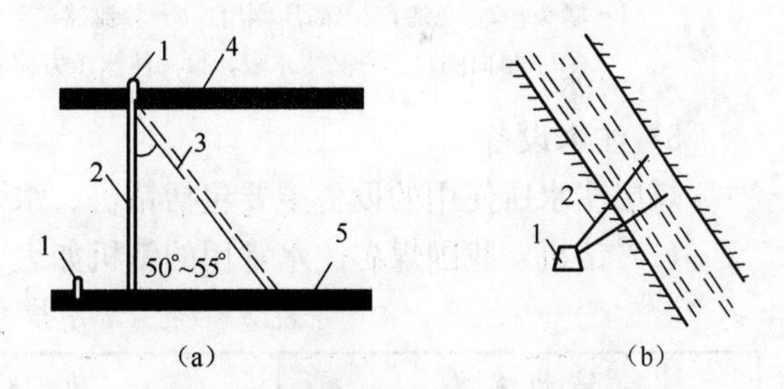

图 3-8 巷道钻孔注水方式示意图

1—巷道；2、3—钻孔；4—上层煤；5—下层煤。

4）注水系统

注水系统分为静压注水系统和动压注水系统。

利用管网将地面或上水平的水通过自然静压差导入钻孔的注水叫静压注水。静压注水采用橡胶管将每个钻孔中的注水管与供水干管连接起来，其间安装有水表和截止阀，干管上安装压力表，然后通过供水管路与地表或上水平水源相连。静压注水系统如图 3-9 所示。

利用水泵或风包加压将水压入钻孔的注水叫动压注水，水泵可以设在地面集中加压，也可直接设在注水地点进行加压。常见的井下加压动压注水系统布置如图 3-10 所示。

通常，静压注水时间较长，一般为数月，少则数天；动压注水时间较短，一般为几天，短的仅为几十小时。

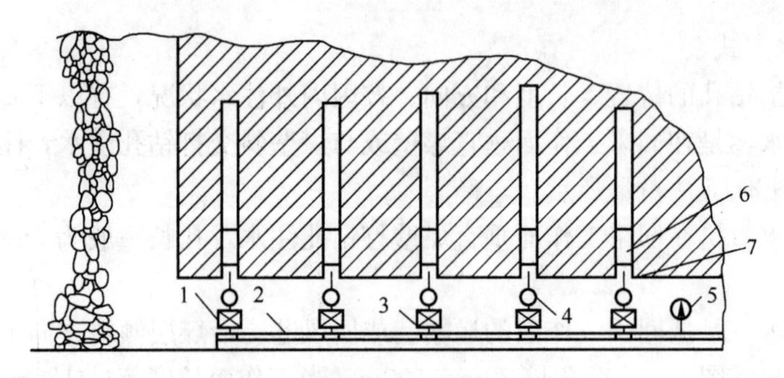

图 3-9　煤层静压注水系统图

1—三通；2—水管；3—截止阀；4—水表；5—压力表；6—封孔器；7—注水管。

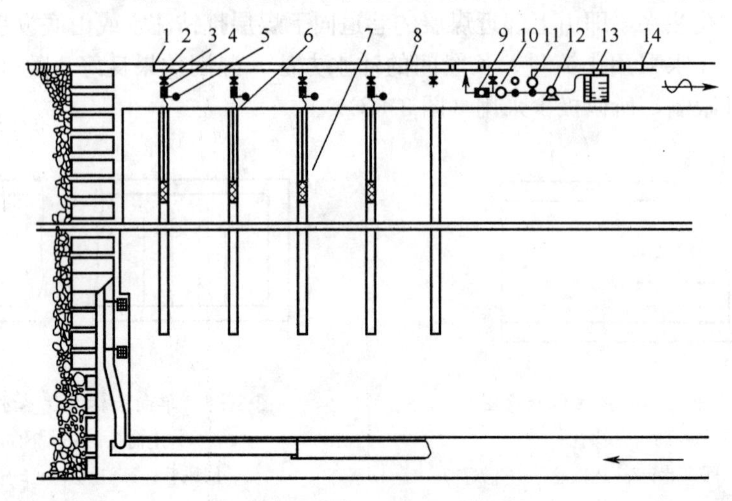

图 3-10　煤层动压注水系统图

1—堵头；2—三通；3—高压阀门；4—分流器；5—压力表；6—注水管；7—封孔器；8—高压水管；9—单向阀；10—高压水表；11—注水压力控制阀；12—注水泵；13—水桶；14—供水管。

5）注水设备

煤层注水所使用的设备主要包括钻机、水泵、封孔器、分流器及水表等。

（1）钻机：我国煤矿注水常用的钻机如表 3-14 所列。

表 3-14　常用煤层注水钻机一览表

钻机名称	功率/kW	最大钻孔深度/m
KHYD40KBA 型钻机	2	80
TXU-75 型油压钻机	4	75
ZMD-100 型钻机	4	100

（2）煤层注水泵：我国煤矿注水常用的注水泵技术特征如表 3-15 所列。

（3）封孔器：我国煤矿长钻孔注水多采用 YPA 型水力膨胀式封孔器和 MF 型摩擦式封孔器。

（4）分流器：它是动压多孔注水不可缺少的器件，它可以保证各孔的注水流量恒定。煤科总院重庆分院研制的 DF-1 型分流器，压力范围 0.49MPa～14.7MPa，节流范围 0.5m^3/h、0.7m^3/h、1.0m^3/h。

（5）水表及压力表：当注水压力大于 1MPa 时，可采用 DC-4.5/200 型注水水表，耐压 20MPa，流量 4.5m^3/h；注水压力小于 1MPa 时，可采用普通自来水水表。

6）注水参数

（1）注水压力：注水压力的高低取决于煤层透水性的强弱和钻孔的注水速度。通常，透水性强的煤层采用低压（小于 3MPa）注水，透水性较弱的煤层采用中压（3MPa～10MPa）注水，必要时可采用高压注水（大于 10MPa）。适宜的注水压力是：通过调节注水流量使其不超过地层压力而高于煤层的瓦斯压力。

表 3－15　煤层注水型号及其主要技术特征

项目	单位	型号							
工作压力	MPa	5BD 2.5/4.5	5BZ 1.5/80	5D 2/150	5BG 2/160	7BZ 3/100	7BG 3.6/100	7BG 4.5/100	KBZ 100/150
额定流量	m^3/h	4.5	80	15	16	10	16	16	15
柱塞直径	mm	2.5	1.5	2	2	3	3.6	4.5	6
缸数	个	5	5	5	5	7	7	7	—
吸水管直径	mm	32	25	27	25	45	32	45	38
排水管螺纹	mm	24×1.5	27×1.5	27×2	27×1.5	24×1.5	33×1.5	—	—
电动机功率	kW	5.5	6.3	13	13	13	22	30	30
整机质量	kg	80	230	350	350	194	440	260	—
外形尺寸	mm	20×260×310	1100×320×550	1400×400×600	1370×380×640	660×330×400	1500×400×650	680×360×460	1600×760×775
生产厂家		四川煤机厂	奉化煤机厂	四川、奉化煤机厂	奉化煤机厂	四川煤机厂	奉化煤机厂	四川煤机厂	石家庄煤机厂

（2）注水速度（注水流量）：指单位时间内的注水量。为了便于对各钻孔注水流量进行比较，通常以单位时间内每米钻孔的注水量来表示。注水速度是影响煤体湿润效果及决定注水时间的主要因素。

一般来说，小流量注水对煤层湿润效果最好，只要时间允许，就应采用小流量注水。静压注水速度一般为 0.001m^3/(h·m)～0.027m^3/(h·m)，动压注水速度一般为 0.002m^3/(h·m)～0.24m^3/(h·m)，若静压注水速度太低，可在注水前进行孔内爆破，提高钻孔的透水能力，然后再进行注水。

（3）注水量：注水量是影响煤体湿润程度和降尘效果的主要因素。它与工作面尺寸、煤厚、钻孔间距、煤的孔隙率、含水率等多种因素有关，确定注水量首先要确定吨煤注水量，各矿应根据煤层的具体特征综合考察。一般来说，中厚煤层的吨煤注水量为 0.015m^3/t～0.03m^3/t；厚煤层为 0.025m^3/t～0.04m^3/t。

（4）注水时间：每个钻孔的注水时间与钻孔注水量成正比，与注水速度成反比。在实际注水中，常把在预定的湿润范围内的煤壁出现均匀“出汗”（渗出水珠）的现象，作为判断煤体是否全面湿润的辅助方法。“出汗”后或在“出汗”后再过一段时间便可结束注水。

2. 防止煤尘引燃的措施

防止煤尘引燃的措施与防止瓦斯引燃的措施大致相同，可参看矿井瓦斯爆炸的防治的相关内容。同时特别要注意的是，瓦斯爆炸往往会引起煤尘爆炸。此外，煤尘在特别干燥的条件下可产生静电，放电时产生的火花也能自身引爆。

3. 限制煤尘爆炸范围扩大的措施

防止煤尘爆炸危害，除采取防尘措施外，还应采取降低爆炸威力、限制爆炸范围扩大的措施。

（1）清除落尘：定期清除落尘，防止沉积煤尘参与爆炸可以有效地降低爆炸威力，使爆炸由于得不到煤尘补充而逐渐熄灭。

（2）撒布岩粉：指定期在井下某些巷道中撒布惰性岩粉，增加沉积煤尘的灰分，抑制煤尘爆炸的传播。

惰性岩粉一般为石灰岩粉和泥岩粉。对惰性岩粉的要求是：

① 可燃物含量不超过5%，游离 SiO_2 含量不超过10%；

② 不含有害有毒物质，吸湿性差；

③ 粒度应全部通过50号筛孔（即粒径全部小于0.3mm），且其中至少有70%能通过200号筛孔（即粒径小于0.075mm）。

撒布岩粉时要求把巷道的顶、帮、底及背板后侧暴露处都用岩粉覆盖；岩粉的最低撒布量在作煤尘爆炸鉴定的同时确定，但煤尘和岩粉的混合煤尘，不燃物含量不得低于80%；撒布岩粉的巷道长度不小于300，如果巷道长度小于300时，全部巷道都应撒布岩粉。对巷道中的煤尘和岩粉的混合粉尘，每3个月至少应化验一次，如果可燃物含量超过规定含量时，应重新撒布。

（3）设置水棚（图3-11）：包括水槽棚和水袋棚两种，设置应符合以下基本要求：

① 主要隔爆棚应采用水槽棚，水袋棚只能作为辅助隔爆棚；

② 水棚组应设置在巷道的直线部分，且主要水棚的用水量不小于400L/m^2，辅助水棚不小于200L/m^2；

③ 相邻水棚中心距为0.5m～1.0m，主要水棚总长度不小于30m，辅助水棚不小于20m；

④ 首列水棚距工作面的距离，必须保持60m～200m；

⑤ 水槽或水袋距顶板、两帮距离不小于0.1m，其底部距轨面不小于1.8m；

⑥ 水内如混入煤尘量超过5%时，应立即换水。

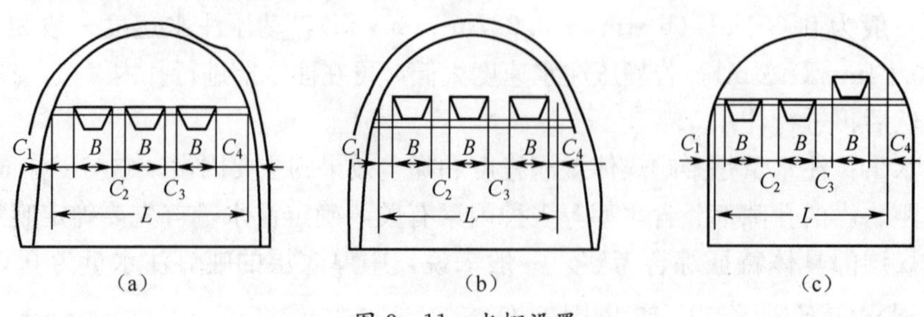

图3-11　水棚设置

(a) 悬挂式；(b) 放置式；(c) 混合式。

（4）设置岩粉棚（图3-12）：岩粉棚分轻型和重型两类。它是由安装在巷道中靠近顶板处的若干块岩粉台板组成，台板的间距稍大于板宽，每块台板上放置一定数量的惰性岩粉，当发生煤尘爆炸事故时，火焰前的冲击波将台板震倒，岩粉即弥漫于巷道中，火焰到达时，岩粉从燃烧的煤尘中吸收热量，使火焰传播速度迅速下降，直至熄灭。

岩粉棚的设置应遵守以下规定：

① 按巷道断面积计算，主要岩粉棚的岩粉量不得少于400kg/m^2，辅助岩粉棚不得少于

200kg/m²；

② 轻型岩粉棚的排间距 1.0m～2.0m，重型为 1.2m～3.0m；

③ 岩粉棚的平台与侧帮立柱（或侧帮）的空隙不小于 50mm，岩粉表面与顶梁（顶板）的空隙不小于 100mm，岩粉板距轨面不小于 1.8m；

④ 岩粉棚距可能发生煤尘爆炸的地点不得小于 60m，也不得大于 300m；

⑤ 岩粉板与台板及支撑板之间，严禁用钉固定，以利于煤尘爆炸时岩粉板有效地翻落；

⑥ 岩粉棚上的岩粉每月至少检查和分析一次，当岩粉受潮变硬或可燃物含量超过 20% 时，应立即更换，岩粉量减少时应立即补充。

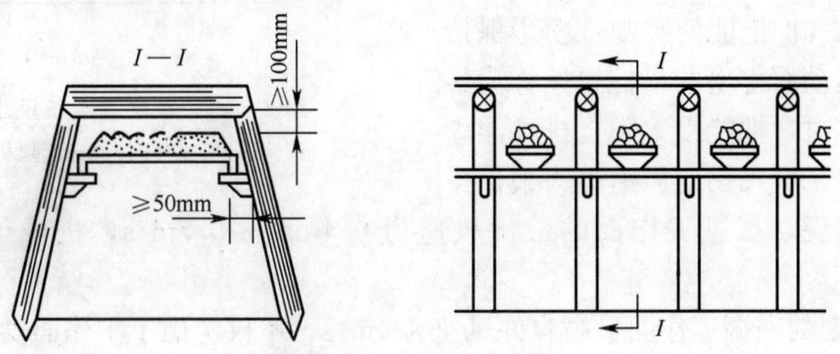

图 3-12　岩粉棚设置

（5）设置自动隔爆棚：自动隔爆棚是利用各种传感器，将瞬间测量的煤尘爆炸时的各种物理参量迅速转换成电信号，指令机构的演算器根据这些信号准确计算出火焰传播速度后选择恰当时机发出动作信号，让抑制装置强制喷撒固体或液体等消火剂，从而可靠地扑灭爆炸火焰，阻止煤尘爆炸蔓延。

任务四　矿山综合防尘

导学思考题

（1）洒水降尘的作用是什么？

（2）何谓最低及最优排尘风速？掘进工作面通风除尘对通风工艺的要求有哪些？

（3）常见的湿式除尘装置有哪些？隔尘措施有哪些？

（4）撒布岩粉抑制煤尘爆炸时对惰性岩粉的要求是什么？

（5）设置水棚应符合哪些基本要求？

（6）设置岩粉棚应符合哪些基本要求？

（7）岩粉棚和水棚的限爆作用原理是什么？

（8）自动抑爆装置主要由哪几部分组成？常见的自动抑爆装置有哪几种？

矿山综合防尘是指采用各种技术手段减少矿山粉尘的产生量、降低空气中的粉尘浓度，以防止粉尘对人体、矿山等产生危害的措施。

综合防尘技术措施大体上分为通风除尘、湿式作业、密闭抽尘、净化风流、个体防护及一些特殊的除、降尘措施。

一、通风除尘

通风除尘是指通过风流的流动将井下作业点的悬浮矿尘带出，降低作业场所的矿尘浓度，因此搞好矿井通风工作能有效地稀释和及时地排出矿尘。

决定通风除尘效果的主要因素是风速及矿尘密度、粒度、形状、湿润程度等。风速过低，粗粒矿尘将与空气分离下沉，不易排出；风速过高，能将落尘扬起，增大矿内空气中的粉尘浓度。因此，通风除尘效果是随风速的增加而逐渐增加的，达到最佳效果后，如果再增大风速，效果又开始下降，如图3-13所示。我们把能使呼吸性粉尘保持悬浮并随风流运动而排出的最低风速称为最低排尘风速；同时，把能最大限度排除浮尘而又不致使落尘二次飞扬的风速称为最优排尘风速。一般来说，掘进工作面的最优风速为0.4m/s～0.7m/s，机械化采煤工作面为1.5m/s～2.5m/s。

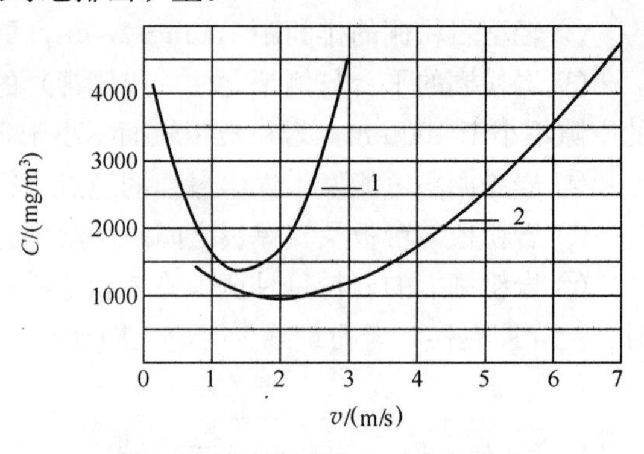

图3-13　矿尘浓度与风速的关系

1—联合机工作时；2—刨煤机工作时。

《规程》规定的采掘工作面最高容许风速为4m/s，不仅考虑了工作面供风量的要求，同时也充分考虑到煤、岩尘的二次飞扬问题。

二、湿式作业

湿式作业是利用水或其他液体，使之与尘粒相接触而捕集粉尘的方法，它是矿井综合防尘的主要技术措施之一，具有所需设备简单、使用方便、费用较低和除尘效果较好等优点。缺点是增加了工作场所的湿度，恶化了工作环境，能影响煤矿产品的质量，除缺水和严寒地区外，一般煤矿应用较为广泛，我国煤矿较成熟的经验是采取以湿式凿岩为主，配合喷雾洒水、水封爆破和水炮泥以及煤层注水等防尘技术措施。

1. 湿式凿岩、钻眼

该方法的实质是指在凿岩和打钻过程中，将压力水通过凿岩机、钻杆送入并充满孔底，以湿润、冲洗和排出产生的矿尘。

2. 洒水及喷雾洒水

洒水降尘是用水湿润沉积于煤堆、岩堆、巷道周壁、支架等处的矿尘。当矿尘被水湿润后，尘粒间会互相附着凝集成较大的颗粒，附着性增强，矿尘就不易飞起。在炮采炮掘工作面放炮前后洒水，不仅有降尘作用，还能消除炮烟、缩短通风时间。煤矿井下洒水，可采用人工洒水或喷雾器洒水。对于生产强度高、产尘量大的设备和地点，还可设自动洒水装置。

喷雾洒水是将压力水通过喷雾器（又称喷嘴），在旋转或（及）冲击的作用下，使水流雾化成细微的水滴喷射于空气中（图3-14）。它的捕尘作用有：

（1）在雾体作用范围内，高速流动的水滴与浮尘碰撞接触后，尘粒被湿润，在重力作用下下沉；

（2）高速流动的雾体将其周围的含尘空气吸引到雾体内湿润下沉；

（3）将已沉落的尘粒湿润黏结，使之不易飞扬。

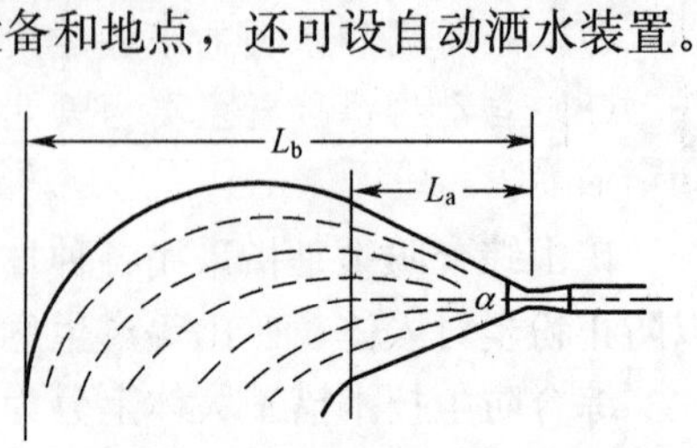

图3-14　雾体结构图

L_a—射程；L_b—作用长度；α—扩张角。

苏联的研究表明，在掘进机上采用低压洒水，降尘率为43%～78%，而采用高压喷雾时达到 75%～95%；炮掘工作面采用低压洒水，降尘率为 51%，高压喷雾达 72%，且对微细粉尘有明显的抑制效果。

1）掘进机喷雾洒水

掘进机喷雾分内外两种。外喷雾多用于捕集空气中悬浮的矿尘，内喷雾则通过掘进机切割机构上的喷嘴向割落的煤岩处直接喷雾，在矿尘生成的瞬间将其抑制。较好的内外喷雾系统可使空气中含尘量减小 85%～95%。掘进机的外喷雾降尘如图 3-15 所示。

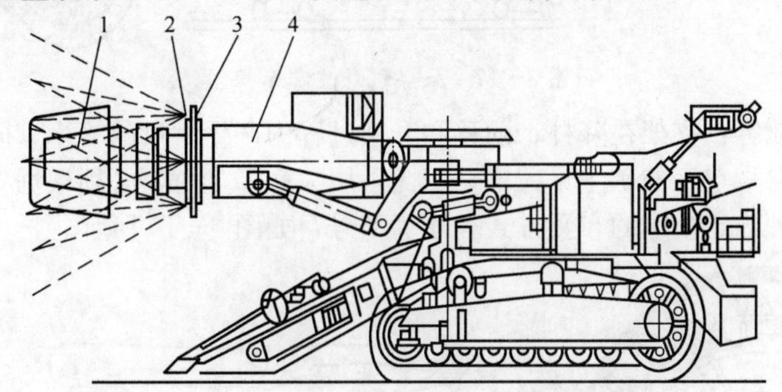

图 3-15　掘进机的外喷雾降尘系统示意图

1—截割头；2—朝外喷雾喷嘴；3—圆环形喷雾架；4—悬臂。

铲斗装岩机自动喷雾如图 3-16 所示。

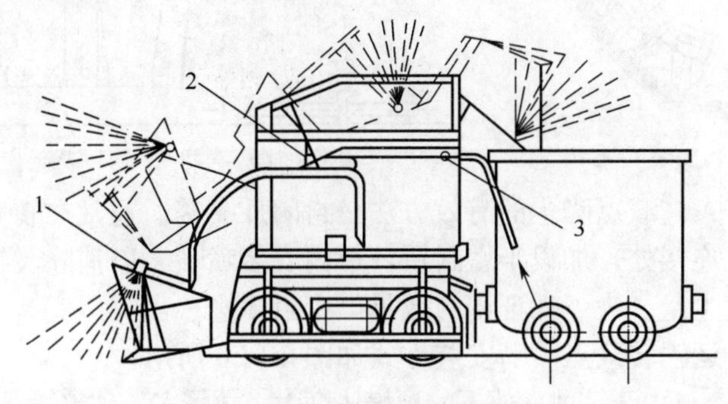

图 3-16　铲斗装岩机喷雾洒水

1—喷雾器；2—控制阀；3—水量调节阀。

2）采煤机喷雾洒水

采煤机的喷雾系统分为内喷雾和外喷雾两种方式。采用内喷雾时，水由安装在截割滚筒上的喷嘴直接向截齿的切割点喷射，形成“湿式截割”；采用外喷雾时，水由安装在截割部的固定箱上、摇臂上或挡煤板上的喷嘴喷出，形成水雾覆盖尘源，从而使粉尘湿润沉降。喷嘴是决定降尘效果好坏的主要部件，喷嘴的形式有锥形、伞形、扇形、束形，一般来说内喷雾多采用扇形喷嘴，也可采用其他形式；外喷雾多采用扇形和伞形喷嘴，也可采用锥形喷嘴。

采煤机外喷雾如图 3-17 所示。

采煤机内喷雾如图 3-18 所示。

3）综放工作面喷雾洒水

（1）放煤口喷雾：放顶煤支架一般在放煤口都装备有控制放煤产尘的喷雾器，但由于喷嘴布置和喷雾形式不当，降尘效果不佳。为此，可改进放煤口喷雾器结构，布置为双向多喷头喷嘴，扩大降尘范围；选用新型喷嘴，改善雾化参数；有条件时，水中添加湿润剂，或在放煤口处设置半遮蔽式软质密封罩，控制煤尘扩散飞扬，提高水雾捕尘效果。

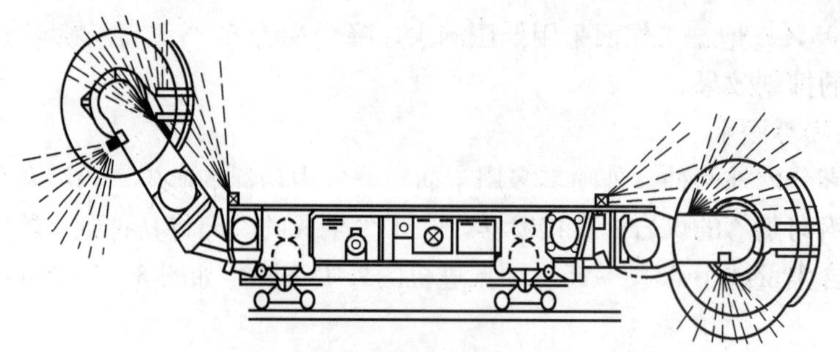

图 3-17　采煤机外喷雾示意图

（2）支架间喷雾：支架在降柱、前移和升柱过程中产生大量的粉尘，同时由于通风断面小、风速大，来自采空区的矿尘量大增，因此采用喷雾降尘时，必须根据支架的架型和移架产尘的特点，合理确定喷嘴的布置方式和喷嘴型号，如图 3-19 所示。

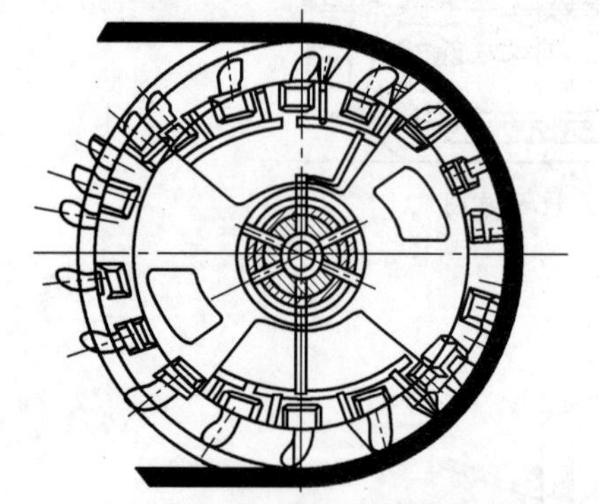

图 3-18　采煤机内喷雾示意图

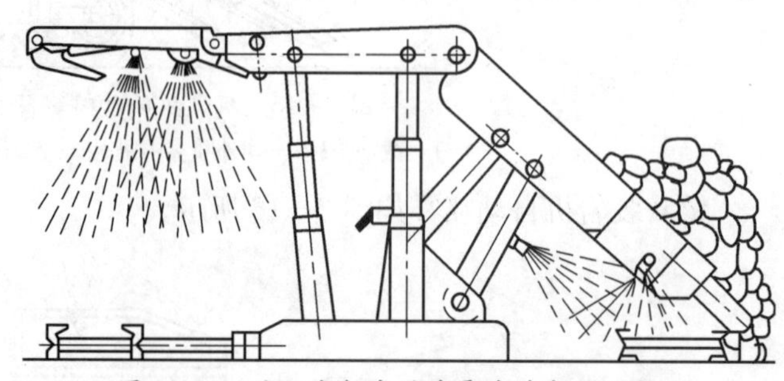

图 3-19　液压支架自动喷雾喷嘴布置示意图

（3）转载点喷雾：转载点降尘的有效方法是封闭加喷雾。通常在转载点（即回采工作面输送机与顺槽输送机连接处）加设半密封罩，罩内安装喷嘴，以消除飞扬的浮尘，降低进入回采工作面的风流含尘量。为了保证密封效果，密封罩进、出煤口安装半遮式软风帘，软风帘可用风筒布制作。运输转载点喷嘴安装方式如图 3-20 所示。

（4）其他地点喷雾：由于综放面放下的顶煤块度大，数量多，破碎量增大，因此，必须在破碎机的出口处进行喷雾降尘。煤仓封闭喷雾如图 3-21 所示。翻笼喷雾降尘如图 3-22 所示。

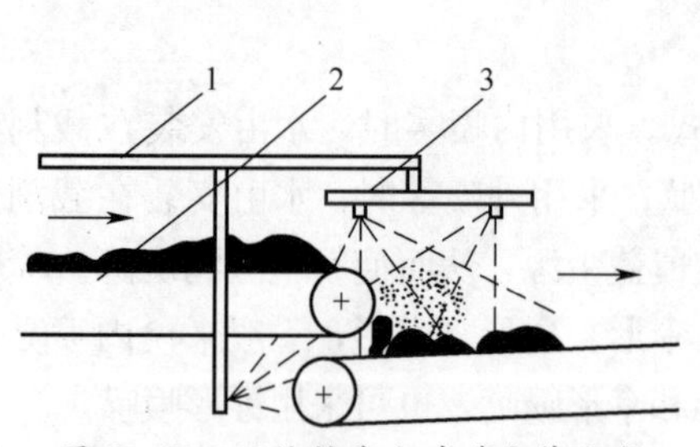

图 3-20　运输转载点喷嘴安装方式

1—供水管；2—输送带；3—喷嘴。

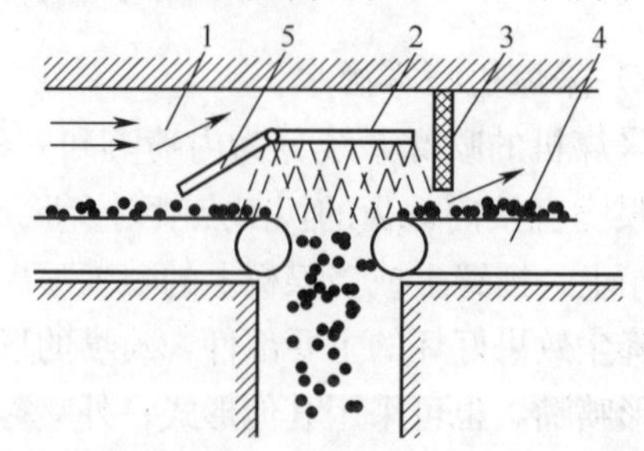

图 3-21　煤仓封闭喷雾

1—新鲜风流；2—环形喷雾环；3—隔离滤网；4—输送带；5—迎风挡板。

3．水炮泥和水封爆破

水炮泥就是将装水的塑料袋代替一部分炮泥，填于炮眼内，如图 3-23 所示。爆破时水袋破裂，水在高温高压下汽化，与尘粒凝结，达到降尘的目的。采用水炮泥比单纯用土炮泥时的矿尘浓度低 20%～50%，尤其是呼吸性粉尘含量有较大的减少。除此之外，水炮泥还

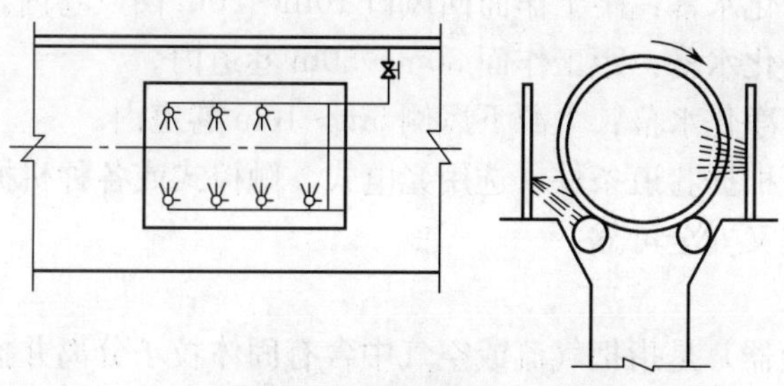

图 3-22 翻笼喷雾降尘示意图

能降低爆破产生的有害气体，缩短通风时间，并能防止爆破引燃瓦斯。

水炮泥的塑料袋应难燃、无毒，有一定的强度。水袋封口是关键，目前使用的自动封口水袋。装满水后，和自行车内胎的气门芯一样，能将袋口自行封闭，如图 3-24 所示。

水封爆破是将炮眼的爆药先用一小段炮泥填好，然后再给炮眼口填一小段炮泥填好，两段炮泥之间的空间，插入细注水管注水，注满后抽出注水管，并将炮泥上的小孔堵塞，如图 3-25 所示。

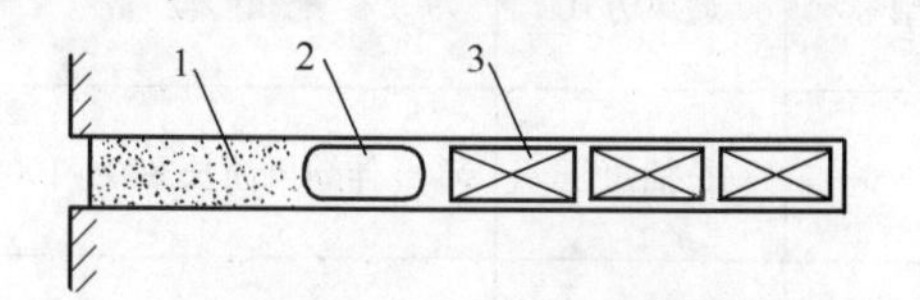

图 3-23 水炮泥布置图

1—黄泥；2—水炮泥；3—炸药包。

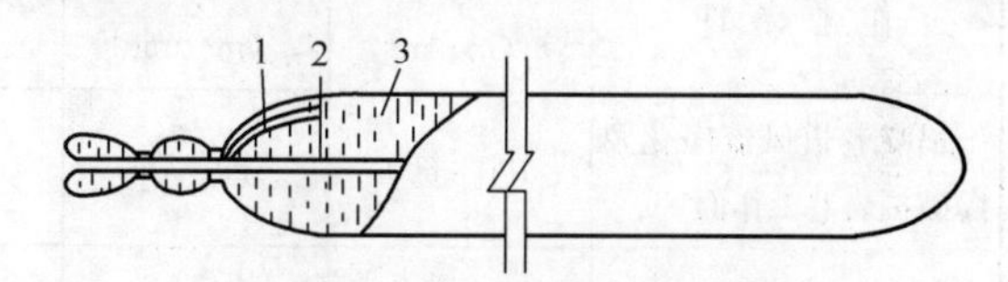

图 3-24 自动封口水炮泥

1—逆止阀注水后位置；2—逆止阀注水前位置；3—水。

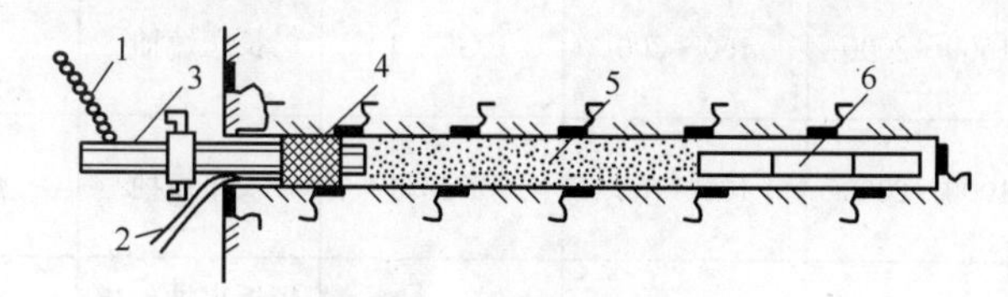

图 3-25 水封爆破示意图

1—安全链；2—雷管脚线；3—注水器；4—胶圈；5—水；6—炸药。

三、净化风流

净化风流是使井巷中含尘的空气通过一定的设施或设备，将矿尘捕获的技术措施。目前使用较多的是水幕和湿式除尘装置。

1. 水幕净化风流

水幕是在敷设于巷道顶部或两帮的水管上间隔地安上数个喷雾器喷雾形成的，如图3-26 所示。喷雾器的布置应以水幕布满巷道断面尽可能靠近尘源为原则。

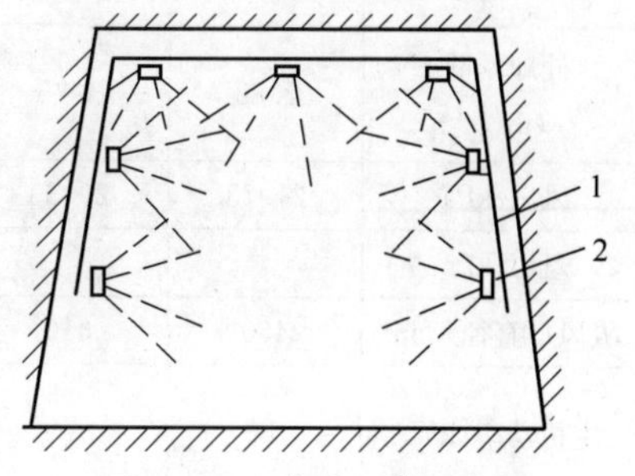

图 3-26 巷道水幕示意图

1—水管；2—喷雾器。

净化水幕应安设在支护完好、壁面平整、无断裂破碎的巷道段内。一般安设位置如下：

（1）矿井总入风流净化水幕：距井口 20m～100m 巷道内。

（2）采区入风流净化水幕：风流分叉口支流里侧 20m～50m 巷道内。

（3）采煤回风流净化水幕：距工作面回风口 10m～20m 回风巷内。

（4）掘进回风流净化水幕：距工作面 30m～50m 巷道内。

（5）巷道中产尘源净化水幕：尘源下风侧 5m～10m 巷道内。

水幕的控制方式可根据巷道条件，选用光电式、触控式或各种机械传动的控制方式。选用的原则是既经济合理又安全可靠。

2. 湿式除尘装置

除尘装置（或除尘器）是指把气流或空气中含有固体粒子分离并捕集起来的装置，又称集尘器或捕尘器。根据是否利用水或其他液体，除尘装置可分为干式和湿式两大类。

目前常用的除尘器有 SCF 系列除尘风机、KGC 系列掘进机除尘器、TC 系列掘进机除尘器、MAD 系列风流净化器及奥地利 AM－50 型掘进机除尘设备，德国 SRM－330 掘进除尘设备等。根据井下不同条件，可以参照表 3－16 选用不同型号的掘进机除尘器。表 3－17 所列为部分除尘设备的技术性能。

表 3－16　掘进机除尘器适用条件

作业条件	粉尘浓度 /（mg/m^3）	处理风量 /（m^3/min^1）	选用型号	通风方式	配套设备
锚喷巷道风流净化及爆破掘岩巷工作面	100～600	100～150	SCF－6	长抽短压	ϕ600 伸缩风筒长 800～1000m
岩巷打眼爆破工作面	100～600	100～150	JTC－Ⅱ	长压短抽	ϕ500 伸缩风筒长 150m
3～14m^2 机掘工作面	1000～2000	150～200	KGC－Ⅰ	长压短抽	吸尘罩，伸缩风筒
8m^2 以下掘进工作面	1000～2000	100～150	JTC－Ⅱ	长压短抽	ϕ500 伸缩风筒长 100m
8～14m^2 机掘工作面	1000～2000	150～200	JTC－Ⅰ	短拒离抽出或长抽短压	ϕ600 伸缩风筒

表 3－17　常用除尘器技术性能表

技术指标	SCF 系列除尘风机			风流净化设备		KGC－Ⅱ型掘进机除尘器	AM－50 型掘进机除尘器
	SCF－5 型	SCF－6 型	SCF－7 型	TC－Ⅰ型掘进机除尘器	MAD－Ⅱ型掘进机除尘器		
处理风量 /（m^3/s^1）	2.83	3.75	6.8	2.5～3.33	2.5～5.0	2.5～3.0	3.0
风压/kPa	21.73	29.33	40.8			40.0	137.3
阻力/kPa				1.47	0.29～0.49	1.76	6.86
吸风口直径/mm	460	610	760	600	380～480	600	600～800
主机功率/kW	11	18.5	37	18.5	11kW 局部通风机	18.5	111
泵功率/kW	1.5	2.2	5.5	2.0	静压供水	4.0	
外形尺寸/mm	205×960×690	2961×974×1276	3615×1260×1740	3000×800×1400	ϕ600×1000	2664×780×1075	9400×1200×1400

（续）

技术指标	SCF系列除尘风机			风流净化设备		KGC－Ⅱ型掘进机除尘器	AM－50型掘进机除尘器
	SCF－5型	SCF－6型	SCF－7型	TC－Ⅰ型掘进机除尘器	MAD－Ⅱ型掘进机除尘器		
质量/kg	690	1575	2200	250	45	1200	7800
除尘效果(全尘)/%	80～95	80～95	80～95	80～95	95～98	80～96	95
除尘效果(呼尘)/%	90～98	90～97	90～98	90～98	80	85～90	98
生产厂	镇江煤矿设备厂			重庆煤科院	佳木斯市矿山配件厂		奥地利

湿式旋流除尘风机如图3－27所示。MAD－Ⅱ型风流净化器如图3－28所示。

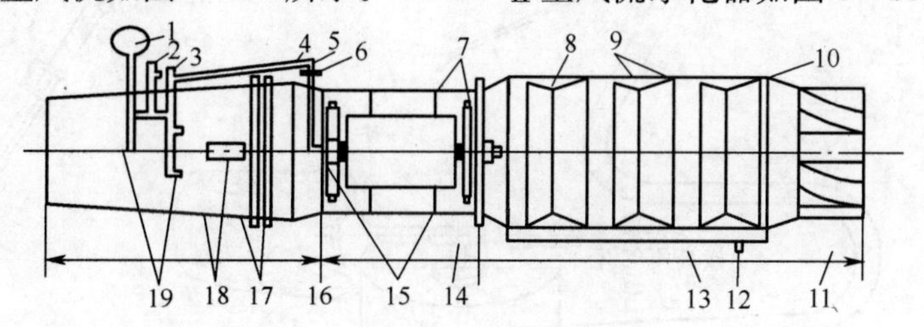

图3－27　湿式旋流除尘风机

1—压力表；2—总入水管；3—水阀门；4—冲突网；5—发雾盘水管；6—节流管接头；7—电动机挡水套；8—脱水器筒体；9—集水环；10—后导流器导流片；11—后导流器；12—泄水管；13—储水箱；14—局部通风机；15—发雾盘；16—冲突网框；17—观察门；18—湿润凝聚筒；19—喷雾器。

PSCF－A6型水射流除尘风机安装如图3－29所示。

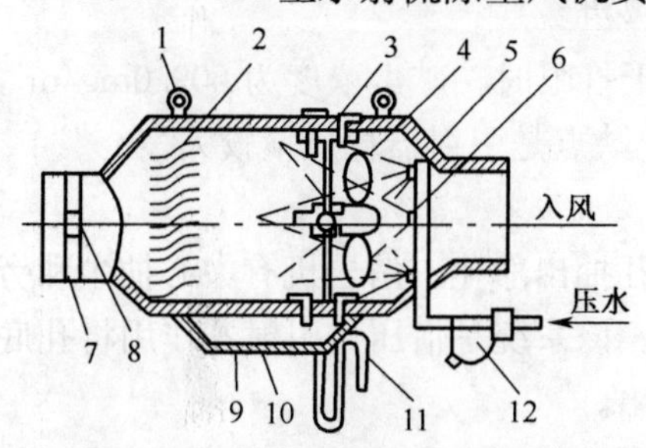

图3－28　MAD－Ⅱ型风流净化器

1—吊挂环；2—流线型百叶板；3—支撑架；4—带轴承的叶轮；5—喷嘴；6—喷嘴给水环；7—风筒卡；8—卡紧板螺栓；9—回收尘泥孔板；10—集水箱；11—回水N形管；12—滤流器。

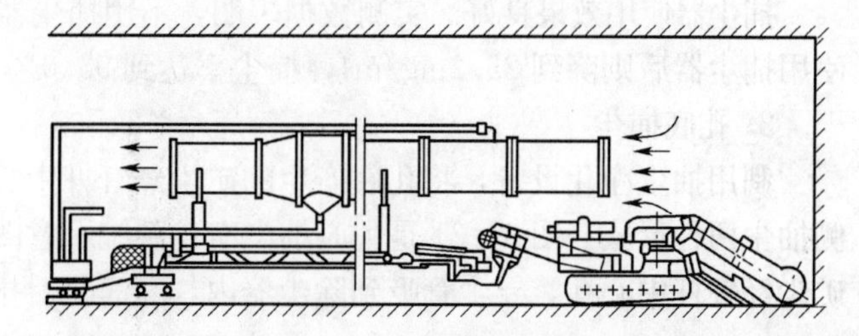

图3－29　PSCF－A6型水射流除尘风机安装布置图

四、密闭抽尘

密闭抽尘是把局部产尘点首先密闭起来，防治矿尘飞扬扩散，然后再将矿尘抽到集尘器内，含尘空气通过集尘器使尘粒阻留，使空气净化。

在缺水或不宜用水的特殊情况下，采用干式凿岩，就要密闭尘源，采用干式捕尘措施，干式捕尘有很多种方式。

1. 孔口捕尘

如图3－30所示，在炮眼孔口利用捕尘罩和捕尘塞密闭孔口，再用压气引射器产生的负压将凿岩时产生的矿尘吸进捕尘罩、捕尘塞，经吸尘管至滤尘筒。矿尘经过两级过滤，第一级是滤尘筒，第二级是滤尘袋。含尘空气在负压吸引下进入滤尘筒，沿筒壁旋转，由于离心力的作用，大于 10μm 的尘粒落入筒内，而经过滤尘筒排出的含尘空气再进入滤尘袋，在压气的推动下，经滤尘袋过滤，小于 10μm 的尘粒绝大部分被阻留在滤尘袋内。

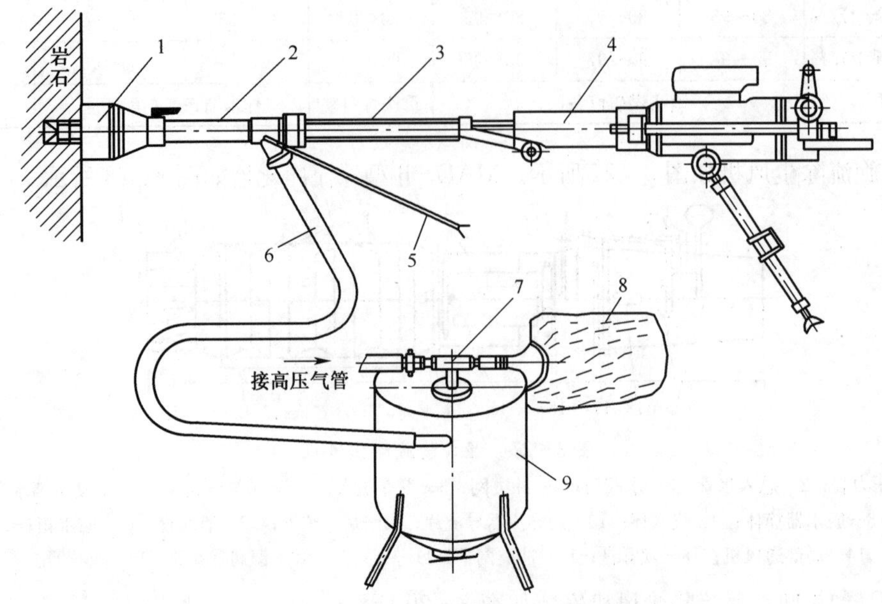

图 3-30　孔口捕尘装置示意图

捕尘器使用效果良好。实测数据表明，不用捕尘器干打眼时，矿尘浓度为 509.0mg/m³，使用捕尘器后则降到 25.2mg/m³，捕尘率达到 95.0%，缺点是引射器耗风量较大。

2. 孔底捕尘

利用抽尘净化设备，将孔底产生的矿尘经钎杆中心孔抽出净化。凿岩机有中心抽尘和旁侧抽尘两种形式。图 3-31 是中心抽尘净化系统示意图。该系统是借压气引射器作用将孔底矿尘经钎杆中心孔，导尘管吸到除尘器内，经净化后排出。

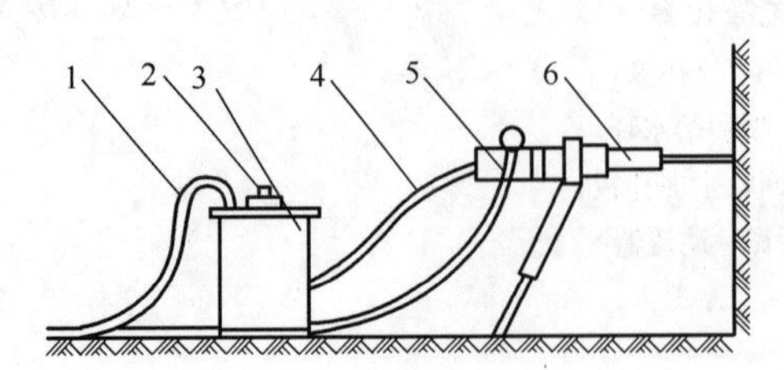

图 3-31　中心抽尘净化系统示意图

1—压气管；2—引射器；3—除尘筒；4—导尘胶管；
5—压气管；6—凿岩机。

五、个体防护

个体防护是指通过佩戴各种防护面具以减少吸入人体粉尘的一项补救措施。

个体防护的用具主要有防尘口罩、防尘风罩、防尘帽、防尘呼吸器等，其目的是使佩戴者能呼吸净化后的清洁空气而不影响正常工作。

1. 防尘口罩

矿井要求所有接触粉尘作业人员必须佩戴防尘口罩，对防尘口罩的基本要求是：阻尘率高，呼吸阻力和有害空间小，佩戴舒适，不妨碍视野，普通纱布口罩阻尘率低，呼吸阻力大，潮湿后有不舒适的感觉，应避免使用。

2. 防尘安全帽（头盔）

煤科总院重庆分院研制出 AFM－1 型防尘安全帽（头盔）或称送风头盔（图 3－32）与 LKS－7.5 型两用矿灯匹配，在该头盔间隔中，安装有微型轴流风机 1、主过滤器 2、预过滤器 5，面罩可自由开启，由透明有机玻璃制成，送风头盔进入工作状态时，环境含尘空气被微型风机吸入，预过滤器可截留 80％～90％的粉尘，主过滤器可截留 99％以上的粉尘。经主过滤器排出的清洁空气，一部分供呼吸，剩余气流带走使用者头部散发的部分热量，由出口排出。其优点是与安全帽一体化，减少佩戴口罩的憋气感。

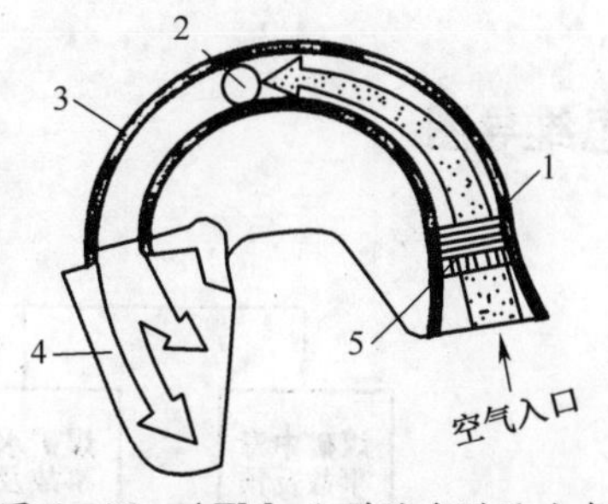

图 3－32　AFM－1 型防尘送风头盔

1—轴流风机；2—主过滤器；3—头盔；4—面罩；5—预过滤器。

3. AYH 系列压风呼吸器

AYH 系列压风呼吸是一种隔绝式的新型个人和集体呼吸防护装置。它利用的矿井压缩空气在经离心脱去油雾，活性炭吸附等净化过程中，经减压阀同时向多人均衡配气供呼吸。目前生产的有 AYH－1 型、AYH－2 型和 AYH－3 型 3 种型号。

复习思考题

（1）矿尘是如何产生的？

（2）矿尘的主要危害有哪些？

（3）矿山尘肺病分为哪几类？影响其发病的因素有哪些？

（4）煤尘的爆炸是如何产生的？其预防措施主要有哪些？

（5）影响煤尘爆炸的因素有哪些？

（6）矿井一般采用哪些防、降尘措施？

（7）试述综合防尘措施。

学习情境四　煤矿典型事故及防治

思维导图

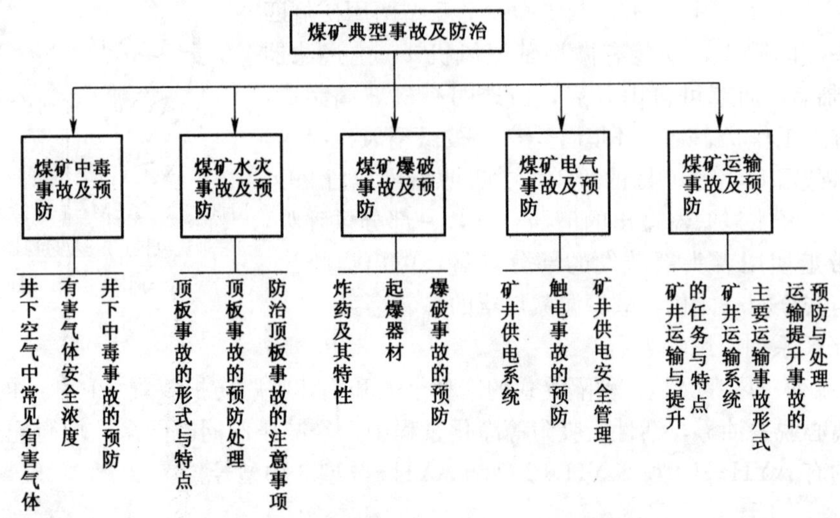

任务一　煤矿中毒事故及预防

导学思考题

（1）煤矿井下为什么容易发生中毒事故？

（2）井下常见的有毒有害气体有哪些？

（3）井下CO来源途径有哪些？

事故案例1：2008年山西某煤矿发生井下中毒事故。当日16时20分左右，21名工人入井检修，在打开密闭墙搬运设备时有毒气体涌出，导致事故发生，造成4名工人死亡。

事故案例2：2010年，陕西某煤矿因井下工作面一氧化碳浓度超标，造成两名矿工中毒死亡。

煤矿井下空气与地面空气有许多不同，煤炭生产过程产生的瓦斯、一氧化碳、硫化氢等有毒有害气体进入井下空气中，当这些气体超过一定浓度时，会产生许多危害，因此，了解井下常见有害气体及其性质，对我们预防中毒事故具有重要意义。

一、煤矿井下空气中常见有害气体及其基本性质

1. 一氧化碳（CO）

一氧化碳是一种无色、无味、无臭的气体。相对密度为0.97，微溶于水，能与空气均匀地混合。一氧化碳能燃烧，当空气中一氧化碳浓度在13%～75%范围内时有爆炸的危险。

主要危害：血红素是人体血液中携带氧气和排出二氧化碳的细胞。一氧化碳与人体血液中血红素的亲合力比氧大250倍～300倍。一旦一氧化碳进入人体，首先就与血液中的血红素相结合，因而减少了血红素与氧结合的机会，使血红素失去输氧的功能，从而造成人体血液“窒息”。当浓度达到0.08%时，40min就会引起头痛眩晕和恶心；当浓度达到0.32%时，5min～10min引起头痛、眩晕，30min引起昏迷甚至死亡。

主要来源：爆破；矿井火灾；煤炭自燃以及煤尘瓦斯爆炸事故等。

2. 硫化氢（H2S）

硫化氢无色、微甜、有浓烈的臭鸡蛋味，当空气中浓度达到0.0001%即可嗅到，但当浓度较高时，因嗅觉神经中毒麻痹，反而嗅不到。硫化氢相对密度为1.19，易溶于水，在常温、常压下一个体积的水可溶解2.5个体积的硫化氢，所以它可能积存于旧巷的积水中。硫化氢能燃烧，空气中硫化氢浓度为4.3%～45.5%时有爆炸危险。

主要危害：硫化氢剧毒，有强烈的刺激作用；能阻碍生物氧化过程，使人体缺氧。当空气中硫化氢浓度较低时主要以腐蚀刺激作用为主，浓度较高时能引起人体迅速昏迷或死亡。0.005%～0.01%，1h～2h后出现眼及呼吸道刺激，0.06%～0.07%很快昏迷，短时间死亡。

主要来源：有机物腐烂；含硫矿物的水解；矿物氧化和燃烧；从老空区和旧巷积水中放出。

3. 二氧化氮（NO_2）

二氧化氮是一种褐红色的气体，有强烈的刺激气味，相对密度为1.59，易溶于水。

主要危害：二氧化氮溶于水后生成腐蚀性很强的硝酸，对眼睛、呼吸道黏膜和肺部有强烈的刺激及腐蚀作用，二氧化氮中毒有潜伏期，中毒者指头出现黄色斑点。浓度达到0.01%时出现严重中毒。

主要来源：井下爆破工作。

4. 二氧化硫（SO_2）

二氧化硫无色、有强烈的硫磺气味及酸味，空气中浓度达到0.0005%即可嗅到。其相对密度为2.22，易溶于水。

主要危害：遇水后生成硫酸，对眼睛及呼吸系统黏膜有强烈的刺激作用，可引起喉炎和肺水肿。当浓度达到0.002%时，眼及呼吸器官即感到有强烈的刺激；浓度达0.05%时，短时间内即有致命危险。

主要来源：含硫矿物的氧化与自燃；在含硫矿物中爆破；以及从含硫矿层中涌出。

5. 氨气（NH_3）

氨气无色、有浓烈臭味的气体，相对密度为0.596，易溶于水。空气浓度中达30%时有爆炸危险。

主要危害：氨气对皮肤和呼吸道黏膜有刺激作用，可引起喉头水肿。

主要来源：爆破工作，用水灭火等；部分岩层中也有氨气涌出。

6. 氢气（H_2）

氢气无色、无味、无毒，相对密度为0.07。氢气能自燃。

主要危害：当空气中氢气浓度为4%～74%时有爆炸危险。

主要来源：井下蓄电池充电时可放出氢气；有些中等变质的煤层中也有氢气涌出。

二、矿井空气中有害气体的安全浓度标准

矿井空气中有害气体对井下作业人员的生命安全危害极大，因此，《煤矿安全规程》对常见有害气体的安全标准做了明确的规定，如表 4-1 所列。

表 4-1 矿井空气中有害气体的最高容许浓度

有害气体名称	符 号	最高容许浓度/%	有害气体名称	符 号	最高容许浓度/%
一氧化碳	CO	0.0024	硫化氢	H_2S	0.00066
二氧化氮	NO_2	0.00025	氨气	NH_3	0.004
二氧化硫	SO_2	0.0005			

三、矿井中毒事故的主要防治措施

(1) 首先，煤矿应加强通风，向井下连续供给新鲜风流，使上述的有毒有害气体达到《规程》规定的安全浓度以下。

(2) 当矿井通风能力不足以使有毒有害气体浓度降到规定浓度以下时，应当制定相应措施，如瓦斯抽放可以降低瓦斯涌出量，向煤层灌入石灰水可以减少硫化氢和二氧化硫的浓度等。

(3) 在采掘工作面进行放炮作业时，必须使用水炮泥，放炮前后必须瓦斯监测，待炮烟吹散后才能进到工作面进行其他工作。

(4) 井下生产过程中要注意防止煤炭自燃，煤炭自燃会产生大量一氧化碳和二氧化硫等剧毒气体，容易造成井下人员中毒伤亡事故。

(5) 发生爆炸、火灾、煤与瓦斯突出等事故时，必须迅速及时地佩带自救器，并选择正确的避灾路线逃生，以防造成井下大量人员中毒伤亡事故。

(6) 井下长期不用的废弃巷道或者盲巷，要及时封闭，以免人员误入，造成中毒事故。

(7) 当人员发生中毒时，应立即将中毒患者脱离现场，移到有新鲜空气的地方，及时采取急救措施；当患者停止呼吸时，应紧急做人工呼吸，现场处理后，及时送医疗卫生部门治疗。

任务二 矿井水灾事故及防治

导学思考题

(1) 什么是矿井水灾？

(2) 矿井发生水灾要具备哪些条件？

事故案例 1：2009 年，黑龙江省鸡西市恒山区出现强降雨，造成该区某煤矿地面塌陷，水域流沙涌入井下，发生水灾事故，当班井下工作人员 24 人，1 人安全升井，经过救援发现 5 名遇难矿工遗体，18 名矿工下落不明。

事故案例 2：2009 年，某矿开采北二采区野青保护层工作面时，发生采空区底板奥灰水突出，至 11 日 20 时许，突水量已超过矿井排水能力。1 月 12 日 1 时许，除安排 2 人在泵房坚守岗位，其他人员全部撤离。

矿井在建设和生产过程中，地面水和地下水通过各种通道涌入矿井，当矿井涌水超过正常排水能力时，就造成矿井水灾。矿井水灾（通常称为透水）是煤矿常见的主要灾害之一。一旦发生透水，不但影响矿井正常生产，而且有时还会造成人员伤亡，淹没矿井和采区，危害十分严重。所以做好矿井防水工作，是保证矿井安全生产的重要内容之一。

一、矿井水灾及其对生产的影响

（1）由于矿井水在采掘工作面可出现淋水，使空气湿度明显增加，顶板破碎，对劳动条件及生产效率影响很大。

（2）由于矿井水的存在，在生产中必须进行排水，水量越大，排水费用越高，势必增加煤炭生产成本。

（3）矿井水对各种金属没备、钢轨和金属支架等，均有腐蚀作用，这就缩短了生产设备的使用寿命。

（4）当井下突然涌水或其水量超过矿井排水能力时，则会给生产带来严重影响，轻者可造成矿井局部停产，重者则可造成全矿被淹。

二、矿井充水程度指标

1. 含水系数

含水系数又称富水系数，它是指生产矿井在某时期排出水量 Q（m^3）与同一时期内煤炭产量 P（t）的比值。即矿井每采 1t 煤的同时，需从矿井内排出的水量。含水系数 K_B 的计算公式为

$$K_B = Q/P \tag{4-1}$$

式中　Q——矿井某个时期排水量，m^3。

P——矿井同一时期内煤炭产量，t。

根据含水系数的大小，将矿井充水程度划分为以下 4 个等级：

①充水性弱的矿井：$K_B < 2m^3/t$；②充水性中等的矿井：$K_B = 2m^3/t \sim 5m^3/t$；③充水性强的矿井：$K_B = 5m^3/t \sim 0m^3/t$；④充水性极强的矿井：$K_B > 10m^3/t$。

2. 矿井涌水量

矿井涌水量是指单位时间内流入矿井的水量，用符号 Q 表示，单位为 m^3/d 、m^3/h、m^3/min。

根据涌水量大小，矿井可分为以下 4 个等级：①涌水量小的矿井：$Q < 2\ m^3/min$；②涌水量中等的矿井：$Q = 2m^3/min \sim 5m^3/min$；③涌水量大的矿井：$Q = 5m^3/min \sim 15\ m^3/min$；④涌水量极大的矿井：$Q > 15\ m^3/min$。

3. 矿井突水点突水量等级划分

矿井突水的突水量大小差异很大，对矿井的危害程度也不相同。根据我国矿井突水情况，1984 年 5 月，煤炭工业部对矿井突水点突水量做了等级划分。其等级标准是：

①小突水点涌水量：$Q \leqslant 1m^3/min$；②中等突水点涌水量：$1m^3/min < Q \leqslant 10m^3/min$；③大突水点涌水量：$10m^3/min < Q \leqslant 30m^3/min$；④特大突水点涌水量：$Q > 30m^3/min$。

三、矿井水灾发生的基本条件

矿井水灾发生必须具备的两个基本条件：一是必须有充水水源，二是必须有充水通道。

1. 水源

造成矿井水害的水源主要有大气降水、地表水、地下水（含水层水、岩溶陷落柱水、断层水、以及旧巷或老空区积水等），如图 4－1 所示。

（1）大气降水。从天空降到地面的雨和雪、冰、雹等溶化的水，称为大气降水。大气降水，一部分再蒸发上升到天空；一部分留在地面，即为地表水；另一部分流入地下，即形成地下水。大气降水、地表水、地下水，实为互相补充，互为来源，形成自然界中水的循环，如图 4－2 所示。

（2）地表水。地球表面江、湖、河、海、水池、水库等处的水均为地表水，它的主要来源是大气降水，也有的来自地下水。煤矿在开采浅部煤层时，地表水经过有关通道会进入煤矿井下，形成水患，给生产和建设带来灾害。

（3）潜水。埋藏在地表以下第一个隔水层以上的地下水（图 4－3）称为潜水。潜水一般分布在地下浅部第四纪松散沉积层的孔隙和出露地表的岩石裂隙中，主要由大气降水和地表水补给。潜水不承受压力，只能在重力作用下由高处往低处流动。但潜水进入井下，也可能形成水患。

（4）承压水。处于两个隔水层中间的地下水，称为承压水（或称自流水），如图 4－4 所示。

（5）老空积水。已经采掘过的采空区和废弃的旧巷道或溶洞，由于长期停止排水而积存的地下水，称为老空积水。它很像一个“地下的水库”，一旦巷道或采煤工作面接近或沟通了积水老空区，则会发生水灾。

（6）断层水。处于断层带中的水称为断层水。断层带往往是许多含水层的通道，因此，断层水往往水源充足，对矿井的威胁极大。

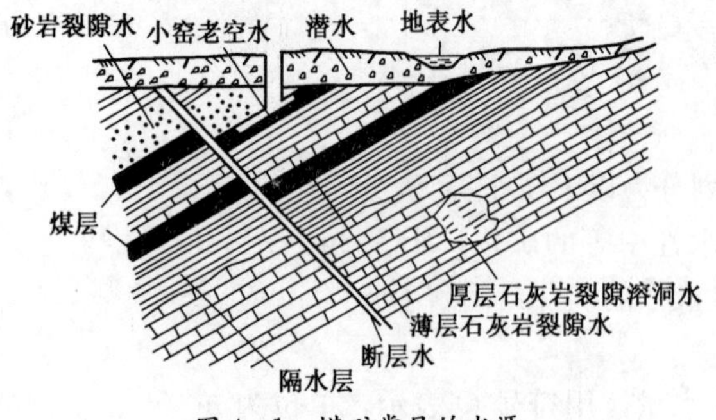

图 4－1　煤矿常见的水源

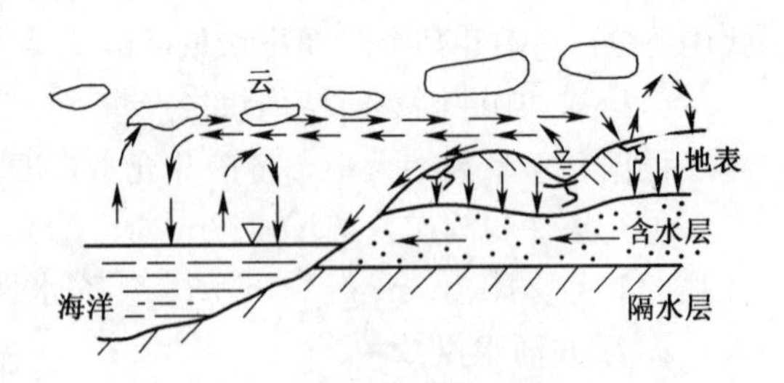

图 4－2　自然界中水的循环

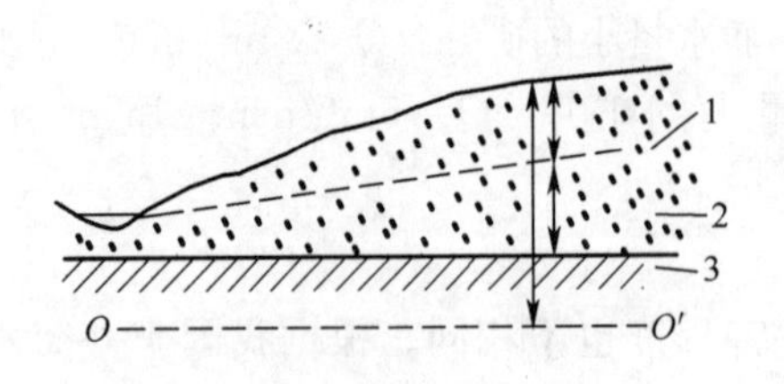

图 4－3　潜水

1—潜水面；2—潜水层；3—第一隔水层；

O—O'—基准面（测量高程水准面）。

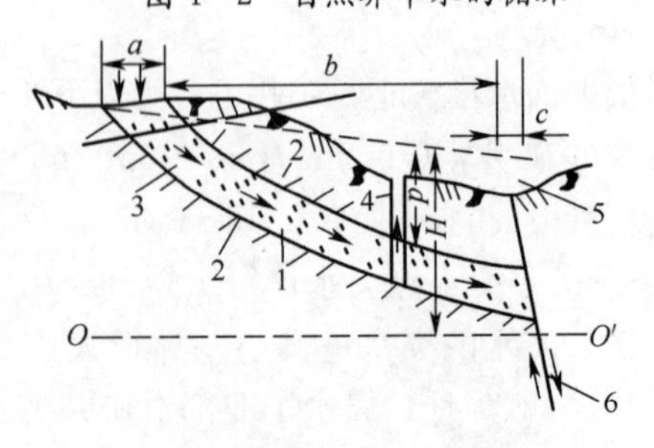

图 4－4　承压水

1—含水层；2—隔水层；3—地下水流向；

4—自流井；5—喷泉；6—断层；

a—补给区；b—承压区（分布区）；c—排泄区；

O—O'—基准面（测量水准面）；H—静止水位；P—承压水头。

2. 矿井水灾的通道

矿井充水通道主要有：

（1）煤矿的井筒。地表水直接流入井筒，造成淹井事故。

（2）断层裂隙。

（3）采后塌陷坑。

（4）石灰岩溶洞陷落柱。

（5）古井老塘及封堵不严的钻孔。

四、矿井水灾的影响因素

1. 自然因素

（1）地形。盆形洼地，降水不易流走，大多渗入井下，补给地下水，容易成灾。

（2）围岩性质。围岩为松散的砂、砾层及裂隙、溶洞发育的硬质砂岩、灰岩等组成时，可赋存大量水，这种岩层属强含水层或强透水层，对矿井威胁大；围岩为孔隙小、裂隙不发育的黏土层、页岩、致密坚硬的砂岩等，则是弱含水层或称隔水层，对矿井威胁小。当黏土厚度达 5m 以上时，大气降水和地表水几乎不能透过。

（3）地质构造。地质构造主要是褶曲和断层。褶曲可影响地下水的储存和补给条件，若地形和构造一致，一般是背斜构造处水小，向斜构造处水大；断层破碎带本身可以含水，而更重要的是断层作为透水通路往往可以沟通多个含水层或地表水，它是导致透水事故的主要原因之一。

（4）充水岩层的出露条件和接受补给条件。充水岩层的出露条件，直接影响矿区水量补给的大小。充水岩层的出露条件包括它的出露面积和出露的地形条件。

2. 人为因素

（1）顶板塌陷及裂隙。煤层开采后形成的塌陷裂缝是地表水进入矿井的良好通道。如淮南某矿由于地表塌陷区的积水突然涌入矿井，使涌水量达 $1344m^3$/昼夜～$3853m^3$/昼夜。

（2）老空积水。废弃的古井和采空区常有大量积水。

（3）未封闭或封闭不严的勘探钻孔。地质勘探工作完毕后，若钻孔不加封闭或封闭不好，这些钻孔便可能沟通含水层，造成水灾。

五、矿井水灾防治措施

1. 地面水防治技术

（1）慎重选择井筒位置。

井口（平硐口）和工业广场内主要建筑物的标高应在当地历年最高洪水位以上。

（2）河流改道。

在矿井范围内有常年性河流流过且与矿井充水含水层直接相连，或河水渗漏是矿井的主要充水水源时，可在河流进入矿区的上游地段筑水坝，将河流截断，用人工另修河道使河水远离矿区。

（3）铺整河底。

矿区内有流水沿河床或沟底裂缝渗入井下时，则可在渗漏地段用黏土、料石或水泥铺垫河底，防止或减少渗漏。

（4）填堵通道。

矿区范围内，因采掘活动引起地面沉降、开裂、塌陷而形成的矿井进水通道，应用黏土、水泥或凝胶予以填堵。

(5) 挖沟排（截）洪。

地处山麓或山前平原区的矿井，因山洪或潜水流渗入井下构成水害隐患或增大矿井排水量，可在井田上方垂直来水方向布置排洪沟、渠，拦截、引流洪水，使其绕过矿区。

(6) 排除积水。

有些矿区开采后引起地表沉降与塌陷，长年积水，且随开采面积增大，塌陷区范围越广，积水越多。此时可将积水排掉，造地复田，消除水害隐患。

(7) 加强雨季前的防汛工作。

做好雨季防汛准备和检查工作是减少矿井水灾的重要措施。

2. 井下防治水技术

首先要做好矿井水文观测与水文地质工作。

(1) 水文观测工作。

①收集地面气象、降水量与河流水文资料（流速、流量、水位、枯水期、洪水期）；查明地表水体的分布、水量和补给、排泄条件；查明洪水泛滥对矿区、工业广场及居民点的影响程度。

②通过探水钻孔和水文地质观测孔、观测各种水源的水压、水位和水量的变化规律，分析水质等。

③观测矿井涌水量及季节性变化规律等。

(2) 水文地质工作。

查明矿井水源和可能涌水的通道，为防治水提供依据。为此必须：

①掌握冲击层的厚度和组成，各分层的透水、含水性；

②掌握断层和裂隙的位置，错动距离，延伸长度，破碎带范围及其含水和导水性能；

③掌握含水层与隔水层数量、位置、厚度、岩性，各含水层的涌水量、水压、渗透性、补给排泄条件及其到开采矿层的距离，勘探钻孔的填实状况及其透水性能；

④调查老窑和现采小窑的开采范围、采空区的积水及分布状况，观测因回采而造成的塌陷带、裂隙带、沉降带的高度及采动对涌水量的影响；

⑤在采掘工程平面图上绘制和标注井巷出水点的位置及水量，老窑积水范围、标高和积水量，水淹区域及探水线的位置。探水线位置的确定必须报矿总工程师批准。采掘到探水线位置时，必须探水前进。

(3) 矿井防治水的具体措施可归纳为“查、探、放、排、堵、截”六个字。

3. 井下探水

井下探水是防止水害的重要手段之一，“有疑必探，先探后掘”是防止井下水害的基本原则。

(1) 探水起点的确定。

为了保证采掘工作和人身安全，防止误穿积水区，在距积水区一定距离划定一条线作为探水的起点，此线即为探水线。通常将积水及附近区域划分为三条线，即积水线、探水线和警戒线，并标注在采掘工程图上，如图 4-5 所示。

①积水线。即积水区范围线，在此线上应标注水位标高、积水量等实际资料。

②探水线。应根据积水区的位置、范围、地质及水文地质条件及其资料的可靠程度、采

空区和巷道受矿山压力破坏等因素确定。进入此线后必须进行超前探水、边探边掘。

③警戒线。是从探水线再向外推 50m～120m 计为警戒线，一般用红色表示。进入警戒线时，就应注意积水的威胁。要注意工作面有无异常变化，如有透水征兆，应提前探放水，如无异常现象可继续掘进，巷道达到探水线时，作为正式探水的起点。

（2）探水钻孔的布置方式。

探水钻孔的主要参数有超前距、帮距、密度和允许掘进距离。

①超前距。探水时从探水线开始向前方打钻孔，在超前探水时，钻孔很少一次就能打到老空积水，常是探水—掘进—再探水—再掘进，循环进行。而探水钻孔终孔位置应始终超前掘进工作面一段距离，该段距离称超前距，如图 4-6 所示。

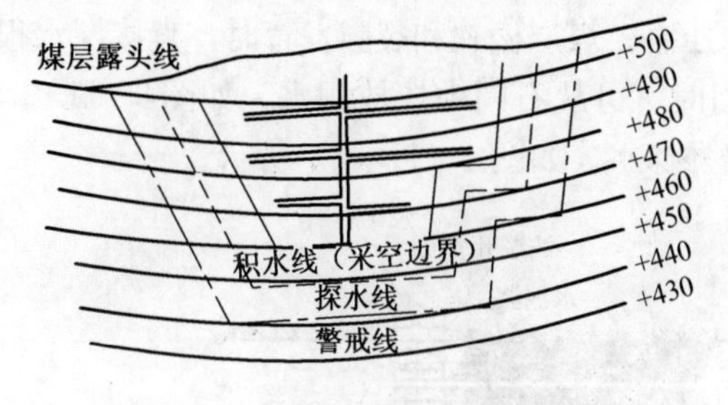

图 4-5　积水线、探水线和警戒线

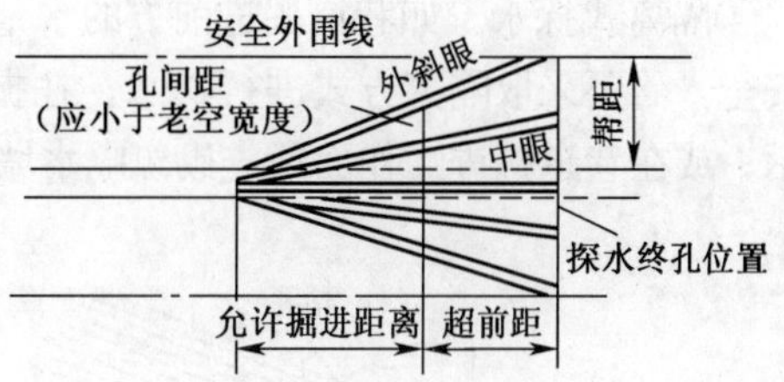

图 4-6　探水钻孔的主要参数示意图

②允许掘进距离。经探水证实无水害威胁，可安全掘进的长度称允许掘进距离。

③帮距。为使巷道两帮与可能存在的水体之间保持一定的安全距离，即呈扇形布置的最外侧探水孔所控制的范围与巷道帮的距离。其值应与超前距相同，即帮距一般取 20m，有时帮距可比超前距小 1m～2m。

④钻孔密度（孔间距）。它指允许掘进距离终点横剖面上，探水钻孔之间的间距。

（3）探水孔布置方式。

①扇形布置。巷道处于三面受水威胁的地段，要进行搜索性探放老空积水，其探水钻孔多按扇形布置，如图 4-7 所示。

②半扇形布置。对于积水区肯定是在巷道一侧的探水地区，其探水钻孔可按半扇形布置，如图 4-8 所示。

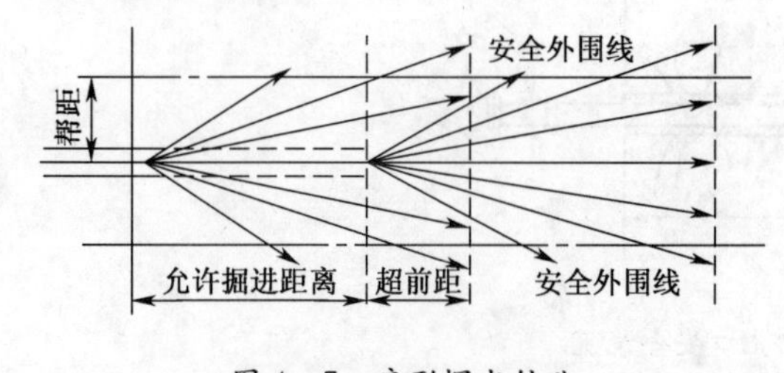

图 4-7　扇形探水钻孔

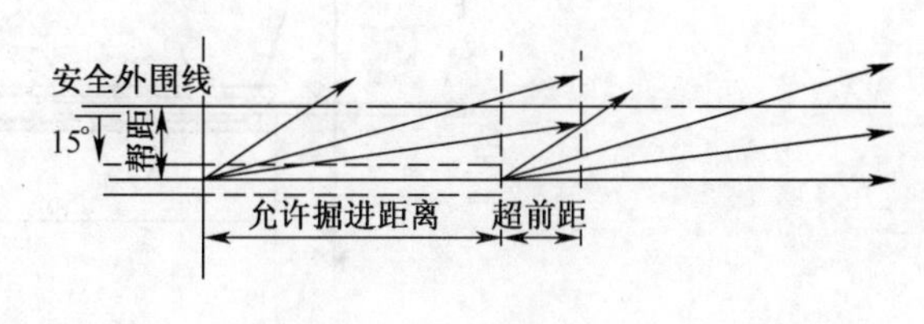

图 4-8　半扇形探水钻孔

（4）探水与掘进之间的配合。

①双巷配合掘进交叉探水。当掘进上山时，如果上方有积水区存在，巷道受水威胁，一般多采用双巷掘进交叉探水，如图 4-9 所示。

②双巷掘进单巷超前探水。在倾斜煤层中沿走向掘进平巷时，一般是用上方巷道超前探水，探水钻孔呈扇形布置。

③平巷与上山配合探水，如图 4-10 所示。

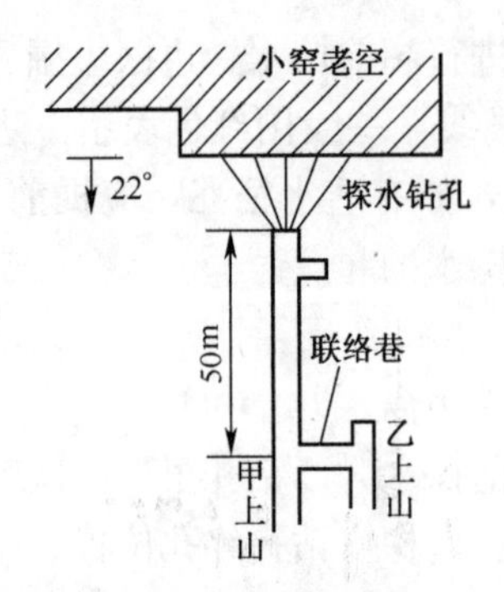

图 4-9　双巷配合掘进交叉探水

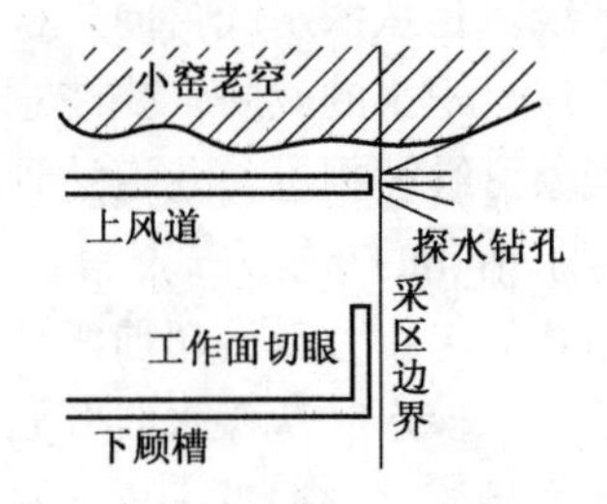

图 4-10　平巷与上山互相配合探水

④隔离式探水。如巷道掘进前方的水量大、水压高、煤层松软和裂隙发育时，直接探水很不安全，需要采取隔离方式进行探水。在掘进石门时，可从石门中探放积水，如图4-11（a）所示；或在巷道掘进工作面预先砌筑隔水墙，在墙外探水，如图 4-11（b）所示。

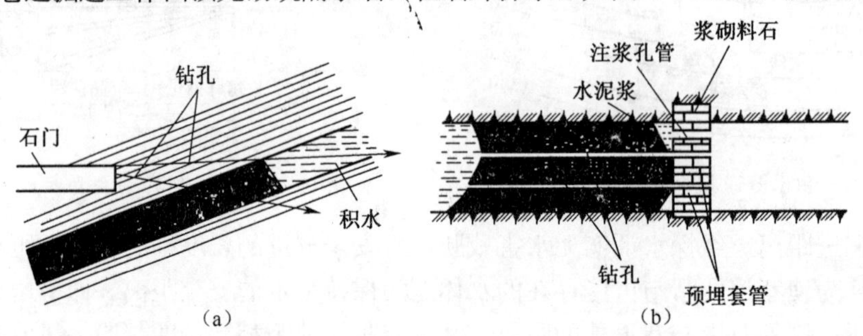

图 4-11　利用石门探水和墙外探水

(a) 石门探水；(b) 墙外探水。

(5) 探水钻孔的安全装置。

在探放水工作中，在水量和水压不大时，积水可通过钻孔直接放出，但在探放水量和水压都很大的积水区（包括其它水源）时，为了确保安全，做到有计划地放水并取得放水资料，必须在孔口装置安全套管阀门，如图 4-12 所示。

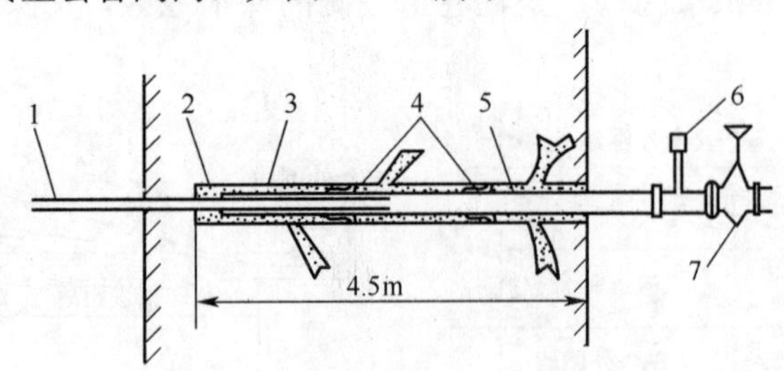

图 4-12　放水钻孔孔口安全装置

1—钻杆；2—ϕ150 钻孔；3—水泥；4—筋条；5—ϕ89 钢管；6—水压表；7—水阀门。

(6) 探放水作业安全要点。

①加强钻孔附近的巷道支架，背好顶帮，在工作面迎头打好坚固的立柱和拦板，并清理巷道浮煤，挖好排水沟。

②在打钻地点或其附近安设专用电话，探水地点要与相邻地区的工作地点保持联系，一旦出水要马上通知受水害威胁地区的工作人员撤到安全地点。若不能保证相邻地区工作人员

的安全，可以暂时停止受威胁地区的工作。

③确定主要探水钻孔的位置时，应由测量和负责探水人员亲临现场，共同确定钻孔方位、角度、钻孔数目以及钻进深度。

④打钻探水时，要时刻观察钻孔情况，发现煤层疏松，钻杆推进突然感到轻松，或顺着钻杆有水流出（超过供水量）时，都要特别注意，这些都是接近或钻入积水地点的征兆。

⑤钻眼内水压过大时，应采用反压和防喷装置的方法钻进，必要时还应在岩石坚固地点砌筑防水墙，然后方可打开钻眼放水。

4. 疏放排水

1）疏放含水层水

（1）地面打钻抽水。

①环状孔群。如图 4-13 所示。

②排状孔群。如图 4-14 所示。

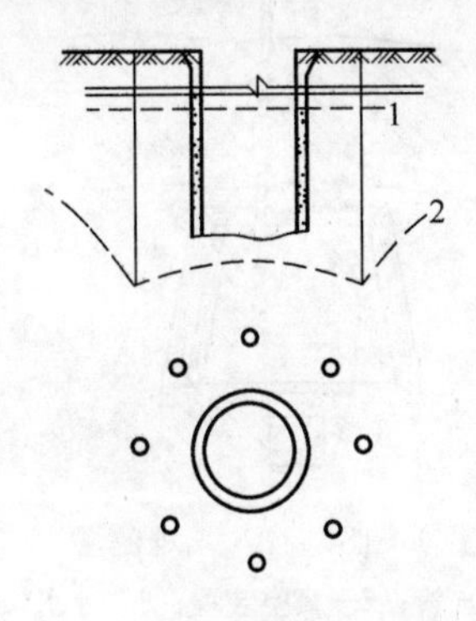

图 4-13　环状孔群

1—疏水前水位；2—疏水后水位。

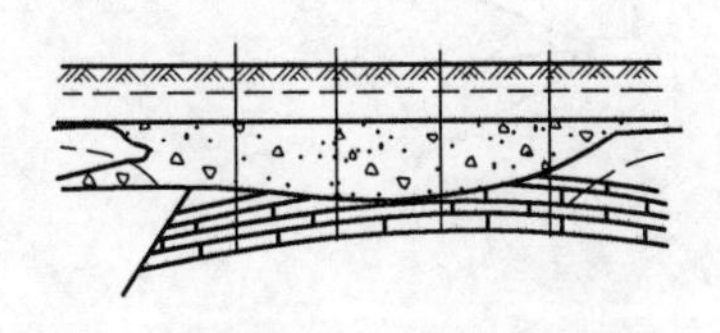

图 4-14　排状孔群

（2）巷道疏水。

①疏放顶板含水层：如果煤层直接顶板为水量和水压不大的含水层，常把采区巷道或采煤工作面的准备巷道提前开拓出来，利用“采准”巷道预先疏放顶板含水层水（图 4-15）。

②疏放底板含水层：当煤层的直接底板是强充水含水层时，可考虑将巷道布置在底板中，利用巷道直接疏放底板水。如湖南煤炭坝某矿，开采龙潭组的下层煤，底板为茅口灰岩，它和煤层之间夹有很薄的黏土岩隔水层，原来将运输巷道布置在煤层中，由于水量和水压都较大，所以巷道难以维护，如图 4-16 所示。

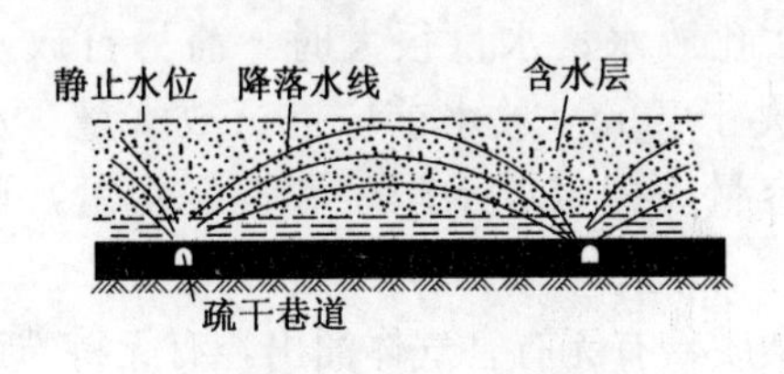

图 4-15　巷道疏水

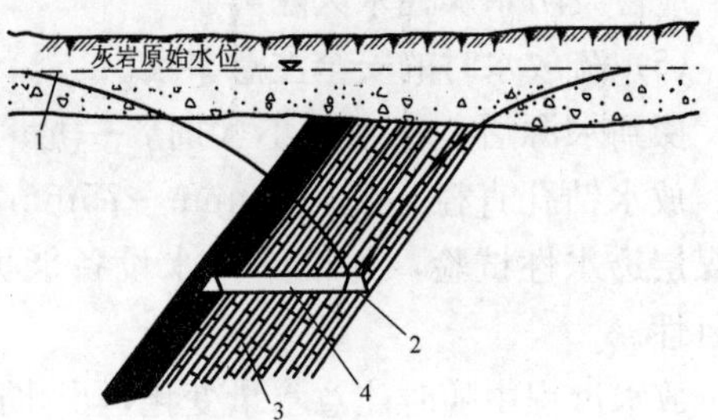

图 4-16　底板含水层中的疏放水巷道

1—灰岩原始水位；2—疏放水巷道；
3—石灰岩含水层；4—石门。

(3) 井下钻孔疏水。

①在巷道中每隔一定距离向顶板打钻孔，使顶板水逐渐泄入巷道，通过排水沟向外排出。

②在巷道中群孔放水。为了防止井下突然涌水，创造良好的作业条件，必须对煤层顶板水进行大面积疏干，在巷道内布置一系列群孔疏排地下水，如图 4-17 所示。

③立井泄放孔。建井期间，如有一个井筒已到底，并开凿了车场、硐室，有一定的排水能力，另一井筒尚在掘进，涌水量大、施工困难，这时可从掘进中的井筒向下打泄放钻孔穿透已掘井筒的井底铜室，进行泄放，如图 4-18 所示。

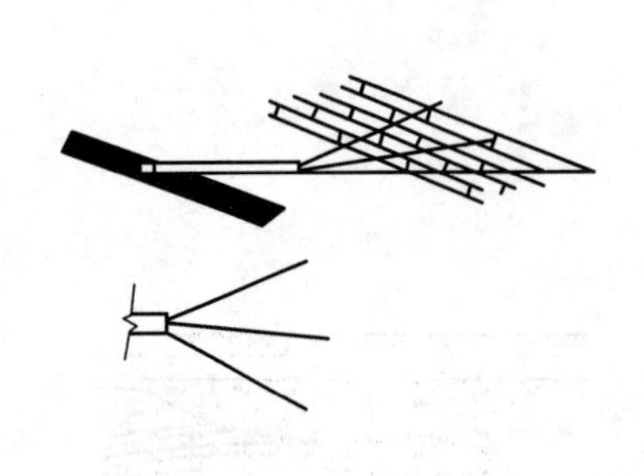

图 4-17 丛状布置钻孔

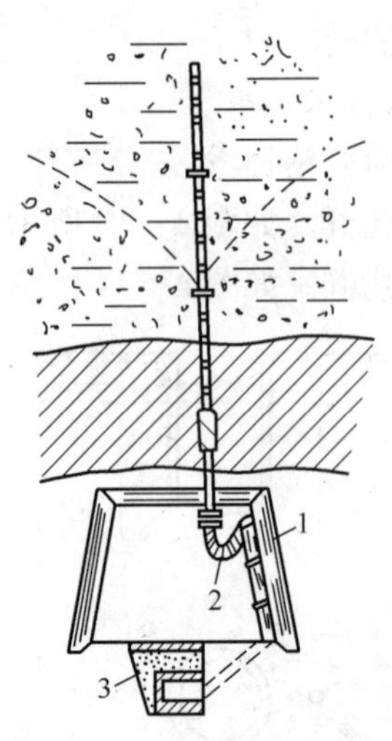

图 4-18 打入式过滤管

1—导水管；2—真空装置；3—导水渠。

(4) 疏放老空水。

①直接放水。当水量不大，不超过矿井排水能力时，可利用探水钻孔直接放水。

②先堵后放。当老空区与溶洞水或其他巨大水源有联系，动力储量很大，一时排不完或不可能排完，这时应先堵住出水点，然后排放积水。

③先放后堵。如老空水或被淹井巷虽有补给水源，但补给量不大，或在一定季节没有补给。在这种情况下，应选择时机先行排水，然后进行堵漏、防漏施工。

④用煤柱或构筑物暂先隔离。如果水量过大，或水质很坏，腐蚀排水设备，这时应暂先隔离，做好排水准备工作后再排放；如果防水会引起塌陷，影响上部的重要建筑物或设施时，应留设防水煤柱永久隔离。

(5) 疏放水时的安全注意事项。

探到水源后，在水量不大时，一般可用探水钻孔放水；水量很大时，需另打放水钻孔。放水钻孔直径一般为 50mm～75mm，孔深不大于 70m。放水前应进行放水量、水压及煤层透水性试验，并根据排水设备能力及水仓容量，拟定放水顺序和控制水量，避免盲目性。

放水过程中随时注意水量变化，出水的清浊和杂质，有无有害气体涌出，有无特殊声响等，发现异状应及时采取措施并报告调度室。事先定出人员撤退路线，沿途要有良好的照明，保证路线畅通。

为防止高压水和碎石喷射或将钻具压出伤人，在水压过大时，钻进过程应采用反压和防喷装置，并用挡板背紧工作面以防止套管和煤（岩）壁突然鼓出，挡板后面要加设顶柱和木垛，必要时还应在顶、底板坚固地点砌筑防水墙，然后才可放水。

排除井筒和下山的积水前，必须有矿山救护队检查水面上的空气成分，发现有害气体，要停止钻进，切断电源，撤出人员，采取通风措施冲淡有害气体。

5. 截水

（1）防水煤（岩）柱的留设。

目前，在煤矿生产中确定防水煤柱尺寸，主要采用以下方法：

①经验比拟法：此法在目前使用广泛。即根据不同情况，选用水文地质条件相似的经验数据，作为设计防水煤柱的尺寸。

当煤层露头直接被疏松含水层掩盖时，根据华北地区一些煤矿的经验，冲积层下急倾斜煤层，应留煤柱一般为 80m，如图 4-19（a）所示。

当煤层受断层切割直接与充水强含水层接触时，安全防水煤柱宽度应不小于 20m，如图 4-19（b）所示。

当煤层因受逆断层切割而被强含水层掩盖时，留设煤柱应考虑煤层开采后的塌陷裂隙，最好不要波及到上部的强含水层，如掩盖宽度为 Lm，其断层下盘防水煤柱的宽度要大于 Lm，如图 4-19（c）所示。

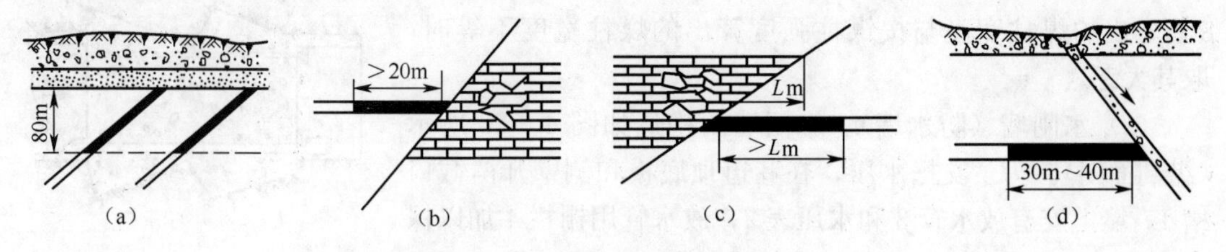

图 4-19　留设防水煤柱的经验尺寸

当巷道接近导水断层时，应留设 30m～40m 防水煤柱，如图 4-19（d）所示。

②分析计算法：煤层直接和强含水层、导水断层相接触（图 4-19（b）、（d）），煤层顶底板岩层无突水可能，即防水煤柱主要是顺层受压时，常用以下公式计算煤柱宽度（仅考虑抵抗水压力）：

$$B_c = 0.5 \cdot \delta_m \sqrt{\frac{3P}{K_p}} \tag{4-2}$$

低角度断层使煤层底板岩层与强含水层接触，如图 4-20 所示。在这种情况下，应按以下方法计算防水煤柱的尺寸：

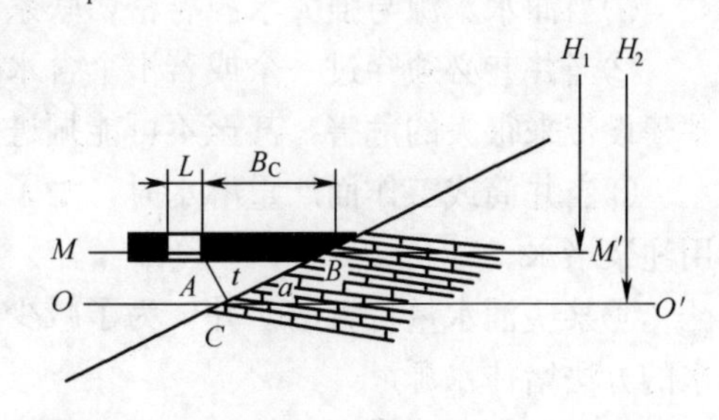

图 4-20　低角度断层使煤层与强含水层接近

第一步，先按煤柱本身不因顺层水压而遭受破坏的情况，计算所需煤柱宽度 B_C，B_C 值应用式（4-2）求得。式中的 P 即为图 4-20 中的 H_1，H_1 是 B 点的实际水头压力。

第二步，再用煤层底板岩层不发生突水这一条件来校核煤柱宽度 B_C 值是否安全。其方法是：从煤柱端点 A 作断层的垂线，与断层面交于 C 点，令 $\overline{AC}=t$。然后，用以下公式计算 C 点的安全水头压力：

$$H_{安}=2K_{p}=\frac{t^2}{L^2}+\gamma \cdot t \cdot g \cdot \cos\alpha \tag{4-3}$$

顶底板隔水层或断层带隔水层煤柱宽度的确定：

第一步：确定最小安全岩柱厚度 t 可按下式计算：

$$t=\frac{L\sqrt{\gamma^2L^2+80000K_{p}\cdot H_{安}}\pm\gamma Lg\cos\alpha}{400K_{p}} \tag{4-4}$$

第二步：当计算的安全厚度 t 小于实际隔水层厚度时，可不留防水煤柱；否则需按岩柱厚度 t 、裂隙带高度 h 和岩层移动角 β 初步定出的煤柱宽度，具体如图 4-21 所示的 4 种情况。

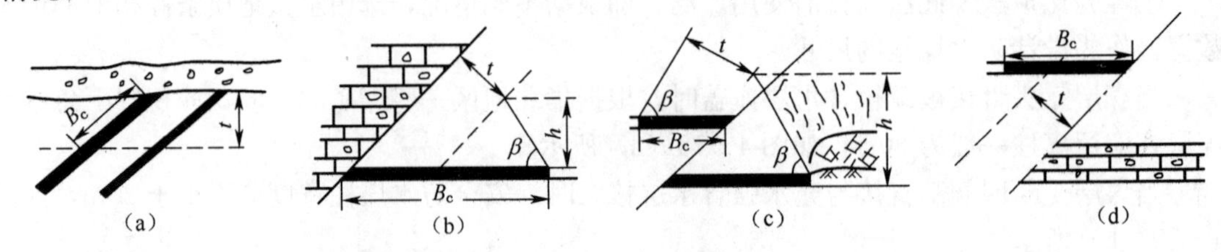

图 4-21　不同条件下的隔水煤柱参数示意图

B_c—隔水煤柱宽度；t—隔水岩柱厚度；β—岩石移动角；h—裂隙带高度。

第三步：当按岩柱厚度 t 、裂隙带高度 h 和岩层移动角 β 所定出的煤柱宽度与按煤柱强度算出的煤柱宽度不等时，取其大者。

（2）水闸墙（防水墙）。水闸墙的构造如图 4-22 所示（纵剖面图）。为了支撑水压，在巷道顶底板和侧壁开凿截口槽 1，墙上安有放水管 3 和水压表 2，放水管用栅栏 4 加以保护，防止泥沙堵塞。在水闸墙上还安有细管 5，以供密闭以后从管中放出气体。

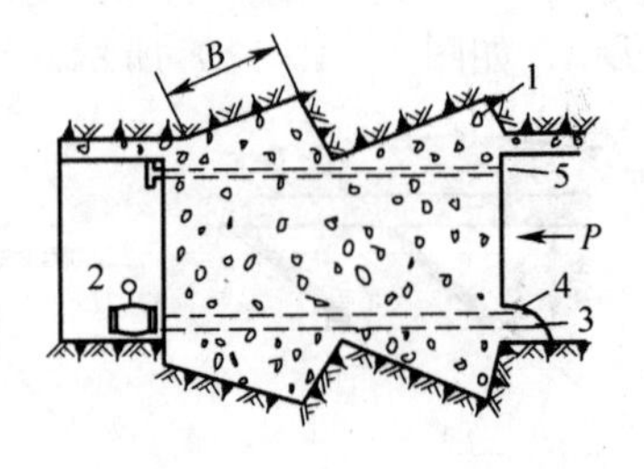

图 4-22　水闸墙

1—截槽；2—水压表；3—放水管；4—保护栅栏；5—细管。

在水压很大时，则采用多段水闸墙，水闸墙的截口槽之间隔有一定距离，以加强其坚固性，并在来水方向伸出锥形混凝土护壁，将水压通过护壁传给围岩，以减少渗水的可能性。

6. 矿井注浆堵水

矿井注浆堵水，一般在下列场合使用：

①当涌水水源与强大水源有密切联系，单纯采用排水的方法不可能或不经济时。

②当井巷必须穿过一个或若干个含水丰富的含水层或充水断层，如果不堵住水源将给矿井建设带来很大的危害，甚至不可能掘进时。

③当井筒或工作面严重淋水时，为了加固井壁、改善劳动条件、减少排水费用等，可采用注浆堵水。

④某些涌水量特大的矿井，为了减少矿井涌水量，降低常年排水费用，也可采用注浆堵水的方法堵住水源。

⑤对于隔水层受到破坏的局部地质构造破坏带，除采用隔离煤柱外，还可用注浆加固法建立人工保护带；对于开采时必须揭露或受开采破坏的含水层，对于沟通含水层的导水通道、构造断裂等，在查明水文地质条件的基础上，可用注浆帷幕截流，建立人工隔水带，切断其补给水源。

任务三　煤矿顶板事故及其预防

导学思考题

(1) 顶板事故的形式有哪些?

(2) 顶板事故有哪些危害?

(3) 井下哪些地方容易发生顶板事故?

事故案例1：2011年云南某煤矿发生一起顶板事故，当班下井23人，事故发生后成功升井16人，经救援队8个多小时的奋力抢救，将2名受伤矿工及时送往医院救治，另有5名矿工遇难。

事故案例1：2011年，湖南某煤矿工人在井下维修巷道时，由于违反作业规程和安全技术措施要求，发生冒顶事故，导致3名工人死亡。

煤层的顶板是指位于煤层上方一定距离的岩层，在煤炭开采过程中，顶板会产生破坏和冒落，如果控制不当就会造成顶板事故。由于顶板岩性和厚度不相同，顶板支护方式的差异，在开采过程中顶板破碎、冒落的情况也就不同，因此采取的防治措施也不同。虽然近年来顶板事故呈现下降趋势，但仍然是煤矿事故的主要形式，需要引起我们的重视。

一、顶板事故的形式和特点

1. 局部冒顶事故

局部冒顶事故实质上是已破坏的顶板失去依托而造成。就其触发原因而言可以大致分为两部分：一部分是采煤工作（包话破煤、装煤等）过程中发生的局部冒顶事故，即在采煤过程中未能及时支护已出露的破碎顶板；另一部分则是单体支护回柱和整体支护的移架操作过程中发生的局部冒顶事故。

2. 大冒顶事故

采煤工作面的大冒顶事故也叫采场大面积切顶、落大顶、垮面。

1）由直接顶运动所造成的垮面事故

就其作用力的始动方向可分为以下两大类：

(1) 推垮型事故。包括走向推进工作面常发生的倾向推垮型事故，如图4-23(a)、(b)所示，及倾斜推进工作面容易发生的向采空区方向推垮型事故，如图4-23(c)、(d)所示。

(2) 压垮型事故。包括向煤壁方向压垮，如图4-24(a)、(b)所示，及向采空区方向压垮型事故，如图4-24(c)、(d)所示。

2）由老顶运动所造成的垮面事故

(1) 冲击推垮型（即砸垮型）事故。这类事故发生时，开始运动的老顶首先将其作用力施加于靠近煤壁处已离层的直接顶上，造成煤壁片塌和顶板下切，紧接着高速运动的老顶把直接顶推垮。这类事故发展的简单过程如图4-25所示。

(2) 压垮型事故。这种事故发生在采用木支架支护的采场。事故过程如图4-26所示。

3）大冒顶事故发生的时间地点

从工作面倾斜方向来看，距离上出口10m范围内的事故比例通常是临近下出口部位所发生事故比例的两倍多。其主要原因是受上侧工作面支承压力作用的影响，顶板的完整性容

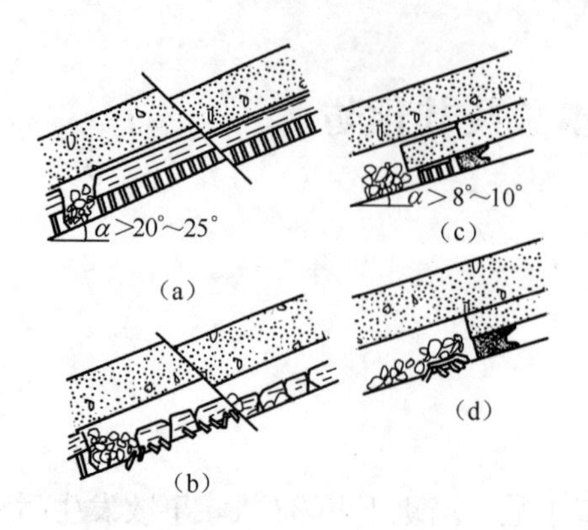

图 4-23 直接顶运动引起的推垮型事故

(a) 顶板沿倾斜方向垮前；(b) 顶板沿倾斜方向推垮后；
(c) 顶板向采空区方向推垮前；
(d) 顶板向采空区方向推垮后。

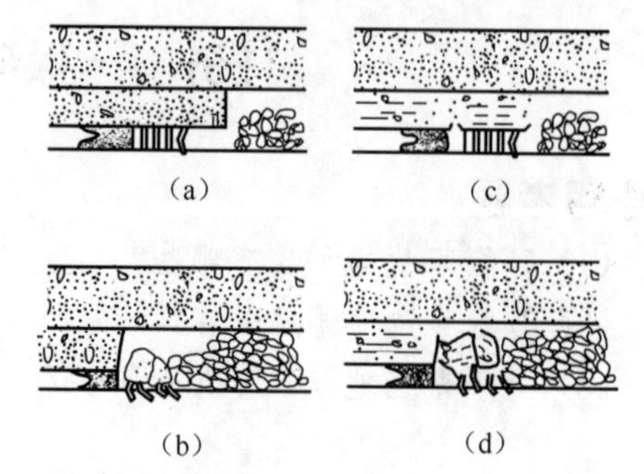

图 4-24 直接顶运动引起的压垮型事故

(a) 顶板向煤壁方向压垮前；(b) 顶板向煤壁方向压垮后；
(c) 顶板向采空区方向压垮前；
(d) 顶板向采空区方向压垮后。

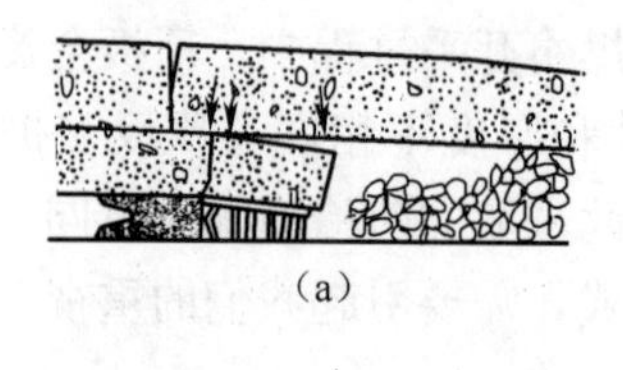

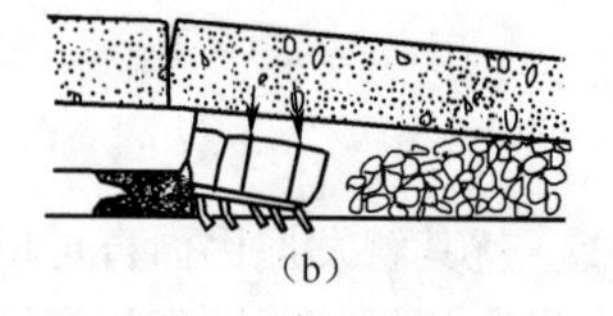

图 4-25 老顶运动引起的冲击推垮（砸垮）型事故

(a) 煤壁片塌和顶板下切；(b) 老顶把直接顶推垮。

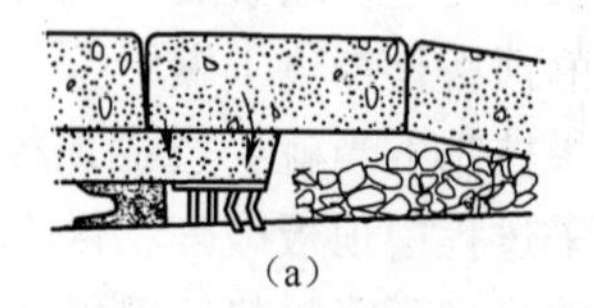

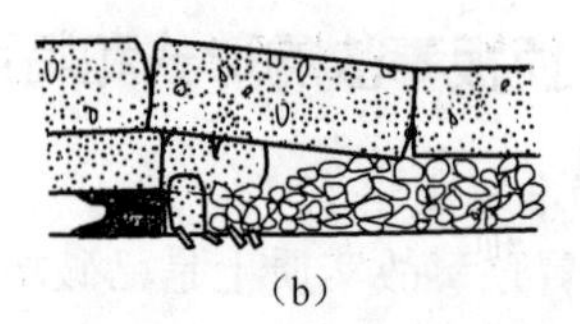

图 4-26 老顶运动引起的压垮型事故

(a) 靠近采空区支柱先压断；(b) 支柱全部压断而垮面。

易受到破坏的结果。

从工作面推进方向来看，采煤工作面从开切眼推进开始到回采结束，就顶板运动和矿压显现特征的差别而言，可以分为两个发展阶段，即老顶各岩梁初次来压完成前的初次来压阶段，以及老顶来压完成后的正常推进阶段。

3. 巷道顶板事故

巷道的变形和破坏形式是多种多样的，巷道中常见的顶板事故按照围岩破坏部位可分为：巷道顶部冒顶掉矸、巷道壁片帮以及巷道顶、帮三面大冒落三种类型。按照围岩结构及冒落特征又可分为：镶嵌型围岩坠矸事故、离层型围岩片帮冒顶事故、松散破碎围岩塌漏抽冒事故以及软岩膨胀变形毁巷事故等几种形式。

二、顶板事故发生的预兆

1. 局部冒顶的预兆

(1) 工作面遇有小地质构造，由于构造破坏了岩层的完整性，容易发生局部冒顶。

(2) 顶板裂隙张开、裂隙增多，敲帮问顶时，声音不正常。

(3) 顶板裂隙内卡有活矸，存在掉碴、掉矸现象，掉大块前往往先落小块矸石。

(4) 煤层与顶板接触面上，极薄的矸石片不断脱落。这说明劈理（即顶板节理、裂隙和摩擦滑动面）张开，有冒顶的可能。

（5）淋头水分离顶板劈理，常由于支护不及时面冒顶。

2. 大型冒顶的预兆

（1）顶板的连续发生断裂声。这是由于直接顶与老顶发生离层，或顶板切断而发生的声响。有时采空区顶板发生像闷雷一样的声音，这是老顶板和上方岩层产生离层或断裂的声音。

（2）掉碴。顶板岩层破碎下落，一般由少变多，由稀变密，这是发生冒顶的危险信号。

（3）顶板裂缝增加或裂隙张开。顶板的裂隙，一种是地质构造产生的自然裂隙，一种是由于顶板下沉产生的彩动裂隙。人们常常在裂缝中插上木楔子，看它是否松动或掉下来，观察裂缝是否扩大，以便做出预报。

（4）脱层。顶板快要冒落的时候，往往出现脱层现象。检查是否脱层可用"敲帮问顶"的方法，如果声音清脆，表明顶板完好；如果顶板发生"空空"的响声，说明上下岩层之间已经脱离。

（5）使用木支架时，支架大量折断、压劈并发生声音。

（6）含有瓦斯的煤层，冒顶前瓦斯涌出量突然增大，有淋水的顶板，淋水量增加。

三、顶板事故的预防和处理

1. 局部冒顶事故预防措施

防止应力集中和放顶不彻底；合理选择工作面推进方向；采取正确的支护方法；坚持工作面正规循环作业；减少顶板暴露面积和缩短顶板暴露时间。

2. 大冒顶的防治措施

（1）必须加强矿井生产的地质工作，对每个采区、每个采煤工作面的顶底板岩性、组成和物理力学性质；煤质软硬、厚度和倾角的变化；地质构造与自然裂隙的性质、煤层赋存情况和水文地质条件等作调查研究，做出分析预报，作为采区设计和编制作业规程的依据，以便针对性地采取措施防止冒顶。

（2）认真编制采区设计和工作面作业规程。正确确定采区巷道布置、开采程序和采煤方式是保证安全生产的重要因素。

（3）大力开展顶板观察工作，掌握顶板活动规律，进行顶板来压预报。

（4）重视初次放顶，加强有效的安全措施。

（5）加强工作面支护和管理。目前还有相当数量的工作面采用金属摩擦式支柱、甚至木支架。

3. 不同顶板条件下预防冒顶事故的技术要求

（1）采煤工作面过断层

①过断层的方法。采煤工作面过断层时，先把断层落差、范围、与走向的交角弄清楚，然后制定过断层的方法，如图 4-27 所示。

②过断层常用的支架方式。如图 4-28，图 4-29 及图 4-30 所示。

（2）采煤工作面过褶曲。

采煤工作面过褶曲时需事先挑顶或卧底，使底板起伏变化平缓。褶曲处煤层局部变厚时，一般留顶煤，使支架沿底，便于支架架设。在使用单体支柱时，若丢底煤则要在柱底穿铁鞋。留顶煤时，则要在支架上方背严以防顶煤压碎冒落，或者将顶煤挑下架设木垛接顶。

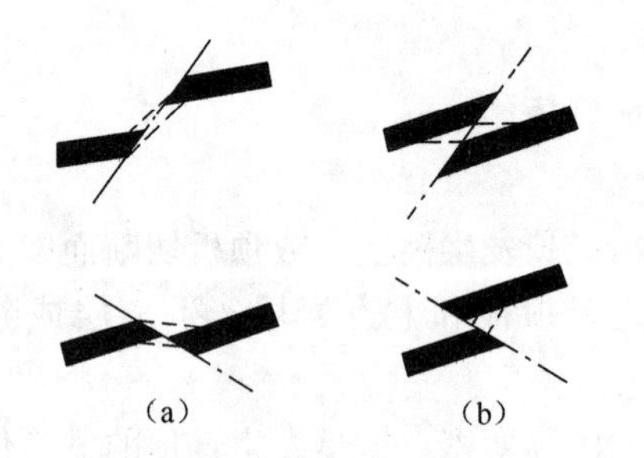

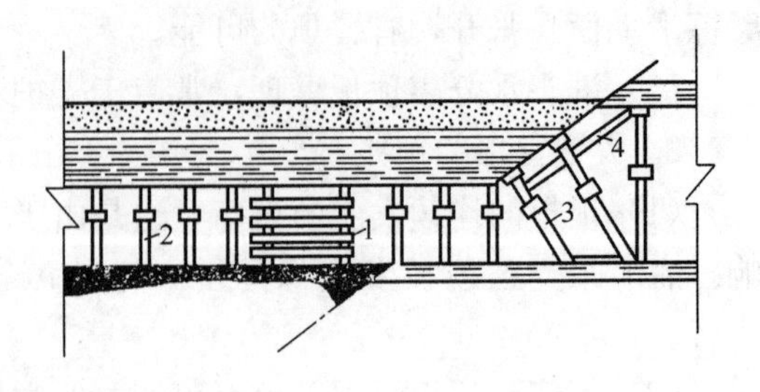

图 4-27 断层处理方法

(a) 正断层；(b) 逆断层。

图 4-28 遇断层打抢柱

1—加强木垛；2—加密支柱；3—迎山抢柱；4—支撑木。

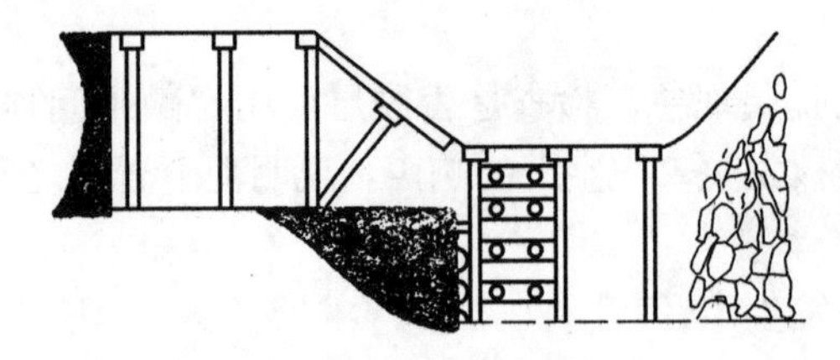

图 4-29 留底煤打挡板

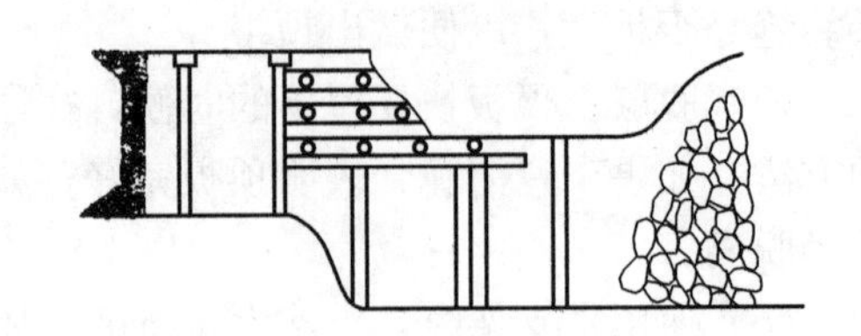

图 4-30 超前托板上打木垛

(3) 采煤工作面过冲刷带。

冲刷带在采煤工作面破碎范围较大，使煤层变薄，甚至尖灭。冲刷带附近的煤层和围岩受水侵蚀和风化，孔隙度大，煤层酥松，直接顶变薄，岩性酥脆，容易离层产生成层状垮落。过冲刷带常用连锁棚子，在冲刷带边缘棚距适当减少，控顶距适当加大一排，必要时铺以木垛、抬板、戗柱与特殊支架。

(4) 采煤工作面过陷落柱。

遇陷落柱的预兆和断层很相似，其不同是陷落柱的边缘多呈凹凸不平的锯齿状，有各种不同岩石的混合体。过陷落柱的方法和过断层一样，可以绕过和硬过。硬过陷落柱时根据破碎带破碎程度，可用套棚、一梁三柱和木垛等方式支护。

①严禁仰斜开采。

②掘进工作面平巷不能破坏复合型顶板。

③初采时不要反向推进。

④提高支架的稳定性。

⑤提高单体支柱的初撑力和刚度。

4. 金属（塑料）网假顶顶板灾害的防治

(1) 开采第一分层时，从切眼推采开始到初次放顶，由采空区向顶板打深孔（3m～5m）爆破将煤崩出，直接顶崩碎，充填网上冒落空隙，以阻止六面体的去路。深孔爆破的部位主要是开切眼附近、上分层停采位置及工作面上下两端。

(2) 注意提高铺网质量。按规定要求搭接好，连结牢固，并注好水。清理平底部，不留大块矸石和柱梁、木垛等物。

(3) 开采第二分层时，其开切眼位置应采用内错式布置，避免网上碎矸上方存有空隙。

(4) 尽可能延长第一分层与第二分层的开采间隔时间。

(5) 为了使金属（塑料）网不出现网兜，在开采第一分层时沿工作面倾斜方向每隔 0.6m～1.0m 铺设一根底梁（长度为 1.2m～1.6m），底梁可以采用对接方式，也可以采用搭接方式。

5. 巷道掘进和支护的基本安全注意事项

(1) 从总的方面看，要防治巷道顶板事故，在开掘巷道时就应该避免把巷道布置在由采动引起的高应力区内，或布置在很软弱破碎的岩层里。

(2) 掘进工作面严禁空顶作业。

(3) 在松软的煤、岩层或流沙性地层中及地质破碎带掘进巷道时，必须采取前探支护或其他措施。

(4) 支架间应设牢固的撑木或拉杆。

(5) 更换巷道支护时，在拆除原有支护前，应先加固临近支护，拆除原有支护后，必须及时除掉顶帮活矸架设永久支护，必要时还应采取临时支护措施。

(6) 开凿或延深斜井下山时，必须在斜井及下山的上口设置防止跑车装置，在掘进工作面的上方设置坚固的跑车防护装置，以防跑车冲倒支架造成巷道冒顶。

(7) 由下向上掘进 250m 以上的倾斜巷道时，必须将溜煤道与人行道分开，防止煤(矸) 滑落伤人。

四、不同地点防治顶板事故的注意事项

1. 掘进工作面

(1) 根据掘进头岩石性质，严格控制空顶距。当掘进头遇到断层褶曲等地质构造破坏带或层理裂隙发育等破碎岩层时，棚子应紧靠掘进头。

(2) 严格执行敲帮问顶制度，危石必须挑下，无法挑下时应采取临时支撑措施，严禁空顶作业。

(3) 在掘进头附近应采用拉条等把棚子连成一体，防止棚子被推垮，必要时还要打中柱以抗突然来压。

(4) 掘进工作面的循环进尺必须依据现场条件在作业规程中明确规定，一般情况下永久支护离迎头的距离不得超过一个循环的进尺。地质条件变化时，应及时补充措施并调整循环进尺的大小。

(5) 巷道顶部锚杆施工时应由外向里逐个逐排进行，不得在所有的锚杆眼施工完后再安装锚杆。

(6) 采用架棚支护时，应对巷道迎头至少 10m 的架棚进行整体加固。加固装置必须是刚性材料，并能适应棚距的变化。

2. 巷道交叉处

防治巷道开岔处冒顶的措施如下：

(1) 巷道交岔点的位置尽量选在岩性好、地质条件稳定的地点，开岔口应避开原来巷道冒顶的范围。

(2) 采用锚杆（锚索）对巷道交岔点支护时，要进行顶板离层监测，并在安全技术措施中对支护的技术参数、监测点的布置及监测方法等进行规定。

(3) 架棚巷道的交岔点采用抬棚支护时，要进行抬棚设计，根据设计对抬棚材料专门加工，抬棚梁和插梁要焊接牙壳。注意选用抬棚材料的质量与规格，保证抬棚有足够的强度。

(4) 当开口处围岩尖角被压坏时，应及时采取加强抬棚稳定性的措施。

(5) 必须在开口抬棚支设稳定后再拆除原巷道棚腿，不得过早拆除，切忌先拆棚腿后支

抬棚。

3. 围岩松散破碎地点

（1）炮掘工作面采用对围岩震动较小的掏槽方法，控制装药量及放炮顺序。

（2）根据不同情况，采用超前支护、短段掘砌法、超前导硐法等少暴露破碎围岩的掘进和支护工艺，缩短围岩暴露时间，尽快将永久支护紧跟到迎头。

（3）围岩松散破碎地点掘进巷道时要缩小棚距，加强支架的稳固性。

（4）积极采用围岩固结及冒落空间充填新技术。对难以通过的破碎带，采用注浆固结或化学固结新技术。

（5）分层开采时，回风顺槽及开切眼放顶要好，坚持注水或注浆提高再生顶板质量，避免出现网上空硐区。

（6）在巷道贯通或通过交叉点前，必须采用点柱、托棚或木垛加固前方支架，控制放炮及装药量，防止崩透崩冒。

（7）维修老巷时，必须从有安全出口及支架完好的地方开始。

任务四　煤矿爆破事故及其防治

导学思考题

（1）煤矿许用炸药有哪些特殊要求？

（2）“一炮三检”是什么意思？

事故案例1：2008年，山西某煤业有限公司主井底发生炸药爆炸事故，当时单班入井58人，爆炸发生后安全出井15人，43人被困井下。

事故案例2：2008年，在宁夏某矿技改工程中，承担剥离施工任务的爆破公司进行爆破施工时，发生一起重大事故。已造成16人死亡，48人受伤，其中重伤12人。

爆破是一种化学反应，其特点是其反应是快速的，生成大量的气体，产生大量的热。爆破是一种破坏行为，也是手段。爆破的广泛应用，大大地提高了劳动生产率，加快了工程进度。但是也由于在使用中的失误，特别是在煤矿井下爆破，造成爆破事故的频繁发生，给煤矿生产和人员生命安全带来很大损失。

一、炸药概述

1. 炸药及其特性

（1）炸药的概念：炸药是在一定条件下，能够发生急剧化学反应，放出能量，生成气体产物，并显示爆炸效应的化合物或混合物。从炸药组成元素来看，炸药主要是由碳、氢、氮、氧四种元素组成。

随炸药的化学反应速度、激发条件、炸药性质和其他因素的不同，其反应形式也各不相同，一般可分为热分解、燃烧、爆炸和爆轰4种形式。这4种形式在一定条件下能够相互转化，即缓慢分解可发展为燃烧、爆炸，爆炸也可转化为燃烧、缓慢分解。

（2）炸药的起爆能：炸药是一种相对稳定的物质，在没有外界作用时不发生爆炸反应，只有受到外界足够能量的作用时才能激起爆炸。为使炸药爆炸，外界对炸药所施加的最低能量，称为起爆能。

(3) 炸药的感度：炸药起爆的难易程度叫做敏感度，习惯称为感度。各种炸药的感度相差非常大，例如半冻结的硝化甘油胶质炸药只要轻轻弯折一下就会爆炸；而对硝酸铵炸药施加冲击、摩擦、点火则几乎都不能使它发生爆炸。炸药的感度大小，取决于它的化学组成和物理状态。如果炸药的感度过高，就会给生产、储存、运输和使用带来危险。如果使用炸药的感度过低，则会给爆破造成困难。

(4) 炸药的主要技术指标：

①爆力。爆力是指炸药作有用功（包括抛掷、破碎、压缩等）的能力。生成的气体愈多，放热量愈大，则爆力也愈大。

②猛度。猛度是指炸药爆炸最初冲量的猛烈程度。炸药的爆速愈高，则猛度愈大，被爆岩石块度愈均匀。

③爆速。爆速是指炸药被起爆后，在其本身内部爆轰波的直线传导速度，单位为 m/s 。所谓爆轰波就是炸药起爆后在炸药体内稳定传播的冲击波。

④殉爆距离（或称殉爆度）。殉爆是指由于装有雷管的主动药包的爆炸，引起与其相邻并隔开一定距离的被动药包发生爆炸的现象。殉爆距离是能引起被动药包百分之百殉爆的两个装药间的最小距离（一般连续试验三次）。

⑤含水率。含水率是硝铵类炸药性能是否发生变化的内在根据。《煤矿安全规程》规定：不得使用水分含量超过 0.5%的铵梯炸药。

(5) 影响炸药稳定传播的因素有：起爆能的大小；装药密度；药卷直径；间隙效应等。

2. 煤矿许用炸药

煤矿许用炸药是允许在煤矿井下有瓦斯和煤尘爆炸危险的工作面进行爆破的工业炸药。

(1) 煤矿许用炸药的性能要求：

①炸药的爆炸能应受到一定限制，这样可以保证炸药的爆炸能量和爆炸冲击波强度不至于过高，从而降低爆热、爆温，使瓦斯煤尘的发火率最低。

②炸药氧平衡应接近零氧平衡，爆炸反应完全。正氧平衡炸药爆炸生成氮化物和游离态氧，容易引起危险介质发火。负氧平衡炸药，爆炸不完全，会导致固体颗粒过多，生成有害气体，危害安全。

③炸药中应增加消焰剂，以起到降低爆热爆温的作用，抑制瓦斯发火。但消焰剂的掺量必须合适，掺量低了降温作用不明显，掺量高了又会恶化爆炸性能，反而又影响其安全性。

④不许在炸药中加入易燃烧的铝、镁等金属粉或夹杂物。

⑤煤矿许用炸药必须经检验符合标准规定的质量及炸药性能指标。

(2) 煤矿许用炸药的种类有：铵梯炸药；含水炸药；被筒炸药；当量炸药；离子交换炸药。

二、起爆器材

1. 雷管

在工程爆破中，主要用雷管来引爆炸药，所以雷管是爆破工程的主要起爆材料。根据雷管点火方法的不同，可分为火雷管和电雷管两种。图 4-31 是电雷管的结构。根据起爆力的差异，雷管分为 1 号～10 号，雷管号越大，装药量越多，

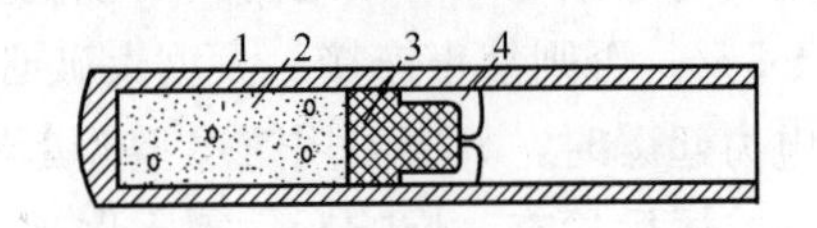

图 4-31 火雷管结构（替换）

1—雷管壳；2—梦炸药；3—起爆药；4—加强帽。

起爆力越强。煤矿常用6号和8号电雷管。

电雷管的主要性能参数如下：

(1) 电阻。雷管电阻由脚线电阻和桥丝电阻两部分组成。

(2) 最大安全电流，电雷管通以恒定电流5min不爆的电流最大值，称为最大安全电流。

(3) 最小发火电流，从电雷管安全电流开始，将电流逐渐增大，当电流达到某一数值时，雷管将会达到99.9%发火，这时的电流称为最小发火电流。

2. 导爆索

导爆索是一种用作传递爆轰波的索状起爆材料，它具有导火索相似的层次结构，只是药芯为白色的猛炸药黑索金，索的外层呈红层，以区别导火索。

1) 工业导爆索

工业导爆索爆炸时产生较大的火焰，仅适用于无瓦斯爆炸危险的爆破作业中。

2) 煤矿导爆索

煤矿导爆索的外壳内含有一层食盐作为消焰剂，同时包覆一层聚氯乙烯，以降低其爆热，可在瓦斯矿井的深孔爆破中试用。

三、爆破事故的预防与处理

1. 一般规定

进行爆破的作业人员必须取得爆破员的资格；各种爆破都必须编制爆破设计书或爆破说明书，设计书或说明书应有具体的爆破方法、爆破顺序、装药量、点火或连线方法、警戒安全措施等；在爆破过程中，无关人员必须全部撤离。爆破必须按审批的爆破设计书或爆破说明书进行；严格遵守爆破作业的安全规程和安全操作细则；放炮前后必须执行“一炮三检”。

2. 爆破过程的安全措施

(1) 装药、充填：装药前必须对炮孔进行清理和验收，使用竹木棍装药，禁止用铁棍装药。在装药时，禁止烟火，禁止明火照明。在扩壶爆破时，每次扩壶装药的时间间隔必须大于15mm，预防炮眼温度太高导致早爆。

(2) 警戒：爆破前必须同时发生声响和视觉信号，使危险区内的人员都能清楚地听到和看到，地下爆破应在有关的通道上设置岗哨，地面爆破应在危险区的边界设置岗哨，使所有通道都在监视之下。爆破危险区的人员要全部撤离。

(3) 点火、连线、起爆：采用导火索点火起爆，应不少于二人进行爆破作业，而且必须用导火索或专用点火器材点火。单个点火时，一人连续点火的根数，地下爆破不得超过5根，露天爆破不得超过10根，导火索的长度应保证点完导火索后，人员能撤至安全地点，但不得短于1m。

用电雷管起爆时，电雷管必须逐个导通，用于同一爆破网路的电雷管应为同厂同型号。爆破主线与爆破电源连接之前，必须测全线路的总电阻值，总电阻值与实际计算值的误差须小于±5%，否则禁止连接。大型爆破必须用复式起爆线路。有煤尘和气体爆炸危险的矿井采用电力起爆时，只准使用防爆型起爆器作为起爆电源。

(4) 爆后检查：炮响后，露天爆破不少于5min，井下爆破不少于15min（还须通风吹散炮烟后），确认爆破地点安全后，经爆破负责人或当班爆破班长同意后，才发出解除警戒信号，方准人员进入爆破地点。

(5) 拒爆处理：拒爆是指装有雷管和炸药的炮眼在通电后没有爆炸的现象。

拒爆产生的盲炮包括雷管未爆的炮孔（瞎炮）和雷管已爆炸药未爆的炮孔（残炮）。爆破中产生盲炮，不仅影响爆破效果，如果未及时发现或处理不当，潜在危险极大，往往因为误触盲炮，打残眼或摩擦震动引起盲炮爆炸。

因此发现盲炮和怀疑有盲炮，应立即报告并及时处理，若不能及时处理，应设明显的标志，并采取相应的安全措施，禁止掏出或拉出起爆药包，严禁打残眼，盲炮的处理主要有下列方法：

①经检查确认炮孔的起爆线路完好和漏接、漏点火造成的拒爆，可重新进行起爆。

②打平行眼装药起爆。对于浅眼爆破、平行眼距盲炮孔不得小于0.3m，深孔爆破平行眼距盲炮孔不得小于10倍炮孔直径。

③用木制、竹制或其他不发火的材料制成的工具，轻轻地将炮孔内大部分填塞物掏出，用聚能药包诱爆。

④若所用炸药为非抗水硝铵类炸药，可取出部分填塞物，向孔内灌水，使炸药失效。

3. 意外爆炸的原因及其预防

当爆破材料接触到电流或受到撞击时，容易产生意外爆炸，对人员和设备安全构成威胁。爆炸的原因主要有以下几个方面。

(1) 爆炸的原因：

①杂散电流。如电机车牵引网路的漏电电流，当机车启动时其杂散电流可达数安培，运行时达十几至数十安培，当其通过管路、潮湿的煤、岩壁导入雷管脚线时，致使雷管产生爆炸。

②雷管脚线或爆破母线与动力或照明交流电源一相接触，又互相与另一接地电源相接触。

③雷管脚线或爆破母线与漏电电缆相接触。

④雷管受到冲击、挤压。

⑤各种起爆材料和炸药都具有一定的爆轰感度，当一处进行爆破作业，有可能引起附近另一处炮眼爆炸。

(2) 预防措施：

①对杂散电流的预防。应在装药和爆破连线时不与其他物体接触，注意检查母线与网路连接前是否带杂散电流，将母线一端随时扭结短路。

②加强井下机电设备和电缆的检查和维修。

③存放炸药、电雷管和装配引药的处所安全可靠，严防煤、岩块或硬质器件撞击电雷管和炸药。

任务五 煤矿电气安全

导学思考题

(1) 井下供电要满足哪些要求？

(2) 怎样预防触电事故？

(3)“三专两闭锁”是什么意思？

事故案例1：2009年4月12日，分宜县某矿主井底一水平水泵房发生一起触电事故，死亡1人，直接经济损失26万余元。

事故案例2：2008年4月23日，某矿机电工区在北风井变电所供电系统改造施工时，因职工违章打开并误入规程措施规定严禁打开的开关柜，造成1人触电死亡。

一、矿井供电系统

为保证矿山供电的可靠性，供电电源应采用双电源，双电源可来自不同的变电所（或发电厂）或同一变电所的不同母线上。

井下供电系统一般由输电电缆、中央变电所、分区变电所、采区变电所、移动变电站、采区配电点及各类电缆组成，如图4－32所示。

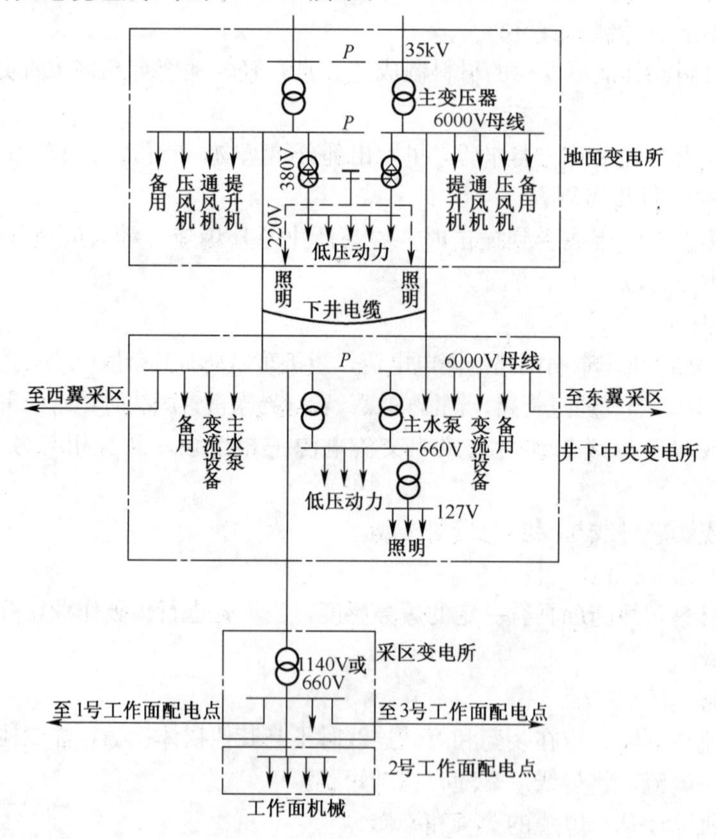

图4－32　矿井供电系统

矿井供电必须符合的要求：

（1）矿井供电应有两回路电源线路。当任一回路发生故障停止供电时，另一回路应能担负矿井全部负荷。年产6万t以下的矿井采用单回路供电时，必须有备用电源；备用电源的容量必须满足通风、排水、提升等的要求。

（2）矿井两回路电源线路上都不得分接任何负荷。

（3）正常情况下，矿井电源应采用分列运行方式，一回路运行时另一回路必须带电备用。

（4）10kV及其以下的矿井架空电源线路不得共杆架设。

（5）矿井电源线路上严禁装设负荷定量器。

(6) 对井下各水平中央变（配）电所、主排水泵房和下山开采的采区排水泵房供电的线路，不得少于两回路。当任一回路停止供电时，其余回路应能担负全部负荷。

(7) 主要通风机、提升人员的立井绞车、抽放瓦斯泵等主要设备房，应各有两回路直接由变（配）电所馈出的供电线路；受条件限制时，其中的一回路可引自上述同种设备房的配电装置。

(8) 严禁井下配电变压器中性点直接接地。严禁由地面中性点直接接地的变压器或发电机直接向井下供电。

(9) 井下各级配电电压和各种电气设备的额定电压等级，应符合下列要求：高压，不超过10000V；低压，不超过1140V；照明、信号、电话和手持式电气设备的供电额定电压，不超过127V；远距离控制线路的额定电压，不超过36V；采区电气设备使用3300V供电时，必须制定专门的安全措施。

(10) 井下低压配电系统同时存在2种或2种以上电压时，低压电气设备上应明显地标出其电压额定值。

(11) 矿井必须备有井上、下配电系统图，井下电气设备布置示意图和电力、电话、信号、电机车等线路平面敷设示意图，并随着情况变化定期填绘。图中应注明：①电动机、变压器、配电设备、信号装置、通信装置等装设地点。②每一设备的型号、容量、电压、电流种类及其他技术性能。③馈出线的短路、过负荷保护的整定值，熔断器熔体的额定电流值以及被保护干线和支线最远点两相短路电流值。④线路电缆的用途、型号、电压、截面和长度。⑤保护接地装置的安设地点。

(12) 电气设备不应超过额定值运行。井下防爆电气设备变更额定值使用和进行技术改造时，必须经国家授权的矿用产品质量监督检验部门检验合格后，方可投入运行。

(13) 硐室外严禁使用油浸式低压电气设备。40kW及以上的电动机，应采用真空电磁起动器控制。

(14) 井下高压电动机、动力变压器的高压控制设备，应具有短路、过负荷、接地和欠压释放保护。井下由采区变电所、移动变电站或配电点引出的馈电线上，应装设短路、过负荷和漏电保护装置。低压电动机的控制设备，应具备短路、过负荷、单相断线、漏电闭锁保护装置及远程控制装置。

(15) 矿井高压电网，必须采取措施限制单相接地电容电流不超过20A。

(16) 煤电钻必须使用设有检漏、漏电闭锁、短路、过负荷、断相、远距离启动和停止煤电钻功能的综合保护装置。每班使用前，必须对煤电钻的综合保护装置进行1次跳闸试验。

(17) 井下低压馈电线上，必须装设检漏保护装置或有选择性的漏电保护装置，保证自动切断漏电的馈电线路。

(18) 直接向井下供电的高压馈电线上，严禁装设自动重合闸。手动合闸时，必须事先同井下联系。井下低压馈电线上有可靠的漏电、短路检测闭锁装置时，可采用瞬间1次自动复电系统。

(19) 井上、下必须装设防雷电装置，并遵守下列规定：①经由地面架空线路引入井下的供电线路和电机车架线，必须在入井处装设防雷电装置。②由地面直接入井的轨道及露天架空引入（出）的管路，必须在井口附近将金属体进行不少于2处的良好集中接地。③通信线路必须在入井处装设熔断器和防雷电装置。

(20) 永久性井下中央变电所和井底车场内的其他机电设备硐室，应砌暄或用其他可靠的方式支护。

(21) 井下中央变电所和主要排水泵房的地面标高，应分别比其出口与井底车场或大巷连接处的底板标高高出 0.5m。

二、采区供电系统

采区供电系统是矿井供电系统的主要组成部分，也是矿井供电系统安全运行的薄弱环节。

1. 采区变电所

采区变电所是采区用电设备的电源。为保证采区供电系统运行安全、合理、经济，采区变电所应是采区的动力中心，其位置对采区供电安全和供电质量有直接的影响，其位置的选择应符合《煤矿安全规程》和《煤炭工业设计规范》的要求。

根据《煤矿安全规程》的规定，采区变电所硐室的结构及设备布置应满足下列要求：

(1) 采区变电所应用不燃性材料支护。从硐室出口防火铁门起 5m 内的巷道，应砌碹或用其他不燃性材料支护。

(2) 硐室必须装设向外开的防火铁门。铁门全部敞开时，不得妨碍巷道交通。铁门上应装设便于关严的通风孔，以便必要时隔绝通风。装有铁门时，门内可加设向外开的铁栅栏门，但不得妨碍铁门的开闭。

(3) 变电硐室长度超过 6m 时，必须在硐室的两端各设一个出口，出口必须符合用不燃性材料支护的要求，硐室内必须设置足够数量的用于扑灭电气火灾的灭火器材。例如，干粉灭火器、不少于 0.2m^3 的灭火砂、防火锹、防火钩等。

(4) 硐室内敷设的高低压电缆可吊挂在墙壁上，高压电缆也可置于电缆沟中，高压电缆应去掉黄麻外皮，高压电缆穿入硐室的穿墙孔应用黄泥封堵，以便与外界空气隔绝。

(5) 硐室内各种设备与墙壁之间应留出 0.5m 以上的通道，各种设备相互之间，应留出 0.8m 以上的通道。对不需从两侧或后面进行检修的设备，可不留通道。

(6) 带油的电气设备必须设在机电硐室内，并严禁设集油坑。带油电气设备溢油或漏油时，必须立即处理。

(7) 硐室的过道应保持畅通，严禁存放无关的设备和物件，以避免妨碍行人和搬迁。

(8) 硐室内的绝缘用具必须齐全、完好，并作定期绝缘检验，合格后方可使用。绝缘用具包括绝缘靴、绝缘手套和绝缘台。

(9) 硐室入口处必须悬挂“非工作人员禁止入内”字样的警示牌。硐室内必须悬挂与实际相符的供电系统图。硐室内有高压电气设备时，入口处和硐室内必须在明显地点悬挂“高压危险”字样的警示牌。

(10) 采区变电所应设专人值班。应有值班工岗位责任制、交接班制度、运行制度。值班工应如实填写交接班记录、运行记录、漏电继电器试验记录等，无人值班的变电硐室必须关门加锁，并有值班人员巡回检查。

(11) 硐室内的设备，必须分别编号，表明用途，并有停送电的标志。

2. 采掘工作面的供电

向采煤、掘进工作面供电时，因为采煤工作面负荷较大且集中，掘进工作面距采区变电所较远，所以一般采用移动变电站的供电方式。

采煤工作面的低压配电，可根据采煤工作面的供电负荷的容量选择一台或两台移动变电站，俗称配电点。可通过配电点集中控制台的操作按钮使开关分别向采煤机、运输机、破碎机、转载机、液压泵和清水泵供电，并能实现连锁与停电。

掘进工作面相对于采煤工作面负荷较小，往往一台移动变电站就能满足一个工作面的配电需要。其供电线路较长，一般属于干线式供电，但煤巷、半煤岩巷和岩巷掘进工作面最大的一个特点是要使用局部通风机进行通风，一旦中断供电会使局部通风机停止运转，从而导致掘进工作面及其附近巷道聚集瓦斯和其他有害气体。

3. 三专两闭锁

为有效预防煤矿井下掘进工作面因停电、停风而造成的瓦斯爆炸、瓦斯窒息等事故的发生，《煤矿安全规程》对不同瓦斯等级矿井安装使用“三专两闭锁”和双风机双电源作出了专门规定，以保障供电的稳定、可靠性和作业人员的安全性。

《煤矿安全规程》第一百二十八条明确规定：高瓦斯矿井、煤（岩）与瓦斯（二氧化碳）突出矿井、低瓦斯矿井中高瓦斯区的煤巷、半煤岩巷和有瓦斯涌出的岩巷掘进工作面正常工作的局部通风机必须配备安装同等能力的备用局部通风机，并能自动切换。正常工作的局部通风机必须采用三专（专用开关、专用电缆、专用变压器）供电，专用变压器最多可向4套不同掘进工作面的局部通风机供电；备用局部通风机电源必须取自同时带电的另一电源，当正常工作的局部通风机故障时，备用局部通风机能自动启动，保持掘进工作面能正常通风。其他掘进工作面和通风地点正常工作的局部通风机可不配备安装备用局部通风机，但正常工作的局部通风机必须采用三专供电。

使用局部通风机供风的地点必须实行风电闭锁，保证当正常工作的局部通风机停止运转或停风后能切断停风区内全部非本质安全型电气设备的电源。

两闭锁即瓦斯电闭锁和风电闭锁。瓦斯电闭锁，当掘进工作面或掘进工作面回风流中，瓦斯浓度超过规定时，系统能自动切断瓦斯传感器控制范围内或供风区域内的非本质安全型电源，而局部通风机仍照常运转，系统解锁前不能实现人工送电；风电闭锁，若局部通风机停止运转或工作面风量达不到规定值时，系统能自动切断瓦斯传感器控制范围内或供风区域内的非本质安全型电源，必须采取专门措施，解除闭锁，开动局部通风机，排除瓦斯，恢复供风、方可恢复供电。

“两闭锁”应满足以下要求：

（1）局部通风机停止运转时立即切断供电区域内动力电源。

（2）局部通风机启动前，若供风区域内瓦斯超限，局部通风机不会启动，解除闭锁，启动局部通风机排放瓦斯后方可正常运行。

（3）局部通风机启动，当工作面风量符合要求后，才可向供风区域内供电。

（4）正常工作中，当供风区域检测点瓦斯超限切断相应控制区域的动力电源时，局部通风机仍照常运转。

三、供电系统电气保护

完善的供电系统电气保护是保证电气安全的重要措施，其功能是区分故障状态与正常工作状态，并发出信号或动作。

1. 漏电保护

1）漏电

电网与电气设备的绝缘状态是重要的电气参数。电网与电气设备漏电是指绝缘电阻显著下降的现象。漏电具有广布性、隐秘性、连续性，可以为单发或多发，也可以为渐发或突发，具有诸多特点。若在井下供电系统发生漏电故障，可能导致人身触电、电火灾以及瓦斯、煤尘爆炸等事故，严重威胁着矿井和井下工作人员的安全。

2）造成井下低压电网漏电的原因

（1）因电缆或电气设备本身引起的漏电，包括：①敷设在井下巷道内的电缆，由于受环境潮湿等影响，运行后会出现绝缘老化或潮气入侵，引起绝缘电阻下降，造成电网漏电。②长期使用的电动机会因绝缘受潮、绕组散热不良等原因使绝缘老化而造成漏电。

（2）因管理不当而引起的漏电，包括：①由于管理不严，未按《煤矿安全规程》规定敷设电缆，电缆应用环境恶劣，导致绝缘老化、受潮而漏电。②对已长期不用而受潮或遭水淹的电气设备，未经严格的干燥处理和进行对地绝缘电阻耐压试验，投入运行后极有可能发生漏电，甚至导致其他电气故障。③电气设备长期过负荷运行，造成温升过高，绝缘老化而漏电。

（3）因操作不当引起的漏电，包括：①机械损伤，井下人员工作时，不慎误将电缆割伤或碰伤导致漏电；电缆受到拉、挤、压等造成漏电。②开关设备检修后，由于残留导体、误接线或间隙过小等原因，送电后会发生漏电。

（4）因施工安装不当引起的漏电，包括：①电缆与设备连接时，由于芯线接头不牢、压板不紧或移动时造成接头脱落，使相线与设备外壳接触，导致漏电。②电气设备内部接线错误，在合闸送电后会发生漏电。

3）漏电故障的预防措施

（1）严禁电气设备及电缆长期过负荷。

（2）导线连接要牢固，无毛刺，防松装置好，接线正确。

（3）维修电气设备时要按《煤矿安全规程》操作，严禁将工具和材料等导体遗留在电气设备中。

（4）避免电缆、电气设备浸泡在水中，防止电缆的机械损伤。

（5）不在电气设备中增加额外部件，必须设置时，必须遵守有关规定。

（6）设置保护接地装置。

（7）设置漏电保护装置。

4）漏电保护及其功能

煤矿安全生产对漏电保护有如下规定：①地面变电所和井下中央变电所的高压馈电线上，必须装设有选择性的单相接地保护装置；供移动变电站的高压馈电线上，必须装设有选择性的动作于跳闸的单相接地保护装置。②井下低压馈电线上，必须装设检漏保护装置或有选择性漏电保护装置，保证自动切断漏电的馈电线路。③煤电钻必须使用设有检漏、漏电闭锁、短路、过负荷、断相、远距离启动和停止煤电钻功能的综合保护装置。

对于井下变压器中性点绝缘供电系统，目前常用的漏电保护原理有：附加直流电源检测；零序电流方向、旁路接地等。漏电保护有选择性和非选择性之分。

漏电保护的主要功能有：①防止人身触电。漏电保护可以缩短人身触电的时间，降低通过人身的电流，使之满足小于 30 mA/s 的要求，从而保证人身的安全。②及时切除漏电电气设备。在电网中出现漏电故障后，漏电保护装置会及时地将故障线路、设备从电网中切除，恢复电网正常绝缘水平。③防止漏电产生的电火花引爆瓦斯和煤尘。对于 380V 或 660V 电网，当漏电电流达 88mA 或 42mA 时，产生的火花就能引爆瓦斯。目前，漏电保护无法保证杜绝漏电电流点燃瓦斯，但漏电保护可以降低漏电电流的数值，缩短漏电故障存在的时间，降低了漏电引爆瓦斯、煤尘的可能性。

5）检漏保护装置的运行、维护和检修

①值班电钳工每天应对检漏保护装置的运行情况进行检查和试验，并作记录。检查试验内容有：观察欧姆表指示数值是否正常；安装位置是否平稳可靠，周围是否清洁，无淋水；局部接地极和辅助接地极安设是否良好；外观检查防爆性能是否合格；用试验按钮对保护装置进行跳闸试验。

②电气维修工每月至少进行1次详细检查和修理，除了①条规定的内容外，还应检查：各处导线、元件是否良好；闭锁装置及继电器动作是否可靠；接头和触头是否良好；补偿是否达到最佳效果；防爆性能是否符合规定。

③在瓦检员配合下，对运行中的检漏保护装置每月至少进行1次远方人工漏电跳闸试验。

④检漏保护装置每年升井进行1次全面检修，检修后必须在地面进行详细的检查、试验，符合要求后方可下井使用。

⑤检漏保护装置的维护、检修及调试工作，应记入专门的运行记录簿内。

2. 保护接地

所谓保护接地，就是在井下变压器中性点不接地系统中用导体把电气设备所有正常状况不带电的金属部分和埋在地下的接地极连接起来，如图4-33所示。

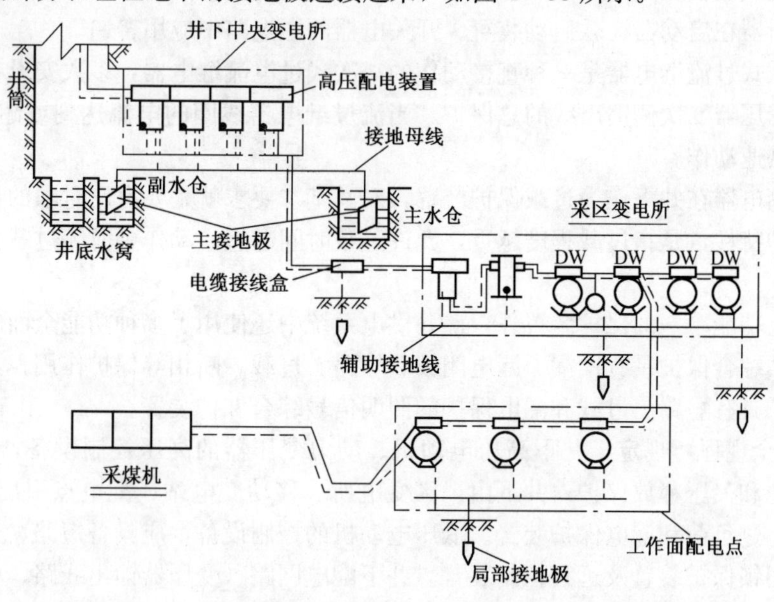

图4-33　井下保护接地网示意图

由于装设了保护接地装置，带电导体碰壳处的漏电电流大部分经接地装置流入了大地。即使设备外壳与大地接触不良，由于接地装置的作用，也可以避免和减少产生电火花，从而避免引起瓦斯、煤尘爆炸的危险。

由于有了保护接地，就可以将带电设备外壳的对地电压降低到安全数值，一旦人体接触这些外壳，就不致发生触电危险，从而保证人身安全。

形成接地网不仅降低了接地电阻，而且也能解决供电系统中不同电气设备发生不同相同时碰壳形成的异地两相短路的保护问题。

3. 过电流保护

1）引起过电流故障的原因

过电流是指电气设备或电缆的实际工作电流超过其额定电流值。过电流会使设备绝缘老化，绝缘降低、破损，降低设备的使用寿命、烧毁电气设备、引发电气火灾，引起瓦斯、煤尘爆炸。常见过电流故障有短路、过负荷和断相。

（1）短路故障。造成短路故障的原因主要有：由于电缆、电气设备受潮、绝缘老化或机械损伤，引起绝缘击穿而造成短路；由于人员误操作造成短路，如人员带负荷拉隔离开关等；由于矸石冒落、矿车挤压碰撞等原因造成短路。

（2）过负荷。过负荷是指电气设备的实际工作电流不仅超过了其额定电流值，而且超过了允许的过负荷时间。长时间过负荷，造成电气设备绝缘老化，烧毁电气设备。

（3）断相。三相电动机在运行中出现一相断线，由于机械负载不变，电机的工作电流会比正常工作时的工作电流大，从而造成过电流。

2）过电流保护装置的种类和作用

过电流保护装置包括短路保护、过载保护和断相保护。目前煤矿井下低压电网过电流保护装置主要有电磁式过流继电器、熔断器、热继电器等。

（1）熔断器的熔体通常用低熔点的铅、锡、锌合金制成，串接在被保护的电气设备的主回路中，当电气设备发生短路时，短路电流使熔体温度急剧升高并使其熔断，从而将故障线路切除。熔断器在启动器、软启动装置、开关电器的主电路中应用普遍。

（2）电磁式过流继电器是一种直接动作的一次式过电流继电器，多数安设在矿用馈电开关中，作为变压器二次侧馈出线的总保护。当流过继电器线圈的电流达到或超过整定值时，继电器就会迅速动作。

（3）热继电器在井下作为过载保护装置，对其基本要求就是要有反时限的保护特性。所谓反时限保护特性，是指过载程度越重，允许过载时间越短。动作延时随过载程度的增加而减少。

除了以上功能单一的保护装置外，矿井供电系统中还使用了多种功能全面的综合保护装置。如煤电钻综合保护具有检漏、漏电闭锁、短路、过载、断相等保护作用；井下照明和信号装置使用了具有短路、过载和漏电保护的照明信号综合保护装置。

《煤矿安全规程》规定，井下高压电动机、动力变压器的高压控制设备，应具有短路、过负荷、接地和欠压释放保护。井下由采区变电所、移动变电站或配电点引出的馈电线上，应装设短路、过负荷和漏电保护装置。低压电动机的控制设备，应具备短路、过负荷、单相断线、漏电闭锁保护装置及远程控制装置。井下配电网路（变压器馈出线路、电动机等）均应装设过流、短路保护装置。

设置过电流保护的目的就是在线路或电气设备发生过电流故障时，能及时切断电源防止过电流故障引发电气火灾、烧毁设备等现象的发生。

四、矿用电气设备

1. 井下开采的工作环境对电气设备的要求

（1）煤矿井下空气中，在瓦斯及煤尘含量达到一定浓度的条件下，如遇产生的电火花、电弧和局部热效应达到点燃能量时，就会燃烧或爆炸，故要求煤矿井下电气设备具有防爆性能。

(2) 电气设备对地漏电有可能引起瓦斯煤尘爆炸、引爆电雷管、造成人身触电危险。因此，要求电气系统有漏电保护装置。

(3) 井下硐室、巷道、采掘工作面等安装电气设备的地方，空间都比较狭窄，且人体接触电气设备、电缆的机会较多，容易发生触电事故。因此，要求井下电气设备外壳必须接入接地系统。

(4) 由于井下常会发生冒顶和片帮事故，电气设备（特别是电缆）很容易受到砸、碰、挤、压损坏。因此，电气设备外壳要坚固。

(5) 井下空气比较潮湿，湿度一般在 90%以上，且经常有滴水和淋水，电气设备很容易受潮。因此，要求电气设备有良好的防潮、防水性能。

(6) 井下电气设备的散热条件较差，要求井下电气设备有足够的额定容量。

(7) 采掘工作面的电气设备移动频繁，要求尽量减轻重量，并便于安装、折迁。

(8) 井下采掘运输设备的负荷变化较大，有时会产生短时过载，要求电气设备要有足够的容量和过载能力，并配置过载保护装置。

(9) 井下发生全部停电事故且超过一定的时间后，可能发生淹井、瓦斯积聚等重大故障，再次送电还有造成瓦斯煤尘爆炸的危险。因此，矿井供电绝不能中断。

从电气设备的工作环境来看，井下发生电气事故的危险性确实存在。但是，只要在电气设计制造与系统设计中均能做到充分考虑，安全是有保证的。人们对各种事故进行了分析，证实煤矿井下所发生过的电气事故多是人为造成的。所以，只要严格执行《煤矿安全规程》的规定，正确设计供电系统，正确选择电气设备，正确设置完善的保护装置，严格执行科学的管理方法，加强对各个岗位职工的安全和技能培训，完全可以避免电气事故的发生。

2. 矿用电气设备的分类

对煤矿井下常用的电气设备，根据其应用范围、结构特点和工作原理，可分为矿用一般型电气设备和矿用防爆型电气设备两类。

矿用一般型电气设备是专为煤矿生产的不防爆的电气设备，只能用于低瓦斯矿井井底车场、总进风巷和主要进风巷。使用架线电机车运输的巷道中及沿该巷道的机电硐室内也可采用矿用一般型电气设备，其标志为“KY”。

矿用防爆型电气设备又分为两类，其中，I 类为煤矿用电气设备；II 类为工厂用电气设备。矿用防爆型电气设备按照《爆炸性环境用防爆电气设备》标准制造，其总标志为“Ex”，适用于煤矿低瓦斯、高瓦斯和有煤（岩）与瓦斯突出、喷出的区域。根据防爆原理，设备可分为以下 10 种类型：

(1) 隔爆型电气设备。该设备具有隔爆外壳，其外壳既能承受其内部爆炸性气体混合物引爆产生的爆炸压力，又能防止壳内爆炸产物经隔爆间隙向壳外的爆炸性混合物传爆。

(2) 增安型电气设备。该设备在正常运行条件下不会产生电弧、电火花或可能点燃爆炸性混合物的高温，在设备结构上采取措施提高安全程度，以避免在正常和认可的过载条件下出现引爆现象。

(3) 本质安全型电气设备。该设备全部电路均为本质安全电路。所谓本质安全电路，是指在规定的试验条件下，正常工作或规定的故障状态产生的电火花和热效应均不能点燃规定的爆炸性混合物的电路。

(4) 正压型电气设备。该设备具有处于正压的外壳，即外壳内充有保护性气体，并保持其压强高于周围爆炸性环境的压强，以防止外部爆炸性混合物进入防爆电气设备的壳内。

（5）充油型电气设备。该设备全部或部分部件浸在油内，使其不能点燃油面以上或外壳以外的爆炸性混合物。

（6）充沙型电气设备。该设备外壳内充填沙粒材料，使之在规定的条件下壳内产生的电弧、传播的火焰、外壳壁或砂料材料表面的过高温度均不能点燃周围爆炸性混合物。

（7）浇封型电气设备。该设备将电气设备或其部件浇封在浇封剂中，使它在正常运行、认可的过载状态、认可的故障下均不能点燃周围的爆炸性混合物。

（8）无火花型电气设备。该设备在正常运行条件下，不会点燃周围爆炸性混合物，且一般不会发生有点燃作用的故障。

（9）气密型电气设备。该设备是将电气设备或电气部件置于气密的外壳中。

（10）特殊型电气设备。该设备不同于现有的防爆型设备，须由主管部门制定暂行规定，经国家认可的检验机构证明其具有防爆性能。该防爆电气设备须报国家技术监督局备案。

3. 隔爆型电气设备常见的失爆现象

电气设备的隔爆外壳失去了耐爆性或隔爆性（即不传爆性）就是失爆。井下隔爆型电气设备常见的失爆现象有：

（1）隔爆外壳严重变形或出现裂纹，焊缝开焊以及连接螺丝不齐全、螺扣损坏或拧入深度少于规定值，致使其机械强度达不到耐爆性的要求而失爆。

（2）隔爆接合面严重锈蚀、由于机械损伤、间隙超过规定值，有凹坑、连接螺丝没有压紧等，达不到不传爆的要求而失爆。

（3）电缆进、出线口没有使用合格的密封胶圈或根本没有密封胶圈；不用的电缆接线孔没有使用合格的密封挡板或根本没有密封挡板而造成失爆。

（4）在设备外壳内随意增加电气元、部件，使某些电气距离小于规定值，或绝缘损坏，消弧装置失效，造成相间经外壳弧光接地短路、使外壳被短路电弧烧穿而失爆。

（5）外壳内两个隔爆腔由于接线柱、接线套管烧毁而连通，内部爆炸时形成压力叠加、导致外壳失爆。

4. 隔爆型电气设备失爆的原因及预防措施

（1）电气设备维护和检修不当防护层脱落，使得防爆面落上矿尘等杂物，紧固对口接合面时会出现凹坑，有可能使隔爆接合面间隙增大。因此，维修人员在检修电气设备时，一定要注意防爆接合面，防止有煤尘、杂物沾在上面。

（2）井下发生局部冒顶砸伤隔爆型电气设备的外壳，移动和搬迁不当造成外壳变形及机械损伤都能使隔爆型电气设备失爆。为此，电气设备应安装在支护良好的地点，移动和搬迁设备时要小心轻放。

（3）由于不熟悉设备的性能，在装卸过程中没有采用专用工具或发生误操作。如拆卸防爆电动机端盖时，为了省事而用器械敲打，可能将端盖打坏或产生不明显的裂纹，可能发生传爆的现象。拆卸时零部件没有打钢印标记，待装配时没有对号而误认为是可互换的，造成间隙过小，间隙过小对活动接合面可能造成摩擦现象，破坏隔爆面，所以每个零部件一定要打钢印标记，装配时对号选配。

（4）螺钉紧固的隔爆面，由于螺孔深度过浅或螺钉太长，而不能很好地紧固零件。为此应检查螺孔是否有杂质，螺扣是否完好，装配前应进行检查和处理。

（5）由于工作人员对防爆理论知识掌握不够，对各种规程不能正确贯彻执行，以及对设备的隔爆要求马虎大意，均可能造成失爆。为此应加强理论知识和规程的学习，克服麻痹大意的思想。

五、矿用电缆

1. 矿用电缆的种类及性能

矿用电缆从构造上来分，可分为铠装电缆、橡套电缆和塑料电缆；从电压等级来分，又分为高压电缆、低压电缆和千伏级电缆（一般高压指工作电压为3kV以上，低压指1kV以下）；从用途角度，可分为动力电缆、控制电缆和通信电缆等；从芯线材料上又可分为铜芯电缆和铝芯电缆。

2. 矿用电缆的维护和检修

井下电缆除正确选择、按《煤矿安全规程》要求进行敷设和连接外，还应加强运行中的管理，进行日常维护与检查，才能保证电缆的安全运行。

1）定期维护制度

（1）定期预防性试验制度。对运行中的高压电缆进行定期预防性试验，是发现电缆缺陷的重要手段，对试验不合格的电缆应及时更换。

（2）定期清扫电缆上煤尘，根据矿井煤尘大小，确定清扫周期。

（3）电缆防护制度。在对井下巷道进行整修、粉刷和冲洗作业时，必须对电缆线路加以保护。应将电缆从电缆钩上取下，平整地将电缆放在巷道一侧，并用专用的木槽或铁槽护住电缆，以防损伤电缆。当巷道整修结束后，应由专人将电缆重新挂在电缆钩上。电缆带电摘挂时，应制定安全措施，带好防护用具。

（4）裸铠装电缆定期防腐制度。裸铠装电缆应进行定期涂漆防腐，其周期应根据实际情况确定。一般采区巷道敷设的电缆最多不超过2年；主要运输大巷为2年；立井井筒为2年～3年。

2）制定电缆日常检查制度

（1）检查高压电缆悬挂情况和运行状态。电缆悬挂应符合《煤矿安全规程》有关规定，日常维护应有专人负责，每日巡回检查1次。有顶板冒落危险或巷道侧压力过大的地区，应由专职维护人员及时将电缆放落到巷道底板一侧，并妥善覆盖保护。对线路状态，如电缆接线盒、辅助接地极连接是否良好，线路温度是否正常等，作好记录。如有不正常状态，应及时作相应的处理。

（2）各种移动设备（如采煤机、装煤机、装岩机等）的电缆管理和维护，应有专职人员班班检查。工作面掘进头附近电缆余下部分，应呈S形悬挂，不准在带电情况下呈O形盘放。电缆应严防被炮崩、煤岩撞砸或用力拖拽。

（3）低压电网中的防爆三通、四通和插销，应由专人每月进行1次检查维护，检查中应注意端子的连接情况，有无松动、因接触不良而产生过热等现象，对防爆面应清洗（擦）涂油。

（4）每一矿井应有专职人员对电缆实行全面管理。生产单位的维修人员应积极配合，有计划地对电缆的负荷情况、保护装置的设置等情况进行检查。新采区投产时，应跟班进行负荷测定；对正常生产采区，则应每月进行1次，以保证电缆的安全运行。

（5）高压电缆的铠装层（钢带、钢丝）如有断裂松动，应及时绑扎。如有高压电缆跨越电机车架空线时，跨越部分，应妥善加以保护，以免火花灼伤电缆；当电缆穿过淋水区时，不应设接线盒，如有接线盒，应有防水措施，并由专人每日检查1次。

（6）立井井筒的电缆日常检查维护，至少应有2人进行，每月至少检查1次，如有固定电缆的夹持装置松动或损坏，应及时处理或更换。

六、触电事故的预防

1. 触电的分类

触电事故是指人体触及带电体或人体接近高压带电体时，有电流流过人体而对人身造成的伤害事故。按伤害程度的不同，触电可分为电击和电伤两种。电击是指电流通过人体，损坏人体内部器官，导致触电者伤残或死亡。电伤是指电弧对人体表面造成的烧伤。在过去发生的触电死亡事故中，大多数是由于电击造成的。因此，触电事故主要是指电击导致的伤亡事故。

2. 触电对人体的影响

人体触电时，触电电流会对心脏、呼吸和神经系统等造成影响。例如引起心室颤动，阻碍心脏向大脑供血，由于大脑缺氧导致死亡。一般认为，凡是能引起心室颤动的电流，或者使触电者不能自主地摆脱带电体的电流均是危险电流。只有触电者能自主地摆脱带电体的触电电流才是安全电流。不同的触电电流对人体的影响见表4-2。

表4-2　不同的触电电流对人体的影响

触电电流/mA	人体的反应	
	直流	交流（50Hz）
0.6～1.5	开始有感觉，手指有麻刺感	没有感觉
2～3	手指有强烈麻刺感、颤抖	没有感觉
5～7	手部痉挛	感觉痒、灼热、刺痛
8～10	脱离带电部位困难、手部剧痛	热感增强
20～25	呼吸困难、手部麻痹	手部肌肉收缩、热感强烈
50～80	呼吸麻痹、心房开始震颤	有强烈热感、手部肌肉痉挛、呼吸困难
90～100	呼吸麻痹持续3s以上时心脏麻痹、心室颤动	呼吸麻痹
300及以上	作用0.1s以上，呼吸和心脏麻痹，机体组织受到电流破坏	

3. 触电的方式

矿井供电系统中发生触电事故包括接触触电和非接触触电两种方式：

（1）接触触电是指人体直接与带电体接触。以单相触电多见。例如，在保护措施失效情况下，人体接触橡套电缆的漏电部位。另外，井下发生漏电故障时，在漏电电流的流经路线上出现电压降，由于跨步电压的存在，可能导致人体触电。虽然电流是从脚经腿和胯部形成回路，没有经过心脏等重要器官，但当承受较高跨步电压时，双脚就会抽筋、倒地。此时，触电电流的流经路线改变，通过人体的重要器官，对人身安全形成较大的威胁。

（2）非接触触电当人体与高压带电体的距离小于等于放电距离时，会产生放电。虽然通过人体的电流很大，但人会被迅速击倒而脱离电源，有时不会导致死亡，但会造成严重烧伤。

4. 影响触电伤害的因素

触电的危险程度与很多因素有关，而这些因素是互相关联的，只要某一因素达到一定的限度，都会使触电者达到危险程度。

（1）电流的大小。一般通过人体的电流越大，人的生理反应越明显、越强烈，死亡危险性也越大。通过人体的电流强度取决于触电电压和人体电阻。人体电阻主要由表皮电阻和体内电阻构成，体内电阻一般较为稳定，约为500Ω，表皮电阻则与表皮湿度、粗糙度、触电面积有关。一般人体电阻为1000Ω～2000Ω。

（2）持续时间。通电时间越长，电击伤害程度越重。因为电流通过人体时间越长，对人体的破坏力越大，而且电流对人体组织有电解作用，使人体电阻降低，导致电流很快增加。另外，人的心脏每收缩扩张一次有0.1s的间歇，在这0.1s内，心脏对电流最敏感。若电流在这一瞬间通过心脏，即使电流较小，也会引起心脏颤动，造成危险。

（3）电流的途径。电流通过头部会使人立即昏迷，甚至造成死亡；电流通过脊髓，会导致半截肢体瘫痪；电流通过中枢神经，会引起中枢神经强烈失调，造成呼吸窒息而导致死亡。所以电流通过心脏、呼吸系统和中枢神经系统时，危险性最大。从外部看，左手至脚的触电最危险，脚到脚的触电对心脏的影响最小。

（4）电流频率。常用的50Hz～100Hz的工频交流电对人体的伤害最严重；低于20Hz时，危险性相对减小；2000Hz以上时死亡危险性降低，但容易引起皮肤的灼伤。直流电危险性比交流电小很多。

（5）人体健康状况。触电伤害程度与人的身体状况有密切关系。除了人体的电阻各有区别外，女性比男性对电流敏感性高；遭电击时小孩要比成年人严重；身体患心脏病、结核病、精神病、内分泌器官疾病或醉酒的人，由于抵抗能力差，触电后果更为严重。另外，对触电有心理准备的人，触电伤害轻。

5. 人体触电的原因

（1）作业人员违反《煤矿安全规程》、《操作规程》有关规定，带电作业、带电安装、带电检查、修理、处理故障；忘记停电、停错电、不验电、放电等。

（2）不执行停、送电制度，停电开关没闭锁，没按要求悬挂“有人工作，严禁送电”警示牌，执行“谁停电谁送电”安全作业制度不严，误送电。

（3）没设可靠的漏电保护、漏电保护失效或甩掉不用；漏电保护失效且保护接地网断线的情况下人触及带电的设备外壳。

（4）不按要求使用绝缘用具、带电拉隔离开关等误操作导致人体触电。

（5）不按要求携带较长的导电材料，在有架线的巷道行走时触及架线。

（6）工作中，触及破损电缆、裸露带电体等。

6. 人体触电预防措施

（1）避免人体接触低压带电体，避免人体接近高压带电体。电气设备的带电部分用外壳封闭，并设置闭锁装置；高压线或井下电机车架空线设置在安全高度；对导电部分裸露的高压母线及高压设备无法用外壳封闭的，设遮拦，防止人员靠近；设置的遮拦门上安设闭锁装置，人员误入高压电气室时，确保门开电断，防止人体触电；各变配电所的入口处或门口，悬挂“非工作人员，禁止入内”警示牌；无人值班的变配电所，关门加锁。

（2）对人员易接触的电气设备尽量采用较低电压；如煤电钻电压、信号照明电压使用127V；远距离控制电压使用36V等。

（3）井下采用变压器中性点不接地系统，设置漏电保护、保护接地等安全用电技术，防止人体触电。

(4) 严格遵守各项安全用电制度和《煤矿安全规程》的相关规定。

七、矿井供电安全管理

1. 操作井下电气设备应遵守的规定

(1) 非专职人员或非值班电气人员不得擅自操作电气设备。

(2) 操作高压电气设备主回路时，操作人员必须戴绝缘手套，并穿绝缘靴或站在绝缘台上。

(3) 手持式电气设备的操作手柄和工作中必须接触的部分必须有良好的绝缘。

2. 检修、搬迁井下电气设备、电缆应遵守的规定

井下不得带电检修、搬迁电气设备、电缆和电线；检修或搬迁前，必须切断电源，检查瓦斯，在其巷道风流中瓦斯浓度低于1.0%时，再用与电源电压相适应的验电笔检验；检验无电后，方可进行导体对地放电。控制设备内部安有放电装置的，不受此限。所有开关的闭锁装置必须能可靠地防止擅自送电，防止擅自开盖操作。开关把手在切断电源时必须闭锁，并悬挂“有人工作，不准送电”字样的警示牌，只有执行这项工作的人员才有权取下此牌送电。

3. 煤矿井下电气安全管理应做到“三无、四有、两齐、三全、三坚持”

三无是指：无“鸡爪子”，无“羊尾巴”，无明接头。四有是指：有过电流和漏电保护装置，有螺钉和弹簧垫，有密封圈和挡板，有接地装置。两齐是指：电缆悬挂整齐，设备硐室清洁整齐。三全是指：防护装置全，绝缘用具全，图纸资料全。三坚持是指：坚持使用检漏继电器，坚持使用煤电钻、照明和信号综合保护装置，坚持使用风电、瓦斯电闭锁装置。

任务六　矿井运输与提升事故及预防

导学思考题

(1) 矿井运输与提升的任务是什么？

(2) 井下运输与提升的特点？

(3) 斜巷运输事故形式有哪些？

事故案例1：2009年，河南某分矿主井发生运输皮带着火事故，致使六名矿工死亡。

事故案例2：2010年，湖南某煤矿暗斜井发生跑车事故，造成1人死亡，直接经济损失59万元。

一、矿井运输与提升的基本任务

煤炭生产过程包括采、装、运、支四大环节，矿井运输是煤矿生产过程中非常重要的环节。在矿井运输中，对煤炭的运输工作称为主要运输，而服务于煤矿生产的其他运输工作称为辅助运输。辅助运输包括矸石、材料、设备和人员的运输，高效、安全、可靠的辅助运输技术与装备的应用，已成为矿井现代化的一个重要标志。

矿井运输与提升在矿井生产中担负着以下任务：①将工作面采出的煤炭经井下巷道及井筒运输提升运送到地面指定地点；②将掘进出来的矸石运往地面矸石场或矸石加工场所；③往返运送井下生产所必须的材料、设备；④运送井下工作人员。因此，矿井的运送和提升

直接影响煤矿生产和安全。

二、矿井运输与提升的特点

矿井运输是煤矿企业内部运输，其特点取决于煤矿生产的特殊工作方式和环境条件，由于矿井运输与提升设备是在井下巷道和井筒内工作，空间受到限制，故要求结构紧凑，外部尺寸尽量小；井下运输环节多，运输路线差别大，要求运输设备有多种类型；井下运输流动性强，地点经常变化，要求其中许多设备应便于拆卸和移置；由于井下往往存在瓦斯、煤尘、淋水、潮湿等特殊条件，且受不可预期的冲击或外力，要求设备防爆、耐腐蚀且坚固耐用。因此，合理选择、维护矿井运输提升设备，使之安全可靠，对于防范运输与提升事故，保证矿井安全高效生产，具有重要意义。

三、矿井运输系统

矿井运输与提升系统如图 4-34 所示。

煤炭运输路线为：采煤工作面 A→采区胶带运输巷道 9→运输机上山 8→采区煤仓→运输大巷 4→井底车场 3→井底煤仓→主井提升→1 地面。

材料、设备的运输路线为：地面→副井 2→井底车场 3→运输大巷 4→石门→采区车场 6→轨道上山 7→采区轨道运输巷道 10→采煤工作面 A。

矸石运输路线为：掘进工作面 B 处采下的矸石，经过轨道运输巷→轨道上山 7→采区车场 6→石门 5→井底运输大巷 4→井底车场 3→副井提升→地面。

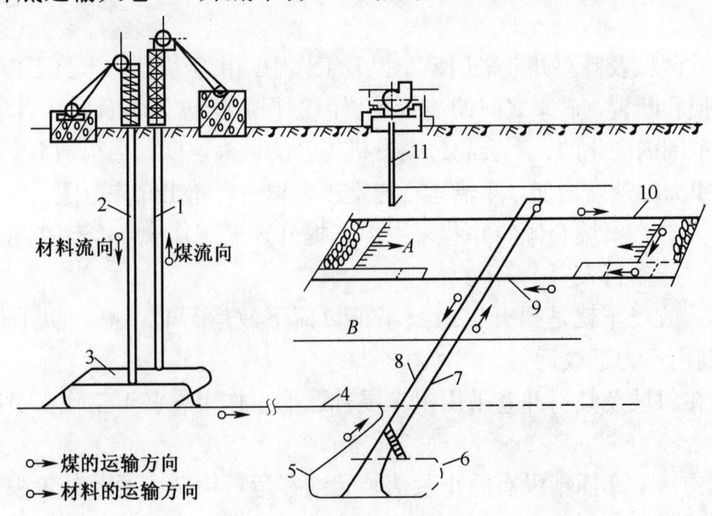

图 4-34　矿井运输系统布置

1—主井；2—副井；3—井底车场；4—运输大巷；5—石门；6—采区车场；7—轨道山上；8—运输机上山；9—采区胶带运输巷道；10—采区轨道运输巷道；11—风井。

四、矿井主要运输事故形式

1. 机车运输伤害事故

(1) 架线触电事故。井下电机车架线因受到空间高度的限制，员工在上下车、修理巷道、机车上处理故障甚至在巷道内行走时，都有可能触碰到机车架空线，一旦触碰到机车架空线，将导致严重触电事故。

(2) 巷道狭窄障碍物多，无法躲避与人相碰事故。巷道狭窄不符合运输巷道要求或堆码材料或行人在巷道行走，发现电机车驶来急忙躲避，但由于巷道太窄障碍物多无法躲避造成与电机车相碰事故。

(3) 违章蹬车。不按规定乘车，人员蹬在矿车碰头或两车之间。

(4) 违章扒车。不按规定乘车，扒向行驶的列车。

(5) 违章跳车。乘坐乘人车时身体伸出车外，不按规定下车，列车在运行中或未停稳就上下车。

(6) 撞车。两列车或两机车在同一线路上相向行驶发生碰撞。

(7) 追尾。两列车或两机车在同一线路上同向行驶而发生碰撞。

(8) 超速。机车或列车行驶速度超过规定，在过弯道、道岔、车场、巷道口、前方有行人，视线受到障碍物影响而未按规定减速行驶。

(9) 违章带车。在平巷或车场内，用链条连接牵引另一平行道上的车组或反向顶矿车组，造成机车或矿车跳到撞倒棚子伤人。

2. 矿井提升伤害事故

(1) 断绳。使用中的钢丝绳因摘挂钩频繁，钢丝绳磨损、断丝、锈蚀、弯曲、松股、挤压、点蚀麻坑或受到猛烈拉力等情况，造成钢丝绳断裂而发生事故。

(2) 过卷。提升机提升到达终点时，由于司机的失误或自动减速装置发生故障，将串车或提升容器，提升到最终提车点以上，就称“过卷”。一旦发生过卷事故，造成的破坏后果非常严重。

(3) 跑车。在斜坡及倾斜井巷采用串车提升工作中，由于摘挂钩人员工作频繁，钢丝绳和连接装置容易磨损和断裂，矿车之间的连接装置因磨损后受拉力而断裂，当车辆正常运行时，其速度是在一定范围内变化的，不会超过提升机提升的最大速度，当车辆不受牵引钢丝绳限制时，随着速度和重力加速度增加，车辆运行速度越来越快，超出允许范围，称为“跑车”。

(4) 行车行人。在斜坡及倾斜井巷采用串车提升运输工作中，车辆在运行，人员又在巷道中行走，称为“行车行人”。

(5) 放飞车。放飞车就是提升机或绞车重负荷下放运行时，电动机不带电运行（不给点），松开闸，利用重力下放运行。

(6) 蹬钩。在斜坡及倾斜井巷采用串车提升运输工作中，井下工作人员蹬上运行车辆上下到目的地。

(7) 窜销脱钩。矿车插销没有防止脱落装置或在运行中防止脱落装置失效，插销没有放到位，轨道铺设质量差，行车中车辆在轨道连接处跳动或下道引起插销跳动而窜出。

3. 其他运输伤害事故

(1) 皮带运输机事故：平巷和倾斜巷道的皮带运输机保护装置不完善或失效，机头机尾安全防护网不完善、安全间距不够，造成事故。

(2) 刮板输送机事故：由于刮板输送机的安装不规范，缺少机头机尾的稳固装置，操作人员不按规定违章打运材料或违章跨越，刮板输送机因断链、漂链、机头机尾翻跷、溜煤槽拱跷、联轴器无保护罩、信号误动等原因而导致伤人，造成事故。

(3) 小绞车事故：由于临时使用的小绞车在安装时，压、稳固装置不规范，操作人员违章超能力使用，非操作司机违章操作绞车，造成事故。

（4）人力推车事故：人力推车时，不注意前、后行人和车辆，或放飞车，造成碰伤、撞伤、挤伤等伤人事故。

五、运输事故的预防和处理

1. 刮板输送机事故的预防和处理

刮板运输机事故的预防可参考表 4－3。

表 4－3　刮板运输机事故的预防

部件	要做的工作	不允许做的事情
链轮轴组	1. 检查磨损和损坏情况 2. 检查轴承座与轴套之间的间隙 3. 检查油位并找出其快速变化的原因 4. 长期储存应定期检查 5. 定期进行机械残渣分析 6. 井下更换轴组时，要充分使新油进入轴承后才能进行 7. 每半年建议机头尾轴组互换	1. 链轮轴组在井下不能解体 2. 不能把过度磨损的链轮与新链条一同使用 3. 拔链器和护板未安装好之前不得开动输送机
刮板链	1. 保持正确的预紧力 2. 保证链条节距适当 3. 对掉道的刮板应及时复位 4. 立即更换损坏的刮板并及时补充丢失的刮板 5. 运输机工作两周后，重新紧固每个刮板螺栓，以后每月还应仔细检查 6. 如确定运输大量矸石或每层中夹矸石增大，应适当增大预紧力	1. 链条张力不能过低 2. 不得只更换一条链条，应两条同时更换 3. 任何情况下都不得增大刮板间距 4. 不允许在螺栓损坏或丢失刮板的情况下运行 5. 链条必须配对使用
减速器	1. 检查油位，分析其突变原因 2. 检查固定螺栓 3. 长期存放应定期转动 4. 定期进行机械残渣分析 5. 清除浮煤，提高散热效果	1. 不允许在井下打开箱体 2. 不允许在油量不足或无油情况下使用
电动机	保证旋向正确 检测一台电动机时，另一台电动机必须脱开	
中部槽	1. 立即更换损坏的连接零部件 2. 为使磨损均匀，倒面时应将中部槽安装位置调换	1. 不允许先铺中部槽后穿链条 2. 槽盖板丢失或没放好时不得开动运输机
一般操作	1. 每小班完工时，运输机上的煤要排空 2. 定期检查机尾拉回煤情况 3. 防止除煤、矸石以外的其他物料在刮板下通过	1. 不运转时不能拉移运输机 2. 拉运输机时，不准使其达到最大弯曲角度 3. 底板不允许有台阶 4. 不允许运输除煤、矸石以外的其他物料

2. 皮带运输机事故的预防与处理

（1）主运输系统带式输送机应使用阻燃输送带，耦合器坚持使用难燃耦合器。

（2）带式输送机要使用防滑、堆煤、溜煤眼满仓保护、防跑偏、超温洒水、烟雾报警六项保护规范，整齐合格，动作可靠。

（3）带式输送机机头、机尾 20m 范围内应用不燃材料支护。

（4）带式输送机机头及输送带通道消防设施齐全、规范。机头设置 2 台合格的灭火器和 0.2m^3 的灭火沙，机头、机尾的安全防护装置要完善。

(5) 带式输送机一旦出现火灾，现场值班司机应及时通知矿调度室，并关闭机头配电设备电源，用现场灭火器进行灭火。如危及生命安全，应按照避灾路线避灾。

(6) 防止大块物料冲击胶带，尽量减少溜槽落差或胶带输送机之间的落差。同时要注意入料方向与胶带运行方向一致。

(7) 输送机的驱动装置、滚筒、连轴器等都要装设保护罩和保护栏杆，防止人员靠近造成滚筒绞人事故。

(8) 输送机两侧要有足够宽度，运行中禁止人员跨越胶带，跨越处需要设桥梯。

(9) 当人员坠入溜煤眼时，要立即停下输送机，如果现场有能够到达伤员的保安绳，现场人员要积极抢救，设法把伤员救至溜煤眼上口。处理这类事故时，抢救人员必须使用保险绳，并拴在牢固的物件上。

(10) 加强主要设备的日常维修和巡查工作，发现隐患及时处理，确保设备的正常运转。

3. 机车运输事故的预防和处理

(1) 司机扳道岔时，必须停车进行。列车或单独机车都必须前有照明，后有红灯。

(2) 加强巷道及线路的维修保养，疏通巷道给水及时清理巷道中的杂物及翻在道边损坏的矿车。

(3) 加强机车司机的安全技术培训，严禁蹬、扒、跳车。机车运行中严禁将头或身体探出车外。司机离开座位时，必须切断电动机电源，将手把取下，扳紧车闸，但不得关闭车灯。

(4) 加强电机车检修维护，必须定期检修机车和矿车，并经常检查，发现隐患及时处理，确保机车机构灵敏安全可靠，认真填写检修记录。

(5) 合理确定牵引的矿车数，不得随意增加车数。使用符合规程的链板、销子和三环链子。

(6) 加强人力推车的管理，严格按照《煤矿安全规程》所规定的作业。

(7) 列车的制动距离每年至少测定1次。运送物料时不得超过40m。运送人员时不得超过20m。严格记录有关实验数据并存档。

4. 斜巷运输事故的预防措施

(1) 防止跑车事故。加强对钢丝绳、连接装置的管理，不使用不合规定的连接钩环和插销，矿车之间、矿车和钢丝绳之间的连接都必须使用防脱装置。

(2) 加强生产管理，开车前严格检查牵引车数、连接和装载情况。按要求设置阻车器、挡车器或挡车栏。

(3) 严禁蹬钩、严禁行车行人，行车时要发出声光信号。

(4) 加强巡查力度，确保设备运转正常。

(5) 加强检修工作，对斜巷防跑车装置进行定期试验，确保灵活可靠，并认真填写好试验记录。

(6) 当发生跑车，两车相撞，或机车、矿车翻倒压住人员时，现场其他人员应采取一切可能的措施，解除压迫物体，并立即向矿调度室汇报事故情况，组织抢救处理。

(7) 处理以上事故时，要有防止车体继续下滑以及车体翻倾的措施，需要将压迫物体上撬时，要随时加垫木或其他物体，以防再次压迫人员。

5. 预防提升容器过卷的措施

(1) 井口到位开关、磁钢固定牢固，无脱落，确保到位停车。

（2）每日对过卷、闸间隙、过速等保护进行试验，确保保护设置或装置动作灵敏、可靠。

（3）每周检查井筒减速点开关，保证提升过程减速可靠。

（4）定期更换提升机制动系统液压油，清洗制动闸、系统阀组，保证制动系统安全可靠。

（5）加强对提升系统各岗点的岗位人员的思想教育和岗位技能培训，提高岗位人员的思想素质和业务技能素质，杜绝人为误操作。

6. 预防提升钢丝绳断绳的措施

（1）确保提升钢丝绳日检时间和日检质量，按照《煤矿安全规程》的规定定期更换提升钢丝绳。

（2）加强提升机的维护和检修，避免提升机出现紧急停车。

（3）杜绝井筒坠物的发生。

（4）加强滚筒摩擦衬垫的检查，保证钢丝绳间的张力差不超过10%。

（5）定期检查钢丝绳张力自动平衡装置，确保工作状况良好。

（6）定期检查托罐装置和防过卷、防过放装置，确保其完好。

7. 预防卡罐或卡箕斗事故的措施

（1）每天对副井上下井口安全门、摇台、阻车器、罐笼及推车机与提升信号间的闭锁进行检查、试验，闭锁应满足《煤矿安全规程》相应要求。

（2）加强主井卸载曲轨检查，曲轨应固定牢固，无松动、无严重变形，保证箕斗进出曲轨无卡阻。

（3）每周对立井井筒装备检查一次，保证运行罐道及稳罐罐道无松动，罐道接头间隙、错茬符合要求。

（4）每年对立井井筒罐道间距、罐道变形、锈蚀情况进行一次全面测量、检查，确保罐道安装质量。

（5）每天对主井装卸载信号与提升机间的闭锁进行检查、试验，信号闭锁应灵敏、可靠，保证装载定量斗卸煤扇形门关闭到位后提升信号才可发出，绞车运行。

复习思考题

（1）如何防治井下一氧化碳中毒？

（2）井下常见有毒有害气体安全浓度时怎样规定的？

（3）矿井水灾有哪些危害？造成矿井水灾的主要原因是什么？

（4）矿井透水有哪些征兆？

（5）如何防止采煤工作面顶板事故的发生？

（6）顶板事故的形式有哪些？

（7）如何预防大冒顶事故？

（8）矿用炸药主要参数有哪些？

（9）井下电气安全的“三无”指的是什么？

（10）检修电气设备时，应注意哪些事项？

（11）皮带运输机主要出现哪些事故？

（12）如何防止斜巷跑车事故？

学习情境五　矿山救护

思维导图

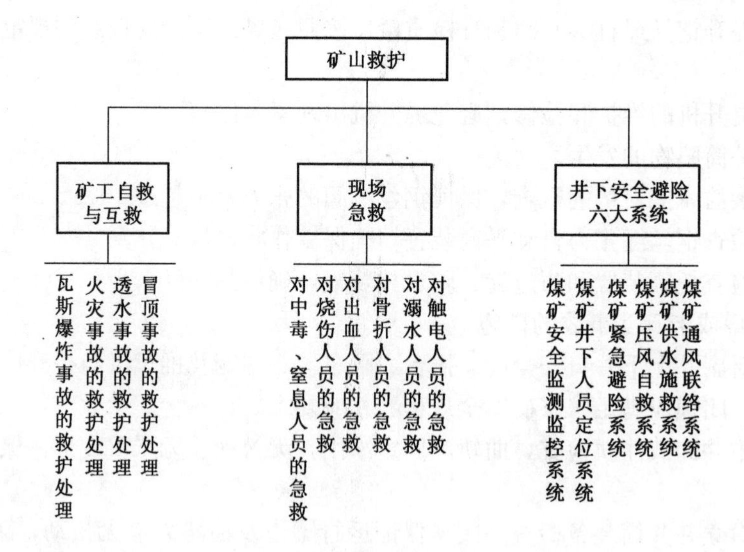

任务一　矿工自救与互救

导学思考题

(1) 矿井发生瓦斯爆炸后如何自救互救？

(2) 矿井自救互救要遵循哪些原则？

灾害发生后，救护队和医护人员往往很难马上到达现场。此时，在场人员利用现有的条件和设备正确地进行自救与互救是极为重要的。

煤矿井下发生不同类型的事故时，自救和互救的方法略有不同，但是，矿工应按以下总的原则进行自救和互救：

(1) 出现事故时，在场人员一定要头脑清醒、沉着、冷静，要尽量了解判断事故发生地点、性质、灾害程度和可能波及的地点，迅速向矿调度室报告。

(2) 在保证人员安全的条件下，利用附近的设备、工具和材料及时处理，消灭事故，当确无法处理时，就应由在场的负责人或有经验的老工人带领，根据灾害地点的实际情况，选择安全路线迅速撤离危险区域。撤离时，不要惊慌失措，大喊大叫，四处乱跑。

在进行救护时，救护人员应注意以下一些救护知识：一是注意佩戴防护器材，如事故造成有毒或有害气体含量增高，可能危及人员生命安全，救护人员必须及时正确地佩戴自救器，严禁不佩戴自救器的人员进入灾区开展救护工作；二是在救护过程中如发现受伤人员，应组织有经验的人员积极进行现场抢救，并迅速将伤员搬运到安全地点；三是对灾区内营救出来的伤员，应妥善安置到安全地点，根据伤情就地取材，及时进行止血、包扎、骨折固定、人工呼吸等应急处理；四是在现场急救和搬运伤员过程中，方法要得当，动作要轻巧，避免伤员伤情扩大和受不必要的痛苦。

矿井易发生的事故主要有瓦斯爆炸事故、火灾事故、透水事故和冒顶事故。事故类型不同，其救护处理方式也不相同。

1. 矿井瓦斯爆炸事故的救护处理

当井下发生瓦斯、煤尘等爆炸事件时，井下被困矿工可采取如下方法进行自救和互救：

(1) 迅速背向空气震动的地方，脸向下卧倒，头要尽量低些，用湿毛巾捂住口鼻，用衣服等物盖住身体，使肉体的外露部分尽量减少。

(2) 迅速戴好自救器，辨清方向，沿避灾路线尽快进入新鲜风流区，及时离开灾区。撤离中，要由有经验的矿工师傅带队。如不知道撤退路线是否安全，就要设法找到永久避难硐室或自己构造临时硐室暂时躲避，安静而耐心地等待井外人员救护。

(3) 避灾中，每个人都要自觉遵守纪律，听从指挥，并严格控制矿灯的使用。要主动照顾受伤人员，还要时时敲打铁道或铁管，发出呼救信号；要派有经验的老工人（至少两人同行）出去侦探，经过探险确认安全后，大家方可向井口退出。撤退时应在沿途做上信号标记，以便救护队跟踪寻找。如有可能，应尽量在井内寻找到电话，以便及早同外界取得联系。

2. 矿井火灾事故的救护处理

当发生火灾时，具体救护措施如下：

(1) 沉着冷静，迅速戴好自救器。

(2) 位于火源进风侧人员，应迎着新风流方向撤退。位于火源回风侧人员，如果距火源较近，且火势不大时，应迅速冲过火源撤到进风侧，然后迎风撤退；如果无法冲过火区，则沿回风侧撤退一段距离，尽快找到捷径绕到新鲜风流中再撤退。

(3) 如果井道已经充满烟雾，也不要惊慌，要迅速辨认发生火灾的地区和风流方向，然后俯身摸着铁道或铁管有秩序地外撤。

3. 井下透水事故的救护处理

井下一旦发生透水事故，井下作业人员可采取下列方法进行避灾自救：

(1) 首先要尽力判明水源性质（如水源属含水层水、断层水、老空水），并用最快的方式通知附近地区的工作人员一起按规定的路线撤出。要用双手抓扶支架顶住水头冲击，向高处攀爬行走，依次进入上一个平台，最后逃出矿井。

(2) 假如出路已经被水隔断，就要迅速寻找井下位置最高、离井筒最近的地方暂时躲避。同时，定时在轨道或水管上敲打，不断发出呼救信号。

(3) 人员撤出透水地区以后，要立即紧紧关闭防水闸门。

4. 冒顶事故的救护处理

当井下发生冒顶事故时，矿工可采取如下自救措施：

(1) 要千方百计减少个人呼吸量，静卧休息，并注意加强支护，以防继续冒顶。

(2) 如果有隔离式自救器，应在感觉呼吸困难时佩戴，被堵处如果有压风管路，可打开管路上的阀门以提供氧气。

(3) 若发现堵住出口的煤矸量不大，有可能扒通出口时，应采取轮流攉煤矸的方法，将煤矸移开，以便逃生；在攉煤矸时要注意顶板安全，防治继续冒顶，同时要经常敲打金属物体，不断向救护人员发出呼救信号。

任务二　现场急救

导学思考题

（1）发现中毒时如何进行急救？

（2）对烧伤人员如何急救？

矿井发生水灾、火灾、爆炸、冒顶等事故后，可能会出现中毒、窒息、外伤等伤员。在场人员对这些伤员应根据伤情进行合适的处理与急救。救护指战员在灾区工作时，只要发现遇险受伤人员，都要把救人放在第一位。

1. 对中毒、窒息人员的急救

在井下发现有害气体中毒者时，一般可采取下列措施：

（1）立即将伤员抢运到新鲜风流中，安置在安全、干燥和通风正常的地点。

（2）立即清除患者口、鼻内的污物，解开上衣扣子和腰带，脱掉胶鞋。并用衣被等物盖在伤员身上以保暖。

（3）根据心跳、呼吸、瞳孔、神志等方面，判断伤情的轻重。正常人每分钟心跳60次～80次、呼吸16次～18次，两眼瞳孔是等大等圆的，遇光线后能迅速收缩变小，神志清醒。而休克伤员的两瞳孔不一样大，对光线反应迟钝。可根据表5-1的情况判断休克程度。对呼吸困难或停止者，应及时进行人工呼吸。当出现心跳停止现象时，除进行人工呼吸外，还应同时进行心脏挤压法急救。

表5-1　休克程度分类表

休克分类	轻度	中度	重度
神志	清楚	淡漠、嗜睡	迟钝或不清
脉搏	稍快	快而弱	摸不着
呼吸	略速	快而浅	呼吸困难
四肢温度	无变化或稍发凉	湿而凉	冰凉
皮肤	发白	苍白或出现花纹斑	发紫
尿量	正常或减少	明显减少	尿极少或无尿
血压	正常或偏低	下降显著	测不到

（4）人工呼吸持续的时间以伤员恢复自主性呼吸或真正死亡时为止。当救护队员到达现场后，应转由救护队用苏生器苏生。对重度CO中毒和SO_2、NO_2中毒者只能进行口对口的人工呼吸或用苏生器苏生，不能采用压胸或压背法的人工呼吸，以免加重伤情。

下面介绍几种现场急救常用的人工呼吸和恢复心跳的方法。

①口对口吹气法：此法效果好、操作简单、适用性广。操作前使伤员仰卧，救护者跪在伤员头部一侧，一手托起伤员下颌，并尽量使头部后仰，另一手将其鼻孔捏紧，以免吹气时从鼻孔漏气；救护者深吸一口气，然后紧对伤员的口将气吹入，造成吸气（图5-1（a）），并观察

伤员的胸部是否扩张，确定吹气是否有效和适当；吹气完毕，松开捏鼻的手，并用一手压其胸部以帮助呼气（图 5-1（b））。如此有节律地均匀地反复进行，每分钟吹气 14 次～16 次。

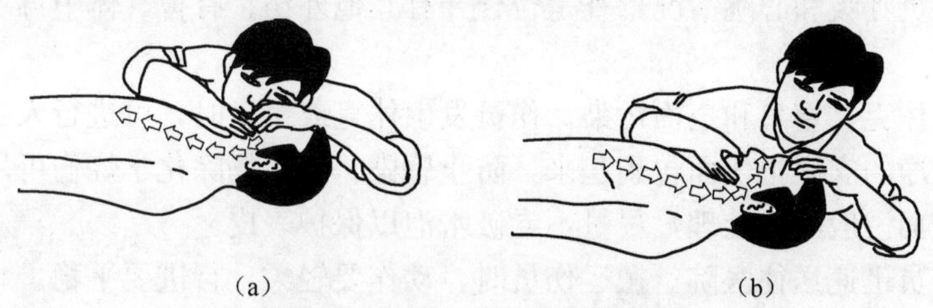

(a)　　(b)

图 5-1　口对口吹气人工呼吸法

(a) 紧贴吹气；(b) 放松呼气。

②仰卧压胸法：让伤员仰卧，救护者跨跪在伤员大腿两侧，两手拇指向内，其余四指向外伸开平放在伤员胸部两侧乳头之下，借上身重力压伤员的胸部，挤出肺内空气；然后，救护者身体后仰除去压力，伤员胸部依其弹性自然扩张，使空气吸入肺内。如此有节律地进行，每分钟 16 次～20 次（图 5-2）。

③俯卧压背法：让伤员俯卧，救护者跨跪在伤员大腿两侧，其操作方法与仰卧压胸法大致相同（图 5-3）。

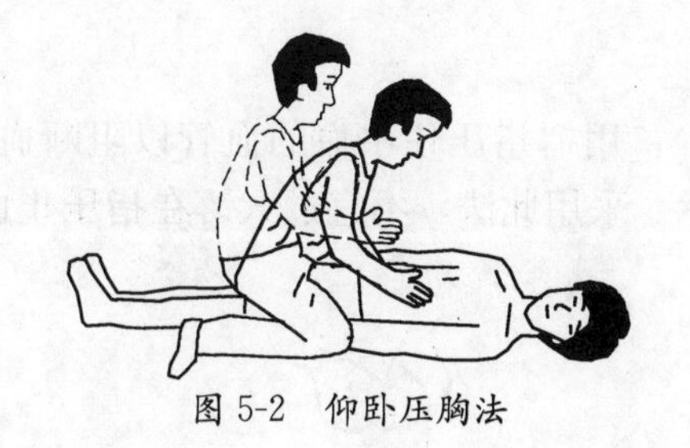

图 5-2　仰卧压胸法

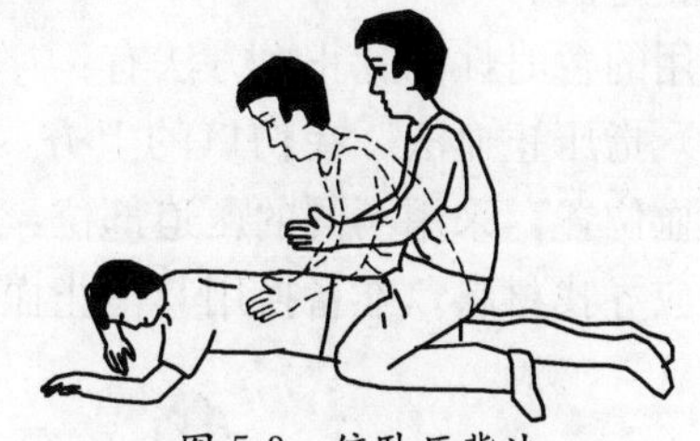

图 5-3　俯卧压背法

④心脏挤压法：体外心脏挤压是用于对各种原因造成心跳骤停的伤员进行抢救的一种有效方法。将伤员仰卧平放在硬板或地面上，救护者站着或跪在伤员一侧，两手相叠，掌根放在伤员胸骨下 1/3 部位，中指放在颈部凹陷的下边缘，借自己的体重用力向下按压（图 5-4），使胸骨压下约 3cm～4cm，每次下压后应迅速抬手，使胸骨复位，以利于心脏的舒张。按压次数为每分钟 60 次～80 次。

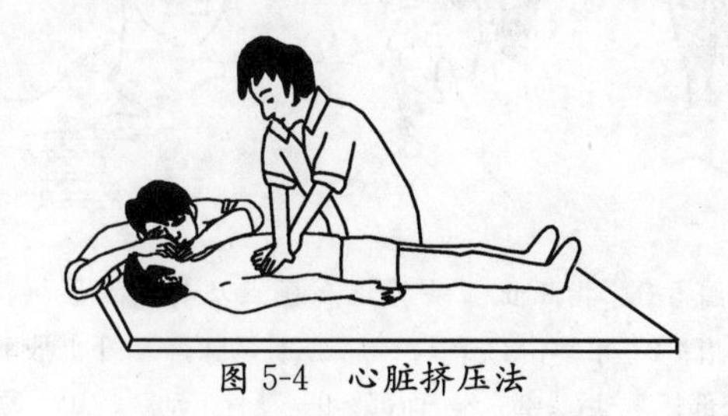

图 5-4　心脏挤压法

体外心脏挤压与口对口人工呼吸应同时进行，密切配合，心脏按压 5 次，吹气 1 次。按压时，加压不宜太大，以防肋骨骨折及内脏损伤。按压显效时，可摸到伤员颈总动脉、股动脉搏动，散大的瞳孔开始缩小，口唇、面色转红润，血压复升。急救者应有耐心，除非确定伤员已真死，否则不可中途停止。

2. 对烧伤人员的急救

(1) 尽快扑灭伤员身上的火，缩短烧伤时间。

(2) 检查伤员呼吸和心跳情况，查是否合并有其他外伤、有害气体中毒、内脏损伤和呼吸道烧伤等。

(3) 要防止休克、窒息和疮面污染。伤员发生休克或窒息时，可进行人工呼吸等急救。

(4) 用较干净的衣服把伤面包裹起来，防止感染。在现场除化学烧伤可用大量流动的清水冲洗外，对疮面一般不作处理，尽量不弄破水泡以保护表皮。

(5) 把重伤员迅速送往医院。搬运伤员时，动作要轻柔，行进要平稳。

3. 出血人员的急救

出血较多者，一般表现为脸色苍白，出冷汗、手脚发凉，呼吸急促。对出血伤员抢救不及时或不恰当，就可能使伤员流血过多而危及生命。出血的种类有：①动脉出血，其特征为血液鲜红，随心跳频率从伤口向外喷射。②静脉出血，其特征为血液暗红，血流缓慢均匀。③毛细血管出血，其表现为创面渗血，像水珠似地从伤口流出。

对这类伤员要尽快有效地止血，然后再进行其他急救处理。止血的方法随出血种类的不同而不同。对毛细血管和静脉出血，用纱布、绷带（无条件时，可用干净布条等）包扎伤口即可；大的静脉出血可用加压包扎法止血；对于动脉出血应采用指压止血、加压包扎止血或止血带止血法。

常用的暂时性动脉止血方法有：

(1) 指压止血法。在伤口的上方（近心脏一端），用拇指压住出血的血管以阻断血流。根据出血位置，采用不同的压迫部位，如图 5-5 所示。采用此法，不宜过久。在指压止血的同时，应寻找材料，准备换用其他止血方法。

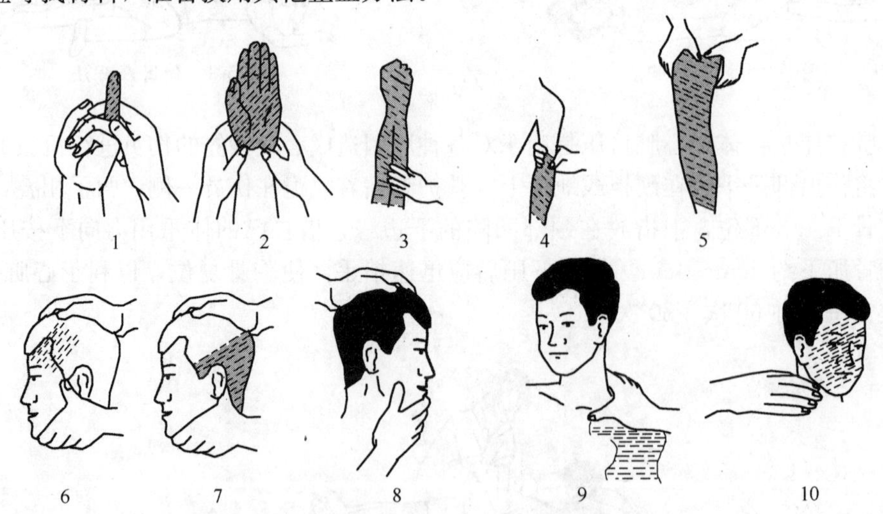

图 5-5　指压止血法的止血压点及其止血区域

1—手指；2—手掌；3—前臂；4—肱骨动脉；5—下肢股动脉；
6—前头部；7—后头部；8—面部；9—锁骨下动脉；10—颈动脉。

(2) 加压包扎止血法。如图 5-6 所示，它是先用消毒纱布（或干净毛巾）敷在伤口上，再用绷带（或布带、三角巾）紧紧包扎起来。对小臂和小腿的止血，也可在肘窝或膝窝内加垫，然后使关节弯曲到最大限度，再用绷带（或布带）将其固定，以利用肘关节或膝关节的弯曲压迫血管达到止血的目的。

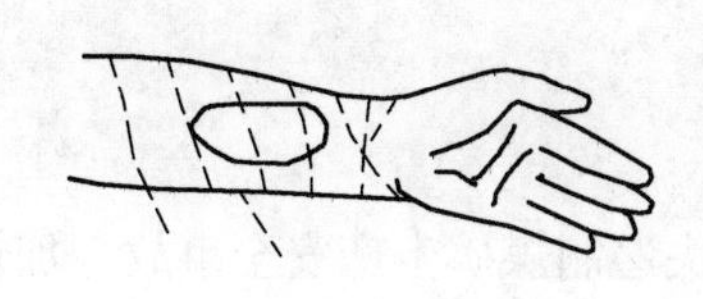
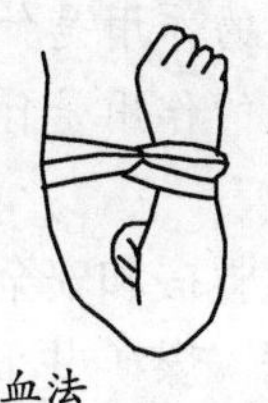
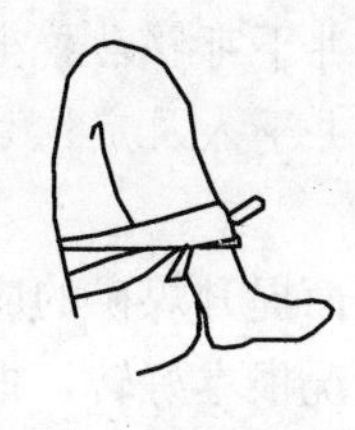

图 5-6 加压包扎止血法

(3) 止血带止血法。用橡皮止血带（或三角巾、绷带、布胶带等）把血管压住，达到止血目的，如图 5-7 所示。扎止血带的部位距出血点不宜过远，松紧要适宜。止血时间不宜过长，每 30min～60min 放松一次，若仍然出血，可压迫伤口，过 3min～5min 再缚好。

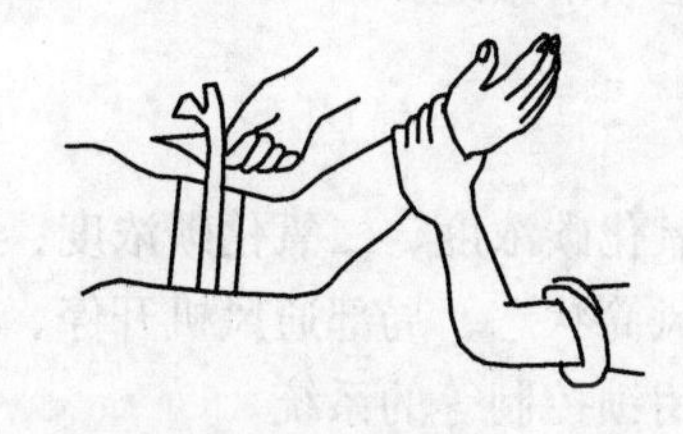
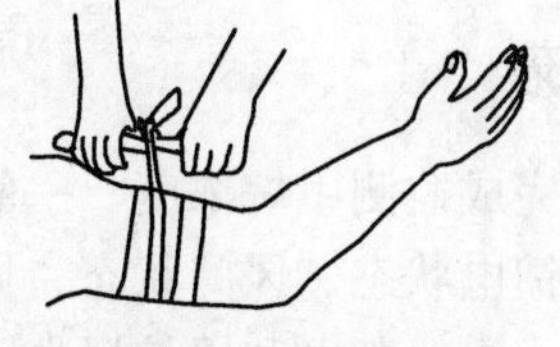
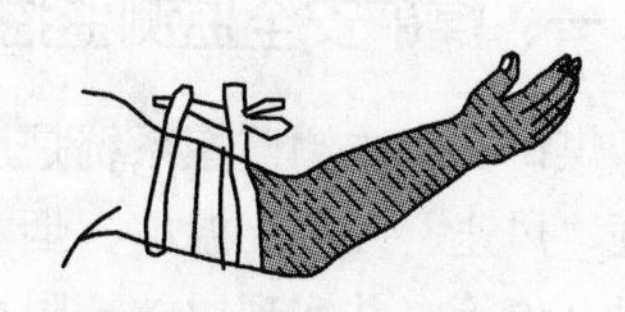

图 5-7 止血带止血法

4. 对骨折人员的急救

对骨折人员首先用毛巾或衣服作衬垫，然后根据现场条件用木棍、木板、竹笆等材料做成临时夹板，对受伤的肢体临时固定后，抬运升井，送往医院。

5. 对溺水者的急救

发生水灾后，应首先抢救溺水人员。人员溺水时，由于水大量地灌入人的肺部，可造成呼吸困难而窒息死亡。所以，对溺水人员应迅速采取下列急救措施：

(1) 把溺水者从水中救出后，要立即送到比较温暖和空气流通的地方，脱掉湿衣服，盖上干衣服，不使受凉。

(2) 立即检查溺水者的口鼻，如果有泥沙等污物堵塞，应迅速清除，擦洗干净，以保持呼吸道通畅。

(3) 使溺水者取俯卧位，用木料、衣服等垫在溺水者肚子下面；或将左腿跪下，把溺水者的腹部放在救护者的右侧大腿上，使头朝下，并压其背部，迫使其体内的水由气管、口腔里流出。

(4) 上述方法控水效果不理想时，应立即做俯卧压背式人工呼吸或口对口吹气式人工呼吸，或体外心脏挤压。

6. 对触电者的急救

(1) 立即切断电源。

(2) 迅速观察伤员的呼吸和心跳情况。如发现已停止呼吸或心音微弱，应立即进行人工呼吸或体外心脏挤压。若呼吸和心跳都已停止，应同时进行人工呼吸和体外心脏挤压。

(3) 对触电者，如发现有其他损伤（如跌伤、出血等），应作相应的急救处理。

任务三　井下安全避险六大系统

导学思考题

(1) 井下安全避险“六大系统”指的是哪“六大系统”？

(2) 井下可移动救生舱的作用是什么？

(3) 井下人员定位系统的作用是什么？

为全面提升煤矿的应急救援和安全保障能力，坚决遏制煤矿生产安全事故，加快实现煤矿安全状况根本好转，根据《煤矿井下安全避险“六大系统”建设完善基本规范（试行）》的规定，所有井工煤矿必须建设完善煤矿井下安全避险“六大系统”，达到“系统可靠、设施完善、管理到位、运转有效”的要求。

煤矿井下安全避险“六大系统”（以下简称“六大系统”）是指监测监控系统、人员定位系统、紧急避险系统、压风自救系统、供水施救系统和通信联络系统。

一、煤矿安全监测监控系统

煤矿安全监测监控系统是用来完成监测甲烷浓度、一氧化碳浓度、二氧化碳浓度、氧气浓度、风速、风压、温度、烟雾、馈电状态、风门状态、风筒状态、局部通风机开停、主通风机开停等，并实现甲烷超限声光报警、断电和甲烷风电闭锁控制等的系统。

1. 系统概述

1）组成

系统一般由传感器、执行机构、分站、电源箱（或电控箱）、主站（或传输接口）、主机（含显示器）、系统软件、服务器、打印机、大屏幕、UPS 电源、远程终端、网络接口电缆和接线盒等组成，如图 5-8 所示。

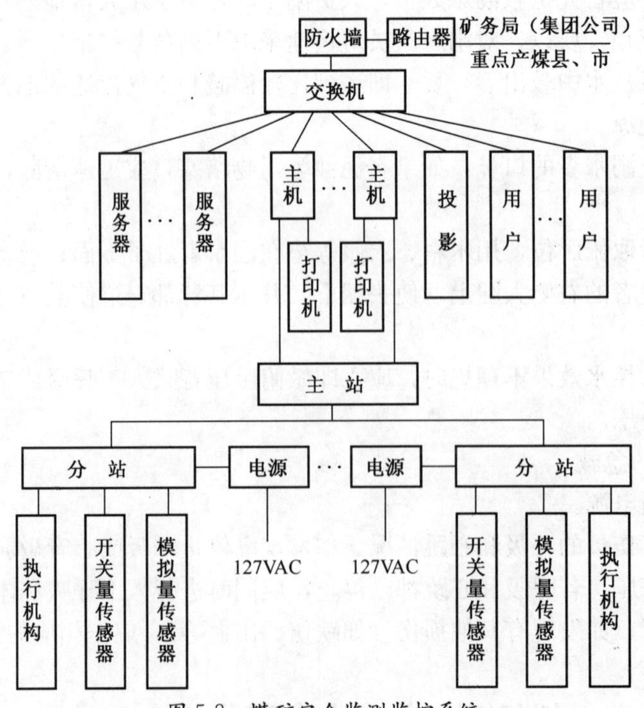

图 5-8 煤矿安全监测监控系统

2）工作原理

传感器将被测物理量转换为电信号，并具有显示和声光报警功能（有些传感器没有显示，或没有声光报警）。

执行机构（含声光报警及显示设备）将控制信号转换为被控物理量。

分站接收来自传感器的信号，并按预先约定的复用方式远距离传送给主站（或传输接口），同时，接收来自主站（或传输接口）多路复用信号。分站还具有线性校正、超限判别、逻辑运算等简单的数据处理能力、对传感器输入的信号和主站（或传输接口）传输来的信号进行处理，控制执行机构工作。

电源箱将交流电网电源转换为系统所需的本质安全型直流电源，并具有维持电网停电后正常供电不小于 2h 的蓄电池。

传输接口接收分站远距离发送的信号，并送主机处理；接收主机信号、并送相应分站。传输接口还具有控制分站的发送与接收，多路复用信号的调制与解调，系统自检等功能。

主机一般选用工控微型计算机或普通微型计算机、双机或多机备份。主机主要用来接收监测信号、校正、报警判别、数据统计、磁盘存储、显示、声光报警、人机对话、输出控制、控制打印输出、联网等。

3）特点

煤矿井下是一个特殊的工作环境，有易燃易爆可燃性气体和腐蚀性气体，潮湿、淋水、矿尘大、电网电压波动大、电磁干扰严重、空间狭小、监控距离远。因此，矿井监控系统不同于一般工业监控系统，矿井监控系统同一般工业监控系统相比具有如下特点：

（1）电气防爆。一般工业监控系统均工作在非爆炸性环境中，而矿井监控系统工作在有瓦斯和煤尘爆炸性环境的煤矿井下。因此，矿井监控系统的设备必须是防爆型电气设备，并且不同于化工、石油等爆炸性环境中的工厂用防爆型电气设备。

（2）传输距离远。一般工业监控对系统的传输距离要求不高，仅为几千米，甚至几百米，而矿井监控系统的传输距离至少要达到 10km。

（3）网络结构宜采用树形结构。一般工业监控系统电缆敷设的自由度较大，可根据设备、电缆沟、电杆的位置选择星形、环形、树形、总线形等结构。而矿井监控系统的传输电缆必须沿巷道敷设，挂在巷道壁上。由于巷道为分支结构，并且分支长度可达数千米。因此，为便于系统安装维护、节约传输电缆、降低系统成本，宜采用树形结构。

（4）监控对象变化缓慢。矿井监控系统的监控对象主要为缓变量，因此，在同样监控容量下，对系统的传输速率要求不高。

（5）电网电压波动大，电磁干扰严重。由于煤矿井下空间小，采煤机、运输机等大型设备启停和架线电机车火花等造成电磁干扰严重。

（6）工作环境恶劣。煤矿井下除有甲烷、一氧化碳等易燃易爆性气体外，还有硫化氢等腐蚀性气体，矿尘大，潮湿，有淋水，空间狭小。因此，矿井监控设备要有防尘、防潮、防腐、防霉、抗机械冲击等措施。

（7）传感器（或执行机构）宜采用远程供电。一般工业监控系统的电源供给比较容易，不受电气防爆要求的限制。矿井监控系统的电源供给，受电气防爆要求的限制。由于传感器及执行机构往往设置在工作面等恶劣环境，因此，不宜就地供电。现有矿井监控系统多采用分站远距离供电。

（8）不宜采用中继器。煤矿井下工作环境恶劣，监控距离远，维护困难，若采用中继器延长系统传输距离，由于中继器是有源设备，故障率较无中继器系统高，并且在煤矿井下电源的供给受电气防爆的限制，在中继器处不一定好取电源，若采用远距离供电还需要增加供电芯线。因此，不宜采用中继器。

通过上面对矿井监控系统的分析，可以看出，矿井监控系统不同于一般工业监控系统。因此，直接用一般工业监控的理论和技术解决矿井监控的问题是行不通的。不是不符合电气防爆要求，就是传输距离太近，或网络结构不适合用于矿井监控系统，或不能进行总线供电，或节点容量太小等等。因此，有必要研究适合矿井监控系统的理论和技术。

2. 系统基本要求

(1) 煤矿企业必须按照《煤矿安全监控系统及检测仪器使用管理规范》(AQ1029—2007) 的要求，建设完善监测监控系统，实现对煤矿井下甲烷和一氧化碳的浓度、温度、风速等的动态监控。

(2) 煤矿安装的监测监控系统必须符合《煤矿安全监控系统通用技术要求》(AQ6201—2006) 的规定，并取得煤矿矿用产品安全标志。监测监控系统各配套设备应与安全标志证书中所列产品一致。

(3) 甲烷、馈电、设备开停、风压、风速、一氧化碳、烟雾、温度、风门、风筒等传感器的安装数量、地点和位置必须符合《煤矿安全监控系统及检测仪器使用管理规范》(AQ1029—2007) 要求。监测监控系统地面中心站要装备 2 套主机，1 套使用、1 套备用，确保系统 24h 不间断运行。

(4) 煤矿企业应按规定对传感器定期调校，保证监测数据准确可靠。

(5) 监测监控系统在瓦斯超限后应能迅速自动切断被控设备的电源，并保持闭锁状态。

(6) 监测监控系统地面中心站执行 24h 值班制度，值班人员应在矿井调度室或地面中心站，以确保及时做好应急处置工作。

(7) 监测监控系统应能对紧急避险设施内外的甲烷和一氧化碳浓度等环境参数进行实时监测。

3. 系统作用及使用维护

1) 作用

(1) 当瓦斯超限或局部通风机停止运行或掘进巷道停风时，煤矿安全监控系统自动切断相关区域的电源并闭锁同时报警：①避免或减少由于电气设备失爆、违章作业、电气设备故障电火花或危险温度引起瓦斯爆炸；②避免或减少采、掘、运等设备运行产生的摩擦碰撞火花及危险温度等引起瓦斯爆炸；③提醒领导、生产调度等及时将人员撤至安全处；④提醒领导、生产调度等及时处理事故隐患，防止瓦斯爆炸等事故发生。

(2) 监控瓦斯抽放系统、通风系统、煤炭自燃、瓦斯突出等。

(3) 当煤矿井下发生瓦斯（煤尘）爆炸等事故后，系统的监测记录是在应急救援和事故调查中确定事故时间、爆源、火源等重要依据之一。

2) 使用与维护要点

(1) 选用符合《AQ6201—2006 煤矿安全监控系统通用技术要求》等，取得矿用产品安全标志准用证和防爆合格证的系统。

(2) 按照《煤矿安全规程》和《AQ1029—2007 煤矿安全监控系统及检测仪器使用管理规范》设计、安装、使用、管理与维护系统。

(3) 甲烷、风速、风压、风筒、风门、局部通风机开停、主通风机开停、馈电状态等传感器要按规定的数量和地点正确安装与维护。

(4) 根据被控对象的不同，正确连接甲烷断电闭锁和风电闭锁。

(5) 根据工作面和回风巷等不同地点，正确设置报警浓度、断电浓度、复电浓度和断电区域。

(6) 每隔10d使用校准气样和空气气样对甲烷传感器进行正确调校，同时对甲烷断电闭锁和风电闭锁功能进行测试。

(7) 甲烷超限报警、断电、馈电异常、停风报警后，要及时采取停电、撤人等安全措施。

二、煤矿井下人员定位系统

煤矿井下人员定位系统又称煤矿井下人员位置监测系统和煤矿井下作业人员管理系统。人员定位系统是集井下人员考勤、跟踪定位、灾后急救、日常管理等一体的综合性运用系统。煤矿井下人员定位系统能够及时、准确地将井下各个区域人员及设备的动态情况反映到地面计算机系统，使管理人员能够随时掌握井下人员、设备的分布状况和每个矿工的运动轨迹，以便于进行更加合理的调度管理；当事故发生时，救援人员也可根据井下人员及设备定位系统所提供的数据、图形，迅速了解有关人员的位置情况，及时采取相应的救援措施，提高应急救援工作的效率。

1. 系统概述

1) 组成

煤矿井下人员定位系统一般由识别卡、位置监测分站、电源箱（可与分站一体化)、传输接口、主机（含显示器)、系统软件、服务器、打印机、大屏幕、UPS、远程终端、网络接口、电缆和接线盒等组成，如图5-9所示。

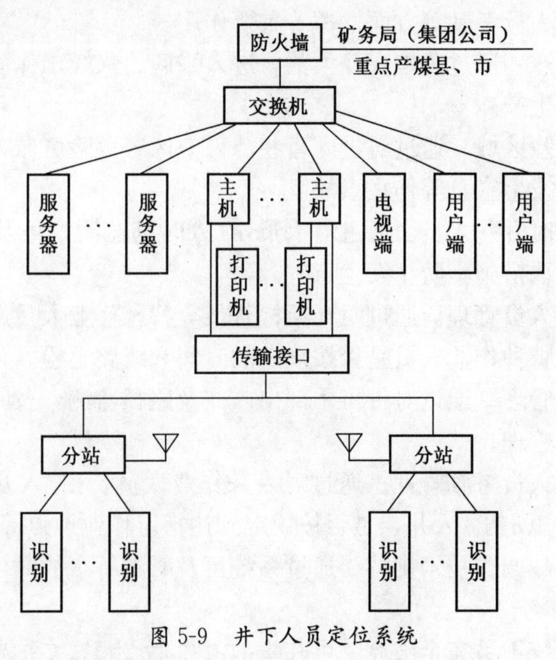

图5-9 井下人员定位系统

识别卡由下井人员携带，保存有约定格式的电子数据，当进入位置监测分站的识别范围时，将用于人员识别的数据发送给分站。

位置监测分站通过无线方式读取识别卡内用于人员识别的信息，并发送至地面传输接口。

电源箱将交流电网电源转换为系统所需的本质安全型直流电源，并具有维持电网停电后正常供电不小于2h的蓄电池。

传输接口控制主机与分站间信号的发送与接收，多路复用信号的调制与解调，并具有系统自检等功能。

主机主要用来接收监测信号、报警判别、数据统计及处理、磁盘存储、显示、声光报警、人机对话、控制打印输出、与管理网络连接等。

2）工作原理

系统人员定位分站的无线收发数据板将低频的加密数据载波信号经发射天线向外发送；人员随身携带的标识卡进入低频的发射天线工作区域后被激活（未进入发射天线工作区域标识卡不工作），同时将加密的载有目标识别码的信息经卡内高频发射模块发射出去；接收天线接收到标识卡发来的载波信号，经分站主板接收处理后，提取出目标识别码通过远距离通信线送地面监控计算机，完成矿井人员自动跟踪定位管理。

3）特点

煤矿井下是一个特殊而又恶劣的环境，无线电信号传输衰减大、GPS信号不能覆盖煤矿井下巷道、有甲烷等易燃易爆气体。因此，GPS不能用于煤矿井下。目前煤矿井下人员位置监测系统主要采用RFID技术。部分系统采用漏泄电缆，还可采用WIFI、ZigBee等技术，除具有人员位置监测功能外，还具有单向或双向紧急呼叫等功能。

2. 系统作用及装备要求

1）作用

煤矿井下人员定位系统在遏制超定员生产、事故应急救援、领导下井带班管理、特种作业人员管理、井下作业人员考勤等方面发挥着重要作用。

(1) 遏制超定员生产。通过监控入井人数，进入采区、采煤工作面、掘进工作面等重点区域人数，遏制超定员生产。

(2) 止人员进入危险区域。通过对进入盲巷、采空区等危险区域人员监控，及时发现误入危险区域人员，防止发生窒息等伤亡事故。

(3) 及时发现未按时升井人员。通过对人员出/入时刻监测，可及时发现超时作业和未升井人员，以便及时采取措施，防止发生意外。

(4) 加强特种作业人员管理。通过对瓦斯检查员等特种作业人员巡检路径及到达时间监测，及时掌握检查员等特种作业人员是否按规定的时间和线路巡检。

(5) 加强干部带班管理。通过对带班干部出入井及路径监测，及时掌握干部下井带班情况，加强干部下井带班管理。

(6) 煤矿井下作业人员考勤管理。通过对入井作业人员，出/入井和路径监测，及时掌握入井工作人员是否按规定出/入井，是否按规定到达指定作业地点等。

(7) 应急救援与事故调查技术支持。通过系统可及时了解事故时入井人员总数、分布区域等人员的基本情况。

发生事故时，若系统不被完全破坏，可在事故发生后2h内（系统有2h备用电源），掌握被困人员的流动情况；若识别卡不被破坏，在事故后7d内（识别卡电池至少工作7天），可通过手持设备测定被困人员和尸体大致位置，以便及时搜救和清理。

(8) 持证上岗管理。通过设置在人员出入井口的人脸、虹膜等检测装置，检测入井人员特征，与上岗培训、人脸、虹膜数据库资料对比，没有取得上岗证的人员不允许下井，特殊情况（如上级检查等）需经有关领导批准，并存储纪录。

(9) 具有紧急呼叫功能的系统，调度室可以通过系统通知携卡人员撤离危险区域，携卡人员可以通过预先规定的紧急按钮向调度室报告险情。

2) 装备要求

(1) 各个人员出入井口、采掘工作面等重点区域出/入口、盲巷等限制区域等地点应设置分站，并能满足监测携卡人员出/入井、出/入采掘工作面等重点区域、出/入盲巷等限制区域的要求。基于RFID的煤矿井下人员位置监测系统，宜设置2台以上分站或天线，以便判别携卡人员的运动方向。

(2) 巷道分支处应设置分站，并能满足监测携卡人员出/入方向的要求。巷道分支的各个巷道应设置分站或天线，以便判别携卡人员的运动方向。

(3) 下井人员应携带识别卡。识别卡严禁擅自拆开。

(4) 工作不正常的识别卡严禁使用。性能完好的识别卡总数，至少比经常下井人员的总数多10%。不固定专人使用的识别卡，性能完好的识别卡总数至少比每班最多下井人数多10%。

(5) 矿调度室应设置显示设备，显示井下人员位置等。

(6) 各个人员出入井口应设置检测识别卡工作是否正常和唯一性检测的装置，并提示携卡人员本人及有关人员。

识别卡工作正常和唯一性检测可以采用机器与人工配合的方法，也可采用虹膜、人脸等自动检测方法。煤矿井下人员定位系统识别卡为正常工作和下井人员每人一张卡，且仅携带表明自己身份的卡，是遏制超能力生产、加强煤矿井下作业人员管理、为应急救援提供技术支持的必要条件。

三、煤矿紧急避险系统

煤矿井下紧急避险系统是指在井下发生紧急情况时，为遇险人员安全避险提供生命保障的设施、设备、措施组成的有机整体。紧急避险系统建设包括为入井人员提供自救器、建设井下紧急避险设施、合理设置避灾路线、科学制定应急预案等项内容。

1. 系统概述

煤矿紧急避险系统的组成如图5-10所示。

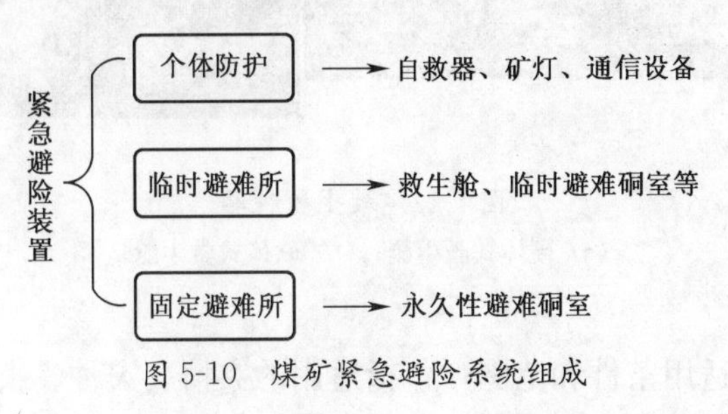

图5-10 煤矿紧急避险系统组成

1) 自救器

自救器是在井下发生火灾、瓦斯、煤尘爆炸，煤与瓦斯突出或二氧化碳突出事故等时，供井下人员佩戴脱险，免于中毒或窒息死亡的装置。自救器按其作用原理可分为过滤式和隔离式两种。隔离式自救器又分为化学氧和压缩氧自救器两种。

利用个体防护设备，灾后人员迅速撤离灾害影响范围，到达安全避险地点；所有煤矿应为入井人员配备额定防护时间不低于30min的自救器，入井人员随身携带自救器。煤与瓦斯突出矿井必须配备隔离式自救器。

2）救生舱、临时避难硐室（图 5-11）

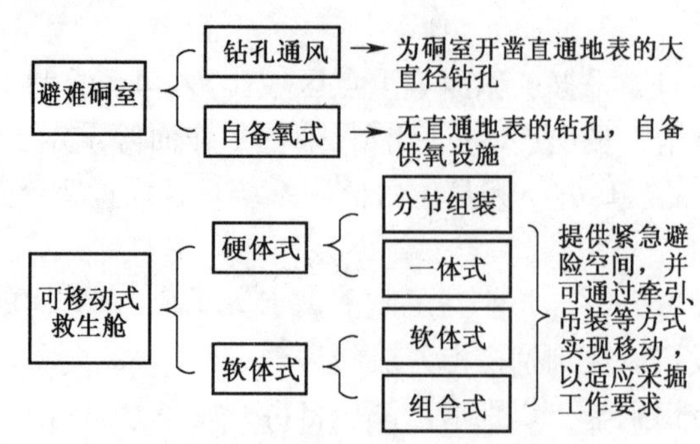

图 5-11　救生舱和临时避难硐室

矿用可移动式逃生救生舱（以下简称救生舱）是在井下发生灾变事故时，为遇险矿工提供应急避险空间和生存条件，并可通过牵引、吊装等方式实现移动，适应井下采掘作业要求的避险设施，是一种新型的煤矿井下逃生避难装备。将其放置于采掘工作面附近，当煤矿井下突发重大事故时，井下遇险人员在不能立即升井逃生脱险的紧急情况下，可快速进入救生舱内等待救援，对改变单纯依赖外部救援的矿难应急救援模式，由被动待援到主动自救与外部救援相结合，使救援工作科学、有序、有效，将起到至关重要的作用。

根据舱体材质，可分为硬体式救生舱和软体式救生舱（图 5-12）。硬体式救生舱采用钢铁等硬质材料制成；软体式救生舱采用阻燃、耐高温帆布等软质材料制造，依靠快速自动充气膨胀架设。

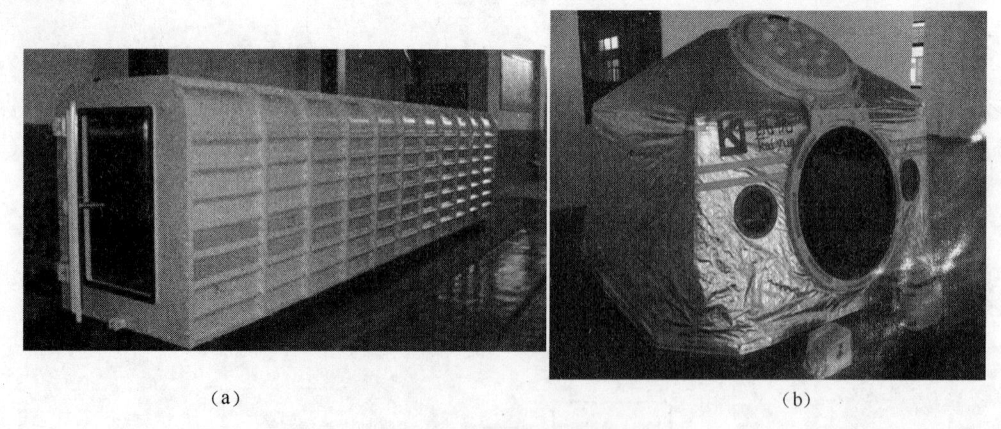

(a)　　　(b)

图 5-12　救生舱种类

(a) 硬体式救生舱；(b) 软体式救生舱。

救生舱基本要求：

(1) 有明确具体的适用条件和范围，包括适用的灾情、灾种、灾区及海拔高度、环境条件、井巷空间尺寸等，并在产品标准、使用说明书、产品的永久性安全使用须知中注明。

(2) 具备安全防护、O_2 供给、有害气体处理、温湿度控制、通信、照明及指示、生存保障等功能，保证在无外部支持条件下维持舱额定避险人员生存（即额定防护时间）96h 以上。

(3) 有足够的强度、防护能力、气密性和防止有毒有害气体侵入的能力；提供生存空间不低于每人 0.8m^3，且总有效容积不低于 8m^3。

(4) 配备灾变时期空气供给装置或设施，在额定防护时间内提供人均供风量不低于 $0.3m^3/min$，O_2 在 18.5%～22.0%之间，并保证避难所内部始终处于正压状态，以防止有毒有害气体渗入。同时，应具备接入矿井压风系统的接口。

(5) 应具有内部空气循环系统，流量宜在 20L/min 以上。

(6) 避难所应装备所内外环境参数检测仪器，至少应对避难所内的 CO、CO_2、O_2、CH_4，所外的 CO、O_2、CH_4、CO_2、温度等进行检测或监测。

(7) 井下避难所应设有与矿（井）调度室直通的电话。

(8) 配备在额定防护时间内额定人员生存所需要的食品和饮用水，食品配备不少于 2000kJ/（人·d)，饮用水 0.5L/（人·d)。

(9) 有必要的照明，并有急救箱、工具箱、灭火器、人体排泄物收集处理装置等设施设备；救生舱外应有清晰、醒目的标示。

(10) 应选用抗高温老化、无腐蚀性、无公害的环保材料。救生舱外体颜色在煤矿井下照明条件下应醒目，宜采用黄色或红色。同时，应设置明显的安全荧光条码。

2. 系统基本要求

(1) 煤矿企业必须按照《煤矿井下紧急避险系统建设管理暂行规定》（安监总煤装〔2011〕15 号）建设完善紧急避险系统。

(2) 紧急避险系统应与监测监控、人员定位、压风自救、供水施救、通信联络等系统相互连接，在紧急避险系统安全防护功能基础上，依靠其他避险系统的支持，提升紧急避险系统的安全防护能力。

(3) 紧急避险设施应具备安全防护、氧气供给保障、有害气体去除、环境监测、通信、照明、动力供应、人员生存保障等基本功能，在无任何外界支持的条件下额定防护时间不低于 96h。

(4) 紧急避险设施的容量应满足服务区域所有人员紧急避险需要，包括生产人员、管理人员及可能出现的其他临时人员，并按规定留有一定的备用系数。

(5) 紧急避险设施的设置要与矿井避灾路线相结合，紧急避险设施应有清晰、醒目的标识。

(6) 紧急避险系统应随井下采掘系统的变化及时调整和补充完善，包括紧急避险设施、配套系统、避灾路线和应急预案等。

(7) 紧急避险设施的配套设备应符合相关标准的规定，纳入安全标志管理的应取得煤矿矿用产品安全标志。可移动式救生舱应符合相关规定，并取得煤矿矿用产品安全标志。

3. 系统的维护与管理

(1) 救生舱避险系统管理制度，指派专门机构和人员对救生舱避险系统进行维护和管理，保证其始终处于正常待用状态。救生舱应有简明、易懂的使用说明，指导避险矿工正确使用。

(2) 应定期对配套设备进行维护和检查，并按期更换产品说明书规定需要定期更换的部件及设备。

(3) 应保证储存的食品、水、药品等始终处于保质期内，外包装应明确标示保质日期和下次更换时间。

(4) 应每 3 个月对配备的气瓶进行 1 次余量检查及系统调试，气瓶内压力低于 8MPa 时，应及时补气。

（5）应每10d对设备电源（包括备用电源）进行1次检查和测试。

（6）每年对避险设施进行1次系统性的功能测试，包括气密性、电源、供氧、有害气体处理等。

（7）经检查发现避险设施不能正常使用时，应及时维护处理。采掘区域的避险设施不能正常使用时，应停止采掘作业。

（8）企业应建立紧急避险设施的技术档案，准确记录紧急避险设施安装、使用、维护、配件配品更换等相关信息。

四、煤矿压风自救系统

压缩空气自救装置是一种固定在生产场所附近的固定自救装置，当发生煤和瓦斯突出或突出前有预兆出现时，工作人员就近进入自救装置，打开压气阀避灾的自救装置。它的气源来自于生产动力系统——压缩空气管路系统。

1. 系统概述

压风自救装置由压风管道、开关、送气器、口鼻罩等组成，利用压风管道中的压气，借助于送气器对压气进行减压、消声、净化等处理，通过口鼻罩供人呼吸。

由于管路内的压缩空气具有较高的压力和流量，不能直接用于呼吸，必须经过减压、节流使其达到适宜人体呼吸的压力和流量值，并要同时解决消声（由于减压引起）和空气净化问题。通过可调式气流阀调节节流面积，以适应不同供风压力下的流量要求，按健康人在静止状态吸气20L/min，在剧烈运动和紧张状态下吸气60L/min～80L/min的标准，确定压风自救装置的供风量应大于等于100L/min。

2. 系统基本要求

（1）煤矿企业在按照《煤矿安全规程》要求建立压风系统的基础上，必须满足在灾变期间能够向所有采掘作业地点提供压风供气的要求，进一步建设完善压风自救系统。

（2）空气压缩机应设置在地面。对深部多水平开采的矿井，空气压缩机安装在地面难以保证对井下作业点有效供风时，可在其供风水平以上2个水平的进风井井底车场安全可靠的位置安装，并取得煤矿矿用产品安全标志，但不得选用滑片式空气压缩机。

（3）压风自救系统的管路规格应按矿井需风量、供风距离、阻力损失等参数计算确定，但主管路直径不小于100mm，采掘工作面管路直径不小于50mm。

（4）所有矿井采区避灾路线上均应敷设压风管路，并设置供气阀门，间隔不大于200m。有条件的矿井可设置压风自救装置。水文地质条件复杂和极复杂的矿井应在各水平、采区和上山巷道最高处敷设压风管路，并设置供气阀门。

（5）煤与瓦斯突出矿井应在距采掘工作面25m～40m的巷道内、爆破地点、撤离人员与警戒人员所在的位置以及回风巷有人作业处等地点至少设置一组压风自救装置；在长距离的掘进巷道中，应根据实际情况增加压风自救装置的设置组数。每组压风自救装置应可供5人～8人使用。其他矿井掘进工作面应敷压风管路，并设置供气阀门。

（6）主送气管路应装集水放水器。在供气管路与自救装置连接处，要加装开关和汽水分离器。压风自救系统阀门应安装齐全，阀门扳手要在同一方向，以保证系统正常使用。

（7）压风自救装置应符合《矿井压风自救装置技术条件》（MT390—1995）的要求，并取得煤矿矿用产品安全标志。

（8）压风自救装置应具有减压、节流、消噪声、过滤和开关等功能，零部件的连接应牢固、可靠，不得存在无风、漏风或自救袋破损长度超过 5mm 的现象。

(9) 压风自救装置的操作应简单、快捷、可靠。避灾人员在使用压风自救装置时，应感到舒适、无刺痛和压迫感。压风自救系统适用的压风管道供气压力为 0.3MPa～0.7MPa；在 0.3MPa 压力时，压风自救装置的供气量应在 100L/min～150L/min 范围内。压风自救装置工作时的噪声应小于 85dB。

(10) 压风自救装置安装在采掘工作面巷道内的压缩空气管道上，设置在宽敞、支护良好、水沟盖板齐全、没有杂物堆的人行道侧，人行道宽度应保持在 0.5m 以上，管路敷设高度应便于现场人员自救应用。

(11) 压风管路应接入避难硐室和救生舱，并设置供气阀门，接入的矿井压风管路应设减压、消声、过滤装置和控制阀，压风出口压力在 0.1MPa～0.3MPa 之间，供风量不低于 $0.3m^3$/ (min · 人)，连续噪声不大于 70dB。

(12) 井下压风管路应敷设牢固平直，采取保护措施，防止灾变破坏。进入避难硐室和救生舱前 20m 的管路应采取保护措施（如在底板埋管或采用高压软管等）。

3. 系统的日常维护和保养

(1) 压风系统必须每天及时做好检查、维护工作，以确保一旦发生突变时能可靠使用。

(2) 每班进班时打开汽水分离器排水孔，排出积存在内的积水与杂质。

(3) 每班要逐个打开自救装置，做通气检查，如发现气不足或无气流出，要当班更换，如有连接不牢和漏气现象，要及时处理，保证装置处于良好的工作状态。

(4) 压风自救袋上的煤尘要及时清理，经营保持清洁。

(5) 在回采工作面生产过程中，由采煤队长负责对上、下副巷压风管路进行维护管理，按标准悬挂。不得随意更换地点和减少数量。

(6) 各采掘工作面现场瓦斯检查员是压风自救系统的管理监督员，每班必须负责对所所辖区域的压风自救系统进行一次全面检查，发现问题及时报告，同时采取相应措施进行整改。

(7) 机电队要保证井下抽放管路上安装的汽水（油）分离器的良好性，避免压风自救系统内存水，影响系统的正常使用，确保压风机的正常运转。

(8) 不再使用的压风风自救系统时要及时拆除回收，拆出回收的管路要及时升井回库。

(9) 各巷道和车场内的压风自救系统随巷道移交，由现有的施工单位负责管理和维护。

(10) 系统维护和保养人员要经常对管路、自救袋进行检查，发现问题应立即处理，以保证压风自救系统安全可靠。

(11) 采掘工作面运物料时，严禁将所卸物料放在压风自救系统下面，运送物料时不得损坏压风自救系统。

(12) 经常检查压风自救装置的连接件是否牢固可靠，连接处密封是否严密，有无漏气现象，流量是否达到标准，否则应及时修理恢复，投入正常使用。

五、煤矿供水施救系统

煤矿供水施救系统是在矿井发生灾变时，为井下重点区域提供饮用水的系统，包含清洁水源、供水管网、三通阀门及监测供水管网系统的辅助设备。

1. 系统概述

矿井供水施救系统由清洁水源、供水管网、三通阀门及监测供水管网系统的辅助设备组成，其中供水管网即消防防尘供水管道系统主要包括储水池、管道系统及各类阀门。

1）储水池

根据煤矿安全规程和矿井设计规范的要求，应根据技术经济比较，确定建立地面储水池、井下储水池或同时采用地面和井下两储水池。储水池的最小容积应能经常保持 $200m^3$ 的储水量，并应有消防用水不作他用的技术措施。

井下防尘用水的调节储存量，应按最大小时用水总水量的 2h 计算。一旦发生火灾，专用井下供水施救储水池的出水管能够自动地由平时出水状态切换成消防时的出水状态。如果井下储水池与地面其他水池合建时，除要消除负压影响外，还应保证上述要求的实施。

2）用水量

井下消防用水量包括消火栓用水量、自动喷水灭火装置用水量、水喷雾隔火装置用水量以及其他消防设施用水量。

用水量计算及有关参数选择应符合以下要求：

（1）井下消火栓用水量为 5L/s～10L/s，其消火栓用水量大小应根据矿井生产能力与井下火灾危险程度确定。每个消火栓的设计流量应为 2.5L/s，消火栓出口压力应为 0.35MPa～0.5MPa，火灾延续时间应为 6h。

（2）自动喷水灭火装置设计参数应按下列各值选取：喷水强度为 8L/（min·m^2），保护巷道长度为 14m～18m，喷头出口压力为 0.1MPa～0.2MPa，火灾延续时间为 2h。

（3）水喷雾隔火装置设计用水量，应按布置喷头数量累加计算，喷头出口压力为 0.2MPa，工作时间为 6h。

（4）防尘设施用水量、所需水压、日工作小时按表 5-2 选取。

表 5-2 计用水量、水压、日工作小时数

用水名称	用水量/（L/s）	水压/MPa	日工作时间/h
防尘用喷雾装置	（0.03～0.08）n	0.3～0.5	10～12
放炮用喷雾装置	（0.2～0.3）n	0.3～0.5	1～2
移动液压支架	（0.3～0.4）n	1.0～2.0	
强喷雾装置	（0.1～0.3）n	1.0～2.0	10～12
放顶煤抢喷雾装置	（0.1～0.15）n	1.0～2.0	4～8
综采机组内外喷雾	1.3～2.0	0.1～0.5	8～10
煤巷掘进机	1.3	0.1～0.5	8～10
湿式掘岩机	0.08～0.10	0.15～0.3	8～10
混凝土配料搅拌机	0.4～0.6	0.1	4～5
煤壁注水泵进口	1	0.1～0.5	8～16
冲洗巷道用给水栓 DN25	0.4～0.6	0.3～0.5	6
装岩前洒水及冲洗顶帮 DN25	0.3～0.5	0.2～0.4	1～2
装岩前洒水及冲洗煤壁 DN25	0.3～0.5	0.2～0.4	1～2
锚喷前冲洗岩帮 DN25	0.3～0.5	0.2～0.4	1～2

3）供水管道

在设计井下供水施救管路时，应遵守下述要求：

（1）计算秒流量时，只计算同一地点同一时间内的各种设施的用水量。

(2) 应保证最边远的不利点的用水量要求与相应的水压，并适当留有余量。

(3) 管壁厚度、各类支架强度应通过计算确定，管件、阀门、消火栓等应与所在管道压力相一致。

(4) 采用静压供水时，对局部压力过高的管段，宜采用降压水箱、减压阀等方式进行减压。

(5) 各种设施进口处压力超过该设施工作压力时，宜采用减压阀、节流管、减压孔板等方式进行减压。

(6) 管道接口应采用牢固耐用、便于拆装的接口管件。

4) 水质

井下供水施救用水水质应符合《煤炭工业矿井设计规范》的要求：

(1) 悬浮物含量<30mg/L。

(2) 悬浮物粒径<0.3mm。

(3) pH 值 6.5～8.5。

(4) 总大肠菌群每 100mL 水样中不得检出。

(5) 粪大肠菌群每 100mL 水样中不得检出。

(6) 供水施救系统应能在紧急情况下为避险人员供水、输送营养液提供条件。

2. 系统基本要求

所有采掘工作面和其他人员较集中的地点、井下各作业地点及避灾硐室（场所）处设置供水阀门，保证各采掘作业地点在灾变期间能够实现提供应急供水。按照《煤矿安全规程》要求设置三通及阀门。

(1) 煤矿企业必须结合自身安全避险的需求，建设完善供水施救系统。

(2) 供水水源应引自消防水池或专用水池。有井下水源的，井下水源应与地面供水管网形成系统。地面水池应采取防冻和防护措施。

(3) 所有矿井采区避灾路线上应铺设供水管路，压风自救装置处和供压气阀门附近应安装供水阀门。

(4) 矿井供水管路应接入紧急避险设施，并设置供水阀，水量和水压应满足额定数量人员避险时的需要，接入避难硐室和救生舱前的 20m 供水管路要采取保护措施。

(5) 井下供水管路应采用钢管材料，并加强维护，保证正常供水。

3. 系统主要功能

(1) 系统应具有基本的防尘供水功能。

(2) 系统应具有供水水源优化调度功能。

(3) 系统应具有在各采掘作业地点、主要硐室等人员集中地点在灾变期间能够实现应急供水功能。

(4) 系统应具有过滤水源功能（防尘供水管道与扩展饮用水管道衔接处或在供水终端处增加过滤装置，以达到正常饮用水要求）。

(5) 系统宜具有管网异常（水压异常、流量异常）报警功能。

(6) 系统宜具有水源、主干、分支水管管网压力及流量等监测功能。

(7) 系统宜保护水管管网功能，以防止灾变破坏。

4. 装备安装要求

(1) 在防尘供水系统基础上，结合本矿井实际情况及井下作用人员相对集中人员的情况，合理扩展水网，以满足供水施救的基本要求。

(2) 采掘工作面每隔 200m～500m 安装一组供水阀门。

(3) 主要机电等硐室各安装一组供水阀门。

(4) 各避难硐室各安装一组供水阀门。

(5) 特殊情况或特殊需要时，按要求的地点及数量进行安装。宜考虑在压风自救就地供水。

(6) 应在饮用水管处或在各个供水阀门处安装净水装置，以满足饮用水的要求。

(7) 单独供水施救系统，一般主管选用 DN50，支管选用 DN25。

(8) 饮水阀门高度：距巷道底板一般在 1.2m 以上。

(9) 饮用水管路，埋设深度 50cm 以上。

(10) 饮用水管路安装尽量水平、牢固。

(11) 供水阀门手柄方向一致。

(12) 供水点前后 2m 范围无材料、杂物、积水现象。宜设置排水沟。

5. 设施日常维护要求

(1) 供水施救实行挂牌管理，明确维护人员进行周检。

(2) 周检供水管网是否跑、冒、滴、漏等现象。

(3) 周检阀门开关是否灵活等。

(4) 需定期排放水，保持饮水质量。

(5) 可以利用技术等手段定时检查。

(6) 做到发现问题及时上报并做相应的处理。

六、煤矿通信联络系统

1. 系统概述

矿井通信联络系统又称矿井通信系统，是煤矿安全生产调度、安全避险和应急救援的重要工具。

1) 系统的组成

矿井通信系统包括矿用调度通信系统、矿井广播通信系统、矿井移动通信系统、矿井救灾通信系统等、矿用 IP 电话通信系统、矿用调度通信系统等。

(1) 矿井调度通信系统：它一般由矿用本质安全型防爆调度电话、矿用程控调度交换机（含安全栅）、调度台、电源、电缆等组成，如图 5-13 所示。

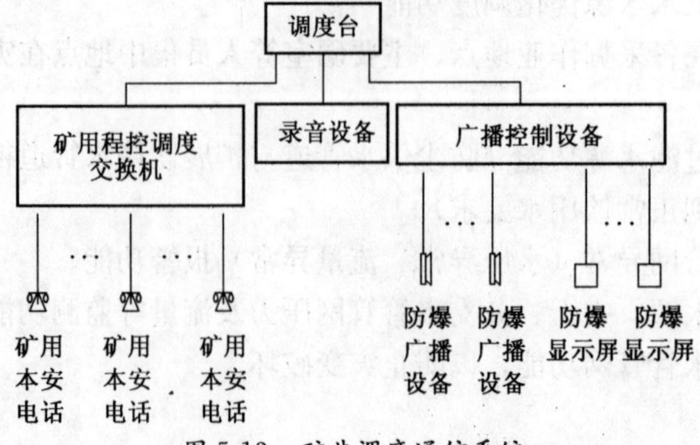

图 5-13 矿井调度通信系统

矿用本质安全型防爆调度电话实现声音信号与电信号转换，同时具有来电提示、拨号等功能。程控调度交换机控制和管理整个系统，具有交换、接续、控制和管理功能。

调度台具有通话、呼叫、强插、强拆、来电声光提示、录音等功能。矿用调度通信系统不需要煤矿井下供电，因此，系统抗灾变能力强。当井下发生瓦斯超限停电或故障停电等，不会影响系统正常工作。当发生顶板冒落、水灾、瓦斯爆炸等事故时，只要电话和电缆不被破坏，就可与地面通信联络。矿用调度通信系统抗灾变能力优于其他矿井通信系统。

(2) 矿井广播通信系统：它一般由地面广播录音及控制设备、井下防爆广播设备、防爆显示屏、电缆等组成。

地面广播录音及控制设备具有广播、录音、控制等功能，一般由矿用程控调度交换机和调度台承担。防爆广播设备将电信号转换为大功率声音信号，及时广播事故地点、类别、逃生路线等。防爆显示屏显示事故地点、类别、逃生路线等信息。

(3) 矿井移动通信系统：它一般由矿用本质安全型防爆手机、矿用防爆基站、系统控制器、调度台、电源、电缆（或光缆）等组成，如图 5-14 所示。

矿用本质安全型防爆手机实现声音信号与无线电信号转换，具有通话、来电提示、拨号、短信等功能，部分本安防爆手机还具有图像功能。矿用防爆基站实现有线/无线转换，并具有一定的交换、接续、控制和管理功能。系统控制器控制和管理整个矿井移动通信系统的设备，具有交换、接续、控制和管理等功能。调度台具有通话、呼叫、强插、强拆、广播、来电声光提示等功能。

矿用防爆基站和防爆电源设置在井下，矿用本质安全型防爆手机主要用于井下。当井下发生瓦斯超限停电或故障停电等，会影响系统正常工作。因此，严禁矿井移动通信系统替代矿用调度通信系统。

(4) 矿井救灾通信系统：它一般由矿用本质安全型防爆移动台、矿用防爆基站（含话机）、矿用防爆基站电源（可与基站一体化）、地面基站通信终端、电缆（或光缆）等组成，如图 5-15 所示。

矿用本质安全型防爆移动台实现声音信号与无线电信号转换，具有通话、呼叫、来电提示等功能。矿用防爆基站实现有线/无线转换、具有交换、接续、控制、管理、通话、呼叫、来电提示等功能。地面基站通信终端具有通话、呼叫、来电提示等功能。

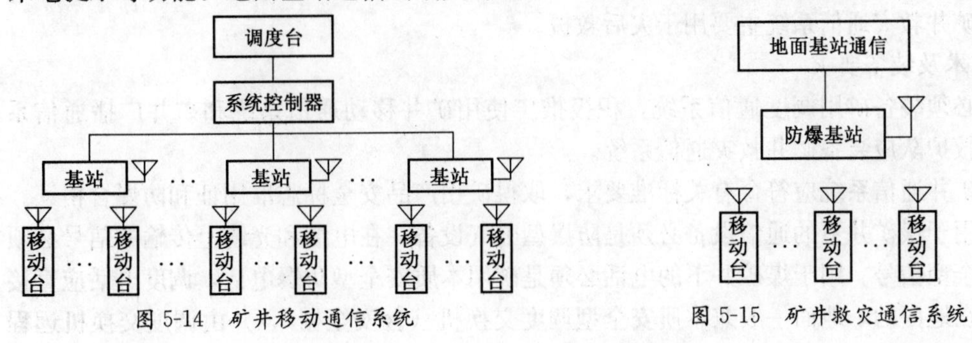

图 5-14 矿井移动通信系统

图 5-15 矿井救灾通信系统

(5) 矿用 IP 电话通信系统：它一般由矿用本质安全型防爆 IP 电话、矿用防爆交换机、矿用防爆电源（一般有维持系统工作 2h 的备用电源，可与矿用防爆交换机一体化）、调度台、地面普通交换机、光缆等组成。

调度台和地面普通交换机设置在地面。矿用本质安全型防爆 IP 电话和矿用防爆交换机设置在井下。当井下发生瓦斯超限停电或故障停电等，会影响系统正常工作。因此，严禁用矿用 IP 电话通信系统替代矿用调度通信系统。

2）系统特点

煤矿井下是一个特殊的工作环境，因此矿井通信系统不同于一般地面通信系统，其特点主要体现在电气防爆、传输衰耗大、设备体积小、发射功率小、抗干扰能力强、防护性能好、电源电压波动适应能力强、抗故障能力强、服务半径大、信道容量大、移动速度慢等一些方面。

2. 系统基本要求

（1）煤矿必须按照安全避险的要求，进一步建设完善通信联络系统。

（2）煤矿应安装有线调度电话系统。井下电话机应使用本质安全型。宜安装应急广播系统和无线通信系统，安装的无线通信系统应与调度电话互连互通。

（3）在矿井主副井绞车房、井底车场、运输调度室、采区变电所、水泵房等主要机电设备硐室以及采掘工作面和采区、水平最高点，应安设电话。紧急避险设施内、井下主要水泵房、井下中央变电所和突出煤层采掘工作面、爆破时撤离人员集中地点等地方，必须设有直通矿井调度室的电话。

（4）距掘进工作面 30m～50m 范围内，应安设电话；距采煤工作面两端 10m～20m 范围内，应分别安设电话；采掘工作面的巷道长度大于 1000m 时，在巷道中部应安设电话。

（5）机房及入井通信电缆的入井口处应具有防雷接地装置及设施。

（6）井下基站、基站电源、电话、广播音箱应设置在便于观察、调试、检验和围岩稳定、支护良好、无淋水、无杂物的地点。

（7）煤矿井下通信联络系统的配套设备应符合相关标准规定，纳入安全标志管理的应取得煤矿矿用产品安全标志。

3. 系统作用概述

（1）煤矿井下作业人员可通过通信系统汇报安全生产隐患、事故情况、人员情况等，并请求救援等。

（2）调度室值班人员及领导通过通信系统通知井下作业人员撤人、逃生路线等。

（3）日常生产调度通信联络等。

（4）矿井救灾通信系统主要用于灾后救援。

4. 技术及装备要求

煤矿必须装备矿用调度通信系统，积极推广使用矿井移动通信系统和矿井广播通信系统；矿山救护队应装备矿井救灾通信系统。

（1）矿井通信系统应符合有关标准要求，取得矿用产品安全标志准用证和防爆合格证。

（2）用于煤矿井下的通信设备必须是防爆型电气设备，在电缆和光缆上传输的信号必须是本质安全型信号。用于煤矿井下的电话必须是矿用本质安全型防爆电话，调度电话应直接连接设置在地面的，地面一般兼本质安全型调度交换机（含安全栅），并由调度交换机远程供电。调度电话至调度交换机的无中继通信距离应不小于 10km。

为防止煤矿井下因事故停电，影响系统正常工作，严禁调度电话由井下就地供电，或经有源中继器接调度交换机。

（3）矿井地面变电所、地面通风机房、主副井绞车房、压风机房、井下主要水泵房、井下中央变电所、井底车场、运输调度室、采区变电所、上下山绞车房、水泵房、带式输送机集中控制硐室等主要机电设备硐室、采掘工作面、突出煤层采掘工作面附近、爆破时撤离人员集中地点、采区和水平最高点、井下避难硐室（或救生舱）等必须设有直通矿调度室的调度电话。

(4) 积极推广应用矿井广播通信系统，当发生险情时，及时通知井下人员撤离。

系统应具有扩音广播功能，宜具有显示功能。发生险情时，系统应能通过广播和显示牌，通知事故地点、类别、撤离路线等。

井下各行人巷道和作业地点应设置广播设备，宜设置显示牌。

(5) 积极推广应用矿井移动通信系统，以提高通信的及时性和有效性。

但需要注意的是，矿井移动通信系统和矿用 IP 电话通信系统均不能替代矿用调度通信系统，这是因为矿井移动通信系统的基站和矿用 IP 电话通信系统的井下网络交换等设备均需井下供电，其抗灾变能力远远低于不需井下供电的矿用调度通信系统。

(6) 矿井移动通信系统具有通信及时和便捷的优点，特别适合煤矿井下移动的作业环境和流动作业人员。

煤矿井下带班领导、技术人员、区队长、班组长、瓦斯检查员、安全检查员、电钳工等流动作业人员，宜配备矿用移动电话，以便及时通报安全隐患、紧急避险和调度指挥。

(7) 救护队应装备矿井救灾通信系统。

(8) 完善管理制度，制定事故应急预案，在发生灾变时迅速通知井下人员撤离避险。

复习思考题

(1) 井下发生透水事故如何开展自救?

(2) 对于受伤出血人员如何急救?

(3) 井下对于安全监控系统有哪些要求?

(4) 自救器有哪些分类? 煤与瓦斯突出矿井必须配备什么样的自救器?

(5) 煤矿通信联络系统主要组成部分有哪些?

参考文献

[1] 于不凡．煤矿瓦斯灾害防治及利用技术手册．北京：煤炭工业出版社，2000.

[2] 张铁岗．矿井瓦斯综合治理技术．北京：煤炭工业出版社，2001.

[3] 王显政．煤矿安全新技术．北京：煤炭工业出版社，2002.

[4] 国家煤矿安全监察局人事培训司．矿井瓦斯防治．徐州：中国矿业大学出版社，2002.

[5] 俞启香．矿井瓦斯防治．徐州：中国矿业大学出版社，1992.

[6] 林柏泉，张建国．矿井瓦斯抽放理论与技术．徐州：中国矿业大学出版社，1996.

[7] 张国枢．通风安全学．徐州：中国矿业大学出版社，2007.

[8] 陈学吾．煤矿安全．徐州：中国矿业大学出版社，1993.

[9] 任洞天．矿井通风与安全．北京：煤炭工业出版社，1993.

[10] 张荣立，等．采矿工程设计手册（下册）．北京：煤炭工业出版社，2003.

[11] 李平，周德永，等．矿井通风与安全．淮南矿业集团编印，2005.

[12] 淮南矿业集团瓦斯地质管理研究所．瓦斯综合治理—技术五十推．2005.

[13] 袁亮．松软低透煤层群瓦斯抽采理论与技术．北京：煤炭工业出版社，2004.

[14] 靳建伟，常海虎．煤矿安全．北京：煤炭工业出版社，2005.

[15] 煤矿安全监察局．煤矿安全规程．北京：煤炭工业出版社，2010.

[16] 王红俭，王会森．煤矿电工学．北京：煤炭工业出版社，2010.

[17] 李福固．矿井运输与提升．徐州：中国矿业大学出版社，2009.

[18] 陈雄．矿井灾害防治技术．重庆：重庆大学出版社，2009.

[19] 吴中立．矿井通风与安全．徐州：中国矿业大学出版社，2005.

[20] 张国枢．通风安全学．徐州：中国矿业大学出版社，2000.

[21] 刘其志，肖丹．矿井灾害防治．重庆：重庆大学出版社，2010.

[22] 叶钟元．矿尘防治．徐州：中国矿业大学出版社，1992.

[23] 郭辉，毕德纯，贾元旦．采煤概论．徐州：中国矿业大学出版社，2010.

[24] 周心权，吴兵．矿井火灾救灾理论与实践．北京：煤炭工业出版社，1996.

[25] 蔡永乐．矿井内因火灾防治理论与实践．北京：煤炭工业出版社，2001.

[26] 王省身，张国枢．矿井火灾防治．徐州：中国矿业大学出版社，1990.

[27] 付永水．义马矿区煤层自然发火防治技术．北京：煤炭工业出版社，2006.

[28] 田卫东，周华龙．矿山救护．重庆：重庆大学出版社，2010.

[29] 国家安全生产监督管理总局．国家安全监管总局关于切实加强金属非金属地下矿山安全避险“六大系统”建设的通知．2011.